U0062775

# 剑指 HTML5+CSS3
# 核心原理与应用实践

尚硅谷教育◎编著

电子工业出版社

**Publishing House of Electronics Industry**

北京·BEIJING

## 内 容 简 介

　　前端开发人员必须掌握 3 种语言，分别是 HTML、CSS 和 JavaScript。本书讲解的是前端三大巨头中的两巨头——HTML 和 CSS，主要用来设置网页呈现在用户眼前的效果，二者分别负责结构和表现。本书从 HTML 和 CSS 入手，层层递进、步步深入，详细地讲解了 HTML 标签和 CSS 的相关属性。随着时代的更迭，标签和样式也有所更新，因此本书在讲解了基础知识后，又对 HTML5 和 CSS3 的新增标签与属性进行了相关介绍，同时穿插了大量案例，模拟了真实的开发场景。

　　本书广泛适用于 HTML5 和 CSS3 的学习者与从业人员，以及高等院校计算机相关专业的学生，也是 HTML5 和 CSS3 学习的必备书籍。

**图书在版编目（CIP）数据**

剑指 HTML5+CSS3：核心原理与应用实践 / 尚硅谷教育编著. —北京：电子工业出版社，2023.12
（程序员硬核技术丛书）
ISBN 978-7-121-46612-0

Ⅰ.①剑…　Ⅱ.①尚…　Ⅲ.①超文本标记语言－程序设计 ②网页制作工具　Ⅳ.①TP312.8②TP393.092.2

中国国家版本馆 CIP 数据核字（2023）第 214120 号

责任编辑：张梦菲
印　　刷：天津千鹤文化传播有限公司
装　　订：天津千鹤文化传播有限公司
出版发行：电子工业出版社
　　　　　北京市海淀区万寿路 173 信箱　　邮编　100036
开　　本：850×1 168　1/16　印张：31.75　字数：1097.3 千字
版　　次：2023 年 12 月第 1 版
印　　次：2023 年 12 月第 1 次印刷
定　　价：149.00 元

　　凡所购买电子工业出版社图书有缺损问题，请向购买书店调换。若书店售缺，请与本社发行部联系，联系及邮购电话：（010）88254888，88258888。

　　质量投诉请发邮件至 zlts@phei.com.cn，盗版侵权举报请发邮件至 dbqq@phei.com.cn。

　　本书咨询联系方式：zhangmf@phei.com.cn。

# 前 言

近年来，随着互联网的飞速发展，HTML 和 CSS 已发展至 HTML5 和 CSS3，互联网也从 Web1.0 时代发展至 HTML5 时代，如今已经是 HTML5 的天下。同时，HTML5 和 CSS3 已成为全球各大互联网巨头的必争之地，Microsoft、Google、Apple、Mozilla、Opera 等浏览器厂商对它们的支持犹如一场竞赛，能否更好地支持 HTML5 和 CSS3 似乎已经成为衡量浏览器性能优劣的一个重要指标。HTML5 的口号是简单至上，它尽可能地简化了 HTML 中的一些内容，同时带来了富图形和富媒体内容，让网页开发者可以做得更多、更好，让用户的体验更佳、更愉快！CSS3 也将为 Web 开发带来了翻天覆地的影响，以前需要使用 JavaScript 才能实现的复杂效果，现在使用 CSS3 就能简单实现，这对于开发人员来说无疑是提供了极大的便利。

要想入门前端，HTML 和 CSS 是必经之路，二者在网站中分别承担了结构和表现的角色。这两门语言主要用于设计并实现一个美观的网站，它们语法简单，对初学者极其友好，可以快速上手。

如今，HTML5 和 CSS3 日趋成熟，市面上这方面的书籍层出不穷，因此在本书编写之初，我们的教研团队总结了多年教学经验、阅读了市面上的大量书籍，想要打造出一本既适合"小白"从 0 到 1，又适合"老鸟"工作之余阅读学习的书。经过多次讨论总结，我们决定将本书分为 4 篇，根据版本进行排序讲解，一方面帮助"小白"学习累积，另一方面便于"老鸟"快速定位。本书历经多次整改，最终匠心出品，致力于为读者带来最好的体验。

本书的 4 篇分别是 HTML 篇、CSS 篇、HTML5 篇和 CSS3 篇，内容系统全面，全书在知识讲解上层层递进、步步深入，使读者可以牢固掌握相关内容。本书除了讲解知识点，还注重实战，大多数知识点都配以精巧实际的案例进行展示，对于读者来说，可操作性极强。本书不仅可以让零基础的"小白"循序渐进地掌握技术，还可以作为工具书供中高级开发人员使用。

全书共 17 章，详细介绍了 HTML、CSS、HTML5 和 CSS3 的相关知识，内容包括：常用 HTML 标签，表格和表单的相关标签，CSS 选择器，字体与文本的相关属性，盒子模型，背景、列表及表格的相关属性，浮动及定位的相关属性，HTML5 表单及音频、视频，CSS3 选择器，背景及渐变，滤镜、裁剪、过渡、动画、变形，媒体查询、弹性盒子，等等。

本书的配套资料及参考视频，在"尚硅谷教育"微信公众号（微信号：atguigu）的聊天窗口发送"htmlbook"即可免费获取，在尚硅谷 B 站官方账号也可以在线学习相关视频。

尚硅谷教育

# 目 录

**HTML 篇**

**第 1 章 Web 及前端介绍** ·················· 1
1.1 Web ·································· 1
    1.1.1 认识 URL ····················· 1
    1.1.2 认识 HTTP ···················· 2
    1.1.3 Web 的发展 ·················· 3
    1.1.4 Web 相关标准 ··············· 4
    1.1.5 软件架构划分 ··············· 4
    1.1.6 动态网站开发所需的 Web 构件 ····· 5
1.2 什么是前端 ······················· 7
1.3 编辑器介绍 ······················· 8
1.4 本章小结 ························· 9

**第 2 章 初探 HTML** ·················· 10
2.1 HTML 基础语法 ················· 10
    2.1.1 HTML 的基本概念 ·········· 10
    2.1.2 标签的分类 ··············· 11
    2.1.3 标签属性 ················· 12
    2.1.4 HTML 中对于空格及换行的处理 ·· 12
    2.1.5 实体 ··················· 13
    2.1.6 HTML 的注释符 ············· 13
2.2 文档结构 ························· 13
    2.2.1 文档头 ················· 14
    2.2.2 <html>标签 ············· 14
    2.2.3 <head>标签及<body>标签 ·· 14
2.3 <head>标签中的内容 ··········· 15
    2.3.1 <title>标签 ············· 15
    2.3.2 <meta>标签 ············· 15
    2.3.3 其他头标签 ··············· 16
2.4 本章小结 ························· 17

**第 3 章 常用 HTML 标签** ·········· 18
3.1 标记文字——普通文本 ········· 18
3.2 标记文字——超链接 ··········· 24
    3.2.1 绝对路径、相对路径 ········· 25
    3.2.2 超链接 ················· 27
    3.2.3 锚点 ··················· 28

3.3 组织内容——普通文本 ········· 29
3.4 组织内容——列表 ············· 30
    3.4.1 有序列表 ················· 30
    3.4.2 无序列表 ················· 30
    3.4.3 自定义列表 ··············· 31
3.5 组织内容——标题标签 ········· 32
3.6 嵌入内容——图片标签 ········· 33
    3.6.1 图片类型 ················· 33
    3.6.2 图片标签 ················· 33
3.7 案例：划分 HTML 的结构 ······· 34
3.8 本章小结 ························· 37

**第 4 章 表格和表单** ················ 38
4.1 表格 ···························· 38
    4.1.1 普通表格 ················· 38
    4.1.2 案例：海鲜购买清单 ········· 40
    4.1.3 <th>、<td>标签中的 colspan 和 rowspan 属性 ················· 42
    4.1.4 案例：食堂菜谱 ··········· 43
4.2 表单 ···························· 44
    4.2.1 初始表单 ················· 45
    4.2.2 <form>标签的 action 和 method 属性 ················· 46
    4.2.3 布尔属性 ················· 46
    4.2.4 详解<input />标签 ········· 47
    4.2.5 下拉列表 ················· 49
    4.2.6 文本域 ················· 50
    4.2.7 按钮 ··················· 51
    4.2.8 为表单标签定义标注 ········· 51
4.3 案例：个人资料修改表单 ········· 52
4.4 本章小结 ························· 57

**CSS 篇**

**第 5 章 初探 CSS 及选择器** ········ 58
5.1 CSS 的基本用法 ················ 58
    5.1.1 CSS 的基础语法 ··········· 58
    5.1.2 CSS 中的注释符 ··········· 59

5.1.3　CSS 中颜色的表示方式 ············ 60
5.1.4　CSS 的使用方式 ················· 60
5.2　CSS 特性 ······························· 63
5.3　CSS 选择器 ···························· 64
5.3.1　标签选择器 ····················· 65
5.3.2　类选择器 ······················· 66
5.3.3　案例：仿 Google ··············· 68
5.3.4　层次选择器 ····················· 69
5.3.5　ID 选择器 ······················ 73
5.3.6　组合选择器 ····················· 74
5.3.7　通配符选择器 ··················· 75
5.3.8　伪类选择器 ····················· 76
5.3.9　其他选择器 ····················· 79
5.3.10　案例：表格隔行换色 ·········· 80
5.4　权重值 ································· 82
5.5　本章小结 ······························· 85

第 6 章　字体与文本 ························· 86
6.1　调试器在 CSS 中的使用 ············· 86
6.2　字体 ··································· 92
6.2.1　字体及字体族 ··················· 92
6.2.2　字体（字体族）的类型 ········· 92
6.2.3　设置字体（字体族）——可继承 ··· 93
6.2.4　字号——可继承 ················ 94
6.2.5　设置字重——可继承 ··········· 95
6.2.6　字体风格——可继承 ··········· 96
6.2.7　字体简写 ······················· 97
6.3　文本 ··································· 98
6.3.1　盒子模型的基本要素 ··········· 98
6.3.2　块状元素和行内元素 ··········· 99
6.3.3　元素显示类型 ··················· 99
6.3.4　字体颜色——可继承 ·········· 100
6.3.5　文本装饰——不可继承 ········ 102
6.3.6　文本缩进——可继承 ·········· 104
6.3.7　字符间距——可继承 ·········· 106
6.3.8　文本对齐——可继承 ·········· 106
6.3.9　空白处理及换行 ··············· 108
6.3.10　超出隐藏 ····················· 111
6.3.11　行高 ·························· 111
6.3.12　垂直居中 ····················· 117
6.4　本章小结 ····························· 122

第 7 章　盒子模型 ························· 123
7.1　整体结构 ····························· 123
7.2　宽度 ·································· 125
7.3　高度 ·································· 127
7.4　元素宽度、高度的最大值和最小值 ····· 129
7.5　内边距 ································ 131
7.5.1　单边内边距 ···················· 134
7.5.2　行内元素和行内块状元素的
　　　内边距 ···················· 135
7.6　边框 ·································· 137
7.6.1　边框宽度 ······················ 138
7.6.2　边框样式 ······················ 138
7.6.3　边框颜色 ······················ 139
7.6.4　边框简写 ······················ 139
7.6.5　案例：制作一个三角形 ········ 140
7.7　轮廓 ·································· 141
7.7.1　轮廓宽度 ······················ 141
7.7.2　轮廓样式 ······················ 142
7.7.3　轮廓颜色 ······················ 143
7.7.4　轮廓简写 ······················ 143
7.7.5　轮廓与边框的不同之处 ········ 143
7.8　外边距 ································ 145
7.9　关于 auto ···························· 148
7.10　案例：新闻网页 ···················· 153
7.11　本章小结 ···························· 159

第 8 章　背景、列表及表格 ················ 160
8.1　背景 ·································· 160
8.1.1　背景颜色 ······················ 160
8.1.2　背景图片 ······················ 163
8.1.3　背景重复 ······················ 164
8.1.4　背景定位 ······················ 165
8.1.5　背景粘滞 ······················ 168
8.1.6　案例：精灵图 ·················· 172
8.2　列表 ·································· 175
8.2.1　列表简介 ······················ 175
8.2.2　列表标记类型 ·················· 177
8.2.3　列表标记图片 ·················· 178
8.2.4　列表标记位置 ·················· 180
8.2.5　列表样式的简写属性 ·········· 181
8.2.6　案例：宠物列表 ··············· 181
8.3　CSS 控制表格 ························ 184

8.3.1 CSS 中的表格 ·················· 184
8.3.2 表格标题位置 ·················· 187
8.3.3 单元格的边框 ·················· 188
8.3.4 案例：隔行换色表格 ········· 192
8.4 本章小结 ·························· 194

第 9 章 浮动及定位 ···················· 195
9.1 浮动 ································ 195
9.1.1 普通文档流和浮动 ··········· 195
9.1.2 浮动的规则 ···················· 197
9.1.3 清除浮动 ······················· 205
9.1.4 案例：个人博客导航条 ······ 210
9.1.5 案例：首页的"为你推荐"频道··· 212
9.1.6 案例：左侧固定、右侧自适应
页面 ························· 217
9.2 定位 ································ 220
9.2.1 定位属性 ······················· 220
9.2.2 移动元素属性 ·················· 220
9.2.3 定位属性和移动元素属性的
配合使用 ···················· 221
9.2.4 层叠顺序 ······················· 230
9.2.5 案例：元素水平、垂直居中 ··· 232
9.2.6 案例：二级菜单 ··············· 233
9.2.7 案例：轮播图布局 ············ 237
9.2.8 案例：网站底部广告 ········· 241
9.3 本章小结 ·························· 242

HTML5 篇

第 10 章 HTML5 初体验 ·············· 243
10.1 HTML5 介绍 ···················· 243
10.1.1 XHTML1.0 ···················· 243
10.1.2 XHTML2.0 ···················· 244
10.1.3 HTML5 出现 ·················· 244
10.2 体验 HTML5 ···················· 244
10.2.1 设置 HTML5 的文档类型 ···· 244
10.2.2 设置页面语言 ················· 245
10.2.3 设置字符编码 ················· 245
10.2.4 验证 HTML5 ·················· 245
10.3 HTML5 的语法及其标签 ········ 246
10.3.1 不建议使用的标签 ··········· 246
10.3.2 修改的标签 ···················· 247
10.3.3 新增的标签及属性 ··········· 247
10.4 使用 HTML5 重构网页页面 ······ 250

10.4.1 结构的划分 ··················· 250
10.4.2 传统的 HTML 页面构建········ 251
10.4.3 使用 HTML5 构建页面 ······· 255
10.5 本章小结 ·························· 258

第 11 章 HTML5 表单及音频、视频 ··········· 259
11.1 表单 ································ 259
11.1.1 表单的自动完成 ·············· 259
11.1.2 让表单控件显示在表单外部···· 260
11.1.3 给表单控件添加占位符 ······ 261
11.1.4 给表单添加默认焦点 ········· 261
11.1.5 给表单添加验证 ·············· 262
11.1.6 显示建议列表 ················· 263
11.1.7 更加丰富的<input>标签 ······ 264
11.1.8 案例：表单的改造 ··········· 268
11.2 音频、视频 ······················ 274
11.2.1 音频 ···························· 274
11.2.2 视频 ···························· 275
11.2.3 使用<source>标签 ············ 276
11.3 本章小结 ·························· 276

CSS3 篇

第 12 章 CSS3 简介及选择器 ·········· 278
12.1 CSS3 简介 ······················· 278
12.2 CSS3 选择器 ····················· 278
12.2.1 CSS3 中新增的层次选择器 ···· 279
12.2.2 属性选择器 ···················· 279
12.2.3 结构性伪类选择器 ············ 286
12.2.4 状态伪类选择器 ·············· 300
12.2.5 其他伪类选择器 ·············· 304
12.2.6 伪元素选择器 ················· 309
12.3 本章小结 ·························· 326

第 13 章 CSS3 新增属性值和属性 ······ 327
13.1 CSS3 中新增的属性值 ··········· 327
13.1.1 全局属性值 ···················· 327
13.1.2 相对单位值 ···················· 329
13.1.3 颜色 ···························· 329
13.2 文字、文本的新增属性 ········· 330
13.2.1 使用服务器端字体 ············ 330
13.2.2 文字阴影 ······················ 331
13.2.3 案例：特效文字 ·············· 333
13.2.4 最后一行的对齐方式 ········· 335

13.2.5　内容溢出处理 ·················· 339
13.2.6　换行处理 ······················· 341
13.3　有关盒子的新增属性 ·············· 343
13.3.1　盒子阴影 ······················· 343
13.3.2　盒子模型的计算方式 ········· 346
13.3.3　控制元素、调整大小 ········· 347
13.3.4　设置元素透明度 ·············· 348
13.4　边框 ································· 350
13.4.1　圆角边框 ······················· 350
13.4.2　案例：游戏图标 ·············· 353
13.4.3　案例：太极图 ················· 354
13.5　粘滞定位 ··························· 357
13.5.1　粘滞定位的使用 ·············· 357
13.5.2　案例：评论列表 ·············· 359
13.6　本章小结 ··························· 362

第 14 章　背景及渐变 ····················· 364
14.1　背景 ································· 364
14.1.1　背景延伸 ······················· 364
14.1.2　案例：图片文字 ·············· 366
14.1.3　背景定位基准 ················· 367
14.1.4　背景尺寸 ······················· 368
14.1.5　简写属性 ······················· 371
14.1.6　多背景 ··························· 372
14.2　渐变 ································· 373
14.2.1　线性渐变 ······················· 374
14.2.2　重复性线性渐变 ·············· 381
14.2.3　径向渐变 ······················· 382
14.2.4　重复性径向渐变 ·············· 387
14.2.5　案例：优惠券 ················· 388
14.3　本章小结 ··························· 392

第 15 章　滤镜、裁剪、过渡 ············· 393
15.1　滤镜 ································· 393
15.2　裁剪 ································· 395
15.3　过渡 ································· 401
15.3.1　过渡时间 ······················· 402
15.3.2　受过渡影响的属性 ············ 402
15.3.3　设置过渡的快慢 ·············· 404
15.3.4　设置过渡的延迟 ·············· 407
15.3.5　不同数量的属性值的使用问题 ···· 408
15.3.6　反向过渡 ······················· 410
15.3.7　过渡的简写属性 ·············· 411

15.4　案例 ································· 413
15.4.1　案例：卡片悬停效果 ········· 413
15.4.2　案例：裁剪按钮 ·············· 418
15.4.3　案例：手风琴效果 ············ 420
15.4.4　案例：滑动菜单 ·············· 423
15.5　本章小结 ··························· 427

第 16 章　动画、变形 ····················· 428
16.1　动画 ································· 428
16.1.1　简单使用 ······················· 428
16.1.2　再提动画使用 ················· 430
16.1.3　动画的执行次数 ·············· 436
16.1.4　设置动画的播放方向 ········· 437
16.1.5　延迟播放动画 ················· 438
16.1.6　改变动画的内部时序 ········· 442
16.1.7　动画播放完成后的填充 ······ 446
16.1.8　动画的简写属性 ·············· 447
16.2　变形 ································· 449
16.3　本章小结 ··························· 460

第 17 章　媒体查询、弹性盒子 ·········· 461
17.1　媒体查询 ··························· 461
17.1.1　媒体类型及媒体查询的
　　　　基本使用 ··················· 461
17.1.2　媒体描述符 ··················· 463
17.1.3　案例：响应式头部 ············ 467
17.2　弹性盒子 ··························· 471
17.2.1　弹性容器 ······················· 472
17.2.2　设置主轴方向 ················· 474
17.2.3　设置换行 ······················· 475
17.2.4　设置弹性元素如何在主轴上
　　　　分布 ························· 477
17.2.5　设置弹性元素如何在当前行上
　　　　垂直分布 ··················· 482
17.2.6　设置整个弹性元素如何对齐 ···· 484
17.2.7　弹性增长因子 ················· 487
17.2.8　弹性元素的顺序 ·············· 489
17.2.9　在弹性元素上使用 float 属性和
　　　　position 属性 ··············· 490
17.3　案例 ································· 492
17.3.1　案例：骰子 ··················· 492
17.3.2　案例：尚硅谷网站头部 ······ 496
17.4　本章小结 ··························· 500

# HTML 篇

# 第1章

# Web 及前端介绍

在学习 HTML 和 CSS 前，我们先来搞清楚 2 个问题：什么是 Web？什么是前端？明确这 2 个问题可以帮助读者快速学习后面我们要讲解的内容。本章将初次带领读者走进前端开发的世界。下面将从 Web 和前端 2 个方面出发，为读者详细介绍相关内容。

## 1.1　Web

从本节开始，我们将带领读者接触第一个名词——Web。什么是 Web？Web 的全称为 World Wide Web，中文名称为万维网，观察 Web 的英文全称可以发现，3 个单词都是由 W 开头的，因此我们也常将它称为3W。通过 Web，我们能够方便地从互联网上的一个站点访问到另外一个站点。

### 1.1.1　认识 URL

我们在访问 Web 前，会在地址栏中输入一串字符串，这串字符串就是所谓的 URL 地址。打个比方，将 Web 看成一座城市，将 Web 中的每个资源看成一个物体，为了明确每个物体的位置，我们需要为城市中的每个物体赋予一串编号，通过这串编号来表示这些物体的位置。

以尚硅谷的官网 URL 为例进行说明，如"http://www.atguigu.com/aboutus.shtml"，如图 1-1 所示。

这个 URL 可以划分为 3 个部分，具体说明如下。

● 第 1 部分："http://"，它表示的是 URL 方案，即协议，用来告诉浏览器怎样访问这个物体（资源）。

● 第 2 部分："www.atguigu.com"，它表示的是服务器端的位置，用来告诉客户端物体（资源）在哪里。

● 第 3 部分："/aboutus.shtml"，它表示的是物体（资源）路径，用来说明请求的是服务器上的哪个特定资源。

1

图 1-1　尚硅谷官网—关于尚硅谷

前面介绍的是 URL 地址中的 3 个重要组成部分。除了这些部分，还有一些知识也很重要，这里进行简单介绍。

- 端口号：是指访问的服务器正在监听的端口号，很多协议都会有默认的端口号，例如，HTTP 协议的默认端口号是 80，HTTPS 协议的默认端口号是 443。
- 查询字符串：简单来说，其作用是为脚本传值（就是"？"后面的内容，例如，在" https://www.gulixueyuan.com/cloud/search?q=HTML5&type=course "中，"？"后面的"q=HTML5&type=course"就是查询字符串）。查询字符串使用"名字=值"的格式进行传值，多组查询字符串之间使用"&"进行分隔。
- 片段标识符：用来显示一个资源内部的片段。服务器只处理整个资源，浏览器在从服务器中获取整个资源后，会根据片段来显示需要的资源。

## 1.1.2　认识 HTTP

HTTP（HyperText Transfer Protocol，超文本传输协议）是 Web 的基础协议，也是在互联网上应用得较为广泛的一种协议，我们通常将其称为 HTTP 协议。最初设计 HTTP 的目的是提供发布、接收 HTML 页面的方法，后来它逐渐发展为客户端浏览器或其他程序与服务器端之间的通信协议。HTTP 发展经历了一些版本上的变化，其版本发展历程如图 1-2 所示。值得一提的是，HTTP/1.1 是使用得较为普遍的一个版本。

图 1-2　HTTP 版本发展历程

HTTP 协议是 Web 开发的基础，它是一个无状态的协议，客户端与服务器端之间需要利用 HTTP 协议完成一次会话。在每次会话中，通信双方发送的数据被称为消息。消息主要分为 2 种，分别是请求信息和响应信息。

在输入一个 URL 地址或点击某个超链接之后，客户端会与服务器端建立连接，接着客户端会发送一个请求给服务器端（请求信息），服务器端在接收请求后会给予响应（响应信息），客户端在接收到服务器端返回的信息并经过处理后会将其显示出来，之后客户端和服务器端断开连接。上面描述的发送、请求过程如图 1-3 所示。

2

图 1-3 发送、请求过程

前面提到了 HTTP 协议的工作过程包含发送请求信息和接收响应信息，我们将这些信息称为报文，其中分为请求报文和响应报文。每条报文由 3 个部分组成（由于本书篇幅有限，读者了解下面的内容即可），具体说明如下。

（1）起始行：用来对报文进行描述。

① 请求报文的起始行的格式如下所示。

```
<method> <request-URL> <version>
```

其对应的内容如下。

● method：方法，即客户端希望对资源执行的动作。

● request-URL：请求的 URL 地址。

● version：版本，即报文所使用的 HTTP 版本。

② 响应报文的起始行的格式如下所示。

```
<version> <status> <reason-phrase>
```

其对应的内容如下。

● version：版本，即报文所使用的 HTTP 版本。

● status：状态码，其使用 3 位数字来描述在请求过程中发生的情况。

● reason-phrase，原因短语，用来对数字状态码进行一些语言上的描述。

（2）首部块：其中包含报文的一些属性。

（3）数据主体：它是可选的，其中包含要传输的数据。

## 1.1.3 Web 的发展

Web 发明的初衷是完成麻省理工学院（MIT）与欧洲粒子物理研究所（CERN）之间的信息共享。时至今日，Web 的功能已经发生变化，它已经由静态内容的展示转向动态内容的传递。这里的动态不是指有几个放在网页上的动态图片或一些动画效果，而是指网页是固定的内容还是可在线更新的内容。

对于开发者来说，Web 通常分为 2 个版本，分别是 Web1.0 和 Web2.0。Web1.0 的主要特点在于用户通过浏览器获取信息，而 Web2.0 更注重用户的交互。简单来说，用户既是网站内容的浏览者，又是网站内容的制造者。

从技术上来说，Web1.0 的静态网站是不通过脚本语言、数据库进行开发，只具有 HTML 的网页。这种网页的内容通常是固定的，里面的内容（如文字、链接、图片等）的修改都需要先通过相关软件制作，然后再重新上传到服务器上覆盖原来的页面，网站制作、维护、更新等方面的工作量较大。Web2.0 的动态网站所注重的是，用户与网站的交互，因为 Web2.0 以数据库为基础，用户访问网站时会读取数据库，以此动态生成网页，所以可以减少网站维护的工作量。而网站上主要是一些框架结构，网页的内容存储在数据库中，页面会根据用户的要求和选择动态地改变和响应。

以百度为例，在搜索栏中输入 HTML，如图 1-4 所示，显示出来的是与 HTML 相关的内容；同理，在搜索栏中输入 CSS，显示出来的将是与 CSS 相关的内容。从页面结构上来看都是一样的，但是其中的内容已经因用户输入关键字的不同而显示得不同。

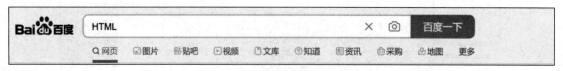

图 1-4  在搜索栏中输入 HTML

这里我们需要注意的是，Web2.0 的核心不是技术，而是思想（用户参与制造内容）。Web2.0 拥有一些典型的技术，但是这些技术是为了达到某种效果所采取的手段。总的来说，Web2.0 与 Web1.0 之间没有绝对的界限。

## 1.1.4  Web 相关标准

Web 标准的确立是网站建设中的基石。Web 相关标准由万维网联盟（World Wide Web Consortium，W3C）于 1994 年创建，它的职责就是研究 Web 规范和指导方针，致力于推动 Web 的发展，保证各种 Web 技术能很好地协同工作。W3C 推行的主要规范有 HTML、CSS、XML、XHTML 和 DOM 等。W3C 官方图标如图 1-5 所示。

图 1-5  W3C 官方图标

Web 的重要性不言而喻，它不会任由任何一家组织对其进行单独控制，因此 W3C 是一个会员制的组织，其成员包括软件开发商、企业用户、通信公司、研究机构、标准化团体等，如 IBM、Microsoft、Apple、Adobe、Sun Microsystems 等知名公司都是它的成员。

标准的确立对 Web 的访问者和 Web 的建设者都有好处。对于网站设计人员、开发者来说，一旦有了标准，就可以使用标准中的内容开发简化代码、降低建设成本。试想，如果想要在不同的浏览器中展示相同的效果，就要为不同的浏览器编写不同的代码，到那时就会感受到标准为开发者带来的好处。对于 Web 的访问者来说，有了标准就可以在访问网站的时候获得最佳体验，相同的内容不至于在 A 浏览器里显示一个样子，在 B 浏览器里又显示一个样子。

## 1.1.5  软件架构划分

我们经常会使用各种各样的软件或访问各种各样的网站。那么，它们在软件架构上是否存在一定的区别呢？带着这个疑问，我们来认识一下软件的架构。

什么是 C/S 架构？以及什么是 B/S 结构？

（1）C/S 架构。

C/S 的全称为 Client/Server，中文译为客户端和服务器架构，是桌面级网络软件架构。如图 1-6 所示，我们经常使用的 QQ 等软件使用的就是这种架构。架构为 C/S 的软件需要安装专用的客户端软件才能使用。

（2）B/S 架构。

B/S 的全称为 Browser/Server，中文译为浏览器和服务器架构，是网站级网络软件架构。我们访问在一个网站时，通常会在客户机上启动一个浏览器（如 Chrome 或 Microsoft Edge 等），接着输入网址，按 Enter 键后在浏览器中就会显示网站的内容。这里以 Chrome 浏览器为例，输入尚硅谷官方网址，按 Enter 键后会显示尚硅谷官网首页，如图 1-7 所示。

这里需要说明一点，经常访问的网站也属于网络软件。从早期的"999 元建站"，到现在越来越花哨的个人网站的频繁出现，人们产生了一种网站制作很容易的感觉。实际上，商业网站需要考虑目的性、完整性，而大多数个人网站是不会考虑这些的。

图 1-6　QQ 登录页面

图 1-7　尚硅谷官网首页

B/S 架构随着互联网技术的发展而兴起，是对 C/S 架构的一种变化或改进。它可以随时进行查询、业务处理、业务扩展，维护也相对简单，只需改变网页架构即可实现所有用户的数据同步更新。B/S 架构的优势总结如下。

- 无须安装特定的客户端，只要有浏览器就可以随时随地使用。
- 总是支持最新的版本，用户无须下载客户端进行升级。
- 数据存储在 B/S 架构对应的服务器中，统一维护。

## 1.1.6　动态网站开发所需的 Web 构件

动态网站开发所需的 Web 构件主要有客户端浏览器、HTML、CSS、JavaScript、Web 服务器、服务器端脚本语言、数据库管理系统。下面将分别进行介绍。

（1）客户端浏览器。

浏览网页需要使用浏览器，浏览器只是一个软件，而不是开发语言。系统软件和应用软件都需要给用户提供一个界面，用来完成对业务系统的操作。浏览器用来解释 HTML、CSS 和 JavaScript，然后将页面显示出来，并且可以与用户进行交互。市面上的浏览器有很多，下面我们简单进行介绍。

① Internet Explorer（IE）：发布于 1995 年，是 Windows 操作系统默认的浏览器，有多款不同版本的产品。早在 2015 年 3 月，Microsoft 就已经确认放弃 IE 品牌，现在 IE 已经退出了历史舞台。在 2022 年 6 月，Microsoft 已经停止支持 IE。

② Microsoft Edge：同样是由 Microsoft 开发的浏览器，其内置于 Windows 10 操作系统中。2018 年 3 月，Microsoft 宣布 Microsoft Edge 支持 iPad 和 Android 平板电脑，这意味着 Microsoft Edge 浏览器同时覆盖了桌面平台和移动平台。

③ Chrome：Chrome 浏览器是由 Google 开发的网页浏览器，其特点就是速度快、标签页灵活、不易崩溃、更加安全，为 Windows、macOS、Linux、Android 及 iOS 提供不同的下载版本。Chrome 浏览器具有极高的市场占有率，也是我们在开发时使用得最多的浏览器。

④ Firefox（火狐浏览器）：Firefox 是由 Mozilla 开发的自由及开放源代码的网页浏览器。它采用标签式浏览，可以禁止弹出式窗口，也可以自行定制工具栏，同时可以实现组件扩展管理。同样，Firefox 支持多种操作系统，如 Windows、macOS、Linux 等。

⑤ Safari：Safari 浏览器是由 Apple 开发的浏览器，是其各类设备（如 Mac、iPhone、iPad 等）默认的浏览器。它早期支持 Windows 操作系统，2012 年 7 月开始放弃 Windows 操作系统。该浏览器具有简洁的外观、雅致的用户界面。

⑥ Opera：Opera 浏览器是挪威 Opera Software ASA 制作的支持多页面的标签式浏览器。Opera 浏览器快速、小巧，可以在 Windows、Linux 和 MacOS 三个操作系统上运行。

（2）HTML。

HTML（HyperText Mark-up Language，超文本标记语言）是目前网络上应用最为广泛的语言，也是构成网页文档的主要语言。HTML 文档是一个放置了标记的文本文件，所有的浏览器都可以对它进行解释，其文件后缀名是".html"。

HTML 语言通过各种标记来标识文档的结构、图片、文字、段落、超链接等信息，在标记完之后，浏览器通过读取 HTML 文档中的不同标签来显示页面。虽然能够显示出页面内容，但是它在现代 Web 中只起到了描述文档结构格式的作用，不会用来美化页面。

当前 HTML 的版本是 HTML5，这里对其历史进行简单介绍。

1998 年，W3C 决定不再推进 HTML（当时它们着重推进 XML），因此 HTML 规范在 4.01 版本就冻结了。与此同时，W3C 发布了一种名为 XHTML 的规范，该规范是 HTML 的一个 XML 版本，拥有较为严格的语法，它鼓励开发者考虑有效的、结构良好的代码。XHTML 最初的版本推行起来还算顺利，随后 W3C 又开始制定 XHTML2.0 标准，但是为了实现更有效、更好的代码结构，XHTML2.0 标准打破了之前的规定，只向后兼容（不兼容之前的代码），这意味着书写的 XHTML1.x 代码无法直接用于 XHTML2.0。

在 W3C 制定 XHTML 的同时，有一群人开始从另外一个角度看待 Web，他们不是想从 HTML 中挑毛病，而是在思考 HTML 还缺少哪些 Web 开发者在编码时急需的功能。他们向 W3C 建议，希望 XHTML 能够加入一些对开发者有帮助的功能，但是建议没有被采纳。于是，Opera、Mozilla、Apple 自发组建了 WHATWG（Web Hypertext Application Technology Working Group，Web 超文本应用技术工作组），致力于寻找新的解决方案。

WHATWG 并不想取代 HTML，而是考虑通过向后兼容的方式来扩展它。WHATWG 陆续发布了 Web Application1.0 和 Web Forms2.0，这也是 HTML5 的前身。2007 年，WHATWG 阵营获得了空前的支持，W3C 宣布解散负责制定 XHTML2.0 标准的工作组，并且协商接受了 HTML5，将它打造为正式的标准。

（3）CSS。

HTML 只能通过特定的标记来简单标识页面的结构和页面中显示的内容，如果需要对页面进行更好的布局和美化，就需要使用 CSS。CSS（Cascading Style Sheets，层级样式表）可以定义 HTML 元素如何被显示，可以有效地对页面进行布局，也可以用来设置字体、颜色、背景和其他效果，以此实现更加精确的样式控制。

CSS 不能离开 HTML 独立工作，它是由 W3C 的 CSS 工作组创建和维护的，最新版本是 CSS3。1994 年，维姆莱提出了有关 CSS 的想法，其目标是提供一个简单的声明式样式语言，直接由浏览器解释。1996 年 12 月，W3C 推出了 CSS 的第一版规范，之后其开始制定 CSS2 规范，并于 1998 年年初定案。CSS2 规范是基于 CSS1 进行设计的，目前主流浏览器都采用这一规范。由于 CSS2 存在些许不足，所以 CSS 工作组开始投身于 CSS3 的制定工作，以及 CSS2 的修订工作（CSS2.1）。2001 年，W3C 完成了 CSS3 的工作草案，主要包括盒子模型、列表模块、超链接方式等。总的来说，CSS3 由多个独立的模块构成，是一个非常灵活的规范。

（4）JavaScript。

HTML 语言用来在页面中显示数据，CSS 用来对页面进行布局美化，客户端脚本语言 JavaScript 则是一种有关互联网浏览器行为的编程语言，用来编写网页中的一些特效，能够实现用户与浏览器的交互。

JavaScript 是一种直译式脚本语言，是一种动态型、弱类型、解释型的面向对象的脚本语言。脚本语言是指可以嵌在其他编程语言中执行的开发语言。JavaScript 也是一种广泛用于客户端 Web 开发的脚本语言，其解释器被称为 JavaScript 引擎（后续简称为 js 引擎），是浏览器的一部分。其最早应用于 HTML 网页，用来给 HTML 网页添加动态功能。随着 JavaScript 的发展，我们现在可以使用它做更多的事情，如读写 HTML 元素、在数据被提交到服务器前进行验证等。JavaScript 同样适用于进行服务器端的编程。

（5）Web 服务器。

我们所写的 HTML、CSS、JavaScript 是在本地计算机编写的，如果想让用户能够访问到这些内容，就需要将它们部署 Web 服务器上。用户在客户端浏览器的地址栏中输入对应的 URL 地址后，客户端与服务器端才会开始交互（由于本书不涉及这部分知识，所以这里不对客户端与服务器端的交互进行具体讲解，如果读者想要了解这部分内容，可以在《剑指 JavaScript——核心原理与应用实践》中找到答案），最后返回 HTML 页面代码。

在互联网中，Web 服务器和客户端浏览器通常位于 2 台不同的机器上，它们通常都会相隔千里。但是作为开发者，我们可以在本地计算机上运行 Web 服务器软件，让 Web 服务器和客户端浏览器都在同一台计算机上。

目前可供我们选择的 Web 服务器较多，如 Nginx、Apache、IIS 等。

（6）服务器端脚本语言。

在客户端与服务器端的交互过程中，Web 服务器会接收到 HTTP 请求，此时可以将这个 HTTP 请求通过安装在 Web 服务器上的后端脚本语言（服务器端脚本语言）进行相应处理。常见的后端脚本语言有 Java 的 JSP、Microsoft 的 ASP、Zend 的 PHP，以及 Python 等，其种类较多，这里不一一列举。

（7）数据库管理系统。

如果想要快速且安全地处理大量数据，就需要使用数据库管理系统。现在的动态网站都是基于数据库进行编程的，网页中的内容几乎都来自数据库。数据库可以安装在任意一台计算机上，它主要负责存储和管理网站所需的内容数据。

在使用后端脚本语言处理业务逻辑时，有可能需要查询对应的数据库，数据库先将对应的结果返回给后端脚本语言，后端脚本语言再将最终处理的业务逻辑的结果交由 Web 服务器返回给浏览器客户端。常见的数据库管理系统有 Oracle、MySQL、SQLServer、DB2 等。

## 1.2　什么是前端

关于前端，网络上有这样一段解释："前端开发是创建 Web 页面或 App 等前端界面并呈现给用户的过程，通过 HTML、CSS 及 JavaScript，以及衍生出来的各种技术、框架、解决方案，实现互联网产品的用户界面交互。它从网页制作演变而来，在名称上有很明显的时代特征。在互联网的演化进程中，网页制作是 Web1.0 时代的产物，早期网站的主要内容都是静态的，以图片和文字为主，用户使用网站的行为也以浏览为主。随着互联网技术的发展和 HTML5、CSS3 的应用，现代网页变得更加美观，交互效果更加显著，功能也更加强大。"

对这段话进行提炼，所谓前端，就是利用三大核心技术（HTML、CSS、JavaScript）及衍生技术开发出来的展示在浏览器上的页面。其中，HTML 负责结构，CSS 负责表现，而 JavaScript 负责最重要的行为。这三者是前端中最基础，也是最核心的内容，三者的关系如图 1-8 所示。

本书主要为读者讲解三大核心技术中的 HTML 和 CSS，以及它们最常用的版本 HTML5 和 CSS3。

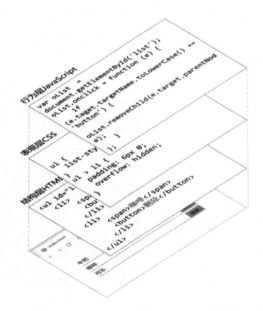

图 1-8　HTML、CSS 与 JavaScript 的关系

## 1.3 编辑器介绍

代码编辑器是程序员用于编写计算机程序的文本编辑器。对于程序员来说，不管是做前端开发还是后端开发，一个"趁手"的代码编辑器是十分重要的。代码编辑器会针对语言的语法给出高亮提示，使关键字的展示清晰明了，为我们编写程序提供较大的帮助。

这里列举几个常见的代码编辑器，具体如下。

- Visual Studio Code：简称 VS Code，由 Mircosoft 打造，完全免费。Visual Studio Code 内置强大的代码自动补全功能，具有高度可扩展性，插件资源非常丰富。其智能程度较高，能自动检测并标出错误，并且自动寻找函数定义等。同时，Visual Studio Code 也集成了 GitHub 的功能（GitHub 近年被 Microsoft 收购），使用起来非常方便。
- WebStorm：来自老牌专业 IDE 开发公司 JetBrains，需要付费才能使用。它的内置版本管理、错误检测、代码重构、内置调试器、整合工作流工具等功能是其他编辑器难以超越的。
- HBuilder：来自国内的 DCloud 公司，完全免费。HBuilder 最令人兴奋的特点是，其提供比其他工具更优秀的对 Vue、uni-app 等框架开发的支持，非常适合开发大型 Vue 项目等。同时，它轻巧、极速，具有强大的语法提示功能。
- Sublime Text：来自 Sublime HQ 公司，可免费使用，但存在条件限制。Sublime Text 最显著的特点就是启动非常快，十分轻巧，内存消耗低。严格来讲，Sublime Text 是文本编辑器，不能被称为 IDE。

本书编写代码选择的编辑器是 Visual Studio Code。下面就以 Visual Studio Code 为例，讲解它的安装和使用方式。当然，读者也可以多试几款 IDE 工具，从中选择出最适合自己的一个，让它成为最顺手的"武器"。

Visual Studio Code 是由 Microsoft 开发的 IDE 工具，它是跨平台的，可以在 Windows、Linux 和 macOS 平台上运行。Visual Studio Code 没有限定开发语言，它几乎可以用来开发世界上所有语言的程序。

读者可自行到官网下载 Visual Studio Code，官网的网页会自动检测访问者的操作系统，直接点击"Download for ×××"按钮即可下载适配版本，如图 1-9 所示。

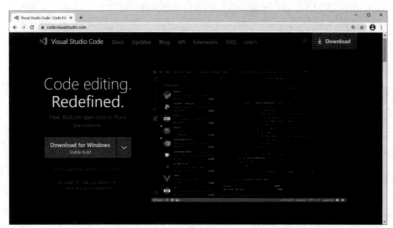

图 1-9　Visual Studio Code 下载页面

Visual Studio Code 的安装过程非常简单，本书不再赘述。在安装完成后启动软件，其界面如图 1-10 所示。

为了让 Visual Studio Code 显示中文界面，还需要安装相关扩展。点击图 1-11 中①所对应的"扩展"按钮，在②所示的输入框中输入"Chinese"并按 Enter 键，即可在扩展商店中搜索相关插件。在找到"Chinese（Simplified）"插件后，点击③所示的"Install"按钮，即可完成插件安装。在重启 Visual Studio Code 后，软件将显示中文界面。在软件界面变为中文后，读者就可以自行查看并熟悉 Visual Studio Code 菜单栏的相关内容了。

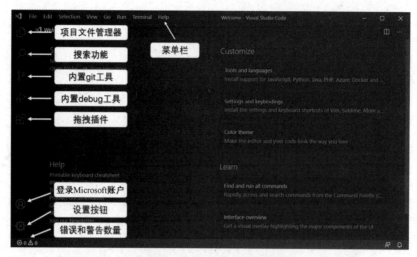

图 1-10　Visual Studio Code 界面

图 1-11　安装中文扩展

## 1.4　本章小结

本章作为前端学习的入口，主要介绍了一些前置知识，如 URL、HTTP、Web 的发展和代码编辑器等内容。在学习完本章后，读者对 Web 的概念将不再模糊，会有一个初印象。并且，通过阅读 1.2 节，读者可以明确未来的职业工作内容。同时，本章还介绍了多种代码编辑器，为后续学习奠定基础。HTML 和 CSS 是三大核心技术中比较基础的部分，读者可以先通过本书对二者进行学习，然后再通过学习本书的姊妹篇《剑指 JavaScript——核心原理与应用实践》完全掌握三大核心技术，从而彻底成为一名前端工程师。

# 第2章

## 初探 HTML

HTML 的全称为 HyperText Mark-up Language，中文名称为超文本标记语言。HyperText 意为超文本，是指使用超链接的方法将各种处于不同空间的文字信息组织在一起形成的网状文本；Mark-up 意为标记，就是使用一些标记标识出网页中的一些内容。假设 2 个感叹号表示帅哥，那么只要是被 2 个感叹号包裹起来的内容，就被认为是帅哥，如"！小尚！"。HTML 是构成 Web 的重要组成部分，它主要定义了网页中的内容的含义和结构。我们可以将 HTML 理解为使用一些特殊的标记将网页中需要表示的内容标记出来，然后将标记出来的多个文档使用超文本链接起来。

本章将初次带领读者学习 HTML 中的一些基础语法和文档结构。

## 2.1 HTML 基础语法

从本节开始，我们将为读者正式介绍 HTML 的基础语法，带领读者走进 HTML！基础语法将通过一个案例进行穿插讲解，现在让我们开始吧！

### 2.1.1 HTML 的基本概念

千里之行，始于足下。从本节开始，我们将学习如何创建 HTML 文件、如何运行代码等，下面将依次展开讲解。请读者先在 Visual Studio Code 中自行安装"Live Server"插件，然后再阅读下面的内容。

创建一个 HTML 文件的过程十分简单，点击"右键"→"新建文本文件"，可以将文件命名为"test1.html"或"test1.htm"，然后使用 Visual Studio Code 打开 test1.html 文件，并在文件中输入任意一段文字，例如，欢迎来到尚硅谷前端世界！最后点击右键，选择"open with Live Server"（Live Server 是一个本地的服务器，可以在测试代码发生更改时自动刷新页面，其可以通过 Visual Studio Code 的应用商店进行安装，还可以通过本书附赠的资源包进行下载并本地安装），就会弹出我们运行的网页，如图 2-1 所示。

图 2-1　运行的网页

此时浏览器的 URL 地址为 http://127.0.0.1:8848/web/test1.html。由于是普通文本，所以这段代码在运行之后就能够看到，它只是静态地显示在浏览器窗口上。

此时在文本外嵌套标签，如下所示，再重新运行代码。

```
<marquee>欢迎来到尚硅谷前端世界！</marquee>
```

在运行代码后，可以发现文本不再是静态显示的，而是"动"起来了。代码中的"<marquee></marquee>"就是标签，它是 HTML 最基本的单位，同时也是最重要的组成部分。

标签由小于号"<"开始，由大于号">"结束，其中包含的是指定的字母，如"<marquee>"里面包含的是 marquee。需要注意的是，标签名不区分大小写，因此案例的代码修改为"<MARQUEE>欢迎来到尚硅谷前端世界！</MARQUEE>"也可以运行。

这里需要注意下面几点。

● .html 和.htm 的文件后缀名没有本质上的区别，使用.htm 后缀名只是为了兼容老的文件系统格式。

● 关于文件的后缀名，Windows 操作系统默认会将已知的文件类型扩展名进行隐藏。可以通过"文件"→"更改文件夹和搜索选项"→"查看"找到"隐藏已知文件类型的扩展名"并将其勾选去掉，如图 2-2 和图 2-3 所示。

图 2-2　更改文件夹和搜索选项

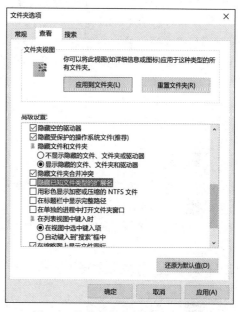

图 2-3　隐藏已知文件类型的扩展名

● 在运行代码时，为了避免网络问题，不要使用双击浏览器图标的方式来打开 HTML 文件。

## 2.1.2　标签的分类

2.1.1 节介绍了标签是由"<"开始，由">"结束的。其实，标签可以分为双标签和单标签（也叫作自结束标签）。下面将依次进行讲解。

双标签就是 2.1.1 节中案例所使用的标签形式，由 2 个标签组成，一个代表开始，一个代表结束。结束的标签要使用正斜线"/"并在后面添加标签名，例如，"</MARQUEE>"。需要注意的是，双标签的标签名都是相同的，成对出现，代码如下所示。

```
<标签名>被标记的语言</标签名>
```

单标签也叫作自结束标签，顾名思义，单标签不是成对出现的，而是只需要一个标签，结尾以正斜线"/"来结尾。例如，<br />标签就是一个单标签，该标签表示的是换行。

值得一提的是，添加正斜线"/"是 XHTML 的标准，HTML5 已实现向前兼容。在"HTML5 篇"中，单标签不再使用正斜线"/"结尾。

继续使用上面的案例，将 test1.html 的代码改为下方代码。

```
<marquee>欢迎来到<br />尚硅谷前端世界！</marquee>
```

运行页面可以发现，在"欢迎来到"和"尚硅谷前端世界！"之间出现了换行。

从这个案例中可以看出另外一点，即在双标签中嵌入了单标签。在后面的编码过程中，我们经常会遇到"在双标签中嵌套单标签"和"在双标签中嵌套双标签"的情况。

## 2.1.3  标签属性

在上面案例的基础上，再来看下面这行代码。

```
<marquee loop="3">欢迎来到<br />尚硅谷前端世界！</marquee>
```

在这行代码的标签中出现了一个新"面孔"——"loop="3""。其实它是用来修饰、控制标签的，我们称这种语法为属性，它的整体格式为"属性="属性值""。需要注意的是，某些属性是具有默认值的，也就是说，即使不写某个属性，它也会生效。

这里的"loop="3""用来控制<marquee>标签中的内容的滚动次数，属性值为 3，代表要滚动 3 次。如果不写该属性，就默认执行值为 0，即会一直执行。

继续使用上面的案例进行讲解，再来观察下面这行代码。

```
<marquee width="50" loop="3">欢迎来到<br />尚硅谷前端世界！</marquee>
```

代码中出现了一个新的属性，即"width="50""。width 意为宽度，顾名思义，该属性用于控制<marquee>标签的宽度。运行代码后，观察页面可以发现，滚动的区域变窄了，即"width="50""生效了。因此，在标签中可以存在多个属性，并且不区分先后。

在书写标签属性时需要注意以下 3 点。

（1）属性要写在开始标签里面。

（2）写属性值的时候可以使用单引号或双引号将其包裹起来，甚至可以不书写引号进行包裹。但是我们还是建议在书写属性值时，使用双引号进行包裹。

（3）在同一标签中设定多个属性时，多个属性之间需要使用空格进行分隔。

## 2.1.4  HTML 中对于空格及换行的处理

HTML 对空格和换行的处理较为特殊。在 HTML 中，一个空格和多个空格都会被当作一个空格来处理，代码如下所示。

```
<marquee loop="3">欢迎来到          尚硅谷前端世界！</marquee>
```

这行代码在"欢迎来到"和"尚硅谷前端世界！"中插入了多个空格，由于 HTML 会将其当作一个空格来处理，所以页面上只显示了一个空格，如图 2-4 所示。

欢迎来到 尚硅谷前端世界！

图 2-4  页面效果（1）

在 HTML 中，一次换行和多次换行也会被当作一个空格来处理，代码如下所示。

```
<marquee loop="3">欢迎来到


尚硅谷前端世界！</marquee>
```

这行代码在"欢迎来到"和"尚硅谷前端世界！"中插入了多个换行，由于 HTML 将其当作一个空格来处理，所以页面上只显示了一个空格，如图 2-5 所示。

欢迎来到 尚硅谷前端世界！

图 2-5  页面效果（2）

## 2.1.5  实体

如果想要在 HTML 中显示多个空格，就要通过实体来实现。什么是实体呢？

其实在 HTML 中，有些字符是系统预留下来的，如果想要使用这些预留下来的字符，就要使用实体将它们表示出来。实体的格式是，在 "&" 后接字母并以分号结尾。下面以表格的形式列出了一些常用实体，如表 2-1 所示。

表 2-1  常用实体

| 符号 | 实体 | 符号 | 实体 |
|---|---|---|---|
| 空格 "  " |   | 小于号 "<" | &lt; |
| 单引号 "'" | &apos; | 大于号 ">" | &gt; |
| 双引号 """ | &quot; | | |

书写测试代码，如下所示。

```
<marquee loop="3">欢迎来到       尚硅谷前端世界! </marquee>
<marquee loop="3">欢迎来到尚硅谷前端世界! &gt;~&lt;</marquee>
<marquee loop="3">欢迎来到尚硅谷&quot;前端世界&quot;! </marquee>
<marquee loop="3">欢迎来到尚硅谷&apos;前端世界&apos;! </marquee>
```

运行代码后，页面输出效果如图 2-6 所示。

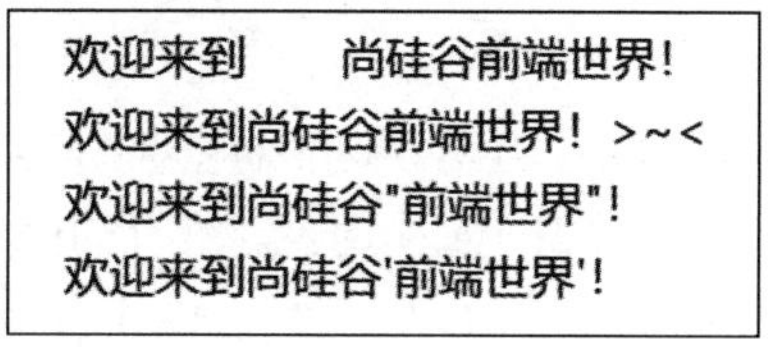

欢迎来到    尚硅谷前端世界!
欢迎来到尚硅谷前端世界! >~<
欢迎来到尚硅谷"前端世界"!
欢迎来到尚硅谷'前端世界'!

图 2-6  页面输出效果

## 2.1.6  HTML 的注释符

任何程序、代码都有注释，注释是给程序员看的，不影响程序的运行。在 HTML 中，注释符的格式由小于号 "<" 后接感叹号 "!" 和 2 个短横线 "--" 并加上注释的内容，再接 2 个短横线 "--" 和大于号 ">" 构成，如下所示。

```
<!-- 要注释的内容 -->
```

通常在说明代码含义或调试代码的时候会使用注释。在实际开发中，书写注释不仅可以帮助程序员记忆代码的功能，还可以大大提升代码的可读性。建议多书写代码注释，以此提升代码的质量。

## 2.2  文档结构

书写代码，如下所示。

```
<!DOCTYPE html>
<html>
    <head>
        <meta charset="UTF-8">
    </head>
    <body>
    </body>
</html>
```

上述结构包含文档头、<html>标签、<head>标签、<body>标签，本节将对这 4 个部分依次展开介绍。

## 2.2.1　文档头

本节将为读者介绍文档头的相关内容。所谓文档头，就是告诉浏览器应该以什么方式来解释这个 HTML 文档，简单地说，就是文档类型的声明，如下所示。

```
//这个 DTD（文档定义类型）包含所有 HTML 元素和属性，但不包括表象或过时的元素（如 font）。框架集是不允许使用的。
<!DOCTYPE HTML PUBLIC "-//W3C//DTD HTML 4.01//EN" http://www.w3.org/TR/html4/strict.dtd">

//这个 DTD 包含所有 HTML 元素和属性，包括表象或过时的元素（如 font）。框架集是不允许使用的。
<!DOCTYPE HTML PUBLIC "-//W3C//DTD HTML 4.01 Transitional//EN" "http://www.w3.org/
TR/html4/loose.dtd">

//这个 DTD 与 html4.01 Transitional 相同，但是允许使用框架集内容。
<!DOCTYPE HTML PUBLIC "-//W3C//DTD HTML 4.01 Frameset//EN" "http://www.w3.org/TR/
html4/frameset.dtd">
```

在之后的 HTML5 中可对其进行简化，修改为 "<!DOCTYPE html>"。因为 HTML5 是向前兼容的，所以现在我们普遍使用这种方式书写文档声明语句。

需要注意的是，文档声明语句必须放在文档的第一行，而且不需要区分大小写。

## 2.2.2　<html>标签

在文档头的下方会有一组<html>标签成对出现。这个标签对是唯一的，它是最外层的标签，所有的其他标签都应该写在这对<html></html>标签对中。简单地说，所有的网页内容都需要编写到<html></html>标签对中。

关于<html>标签，我们需要注意以下 3 点。

（1）<html>标签告诉浏览器这是 HTML 文件的起点。

（2）</html>标签告诉浏览器这是 HTML 文件的结束点。

（3）HTML 文件中的所有标签都应该放在<html></html>标签对中。

## 2.2.3　<head>标签及<body>标签

<html></html>标签对中包含 2 个子标签，即<head>标签和<body>标签，它们分别代表头标签和主体标签。<head>头标签里面的内容不会显示在浏览器中，包括当前页面的描述性语句，简单地说，里面的语句是网页的公共属性。在<body>主体标签中放置的是网页的真正内容，如文字、图片等。

还是使用前面的案例进行讲解，将前面书写的内容放入整体的文档结构中，代码如下所示。

```
<!DOCTYPE html>
<html>
    <head>
      <meta charset="UTF-8">
    </head>
    <body>
      <marquee width="50" loop="3">欢迎来到<br />尚硅谷前端世界！</marquee>
    </body>
</html>
```

运行代码后，可以发现其运行效果和前面的案例在页面上的效果相同，如图 2-7 所示。

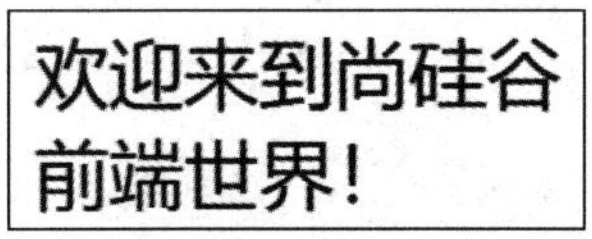

欢迎来到尚硅谷
前端世界！

图 2-7　页面效果

本节案例只演示<body>标签中的内容，关于<head>标签中的内容，在 2.3 节会详细讲解。

## 2.3　<head>标签中的内容

<head>标签作为<html>标签的子标签出现，其标签内放置的是当前网页的一些描述性信息。需要注意的是，一个网页只能有一个<head>标签。

在 2.2 节，我们演示了新建的 HTML 文件。除了这 2 个标签，实际上还可以在<head></head>标签对中自己书写一些标签。下面将会为读者依次进行讲解。

### 2.3.1　<title>标签

<title>标签用来定义整个 HTML 文档的标题，其中书写的内容会显示在网页的标题栏上。需要注意的是，该标签在整个 HTML 文档中只有一个。简单地说，<title>标签可以用来显示网页的标题，让用户在使用网页期间可以明确地知道网页想要表达的意思，代码如下所示。

```
<!-- 定义标题 -->
<title>我的第一个页面-牛刀小试</title>
```

联想我们在生活中使用网页的场景，当你想要收藏一个网页的时候，网页的标题会作为默认的内容存在。继续思考，搜索引擎其实也会用到<title>标签中的内容，因此在设置格式的时候，我们通常将其设置为"文章标题-栏目标题-网站名"，或者为"文章标题|栏目标题|网站名"。

### 2.3.2　<meta>标签

在正式学习<meta>标签之前，读者需要先对字符、字符集和编码有简单的了解。

其实各国的文字都是字符，字符集就是字符的集合，而编码则会规定字符集中的每个字符应该怎么存储，具体地说，是将字符集中的字符映射为具体的编码。这样说可能有些晦涩，我们通过一个简单的案例来帮助读者理解，如"尚硅谷"转换为二进制编码就是"10100101"。

字符集的发展历程如下。

- ASCII 码（American Standard Code for Information Interchange）是美国信息交换标准代码，它基于 26 个基本拉丁字母、阿拉伯数字和英文标点符号形成，只能显示美式英语。
- 亚洲国家的文字会使用到比较多的符号，如中文，因此出现了 GB2312 编码、GBK 编码。
- 由于世界上出现了太多字符集，无法统一使用，所以出现了 Unicode 字符集，它可以将所有字符都表示出来。Unicode 字符集包含各国家的字符，也被称作为万国码。此时问题又出现了，由于 Unicode 只是一个字符集，它没有规定该怎么存储字符，所以又出现了 UTF-8 编码，可以用来规定如何存储 Unicode 字符集中的字符。

值得一提的是，UTF-8 编码也是当今互联网上的一种统一的编码方式。

在掌握了前置知识以后，我们开始正式学习<meta>标签。

<meta>标签主要提供有关页面的元数据。所谓元数据，就是描述数据的数据。具体来说，<meta>标签的属性定义了与文档相关联的一些描述性数据，如用来定义针对搜索引擎和更新频率的描述和关键词。<meta>标签位于文档的头部，其不包含任何内容。

当使用<meta>标签来规定 HTML 的编码时，需要书写代码如下。

```
<!-- 定义该文档的编码 -->
<meta http-equiv="Content-type" content="text/html; charset=UTF-8">
```

在代码中出现了"http-equiv="Content-type""和"content="text/html; charset=UTF-8""这 2 个属性。"http-equiv="Content-type""属性定义了一个指示命令，其对应值 Content-type 表示定义文档内容的类型。"content="text/html; charset=utf-8""属性规定了 Content-type 的具体内容，其中，文件类型是 text/html，文件编码是 UTF-8。

总结一下，就是当前文档的内容类型为 text/html 类型，文档的编码方式是 UTF-8。可以发现，因为这种编码方式较为烦琐，所以 HTML5 进行了一些改进，使其更容易书写。

当使用<meta>标签来定义对页面的描述时，需要配合书写 name 属性和 content 属性。下面对这 2 个属性进行介绍。

（1）name 属性。

name 属性用来规定页面的一些描述项。name 属性的属性值是已经规定好的，这里为读者介绍 2 个常用值——keywords 和 description。当属性值为 keywords 时，其用来规定与页面内容相关的关键字；当属性值为 description 时，其用来规定一段对页面内容的简短描述。

（2）content 属性。

content 属性用来定义具体的描述内容。对应的内容是根据 name 属性值来决定的。不管 name 属性值为 keywords 还是 description，其值都是自定义的。

当 name 属性值为 keywords 时，代码如下所示。

```
<!-- 定义该文档内容的关键字 -->
<meta name="keywords" content="前端,尚硅谷"/>
```

这代表该文档内容的关键字为"前端"或"尚硅谷"。也就是说，当使用搜索引擎搜索"前端"或"尚硅谷"时，会查找出一些相关的页面。需要注意的是，如果 keywords 的值（网页关键字）有多个，那么重要的关键字要放在最前方，而且尽量不超过 3 个。多个关键字之间使用英文、半角逗号进行分隔。

当 name 属性值为 description 时，代码如下所示。

```
<!-- 定义该文档内容的简短描述 -->
<meta name="description" content="该文档描述了常用的 HTML 基本语法" />
```

这代表该文档内容的描述为"该文档描述了常用的 HTML 基本语法"。值得一提的是，description 中的内容更多的是给搜索引擎提供一些引导，在运行代码时，页面上是看不出来的。

### 2.3.3 其他头标签

其实在<head>标签中还可以设置一些其他标签，例如，可以通过书写<script></script>标签对来定义一段 JavaScript 脚本，代码如下所示。

```
<script>
    console.log('进入网页啦')
</script>
```

书写<style></style>标签对，并以此定义一段 CSS 样式，代码如下所示。

```
<style>
#box{
    width: 20px;
    height: 20px;
    border: 1px solid #000;
}
</style>
```

还可以通过使用单标签<link />来设置外部文件的链接标志，用于确定本页面和其他文档的关系，代码如下所示。

```
<link rel="stylesheet" type="text/css" href="index.css"/>
```

在阅读上面 3 个标签的对应案例时，不必理解其含义是什么，只需知道在<head></head>标签对中可以书写 3 种标签即可。本章只对其做简单介绍，在讲解 CSS 及 JavaScript 时，会进行着重介绍。

## 2.4　本章小结

本章主要对 HTML 的基本语法和结构进行了介绍，首先在 2.1 节通过一个案例的穿插讲解，从创建一个 HTML 文件开始，依次对标签的分类、标签属性、实体、HTML 的注释符等知识的运用进行了演示。其次在 2.2 节对 HTML 文档的结构进行了介绍，使读者对 HTML 文档的大体结构有了基本了解。最后在 2.3 节介绍了<head>标签中可以包含的标签，使读者了解了 HTML 中的一些标签与浏览器的关系。

千里之行，始于足下，要想学好一门语言，扎实的基本功必不可少。本章是 HTML 中最基础的部分，建议读者多次阅读学习本章内容，以达到掌握的程度。

# 第3章

## 常用 HTML 标签

用户访问网站主要是为了获取网站相关内容，对他们来说，在网站能够轻松获得相关的内容是最重要的事情。所谓内容，不只指文本，还包括其他形式的信息，如图像、视频、音频等。

而对开发者而言，为了开发出方便用户读取内容的网站，往往要对结构和文字进行设置。本章我们对常用的 HTML 标签进行了归类，将用来标记零散文字的标签称为标记文字的标签，将用来组织结构的标签称为组织内容的标签。

需要注意的是，在学习 HTML 标签时不应该只注重标签的样式，还应该注重 HTML 标签对于搜索引擎和浏览器来说所代表的语义。具体的相关内容将在"HTML5 篇"进行讲解。

## 3.1 标记文字——普通文本

标记文字的部分主要分为 2 类，第一类为普通文本，第二类为超链接。本节主要针对普通文本的相关知识点展开介绍。

本节主要通过一些 HTML 标签来标记文本，从而在网页中实现对文字的大小、字体、颜色等属性的更改。另外，还能为文本增加如粗体、斜体、上标、下标等修饰效果。

### 1. <b>标签

<b>标签可以将标记的文本显示为粗体，其语法代码如下所示。

```
<b>……</b>
```

请思考案例 3-1，注意加粗的代码。

【案例 3-1】

```
<!DOCTYPE html>
<html>
  <head>
    <meta charset="UTF-8" />
  </head>
  <body>
    I like <b>apples</b> and <b>oranges</b>
  </body>
</html>
```

运行案例 3-1 中的代码后，页面效果如图 3-1 所示。从页面效果中可以看出，被<b>标签嵌套包裹的文字"apples"和"oranges"被加粗了。

### 2. <strong>标签

<strong>标签用来表示重要的文本内容，具体来说，是指需要比周围的文本表现得更加突出的文本，其语法代码如下所示。

```
<strong>……</strong>
```

图 3-1　页面效果（1）

请思考案例 3-2，注意加粗的代码。

【案例 3-2】

```
<!DOCTYPE html>
<html>
  <head>
    <meta charset="UTF-8" />
  </head>
  <body>
    我喜欢吃苹果和香蕉，最喜欢吃<strong>葡萄</strong>
  </body>
</html>
```

运行案例 3-2 中的代码后，页面效果如图 3-2 所示。在代码中，"葡萄"被嵌套在<strong>标签中，由此从页面效果中可以看出，我虽然喜欢吃苹果、香蕉、葡萄，但是葡萄比苹果和香蕉更重要。

图 3-2　页面效果（2）

### 3. <i>标签

<i>标签可以将标记的文本显示为斜体，其语法代码如下所示。

```
<i>……</i>
```

请思考案例 3-3，注意加粗的代码。

【案例 3-3】

```
<!DOCTYPE html>
<html>
  <head>
    <meta charset="UTF-8" />
  </head>
  <body>
    我喜欢吃<i>苹果</i>和<i>香蕉</i>
  </body>
</html>
```

运行案例 3-3 中的代码后，页面效果如图 3-3 所示。从页面效果中可以看出，被<i>标签嵌套包裹的"苹果"和"香蕉"文本显示为斜体。

图 3-3　页面效果（3）

### 4. \<em\>标签

\<em\>标签用来强调文本，即在朗读时要大声读出来的文本，其语法代码如下所示。

```
<em>……</em>
```

请思考案例 3-4，注意加粗的代码。

【案例 3-4】

```
<!DOCTYPE html>
<html>
  <head>
    <meta charset="UTF-8" />
  </head>
  <body>
    <em>我</em>喜欢吃<b>苹果</b>和<b>香蕉</b>。
  </body>
</html>
```

运行案例 3-4 中的代码后，页面效果如图 3-4 所示。从页面效果中可以看出，"我"加上了\<em\>标签，代表读的时候需要重读，突出喜欢苹果和香蕉的是我。

图 3-4　页面效果（4）

### 5. \<u\>标签

\<u\>标签可以将标记的文本显示为带下画线的文本，其语法代码如下所示。

```
<u>……</u>
```

\<u\>标签通常用来描述拼写错误等提示。请思考案例 3-5，注意加粗的代码。

【案例 3-5】

```
<!DOCTYPE html>
<html>
  <head>
    <meta charset="UTF-8" />
  </head>
  <body>
    Web 的全称是<u>World Wide Web</u>
  </body>
</html>
```

运行案例 3-5 中的代码后，页面效果如图 3-5 所示。从页面效果中可以看出，被\<u\>标签嵌套包裹的文本"World Wide Web"下方带有下画线。

图 3-5　页面效果（5）

### 6. \<s\>标签

\<s\>标签可以将标记的文本显示为带删除线的文本，用来表示不存在、不相关的事物，其语法代码如下所示。

```
<s>……</s>
```

　　请思考案例 3-6，注意加粗的代码。

　　【案例 3-6】

```
<!DOCTYPE html>
<html>
  <head>
    <meta charset="UTF-8" />
  </head>
  <body>
    今日优惠已经<s>结束</s>
  </body>
</html>
```

　　运行案例 3-6 中的代码后，页面效果如图 3-6 所示。从页面效果中可以看出，被<s>标签嵌套包裹的文本"结束"带有删除线。

图 3-6　页面效果（6）

### 7. &lt;small&gt;标签

　　<small>标签可以将文本的字号标记为比正常文本小一些的字号，其语法代码如下所示。

```
<small>……</small>
```

　　请思考案例 3-7，注意加粗的代码。

　　【案例 3-7】

```
<!DOCTYPE html>
<html>
  <head>
    <meta charset="UTF-8" />
  </head>
  <body>
    <p>这里是正常字号，<small>这里是小一些的字号</small></p>
  </body>
</html>
```

　　运行案例 3-7 中的代码后，页面效果如图 3-7 所示。从页面效果中可以看出，被<small>标签嵌套的文本，其字号明显小于正常字号。

图 3-7　页面效果（7）

### 8. &lt;cite&gt;标签

　　<cite>标签主要用来引用某些作品，如新闻、文章、书籍、电视节目，其语法代码如下所示。

```
<cite>……</cite>
```

　　请思考案例 3-8，注意加粗的代码。

21

【案例 3-8】

```
<!DOCTYPE html>
<html>
  <head>
    <meta charset="UTF-8" />
  </head>
  <body>
    <cite>《富春山居图》</cite>是元代黄公望创作的水墨画。
  </body>
</html>
```

运行案例 3-8 中的代码后，页面效果如图 3-8 所示。从页面效果中可以看出，被<cite>标签嵌套包裹的文本"《富春山居图》"变为斜体，代表被引用了。

图 3-8　页面效果（8）

### 9. &lt;address&gt;标签

<address>标签用来表示 HTML 文档中某个人或某个组织的联系方式，其语法代码如下所示。

```
<address>……</address>
```

请思考案例 3-9，注意加粗的代码。

【案例 3-9】

```
<!DOCTYPE html>
<html>
  <head>
    <meta charset="UTF-8" />
  </head>
  <body>
    <address>written by <a href="mailto:examile@atguigu.com">小尚</a>Visit us at: <a href="http://www.atguigu.com">尚硅谷</a></address>
  </body>
</html>
```

运行案例 3-9 中的代码后，页面效果如图 3-9 所示。页面上文本"written by"和"Visit us at:"的效果就是<address>标签所带来的效果。

图 3-9　页面效果（9）

### 10. &lt;abbr&gt;标签

<abbr>标签主要用来定义缩写。该标签可以配合 title 属性使用，具体来说，在 title 属性值中可以书写该缩写的完整描述，其语法代码如下所示。

```
<abbr>……</abbr>
```

请思考案例 3-10，注意加粗的代码。

【案例 3-10】

```
<!DOCTYPE html>
<html>
```

```
<head>
  <meta charset="UTF-8" />
</head>
<body>
  <abbr title="World Wide Web">www</abbr>
</body>
</html>
```

运行案例 3-10 中的代码后，页面效果如图 3-10 所示。当光标放在"WWW"上时，会提示缩写对应的完整描述，即 title 属性值。

图 3-10　页面效果（10）

### 11. \<sub\>标签与\<sup\>标签

\<sub\>标签与\<sup\>标签的效果相反，\<sub\>标签定义的文本的位置比主要文本低，而\<sup\>标签定义的文本的位置比主要文本高。为了方便读者记忆，这里将 2 个标签放在一起讲解。

先来看\<sub\>标签，\<sub\>标签用来定义要排版的文字，其语法代码如下所示。

```
<sub>……</sub>
```

请思考案例 3-11，注意加粗的代码。

【案例 3-11】

```
<!DOCTYPE html>
<html>
  <head>
    <meta charset="UTF-8" />
  </head>
  <body>
    水的化学式是：H<sub>2</sub>O
  </body>
</html>
```

运行案例 3-11 的代码后，页面效果如图 3-11 所示。从页面效果中可以看出，被\<sub\>标签嵌套包裹的文本"2"的位置比显示的主要文本低。

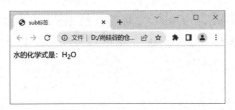

图 3-11　页面效果（11）

再来介绍\<sup\>标签，\<sup\>标签同样用来定义需要排版的文本，其语法代码如下所示。

```
<sup>……</sup>
```

请思考案例 3-12，注意加粗的代码。

【案例 3-12】

```
<!DOCTYPE html>
<html>
  <head>
    <meta charset="UTF-8" />
```

```
</head>
<body>
  2<sup>10</sup>的计算结果为1024
</body>
</html>
```

运行案例 3-12 中的代码后，页面效果如图 3-12 所示。从页面效果中可以看出，被 `<sup>` 标签嵌套包裹的文本"10"的位置比显示的主要文本高。

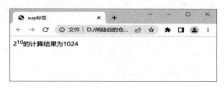

图 3-12　页面效果（12）

### 12. `<span>`标签

`<span>`标签用来表示一些无特殊语义的文本内容，通常这些内容需要使用 CSS 样式进行修饰，其语法代码如下所示。

```
<span>……</span>
```

`<span>`标签不会改变页面显示的效果，这里不再进行展示。

### 13. `<br>`标签

`<br>`标签用来在文本中生成一个换行。该标签是一个单标签，不需要包含其他的文本内容。请思考案例 3-13，注意加粗的代码。

【案例 3-13】

```
<!DOCTYPE html>
<html>
  <head>
    <meta charset="UTF-8" />
  </head>
  <body>
    我们可以使用&lt;br&gt;标签来给<br />文本<br />换行
  </body>
</html>
```

代码中的"`&lt;`"和"`&gt;`"是 HTML 中的特殊符号，"`&lt;`"代表左尖括号，"`&gt;`"代表右尖括号。之所以使用特殊符号来表示"<"和">"，是因为浏览器在解析时会认为"<>"是标记，从而在页面上无法正常显示。例如，"文本"前后的 2 个"`<br/>`"标签就被浏览器认为是标记，因此在页面中没有显示出来，而是生成了换行。运行案例 3-13 中的代码后，页面效果如图 3-13 所示。

图 3-13　页面效果（13）

## 3.2　标记文字——超链接

本节将对标记文字这一部分中的超链接进行详细介绍。

### 3.2.1　绝对路径、相对路径

绝对路径和相对路径是学习超链接必备的前置知识，在正式学习超链接之前，我们先对绝对路径和相对路径进行介绍。

首先我们需要明确什么是路径。路径用来描述当前文件和其他文件的位置关系，例如，文件 a 在磁盘 E 的目录下。这样的位置关系就可以称为路径，因为它准确地描述了文件 a 与磁盘 E 的关系。当然，路径不局限于前面的举例，我们还可以以文件在网站文件夹结构中的位置进行举例……总之，只要其描述了当前文件和其他文件的位置关系，可以表示文件当前的位置，就都可以被称为路径。

其次讲解绝对路径。绝对路径是从"一开始"就进行计算的路径。那么，什么是"一开始"呢？下面通过一个案例来帮助读者理解。IT 精英小尚要从北京出差去深圳，小尚要打车到北京大兴国际机场，共有 3 个方案：①从家里（地点 A）出发；②从公司（地点 B）出发；③先去同事家（地点 C）取东西，然后从同事家叫车出发。

方案一：小尚从地点 A 打车到北京大兴国际机场，然后再坐飞机到深圳宝安国际机场，如图 3-14 所示。

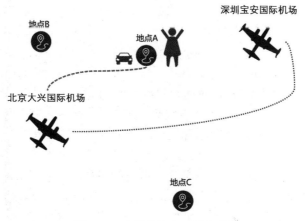

图 3-14　小尚从地点 A 去机场

方案二：小尚从地点 B 打车到北京大兴国际机场，然后再坐飞机到深圳宝安国际机场，如图 3-15 所示。

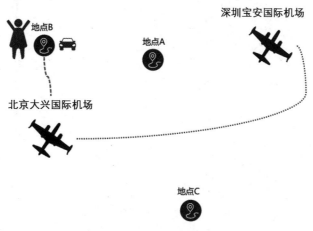

图 3-15　小尚从地点 B 去机场

方案三：小尚从地点 C 打车到北京大兴国际机场，然后再坐飞机到深圳宝安国际机场，如图 3-16 所示。

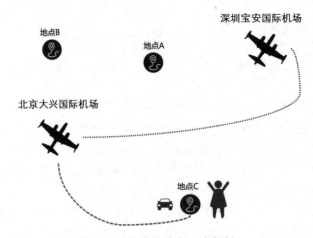

图 3-16　小尚从地点 C 去机场

综合分析图 3-14 至图 3-16，我们可以看出，即使飞机航线会途经小尚的出发地点，他也需要先来到北京大兴国际机场，才能到达最终目的地。也就是说，不管小尚从哪里出发，他都需要先到北京大兴国际机场，然后才能乘坐飞机到达深圳宝安国际机场，这就是我们所说的从"一开始"就进行计算。

绝对路径可以分为 2 种：一种是本地的绝对路径，另一种是 Web 中使用的绝对路径。

本地的绝对路径比较常见，如"E:\www\logo.png"就是本地绝对路径。这里的 E 盘就相当于案例中的北京大兴国际机场，因此这个路径显而易见，描述的就是 E 盘下的 www 文件夹下的 logo.png。

在 Web 中也存在绝对路径，如在 http://www.atguigu.com/images/logo.png 这个路径中，http://www.atguigu.com 后面的"/"就是网站的根目录，就相当于案例中的北京大兴国际机场。需要注意的是，在网址中是看不到根目录的，我们所说的网站根目录是指实际开发时的根目录，因此该路径描述的就是网站根目录下的 images 文件夹下的 logo.png。

最后介绍相对路径。相对路径是相对于当前文件所在的路径来计算的路径。在相对路径中，我们使用"./"表示当前文件所在的目录，使用"../"表示当前文件所在目录的上级目录。

在上面的讲解中，出现了目录分隔符"/"和"\"，它们用来表示文件路径中的层级关系。因为 Windows 操作系统能识别"\"和"/"，而 Linux 操作系统只能识别"/"，所以在 Web 中我们统一使用"/"作为目录分隔符。

假设有以下目录。

```
    html
├── 1.html
├──img1
|   └──img.jpg
|   └── test.html
└── src
└── 2.html
└── html
      └── 3.html
```

（1）情况一：需要使用下级目录中的文件。

假设现在编写 1.html，需要使用同目录中 img1 目录下的 img.jpg，那么可以在 1.html 中将路径写为"./img1/img.jpg"。需要注意的是，在前面不加"./"时，同样表示当前文件所在的目录。也就是说，"img1/img.jpg"也可以用来表示同目录中 img1 目录下的 img.jpg。

（2）情况二：需要使用同级目录中的文件。

假设当前在编写 img1 目录下的 test.html，现在需要使用同目录中的 img.jpg，那么可以在 test.html 中将路径写为"./img.jpg"。与情况一相同，同样可以省略"./"。

（3）情况三：需要使用上级目录中的文件。

假设当前在编写 src 目录下的 2.html，现在需要使用 img1 目录中的 img.jpg，那么可以在 2.html 中将路径写为"../img1/img.jpg"。

（4）情况四：需要使用多层上级目录中的文件。

假设在编写 HTML 目录中的 3.html，现在需要使用 img1 目录中的 img.jpg，那么可以在 3.html 中将路径写为"../../img1/img.jpg"。

需要注意的是，如果在文件路径中不使用"."或"..",而是直接使用"/",那么表示的就是网站的根目录。例如，"/logo.png"指的就是网站根目录下的 logo.png。

## 3.2.2 超链接

有了 3.2.1 节的铺垫，本节开始正式讲解超链接的相关知识。

超链接是指从一个网页指向一个目标的连接关系。在一个 Web 项目中，各网页就是由超链接连接起来的。在 HTML 中，可以使用<a>标签来指定一个超链接，其语法代码如下所示。

```
<a>……</a>
```

<a>标签之间的内容会显示在页面上。在页面上点击超链接后，链接目标将显示在浏览器上，并且根据目标的类型来打开或运行。

但不是只要在标签之间书写文字就可以实现超链接，HTML 为<a>标签提供了 href 属性，该属性用来指定点击链接后要跳转的目标，其属性值可以是绝对路径，也可以是相对路径。标签的属性需要书写在标签中，以<a>标签为例，代码如下所示。

```
<a href=""></a>
```

如果想要链接到尚硅谷官网，就可以将代码书写为：

```
<a href="http://www.atguigu.com">尚硅谷</a>
```

此时，href 属性的属性值为绝对路径，当在页面上点击"尚硅谷"文本的超链接后，会跳转到尚硅谷官网，如图 3-17 与图 3-18 所示。

图 3-17　页面效果（1）　　　　　　　　图 3-18　点击超链接后跳转到尚硅谷官网

使用<a>标签同样可以链接到本地的页面，代码如下所示。

```
<a href="./1.html">尚硅谷</a>
```

此时 href 属性的属性值是相对路径，在点击"跳转页面"文本的超链接后，会跳转到当前目录的 1.html 文件，如图 3-19 与图 3-20 所示。

需要注意的是，如果需要书写的属性值为 Web 下的绝对路径，那么必须在前面加上协议名。例如，点击"www.atguigu.com/index.html"是无法跳转到 index.html 上的，只有加上协议名，更改为"http://www.atguigu.com/

index.html"才能跳转成功。这是因为前者会把 www.atguigu.com 当作目录名，后者才能将其作为 Web 下的绝对路径。

图 3-19　页面效果（2）

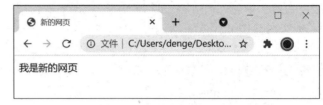

图 3-20　点击链接后跳转到当前目录 1.html 文件

对于 href 属性，同样要注意，不要将其属性值写为本地的绝对路径，否则 Web 服务器将无法访问这个路径。例如，"<a href="E:/www/index.html">点击测试</a>"这个链接在点击后是无法跳转的。

<a>标签中的 target 属性用来指定跳转目标将在哪里打开。它有 2 个属性值，分别是_self 和 _blank，具体说明如下。

（1）_self：代表在当前页面加载，该值为默认项。

（2）_blank：代表在新窗口打开。

书写测试代码如下。

```
<!--在本页面打开-->
<a href="http://www.atguigu.com" target="_self">尚硅谷官网 1</a>
<!--在新页面打开-->
<a href="http://www.atguigu.com" target="_blank">尚硅谷官网 2</a>
```

### 3.2.3　锚点

所谓锚点，就是前面在 URL 地址中所介绍的片段标识符。如果请求的目标是一个大目标，那么可以使用<a>标签将页面划分为大目标的一个个小目标，在地址栏输入这个小目标的标识后，就将跳转到小目标的位置上。

<a>标签的 id 属性可以在页面中划分出一个个小目标，其属性值可以是自定义的字母、数字，但是尽量不要使用数字作为开头，代码如下所示。

```
<a id="test1">测试一</a>
测试内容<br/>
测试内容<br/>
测试内容<br/>
……
测试内容<br/>
……
测试内容<br/>
测试内容<br/>
测试内容<br/>
<a id="test2">测试二</a>
测试内容<br/>
测试内容<br/>
测试内容<br/>
……
测试内容<br/>
……
测试内容<br/>
测试内容<br/>
测试内容<br/>
```

在完成上面的代码后，在浏览器地址栏的地址后面加上"#test1"或"#test2"，就将跳转到对应页面标记的小目标的位置上。

按照上面的方式操作，虽然可以跳转到小目标的位置，但是需要在地址栏进行输入，这个过程比较烦琐，因此可以对跳转到这个小目标的超链接进行定义。

可以通过在上面代码的顶端加上<a>标签来配合 href 属性进行测试。

```
<a href="#test1">跳转到测试一的位置</a>
<a href="#test2">跳转到测试二的位置</a><br/>
```

因为上面的代码没有写出具体的路径，只写了"#test1"和"#test2"，所以路径将会解析为当前的文件地址。

锚点也可以链接到其他大目标的小目标上。现在新建一个文件 test1.html，在其中加入下方代码。

```
<a href="./index.html#test1">跳转到 index.html 测试一的位置</a>
<a href="./index.html#test2">跳转到 index.html 测试二的位置</a>
```

点击任何一个链接，都将直接跳转到 index.html 的小目标的位置上。

## 3.3　组织内容——普通文本

组织内容分为普通文本和列表两部分，本节只对普通文本的相关标签进行讲解。

首先讲解<p>标签。<p>标签用来标识一个段落，其表现形式为在段落上方和下方加入空白，代码如下所示。

```
<p>段落一段落一段落一段落一段落一段落一段落一段落一段落一</p>
<p>段落二段落二段落二段落二段落二段落二段落二段落二段落二</p>
```

其次介绍分隔线标签<hr />。HTML 提供了<hr />标签，用来表示段落级标签之间的主题转化，例如，在一个故事中场景的改变，或者是一个章节的主题改变。它表现为一条水平线。值得一提的是，<hr />是一个单标签，它的语法如下所示。

```
<p>这是第一段
这是第一段
这是第一段
这是第一段
这是第一段
这是第一段
这是第一段
这是第一段
这是第一段
</p>
<hr />
<p>
这是第二段
这是第二段
这是第二段
这是第二段
这是第二段
这是第二段
这是第二段
这是第二段
这是第二段
这是第二段
</p>
```

这段代码在 2 个<p>标签之间使用了<hr />标签进行分隔，在运行代码后，页面效果如图 3-21 所示。

最后对<div>标签进行简单介绍。该标签没有特定的语义，它是一个纯粹的容器，主要应用在布局方面，在后续的讲解中会逐渐体现该标签的作用。

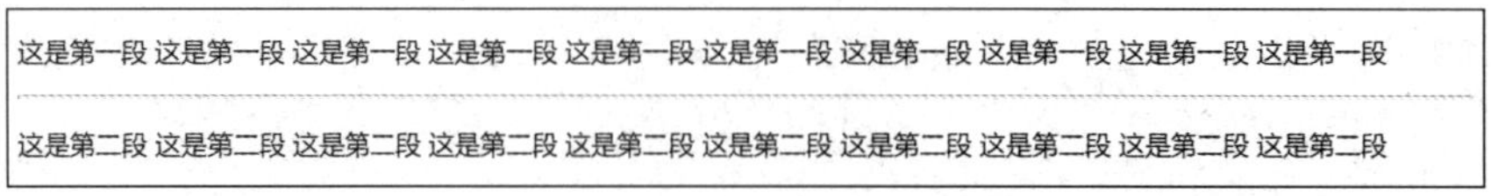

| 这是第一段 这是第一段 这是第一段 这是第一段 这是第一段 这是第一段 这是第一段 这是第一段 这是第一段 这是第一段 |
| 这是第二段 这是第二段 这是第二段 这是第二段 这是第二段 这是第二段 这是第二段 这是第二段 这是第二段 这是第二段 |

图 3-21　页面效果

## 3.4　组织内容——列表

本节将对组织内容中的列表进行细化分类，同时进行相关介绍。

### 3.4.1　有序列表

本节将对有序列表进行讲解，首先需要明确什么是有序列表。所谓有序列表，就是按照字母或数字等顺序排列的列表项目，如图 3-22 所示，该图为我们常见的试卷截图，一共有 4 道题，这就是有序列表的形式之一。

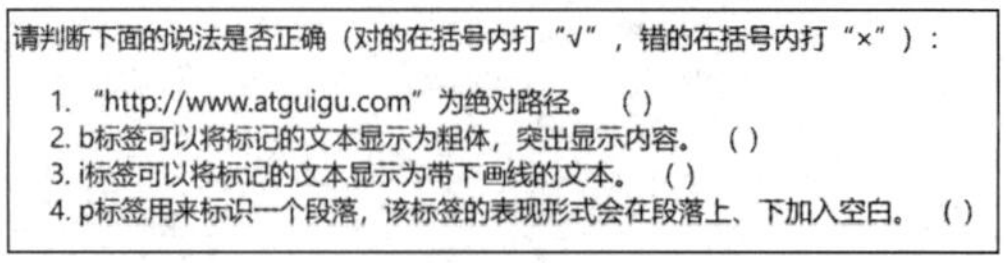

请判断下面的说法是否正确（对的在括号内打 "√"，错的在括号内打 "×"）：
1. "http://www.atguigu.com" 为绝对路径。（ ）
2. b标签可以将标记的文本显示为粗体，突出显示内容。（ ）
3. i标签可以将标记的文本显示为带下画线的文本。（ ）
4. p标签用来标识一个段落，该标签的表现形式会在段落上、下加入空白。（ ）

图 3-22　有序列表

在 HTML 中，可以使用<ol>标签来编写一个带有编号的列表。需要注意的是，<ol>标签只是定义了一个有序列表，列表中的每项内容都需要使用<li>标签来定义，代码如下所示。

```
请判断下面的说法是否正确（对的在括号内打 "√"，错的在括号内打 "×"）：
<ol>
    <li>"http://www.atguigu.com"为绝对路径。（ ）</li>
    <li>b 标签可以将标记的文本显示为粗体，突出显示内容。（ ）</li>
    <li>i 标签可以将标记的文本显示为带下画线的文本。（ ）</li>
    <li>p 标签用来标识一个段落，该标签的表现形式会在段落上、下加入空白。（ ）</li>
</ol>
```

<li>的结束标签也可以省略，页面效果不会改变，代码如下所示，但是我们不建议省略<li>的结束标签。

```
请判断下面的说法是否正确（对的在括号内打 "√"，错的在括号内打 "×"）：
<ol>
    <li>"http://www.atguigu.com"为绝对路径。（ ）
    <li>b 标签可以将标记的文本显示为粗体，突出显示内容。（ ）
    <li>i 标签可以将标记的文本显示为带下画线的文本。（ ）
    <li>p 标签用来标识一个段落，该标签的表现形式会在段落上、下加入空白。（ ）
</ol>
```

运行代码后，页面效果没有任何改变，依旧显示为如图 3-22 所示的效果。

### 3.4.2　无序列表

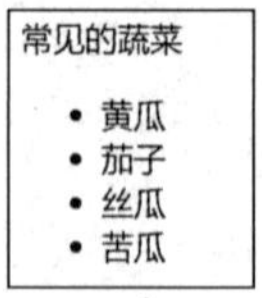

3.4.1 节对有序列表进行了介绍，本节将对无序列表进行介绍。无序列表与有序列表的表现形式相似，只不过无序列表是一个没有序号的列表，如图 3-23 所示。

常见的蔬菜
- 黄瓜
- 茄子
- 丝瓜
- 苦瓜

图 3-23　无序列表

在 HTML 中，可以使用<ul>标签来编写一个没有序号的列表。需要注意的是，<ul>标签只是定义了一个无序列表，列表中的每项内容都需要使用<li>标签来定义，代码如下所示。

```
常见的蔬菜
<ul>
    <li>黄瓜</li>
    <li>茄子</li>
    <li>丝瓜</li>
    <li>苦瓜</li>
</ul>
```

不管是有序列表还是无序列表，其中的\<li\>标签都可以嵌套有序列表、无序列表或其他标签。例如，在\<li\>标签中可以嵌套超链接或是另外一个无序列表，代码如下所示。

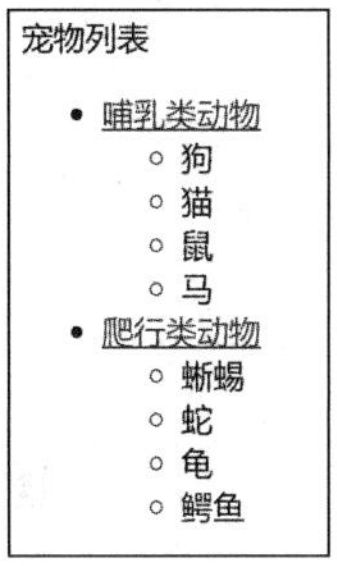

```
宠物列表
<ul>
  <li>
    <a href="https://baike.baidu.com">哺乳类动物</a>
    <ul>
      <li>狗</li>
      <li>猫</li>
      <li>鼠</li>
      <li>马</li>
    </ul>
  </li>
  <li>
    <a href="https://baike.baidu.com">爬行类动物</a>
    <ul>
      <li>蜥蜴</li>
      <li>蛇</li>
      <li>龟</li>
      <li>鳄鱼</li>
    </ul>
  </li>
</ul>
```

在这段代码中，我们使用\<ul\>标签定义了无序列表，在其内部使用了 2 个\<li\>标签。\<li\>标签内分别嵌套了\<a\>标签和新的\<ul\>标签，从而显示出二级列表的效果。运行代码后，页面效果如图 3-24 所示。

讲解到这里，读者可能对什么时候使用有序列表或无序列表产生了疑惑。实际上，如果改变列表中\<li\>标签的顺序会使这个列表对应的意义发生改变，那么就应该使用\<ol\>标签；如果更改之后意义没有发生改变，那么使用\<ul\>标签更为合适。

## 3.4.3 自定义列表

有时需要定义的列表包含一系列标题/说明组合，此时就可以使用自定义列表来实现。自定义列表需要使用 3 种标签，分别是\<dl\>标签、\<dt\>标签、\<dd\>标签，具体说明如下。

- \<dl\>标签：用来定义一个自定义列表。
- \<dt\>标签：用来定义自定义列表中的标题。
- \<dd\>标签：用来定义自定义列表中的说明。

下面通过一个案例来演示这 3 种标签的使用，代码如下所示。

```
<dl>
  <!--定义标题-->
  <dt>苹果</dt>
  <!--定义说明-->
  <dd>蔷薇科苹果属植物</dd>
  <dd>
    苹果的功效：益胃，生津，除烦，醒酒。主津少口渴，脾虚泄泻，食后腹胀，饮酒过度。
  </dd>
</dl>
```

从代码中可以看出，\<dl\>标签相当于有序列表的\<ol\>标签，用来定义列表；\<dt\>标签用来定义标题"苹果"，\<dd\>标签用来定义说明"蔷薇科苹果属植物""苹果的功效：益胃……"。运行代码后，页面效果如图 3-25 所示。

图 3-24 页面效果

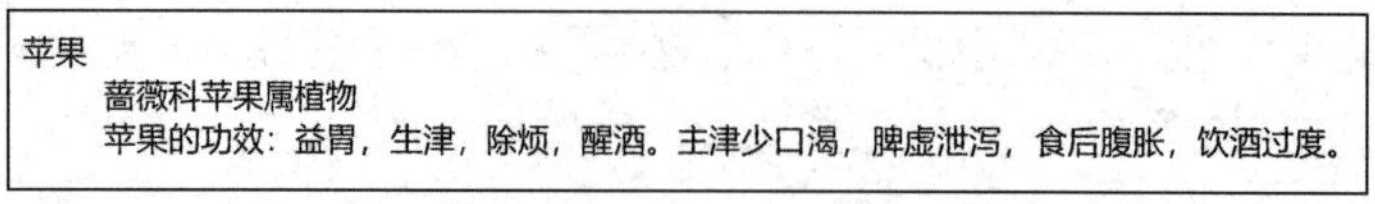

苹果
　　蔷薇科苹果属植物
　　苹果的功效：益胃，生津，除烦，醒酒。主津少口渴，脾虚泄泻，食后腹胀，饮酒过度。

图 3-25　页面效果（1）

其实，在每个自定义列表中可以存在一个或多个<dt>标签，以及一个或多个<dd>标签，代码如下所示。

```
<dl>
  <!--定义标题-->
  <dt>苹果</dt>
  <!--定义说明-->
  <dd>蔷薇科苹果属植物</dd>
  <dd>
    苹果的功效：益胃，生津，除烦，醒酒。主津少口渴，脾虚泄泻，食后腹胀，饮酒过度。
  </dd>
  <dt>香蕉</dt>
  <dd>芭蕉科芭蕉属植物</dd>
  <dd>
    香蕉的功效：清热，补充能量，保护胃黏膜，降血压，通便润肠道，安神助睡眠，保持心情愉悦，抗癌，解酒。
  </dd>
</dl>
```

这段代码使用<dt>标签定义了 2 个标题，分别为苹果和香蕉，并且配以对应的说明，运行代码后，页面效果如图 3-26 所示。

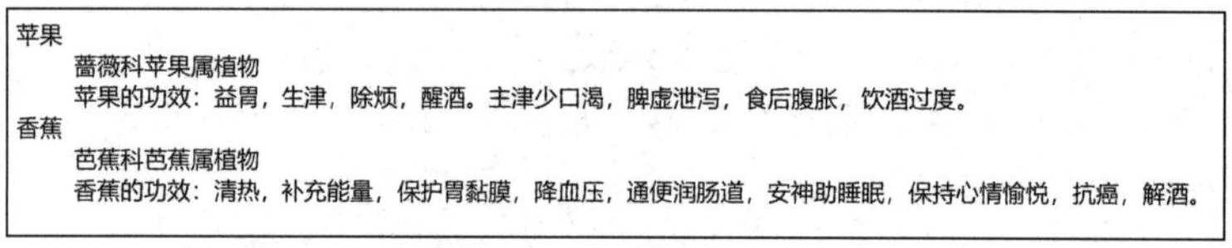

苹果
蔷薇科苹果属植物
苹果的功效：益胃，生津，除烦，醒酒。主津少口渴，脾虚泄泻，食后腹胀，饮酒过度。
香蕉
芭蕉科芭蕉属植物
香蕉的功效：清热，补充能量，保护胃黏膜，降血压，通便润肠道，安神助睡眠，保持心情愉悦，抗癌，解酒。

图 3-26　页面效果（2）

## 3.5　组织内容——标题标签

HTML 提供了<h1>、<h2>、<h3>、<h4>、<h5>、<h6>标签，用来定义标题。所谓标题，就是以几个固定字号显示的文字。其中<h1>标签的级别最高，<h6>标签的级别最低，重要程度依次递减，具体语法如下所示。

```
<h1>标题 1</h1>
<h2>标题 2</h2>
<h3>标题 3</h3>
<h4>标题 4</h4>
<h5>标题 5</h5>
<h6>标题 6</h6>
```

运行代码后，页面效果如图 3-27 所示。

读者也可以书写多个同级标题，其通常用来将网页上的内容分为几个部分，每个部分具有一个主题。标题标签很好地构成了文档的大纲，代码如下所示。

```
<h1>小尚前端学习</h1>
<h2>第一章</h2>
<h3>第一节</h3>
<h3>第二节</h3>
<h3>第三节</h3>
<h2>第二章</h2>
<h3>第一节</h3>
<h3>第二节</h3>
<h3>第三节</h3>
```

这很像小尚的前端学习大纲，从第一章开始学习，依次为第一节、第二节、第三节，然后学习第二章的第一节、第二节……运行代码后，页面效果如图 3-28 所示。

图 3-27　页面效果（1）

图 3-28　页面效果（2）

# 3.6　嵌入内容——图片标签

读者在浏览某个网站时可能经常会看见一些漂亮的图片。为了在网页中显示图片，HTML 提供了图片 <img>标签。本节将先介绍图片的几个类型，然后再正式讲解图片标签的相关知识。

## 3.6.1　图片类型

图片类型是指计算机存储图片的格式，本节将为读者介绍 4 种常用的图片类型。

首先，介绍 JPEG（Joint Photographic Experts Group，联合图像专家组）文件，它是最常见的图片类型，文件后缀为".jpeg"或".jpg"。它是一种有损压缩格式，能够将图片压缩到只占用很小的存储空间的程度，但是容易造成图片数据的丢失，会降低图片的质量。此格式不适合用于存储所含颜色较少、具有大块颜色相近区域的简单图片，但适合用于存储颜色鲜明的图片。

其次，介绍生活中极为常见的图片后缀".png"，其全称为 Portable Network Graphics，中文译为便携式网络图形。它支持高级别无损压缩，支持透明。但是相比 JPEG 文件，它占据的存储空间较大。通常在不在乎图片所占存储空间大小而想要得到更好的显示效果时，.png 格式的使用频率较高。

再次，介绍图片后缀".gif"，其全称为 Graphics Interchange Format，中文译为图形交换格式。平时聊天发的表情包就是后缀为".gif"的图片，这种类型的图片是无损压缩的。.gif 格式还支持动画和透明。但是需要注意的是，.gif 格式仅支持 256 种不同的颜色。其通常应用于对色彩要求不高，同时存储空间较小的场景。

最后，介绍 webp 图片，这是 Google 开发的新图片类型，其同时支持有损压缩和无损压缩。webp 官网 Logo 如图 3-29 所示。

图 3-29　webp 官网 Logo

在网站上通常会存在大量图片，webp 格式可以降低存储大小，从而减少浏览器和服务器之间的传输数据量，提升用户访问体验。在无损情况下，同等质量的 webp 图片占据的存储空间比.png 格式的小；在有损情况下，同等质量的 webp 图片占据的存储空间比 JPEG 文件的小。

## 3.6.2　图片标签

一个网站中会存在大量图片，而 HTML 提供了<img />标签，用来在网页中嵌入图片。值得一提的是，<img />标签是一个单标签，不需要书写标签对。在<img />标签中可以书写多个属性，下面将依次展开介绍。

在<img />标签中可以书写 src 属性，此属性用来指定要嵌入的图片的 URL 地址。地址可以是绝对路径，也可以是相对路径，代码如下所示。

```
<img src="http://www.atguigu.com/images/index_new/logo.png" />
<img src="./images/logo.png" />
```

上方代码在 src 属性中书写了绝对路径和相对路径，相对路径代表要嵌入图片的 URL 地址是当前目录下 images 目录下的 logo.png 图片，绝对路径代表要嵌入图片的 URL 是该网站目录下 images 目录下 index_new 目录中的 logo.png 图片。

在<img />标签中还可以书写 alt 属性，该属性用来指定<img />标签的备用内容，这个内容会在图片无法显示时出现，代码如下所示。

```
<img src="/images/logo.png" alt="尚硅谷 logo" />
<img src="http://www.atguigu.com/images/index_new/logo.jpg" alt="尚硅谷 logo" />
```

当图片无法加载时，页面会显示 alt 属性中的内容，即"尚硅谷 Logo"，页面效果如图 3-30 所示。

<img />标签的常见用法是与结合<a>标签使用，创建一个可以点击的图片链接，代码如下所示。

```
<a href="http://www.atguigu.com">
<img src="http://www.atguigu.com/images/index_new/logo.png" alt="尚硅谷 logo" />
</a>
```

上方代码实现了点击图片就可以到跳转到尚硅谷官网的效果。运行代码后，页面效果如图 3-31 所示。

图 3-30　页面效果（1）

图 3-31　页面效果（2）

点击图片后，页面跳转至尚硅谷官网。

## 3.7　案例：划分 HTML 的结构

本节将通过对一个完整案例的划分，来帮助读者理解 HTML 标签的使用。先来看我们要划分的整体页面，如图 3-32 所示。

在开发前，我们需要将一个页面划分为多个部分，下面对该页面进行划分，然后分区域进行开发。划分后的页面如图 3-33 所示，整个页面总共分为 5 个部分，大标题使用<h1>标签进行包裹，剩下的部分均以<div>标签作为容器进行包裹。

图 3-32　整体页面

图 3-33　划分后的页面

下面根据划分出来的 5 个部分进行区域讲解，具体内容如下。

### 1. 标题部分

标题部分的效果如图 3-34 所示。

尚硅谷

图 3-34 标题部分的效果

观察图 3-34 可知，标题部分只有一个大标题，并且全文只有这一个，因此使用<h1>标签进行设置比较合适。HTML 代码实现如下所示。

```
<h1>尚硅谷</h1>
```

### 2. 品牌简介部分

将品牌简介再分为 4 个部分，如图 3-35 所示。下面依次分析这 4 个部分。

（1）根据图 3-35 可知，①所代表的部分为一张图片。根据前面所述可知，使用图片标签（<img />标签）可以将图片插入页面，因此这部分使用<img />标签进行设置即可。

（2）图 3-35 中②所代表的部分是一段文字，用来展示品牌相关信息，使用标记文字中的<p>标签进行设置比较合适。

（3）图 3-35 中③所代表的部分为该品牌的解释部分，其中内容均采用"标题：标题的解释"的格式呈现，使用 3.4.3 节中介绍的<dl>标签进行设置比较合适。

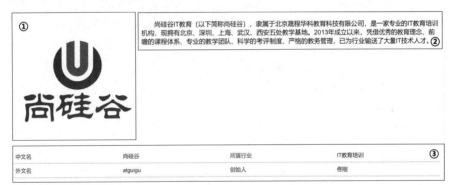

图 3-35 品牌简介部分

品牌简介部分的 HTML 代码如下所示。

```
<div>
  <img src="./images/01.png" alt="" />
  <p>
    尚硅谷 IT 教育（以下简称尚硅谷），隶属于北京晟程华科教育科技有限公司，是一家专业的 IT 教育培训机构，现拥
有北京、深圳、上海、武汉、西安五处教学基地。2013 年成立以来，凭借优秀的教育理念、前瞻的课程体系、专业的教学
团队、科学的考评制度、严格的教务管理，已为行业输送了大量 IT 技术人才。
  </p>
  <dl>
    <dt>中文名</dt>
    <dd>尚硅谷</dd>
    <dt>所属行业</dt>
    <dd>IT 教育培训</dd>
    <dt>外文名</dt>
    <dd>atguigu</dd>
    <dt>创始人</dt>
    <dd>佟刚</dd>
  </dl>
</div>
```

### 3. 品牌介绍部分

将品牌介绍分再分为 3 个部分，如图 3-36 所示。

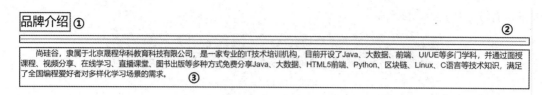

图 3-36　品牌介绍部分

下面将依次分析这 3 个部分。

（1）在图 3-36 中，因为第 1 部分是品牌介绍部分的标题，属于一级标题的下一级标题，因此使用\<h2>标签进行设置比较合适。

（2）第 2 部分是一条内容分隔线，根据前文所述，此处使用\<hr />标签来设置比较合适。

（3）第 3 部分是品牌介绍的具体内容，是一段文字，使用\<p>标签来设置比较合适。

品牌介绍部分的 HTML 代码如下所示。

```
<div>
  <h2>品牌介绍</h2>
  <hr />
  <p>
    尚硅谷，隶属于北京晟程华科教育科技有限公司，是一家专业的 IT 技术培训机构，目前开设了 Java、大数据、前
端、UI/UE 等多门学科，并通过面授课程、视频分享、在线学习、直播课堂、图书出版等多种方式免费分享 Java、大数
据、HTML5 前端、Python、区块链、Linux、C 语言等技术知识，满足了全国编程爱好者对多样化学习场景的需求。
  </p>
</div>
```

### 4. 品牌文化及各校区地址部分

品牌文化和各校区地址这 2 个部分的结构相同，此处以品牌文化部分为例进行讲解。将品牌文化部分再分为 3 个部分，如图 3-37 所示。

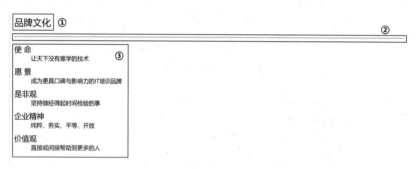

图 3-37　品牌文化部分

下面对这 3 个部分依次进行分析。

（1）在图 3-37 中，第 1 部分是品牌文化部分的标题，属于一级标题的下一级标题，使用\<h2>标签进行设置比较合适。

（2）第 2 部分依旧是一条内容分隔线，同样此处使用\<hr />标签来设置比较合适。

（3）第 3 部分是品牌文化的具体内容，其中内容均采用"标题：标题的解释"的格式呈现，因此同样使用 3.4.3 节中介绍的\<dl>标签来设置比较合适。

品牌文化部分的 HTML 代码如下所示。

```
<div>
  <h2>品牌文化</h2>
```

```
<hr />
<dl>
  <dt>使 命</dt>
  <dd>让天下没有难学的技术</dd>
  <dt>愿 景</dt>
  <dd>成为更具口碑与影响力的 IT 培训品牌</dd>
  <dt>是非观</dt>
  <dd>坚持做经得起时间检验的事</dd>
  <dt>企业精神</dt>
  <dd>纯粹、务实、平等、开放</dd>
  <dt>价值观</dt>
  <dd>直接或间接帮助到更多的人</dd>
</dl>
</div>
```

相信经过前 4 个部分的练习，读者对页面划分及编码已经有所掌握，"各校区地址"这一部分就留给读者自行练习，具体的 HTML 代码请见本书配套代码。

## 3.8　本章小结

本章将 HTML 中常见的标签分为 3 类：标记文字、组织内容和嵌入内容。3.1 节和 3.2 节主要对标记文字的普通文本和超链接进行了介绍。在超链接的相关内容中，介绍了绝对路径和相对路径，这 2 种路径不仅 HTML 会涉及，在 JavaScript、Java 等语言中也会涉及，因此这部分内容至关重要，读者应熟练掌握。阅读完这两节，读者已经可以成功地书写一个超链接，并且跳转至任何网站。

3.3 节至 3.6 节介绍了组织内容的相关标签，首先对普通文本的相关标签进行了介绍；其次对组织内容中的代表标签"列表"（3 种）进行了介绍，最后介绍了标题标签和分隔线标签。至此，读者已经可以实现网站中的绝大部分内容了。

3.6 节对嵌入内容的相关标签进行了介绍，主要涉及图片类型和图片标签 2 个部分的内容。经过对前面标签的学习，相信这部分内容对读者来说不难掌握。

在学习上述内容后，读者已经可以成功地实现一个网页的任何一部分了。此时读者所掌握的知识还比较零散，因此 3.7 节带领读者划分了一个完整的 HTML 结构，将零散的知识进行组合。至此，相信读者对 HTML 中的常见标签已经掌握得十分扎实，这对于后续的学习来说大有裨益！

# 第4章

## 表格和表单

表格在生活中随处可见，例如，学校在进行班级统计时，就常常使用表格来展示各年级的学生人数。以尚硅谷北京校区为例，其各学科在校人数统计如表 4-1 所示。

表 4-1　尚硅谷北京校区各学科在校人数统计

| 学科 | 前端 | Java | 大数据 | UI |
|---|---|---|---|---|
| 人数（人） | 625 | 738 | 583 | 309 |

表单在生活中出现的次数更多，例如，在登录尚硅谷谷粒学苑网站的时候会出现一个表单，如图 4-1 所示。此时，需要在文本框中填写对应信息，最后点击"提交"按钮，即可将所填写的信息提交到服务器上。

本章首先会带领读者在 4.1 节学习如何使用 HTML 在网页中实现表格，其次在 4.2 节学习如何使用 HTML 实现表单，最后会结合表格和表单的知识点，带领读者实现一个我们常见的"个人资料修改"页面。

## 4.1 表格

本节主要介绍表格的相关知识点。

### 4.1.1 普通表格

图 4-1　谷粒学苑登录界面

在生活中，我们需要经常使用表格来展示数据，使用户可以快速从表格中获取想要的信息。常见的表格如图 4-2 所示。

海鲜购买清单

| 品名 | 价格（元/斤） | 重量（斤） | 单项总价（元） |
|---|---|---|---|
| 花龙虾 | 350 | 3.6 | 1260 |
| 三文鱼 | 48 | 1.8 | 86.4 |
| 象拔蚌 | 270 | 4 | 1080 |
| 基围虾 | 68 | 5 | 340 |
| | | 总价（元） | 1866.4 |

图 4-2　常见的表格

图 4-2 展示的表格可以按照结构划分为 4 个部分，如图 4-3 所示。

| 海鲜购买清单 ① | | | |
|---|---|---|---|
| ②    品名 | 价格（元/斤） | 重量（斤） | 单项总价（元） |
| 花龙虾 | 350 | 3.6 | 1260          ③ |
| 三文鱼 | 48 | 1.8 | 86.4 |
| 象拔蚌 | 270 | 4 | 1080 |
| 基围虾 | 68 | 5 | 340 |
| ④ | | | 总价（元）    1866.4 |

图 4-3　划分后的表格

图 4-3 中的 4 个部分的内容对应关系如表 4-2 所示，即一个表格可以分为表格标题、表格表头、表格主体、表格脚注。

那么，要怎么在网页中实现一个表格呢？

HTML 提供了<table>标签，用来声明一个表格。<table>标签中可以包含表格标题、表格表头、表格主体、表格脚注，它们对应的标签如下所示。

① 表格标题：<caption>标签用来展示一个表格的标题，其通常作为<table>标签的第一个子元素（可选）存在。

② 表格表头：<thead>标签用来定义一组带有表格表头的行（可选）。

③ 表格主体：<tbody>标签用来定义一组带有表格主体内容的行（可选，但建议书写）。

④ 表格脚注：<tfoot>标签用来定义一组带有表格脚注内容的行（可选）。

通过上述信息可以得出，一个完整的 HTML 表格结构代码应如下所示。

表 4-2　表格内容对应关系

| 序号 | 表中对应名称 |
|---|---|
| ① | 表格标题 |
| ② | 表格表头 |
| ③ | 表格主体 |
| ④ | 表格脚注 |

```
<table>
    <caption>表格标题</caption>
    <thead>表格表头</thead>
    <tbody>表格主体</tbody>
    <tfoot>表格脚注</tfoot>
</table>
```

在通常情况下，在表格表头、表格主体、表格脚注部分的内部都有多行数据，在 HTML 中我们使用<tr>标签来定义表格中的行。

不仅如此，HTML 还提供了<th>标签，用来定义表头中每一行的单元格，<td>标签来定义表格主体、表格脚注中每一行的单元格，这在 4.1.2 节的讲解中会具体实现。

最后，将表格中各标签的父子关系通过导图进行展示，如图 4-4 所示。

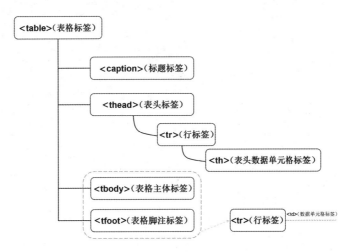

图 4-4　表格中各标签的父子关系

## 4.1.2 案例：海鲜购买清单

4.1.1 节对表格结构进行了简单介绍，即表格结构由表格标题、表格表头、表格主体、表格脚注 4 个部分组成。本节将通过实现 4.1.1 节中的"海鲜购买清单"案例，来帮助读者理解和掌握表格的使用。

为了便于演示，在案例中会使用<table>标签的 border 属性。读者看到这里不必迷惑，在配套案例的讲解中，会对 border 属性进行详细说明，这里只需要明确对 border 属性进行设置就可以显示表格的边框。

因为图 4-3 已经对图 4-2 中展示的表格进行了划分，所以这里不再侧重划分部分的讲解，主要对每个部分进行细化分析，具体内容如下。

（1）图 4-3 中①所示的部分为表格标题，使用<caption>标签进行设置。

（2）图 4-3 中②所示的部分为表格表头，使用<thead>标签进行设置。表头整体只占一行，使用一组<tr>标签进行包裹。在一行中有 4 个单元格，分别为品名、价格（元/斤）、重量（斤）、单项总价（元），因此这里使用 4 组<th>标签进行设置比较合适。

（3）图 4-3 中③所示的部分为表格主体，使用<tbody>标签进行设置。因为<tbody>标签包含 4 行，所以需要使用 4 组<tr>标签。因为每一行都有 4 个单元格，所以每一行都需要有 4 组<td>标签。

（4）图 4-3 中④所示的部分为表格脚注，使用<tfoot>标签进行设置。因为<tfoot>标签包含 1 行，所以需要使用 1 组<tr>标签。在这一行中有 4 个单元格，需要使用 4 组<td>标签进行设置。

此时可以书写出的 HTML 代码如下所示。

```
<table border="1">
    <caption>海鲜购买清单</caption>
    <thead>
        <tr>
            <th>
                品名
            </th>
            <th>
                价格（元/斤）
            </th>
            <th>
                重量（斤）
            </th>
            <th>
                单项总价（元）
            </th>
        </tr>
    </thead>
    <tbody>
        <tr>
            <td>花龙虾</td>
            <td>350</td>
            <td>3.6</td>
            <td>1260</td>
        </tr>
        <tr>
            <td>三文鱼</td>
            <td>48</td>
            <td>1.8</td>
            <td>86.4</td>
        </tr>
        <tr>
            <td>象拔蚌</td>
```

```
            <td>270</td>
            <td>4</td>
            <td>1080</td>
        </tr>
        <tr>
            <td>基围虾</td>
            <td>68</td>
            <td>5</td>
            <td>340</td>
        </tr>
    </tbody>
    <tfoot>
        <tr>
            <td> </td>
            <td> </td>
            <td>总价（元）</td>
            <td>1866.4</td>
        </tr>
    </tfoot>
</table>
```

在上述代码中，<table>标签的 border 属性用来设置整个表格边框的粗细。如果将其值设置为 0，就意味着没有边框；如果将其值设置为 1，就表示设置了 1px 的边框。其实在 HTML5 中，不建议使用 border 属性，因为这属于对样式的修饰。在后面的章节中会讲解如何使用 CSS 修饰边框，这里简单提及 border 属性，只是为了让读者看到对应的效果。

大多数程序员在使用 HTML 编写表格时，不太习惯使用<thead>标签、<tbody>标签和<tfoot>标签，会将它们省略，上面的例子写成如下所示的代码也是可以的。

```
<table border="1">
    <caption>海鲜购买清单</caption>
    <tr>
        <th>
            品名
        </th>
        <th>
            价格（元/斤）
        </th>
        <th>
            重量（斤）
        </th>
        <th>
            单项总价（元）
        </th>
    </tr>
    <tr>
        <td>花龙虾</td>
        <td>350</td>
        <td>3.6</td>
        <td>1260</td>
    </tr>
    <tr>
        <td>三文鱼</td>
        <td>48</td>
        <td>1.8</td>
        <td>86.4</td>
```

```
    </tr>
    <tr>
        <td>象拔蚌</td>
        <td>270</td>
        <td>4</td>
        <td>1080</td>
    </tr>
    <tr>
        <td>基围虾</td>
        <td>68</td>
        <td>5</td>
        <td>340</td>
    </tr>
    <tr>
        <td> </td>
        <td> </td>
        <td>总价（元）</td>
        <td>1866.4</td>
    </tr>
</table>
```

对比 2 段代码可以看出，不管是否使用<thead>标签、<tbody>标签、<tfoot>标签，都可以实现相同的效果。但是需要注意的是，即使在使用表格时省略了<tbody>标签，浏览器在解析时也会自动将<tbody>标签加上。

## 4.1.3　<th>、<td>标签中的 colspan 和 rowspan 属性

<th>标签和<td>标签都支持 colspan 属性和 rowspan 属性。colspan 的英文原意为跨列、合并列，顾名思义，它在 HTML 标签中用来规定单元格可以横跨的列数。rowspan 的英文原意为跨行、合并行，在 HTML 标签中它用来规定单元格可以竖跨的行数。

| 1-1 | 1-2 | 1-3 |
| 2-1 | 2-2 | 2-3 |

图 4-5　一个 2 行 3 列的表格

下面将通过一个案例来演示 colspan 属性和 rowspan 属性的使用方式。

现在有一个 2 行 3 列的表格，如图 4-5 所示。

根据前文所述，我们可以编写出如下所示的代码。

```
<table border="1">
    <tbody>
        <tr>
            <td>  1-1  </td>
            <td>  1-2  </td>
            <td>  1-3  </td>
        </tr>
        <tr>
            <td>  2-1  </td>
            <td>  2-2  </td>
            <td>  2-3  </td>
        </tr>
    </tbody>
</table>
```

如果将 colspan 属性值设置为 2，那么会出现什么效果呢？下面为图 4-5 中的 1-1 单元格添加 colspan 属性，并将其属性值设置为 2，代码如下所示。

```
<table border="1">
    <tbody>
        <tr>
            <td colspan="2">  1-1  </td>
```

```
            <td>  1-2  </td>
            <td>  1-3  </td>
        </tr>
        <tr>
            <td>  2-1  </td>
            <td>  2-2  </td>
            <td>  2-3  </td>
        </tr>
    </tbody>
</table>
```

运行代码后，页面效果如图 4-6 所示。

<table>
<tr><td colspan="2">1-1</td><td>1-2</td><td>1-3</td></tr>
<tr><td>2-1</td><td>2-2</td><td>2-3</td></tr>
</table>

图 4-6　页面效果（1）

从页面效果来看，仿佛和我们预想的效果不一样。初始表格本来是 2 行 3 列，每个单元格横向占据 1 份。但是，1-1 单元格在设置了 colspan 属性并将其属性值设置为 2 后，其占 2 份，1-2 单元格仍占 1 份，1-3 单元格仍占 1 份，这样来看，第一行共变为 4 份，而第二行依旧是 3 份。最终 1-3 单元格超出原表格范围，形成了图 4-6 所示的页面效果。

那么，如果给图 4-5 中的单元格加上 rowspan 属性并将其属性值设置为 2，会不会出现类似的效果呢？下面通过代码进行验证。

```
<table border="1">
    <tbody>
        <tr>
            <td rowspan="2">  1-1  </td>
            <td>  1-2  </td>
            <td>  1-3  </td>
        </tr>
        <tr>
            <td>  2-1  </td>
            <td>  2-2  </td>
            <td>  2-3  </td>
        </tr>
    </tbody>
</table>
```

运行代码后，页面效果如图 4-7 所示。

<table>
<tr><td rowspan="2">1-1</td><td>1-2</td><td>1-3</td></tr>
<tr><td>2-1</td><td>2-2</td><td>2-3</td></tr>
</table>

图 4-7　页面效果（2）

从图 4-7 来看，表格本来是 2 行 3 列（每个单元格纵向占据 1 份），但是在为 1-1 单元格设置了属性值为 2 的 rowspan 属性后，1-1 单元格会向下一行多占据 1 份，相当于纵向占 2 份，同时 2-1 单元格占 1 份、2-2 单元格占 1 份、2-3 单元格占 1 份，第二行共变为 4 份，而第一行还是共 3 份。最终 2-3 单元格超出了原表格范围，如图 4-7 所示。

### 4.1.4　案例：食堂菜谱

本节将结合前面讲解的相关知识，带领读者实现经典案例“食堂菜谱”。先来看想要实现的菜谱效果，如图 4-8 所示。

<table>
<tr><td colspan="3">❶ 小尚食堂今日供应</td></tr>
<tr><td rowspan="2">早餐 ❷</td><td>香葱鸡蛋饼</td><td>韭菜盒子</td></tr>
<tr><td>皮蛋瘦肉粥</td><td>紫菜蛋花汤</td></tr>
<tr><td rowspan="2">午餐 ❸</td><td>烧茄子</td><td>麻婆豆腐</td></tr>
<tr><td>土豆烧牛腩</td><td>酸甜排骨</td></tr>
</table>

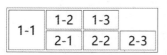

图 4-8　菜谱

在正式编写代码之前，先对该菜谱表格进行划分。

从图 4-8 中可以看出，整个菜谱表格可以分为标题、早餐、午餐 3 个部分，下面将分区域进行分析。①所对应的区域为标题部分。这个部分是要在表格内部实现的标题，应该使用<th>标签来实现，而不是使用<caption>标签。需要注意的是，这个<th>标签需要横向跨 3 列。②所对应的区域为早餐部分。这个部分分为 3 列，其中，"早餐"作为标题，其单元格需要竖跨 2 行；其余单元格正常书写即可。③所对应的区域为午餐部分。这个部分同样分为 3 列，其中，"午餐"作为标题，其单元格需要竖跨 2 行；其余单元格正常书写即可。

该案例的 HTML 代码实现如下所示。

```html
<table border="1">
    <tr>
        <th colspan="3">小尚食堂今日供应</th>
    </tr>
    <tr>
        <th rowspan="2">早餐</th>
        <td>香葱鸡蛋饼</td>
        <td>韭菜盒子</td>
    </tr>
    <tr>
        <td>皮蛋瘦肉粥</td>
        <td>紫菜蛋花汤</td>
    </tr>
    <tr>
        <th rowspan="2">午餐</th>
        <td>烧茄子</td>
        <td>麻婆豆腐</td>
    </tr>
    <tr>
        <td>土豆烧牛腩</td>
        <td>酸甜排骨</td>
    </tr>
</table>
```

## 4.2　表单

到目前为止，所有的 Web 通信都是单向的，通信过程是客户端发送请求至服务器端，然后服务器端给出响应。使用表单的相关知识可以向服务器端提交内容，例如，在本章开头出现的谷粒学苑登录界面（见图 4-1）。其实，常见的表单界面还有重设密码等，如图 4-9 所示。

而表单提交数据的整体流程，也是先从客户端发送请求至 Web 服务器端，具体过程如图 4-10 所示。

从图 4-10 中可以看出，将表单数据从客户端发送至 Web 服务器端分为 5 步。

（1）当用户访问带有表单的 HTML 页面时，他们会填写表单并提交。

（2）客户端会将表单中的数据打包并发送到 Web 服务器端。

（3）Web 服务器端在接收到表单数据后，会将表单数据传给 Web 服务器端的脚本进行处理。

（4）Web 服务器端的脚本语言处理完成后，会告诉 Web 服务器端要返回什么数据给浏览器。

（5）浏览器接收 Web 服务器端返回的信息，并且进行解析。

本节会带领读者简单地书写一个表单，让读者能够对表单结构进行清晰划分。本节的后续内容还会对表单的各结构依次展开讲解。

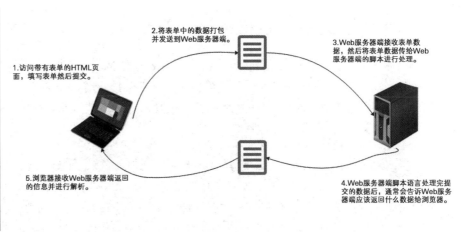

图 4-9　重设密码界面　　　　　　　　图 4-10　表单提交数据的整体流程

## 4.2.1　初始表单

在正式书写表单前，先对涉及的标签进行简单介绍。

● <form>标签用于创建一个表单。在<form>标签内，通常会放置一个或多个专用于表单的标签。这些表单标签可以提供输入信息的不同方法，如文本框、单选、多选、下拉菜单等。

● <input />标签用于创建一个文本框。<input />标签可以设置 name 属性，该属性用来给<input />标签起名。开发者可以自定义设置该属性的属性值，如在下面案例的代码中，name 属性的属性值为 userName。

● <button>标签用于创建一个提交按钮。

如图 4-11 所示为一个经典表单。

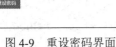

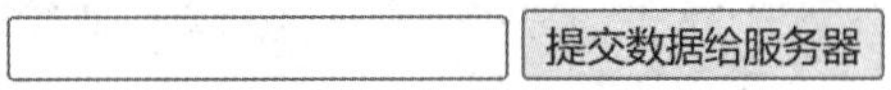

图 4-11　一个经典表单

该表单的代码实现如下所示。

```
<form>
    <input name="userName"/>
    <button>提交数据给服务器</button>
</form>
```

在代码中，我们通过<form>标签创建了一个表单，其标签内部包含<input />标签和<button>标签。其中，<input />标签使用了 name 属性并为其赋值 "userName"，也就是说，该表单标签<input />的名字为 userName。

在输入框中输入 "123" 后，点击 "提交数据给服务器" 按钮，此时观察浏览器的地址栏，如图 4-12 所示。

ⓘ 127.0.0.1:5500/第四章%20表格和表单/4.2%20表单/4.2.1%20初始表单/01.html?userName=123　　　　 � ☆

图 4-12　浏览器地址栏

在图 4-12 中，方框内为查询字符串（URL 参数）。所谓查询字符串，是指在 URL 的末尾加上用于向服务器发送信息的字符串（变量），将 "?" 放在 URL 的末尾，然后再加上 "名字＝值"。如果想要加上多个参数，就要使用 "&" 连接。通过这个形式，可以将想要发送给服务器的数据添加到 URL 中。

从图 4-12 中可以看出，查询字符串中的 "userName" 就是我们给上面的<input />标签起的名字，在输入框中输入的值就是等号后面的值。这进一步证明了浏览器在传递值的时候，其格式为 "名字=值"。

## 4.2.2 &lt;form&gt;标签的 action 和 method 属性

&lt;form&gt;标签拥有 action 属性和 method 属性,下面将会对这 2 个属性进行详细介绍。

在 4.2.1 节,我们简单地创建了一个表单,但是在点击提交时,提交的路径是当前的文件名。其实,我们可以通过&lt;form&gt;标签的 action 属性来指定提交路径。在通常情况下,action 属性的属性值是一个服务器端脚本文件。例如,将&lt;form&gt;标签修改为:

```
<form action="./test.php"></form>
```

此时再次点击提交,就会把对应的表单数据提交到当前目录下的 test.php 文件中。

&lt;form&gt;标签中的 method 属性可以指定表单的请求方式。读者可能对 get 或 post 这 2 个单词有些陌生,不过不用着急,这是刚开始接触 Web 的缘故。思考 4.2.1 节的案例可以发现,表单中提交的值都在 URL 中以查询字符串的形式进行了传递,这是因为此时&lt;form&gt;标签的 method 属性的默认值为 get。method 属性的属性值除了可以为 get,还可以为 post。因为现在刚开始接触 Web,所以对于 get 和 post 只需要简单了解:当 method 属性的属性值为 get 时,数据将会以查询字符串的方式提交;当 method 属性的属性值为 post 时,数据将会被打包在请求中。在实际使用时,我们更建议在提交表单的时候尽量使用 post 方式。

下面通过一个实际案例来演示 action 属性和 method 属性的使用方式。

案例需求为定义一个表单,输入用户名并提交数据到 tcst.php 文件中,提交方式为 post。

HTML 代码实现如下所示。

```
<form action="./test.php" method="post">
  用户名: <input name="userName"/>
  <button>提交</button>
</form>
```

在前面的内容中,我们已经对"action="./test.php"""method="post""这 2 个属性进行了详细讲解,这里不再赘述。运行这段代码后,页面效果如图 4-13 所示。

用户名: [_____] 提交

图 4-13 页面效果

当在文本框中输入"小邓"后,点击提交按钮,浏览器地址栏如图 4-14 所示。

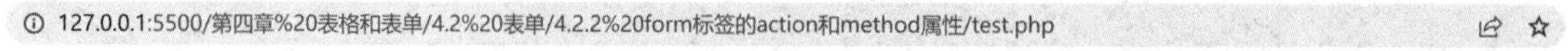

① 127.0.0.1:5500/第四章%20表格和表单/4.2%20表单/4.2.2%20form标签的action和method属性/test.php    ☐ ☆

图 4-14 浏览器地址栏

浏览器地址栏的提交路径为 action 属性的属性值 test.php,因为 method 属性的属性值为 post,所以在浏览器中没有出现查询字符串,数据是被打包放在请求中进行传输的。

## 4.2.3 布尔属性

在 HTML 标签中有一部分属性统称为布尔属性。这类属性的特点是,不管属性名后面的属性值是什么,只要属性名存在,就会在内部表现为 true(真的)。例如,disabled 属性是所有表单都支持的布尔属性,只要该属性出现在标签中,就表示其表单标签被禁用了。

请观察如图 4-15 所示的文本框。

[_____]

图 4-15 文本框

观察图 4-15 可以发现,文本框明显被禁用了,因此可以将&lt;input /&gt;标签书写为下方代码。

```
<input name="userName" disabled="disabled" />
```

或者省略属性值，直接写为下方代码。

```
<input name="userName" disabled />
```

这里只简单地演示布尔属性的使用，在 4.2.4 节会详细介绍<input />标签。

### 4.2.4　详解<input />标签

<input />标签的 type 属性用来定义 form 表单中输入数据的类型，它们可以使用户输入内容的方式变得不同。type 属性共有 4 种属性值，分别是 text、password、radio、checkbox。下面将对这 4 种属性值进行讲解和演示。

（1）当 type 属性的属性值为 text 时，代表定义一个文本输入框，代码如下所示。

```
<input name="userName" type="text"/>
```

运行代码后，页面显示为一个文本框，其效果如图 4-16 所示。

图 4-16　文本框效果

值得一提的是，type 属性的默认值是 text，即当<input />标签中没有书写 type 属性时，它依旧显示为文本框。例如：

```
<input name="userName" />
```

这行代码的运行效果与图 4-16 相同，都显示为一个文本框。

在很多网站的表单中，经常会看到这样一个场景：当你进入页面后，输入框中会有文字提醒你需要输入的信息。例如，在输入用户名的文本框中会提示"请输入用户名"，如图 4-17 所示。

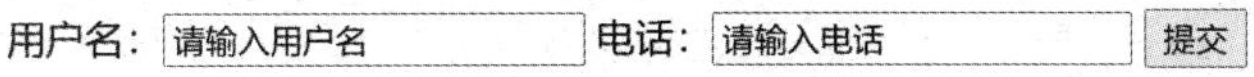

图 4-17　输入个人信息界面

在<input />标签内可以通过设置 value 属性来实现这个效果，value 属性的属性值代表在文本输入框中默认显示的内容。通过下方代码就可以实现图 4-17 的效果。

```
用户名: <input name="userName" type="text" value="请输入用户名"/>
电话: <input name="tel" type="text" value="请输入电话"/>
```

在 name 为"userName"的<input />标签中，文本框默认显示的内容为"请输入用户名"。在 name 为"tel"的<input />标签中，文本框默认显示的内容为"请输入电话"。

在 4.2.3 节中，我们对布尔属性进行了介绍。其实，在表单标签中，除了 disabled 属性，readonly 属性也是一个布尔属性。

如果发现在一个表单标签中书写了 readonly 属性，就表示该表单标签是只读的，例如：

```
<input name="userName" readonly />
```

运行代码后会发现，页面上的文本框中无法输入文字。

将 readonly 属性和 disbaled 属性放在一起观察，发现二者的共同特征是，都不能获得光标并无法在输入框中输入值。二者的不同点在于，disabled 属性表示禁用，不会向服务器发送值；而 readonly 属性表示只读，虽然不能修改文本框中的值，但是能够向服务器发送值。

请观察下面这段代码。

```
<form>
    测试 1: <input name="test1" type="text" value="test1" disabled/>
    测试 2: <input name="test2" type="text" value="test2" readonly/>
    <button>提交</button>
```

```
</form>
```

这段代码分别在 2 个<input />标签中使用了 disabled 属性和 readonly 属性，2 个文本框都带有默认内容 "test1" "test2"，页面效果如图 4-18 所示。

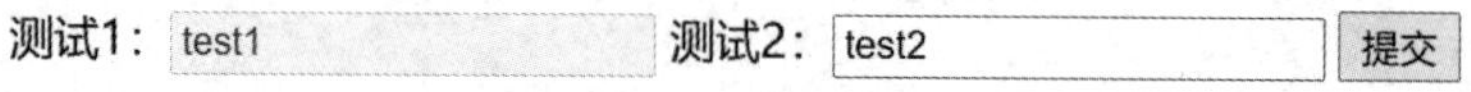

测试1：test1          测试2：test2          提交

图 4-18    页面效果（1）

在点击 "提交" 按钮后，观察地址栏可以发现，带有 readonly 属性的文本框依然可以传递值，但是带有 disabled 属性的文本框不能传递值，浏览器地址栏如图 4-19 所示。

① 127.0.0.1:5500/第四章%20表格和表单/4.2%20表单/4.2.4%20详解input标签/02.html?test2=test2

图 4-19    浏览器地址栏（1）

（2）当 type 属性的属性值为 password 时，代表定义一个密码框，代码如下所示。

```
<form>
    用户名: <input name="test1" type="text" />
    密码: <input name="test2" type="password" />
    <button>提交</button>
</form>
```

这段代码定义了 2 个文本框，文本框类型分别是文本和密码。运行代码后，页面效果如图 4-20 所示。

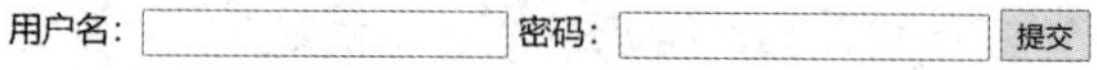

用户名：          密码：          提交

图 4-20    页面效果（2）

此时输入信息，在用户名对应的文本框中显示的是用户名文本；而在密码对应的文本框中，不管输入什么，都以占位符 "·" 来显示，页面效果如图 4-21 所示。

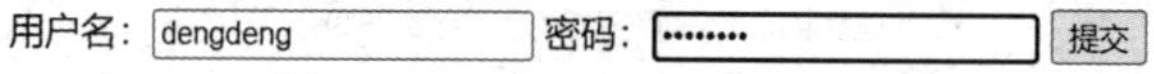

用户名：dengdeng          密码：••••••••          提交

图 4-21    页面效果（3）

需要注意的是，虽然密码框在表单中显示为占位符 "·"，看起来像是被加密了，但是在提交表单后就会发现，密码实际上没有被加密，浏览器地址栏如图 4-22 所示。

① 127.0.0.1:5500/第四章%20表格和表单/4.2%20表单/4.2.4%20详解input标签/03.html?test1=dengdeng&test2=dengdeng

图 4-22    浏览器地址栏（2）

（3）当 type 属性的属性值为 radio 时，代表定义一个单选框。

单选框用于要求用户单独选择某一项的情况，如性别。因为用户不能在其中输入值，所以需要使用 value 属性来指定值，在这种情况下，页面效果如图 4-23 所示。

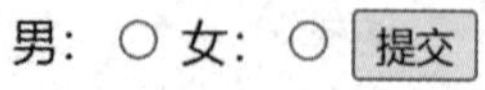

男: ○ 女: ○ 提交

图 4-23    页面效果（4）

需要注意的是，被归类为一组的单选框需要具有相同的 name 属性值。图 4-23 的实现代码如下所示。

```
<form>
    男: <input type="radio" name="sex" value="1"/>
    女: <input type="radio" name="sex" value="0"/>
    <button>提交</button>
</form>
```

在代码中，两个单选框为一组，它们的 name 属性值都为 sex。

在单选框中可以书写 checked 属性。checked 属性是一个布尔属性，用于默认选中某个单选框，代码如下所示。

```html
<form>
    男：<input type="radio" name="sex" value="1"/>
    女：<input type="radio" name="sex" value="0" checked/>
    <button>提交</button>
</form>
```

可以发现，在单选框"女"的<input/>标签中书写了 checked 属性，代表该单选框被默认选中。运行代码后，页面效果如图 4-24 所示。

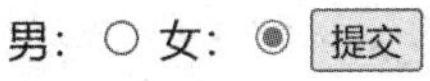

男：○ 女：◉ 提交

图 4-24　页面效果（5）

（4）当 type 属性的属性值为 checkbox 时，代表定义一个复选框。

复选框用于让用户选择多个选项，如选择自己的爱好。因为用户不能在其中输入值，所以需要使用 value 属性来指定值。与单选框相同，复选框也可以使用 checked 属性，用于默认选中某个单选框，页面效果如图 4-25 所示。

看书：☐ 交友：☐ 运动：☑ 提交

图 4-25　页面效果（6）

从图 4-25 中可以看出，"运动"的复选框被默认选中了，因为"运动"所对应的复选框标签被书写了 checked 属性，具体代码实现如下所示。

```html
<form>
    看书：<input type="checkbox" name="hobby" value="1"/>
    交友：<input type="checkbox" name="hobby" value="2"/>
    运动：<input type="checkbox" name="hobby" value="3" checked/>
    <button>提交</button>
</form>
```

## 4.2.5　下拉列表

图 4-26　下拉列表

HTML 提供了<select>标签，用来实现下拉列表。<select>标签中可以包含一个或多个<option>标签，用来表示下拉列表中的选项。以一个生活中常见的下拉列表为例来讲解，其形式如图 4-26 所示。

具体代码实现如下所示。

```html
<form>
    <select name="country">
        <option>中国</option>
        <option>日本</option>
        <option>韩国</option>
    </select>
    <button>提交</button>
</form>
```

上述代码使用<select>标签定义了一个下拉列表，并且在其内部定义了"中国""日本""韩国"3 个选项。

这段代码虽然实现了下拉列表，但对于开发来说还不够全面，因为在选择选项并点击"提交"按钮后，在浏览器地址栏中可以发现，提交的值是<option>标签中的文本，如图 4-27 所示。

ⓘ 127.0.0.1:5500/第四章%20表格和表单/4.2%20表单/4.2.5%20下拉列表/01.html?country=中国 　　↱ ☆

图 4-27　浏览器地址栏（1）

在实际的网站中，可能读者选择的是“日本”，但在提交时传递给服务器的是“Japan”。那么，如果想要提交的值就是自定义的值，要怎么操作呢？

与单选框相同，<option>标签同样可以通过书写 value 属性来指定值，具体代码实现如下所示。

```
<form>
  <select name="country">
     <option value="China">中国</option>
     <option value="Japan">日本</option>
     <option value="Korea">韩国</option>
  </select>
  <button>提交</button>
</form>
```

对比上段代码，很明显这段代码在每个<option>标签上都添加了对应的 value 属性值，这样提交到服务器的数据就不再是选项的值了。此时在页面上选择“中国”再点击“提交”按钮，浏览器地址栏如图 4-28 所示。

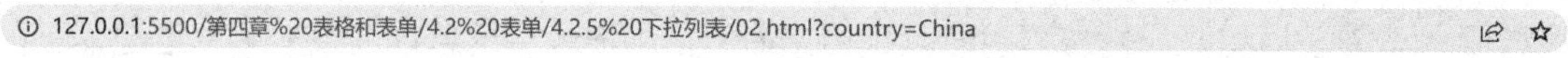

127.0.0.1:5500/第四章%20表格和表单/4.2%20表单/4.2.5%20下拉列表/02.html?country=China

图 4-28　浏览器地址栏（2）

下拉列表可以通过在<option>标签中书写 selected 属性来设置默认选项，值得一提的是，该属性也是一个布尔属性，代码如下所示。

```
<form>
  <select name="country">
    <option value="China">中国</option>
    <option value="Japan">日本</option>
    <option value="Korea" selected>韩国</option>
  </select>
  <button>提交</button>
</form>
```

上述代码在“韩国”的<option>标签中书写了 selected 属性，表示该下拉列表的默认选项是“韩国”。运行代码后，页面效果如图 4-29 所示。

韩国
提交
中国
日本
韩国

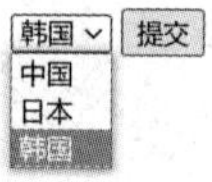

图 4-29　页面效果

## 4.2.6　文本域

HTML 提供了<textarea>标签，用来表示文本域。文本域可以用来输入多行文本，输入的内容允许换行，如图 4-30 所示。

提交

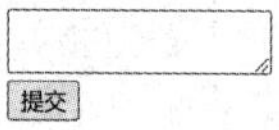

图 4-30　文本域

<textarea>标签的使用如下所示，代码使用一对<textarea>标签定义了一个文本域。

```
<form>
  <textarea name="content"></textarea>
  <br/>
  <button>提交</button>
</form>
```

<textarea>标签也可以用来定义默认文本，但是与其他标签不同，<textarea>标签不支持设置 value 属性。编写在<textarea>标签的开始标签和结束标签之间的内容，会被视为默认内容。如图 4-31 所示为文本域内存在的默认文本（“这里是默认内容”），其就被书写在<textarea>标签对内。

这里是默认内容
提交

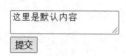

图 4-31　文本域内存在的默认文本

代码实现如下所示。

```
<form>
 <textarea name="content">这里是默认内容</textarea>
 <br/>
 <button>提交</button>
</form>
```

在<textarea>标签中可以书写 cols 属性和 rows 属性，它们分别对应文本域的宽度和高度，具体说明如下。

● cols 属性：用来设置文本域中默认显示的列数，可以影响文本域的宽度。

● rows 属性：用来设置文本域中默认显示的行数，可以影响文本域的高度。

例如，设置一个默认显示 30 行 50 列的文本框，如图 4-32 所示。

具体代码实现如下所示。

```
<form>
 <textarea name="content" cols="50" rows="30">这里是默认内
容</textarea>
 <hr/>
 <button>提交</button>
</form>
```

图 4-32　默认显示 30 行 50 列的文本框

上述代码在<textarea>标签中将 cols 属性的属性值设置为 50，将 rows 属性的属性值设置为 30，从而实现了如图 4-32 所示的效果。

## 4.2.7　按钮

前面的内容多次使用<button>标签来定义一个按钮，但是关于<button>标签的使用，仅书写标签是远远不够的。本节将对<button>标签的其他知识展开讲解。

可以通过在<button>标签中书写 type 属性来指定按钮的类型。type 属性具有 3 个属性值，分别是 submit、button 和 reset，具体讲解如下。

（1）submit：当属性值为 submit 时，点击按钮可以将表单数据提交给服务器。如果没有指定 type 属性值，就将该值作为默认值，代码如下所示。

```
<button type="submit">提交</button>
```

（2）button：当属性值为 button 时，在点击按钮时没有默认行为。该属性值通常配合 JavaScript 使用，代码如下所示。

```
<button type="button">提交</button>
```

（3）reset：当属性值为 reset 时，点击按钮会将表单数据重置，代码如下所示。

```
<button type="reset">重置</button>
```

## 4.2.8　为表单标签定义标注

HTML 提供了<label>标签，用来定义表单标签的说明。它虽然在样式上看不到任何效果，但是使用该标签可以提高用户的体验度，使用户通过点击<label>标签中的文本，就可以定位表单标签。

<label>标签需要书写 for 属性，for 属性可以把<label>标签绑定到另一个元素上，其属性值应当与相关表单标签的 id 属性值相同，代码如下所示。

```
<form>
 <label for="u">用户名: </label>
 <input id="u" name="userName"/>
```

```
<button>提交</button>
</form>
```

这段代码使用<label>标签的 for 属性将<label>标签和<input />标签绑定在一起。运行代码后，页面效果如图 4-33 所示。

图 4-33　页面效果

从页面上看，<label>标签的效果没有体现出来，但当点击"用户名"这 3 个字时，可以发现光标自动定位在文本框内。这里对效果不再做演示，读者可自行练习。

同时，可以将<input />标签书写在<label>标签对内，此时可省略 for 属性。上面的代码也可以写为下面这种形式。

```
<form>
  <label>用户名：<input name="userName"/></label>
  <button>提交</button>
</form>
```

上面的代码没有使用<label>标签的 for 属性，以及<input />标签的 id 属性。这是因为在<label>标签的 for 属性与<input />标签的 id 属性绑定后，我们才能知道<label>标签对应的是哪个<input />标签的标注。而这里的<label>标签已经包含了<input />标签，即可以认为<label>标签已经和其中的子元素<input />标签进行了绑定。

# 4.3　案例：个人资料修改表单

本节将结合使用前面讲解的知识点来实现一个经典案例。先来看想要实现的页面效果，即小尚的个人资料修改页面，如图 4-34 所示。

观察图 4-34 可知，该案例使用了表格和表单的相关知识。表格的<table>标签用来固定布局，表单的相关内容用来标记需要修改的选项内容。

下面我们将从结构和表单 2 个部分进行分析。

### 1. 结构分析

首先对图 4-34 进行结构划分，如图 4-35 所示。

可以将该案例的整体结构看作一个 10 行 2 列的表格。在图 4-35 中，①和③所示的 2 个部分只有一个单元格，但是占据了 2 列的空间；②所示区域就是普通的 8 行 2 列的表格，在结构上没有什么特殊的地方，这里不做具体讲解。 

图 4-34　小尚的个人资料修改页面

图 4-35　结构划分

由此，该案例的结构代码可以书写如下。

```
<table>
    <thead>
        <tr>
            <td colspan="2">
                     
            </td>
        </tr>
    </thead>
    <tbody>
        <tr>
            <td>
                     
            </td>
            <td>
                     
            </td>
        </tr>
        <tr>
            <td>
                     
            </td>
            <td>
                     
            </td>
        </tr>
        <tr>
            <td>
                     
            </td>
            <td>
                     
            </td>
        </tr>
        <tr>
            <td>
                     
            </td>
            <td>
                     
            </td>
        </tr>
        <tr>
            <td>
                     
            </td>
            <td>
                     
            </td>
        </tr>
        <tr>
            <td>
                     
            </td>
            <td>
```

```
                     
            </td>
        </tr>
        <tr>
            <td>
                     
            </td>
            <td>
                     
            </td>
        </tr>
        <tr>
            <td>
                     
            </td>
            <td>
                     
            </td>
        </tr>
    </tbody>
    <tfoot>
        <tr>
            <td colspan="2">
                     
            </td>
        </tr>
    </tfoot>
</table>
```

**2. 表单分析**

将表单部分进行划分，如图 4-36 所示。

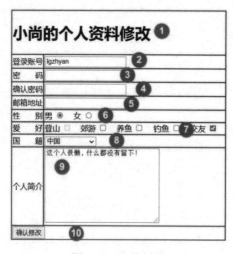

图 4-36　表单划分

图 4-36 共被分为 10 个区域，下面将分区域进行讲解。

（1）①是标题部分，可以使用< h1>标签来实现。

（2）②是一个文本输入框，文本输入框内有默认值 "lgzhyan"。因为登录账号默认是不允许修改的，所以还需要在<input>标签上加上 readonly 属性。

（3）③、④是密码框，这里不多做讲解。

（4）⑤是一个文本输入框，对应需要输入的是邮箱地址。

（5）⑥是单选框，有 2 个选项："男""女"。根据图 4-36 可知，要默认选中"男"，因此在"男"对应的标签上需要书写 checked 属性。

（6）⑦是复选框，有 5 个选项："登山""郊游""养鱼""钓鱼""交友"。其中"登山"不允许被选中，因此要使用 disabled 属性将其禁用。"交友"为默认选中项，需要在对应的标签上书写 checked 属性。

（7）⑧是下拉列表，其默认选项为"中国"，需要在其对应的<option>标签上书写 checked 属性。

（8）⑨是个人简介，因为需要输入内容较多，所以使用文本域<textarea>标签来实现比较合适，其中有默认值"这个人很懒，什么都没有留下！"。

（9）⑩是"确认修改"按钮，这里不多做讲解。

在分析后，再通过代码来实现。整体代码实现如下所示。

```
<form>
    <table>
        <tr>
            <td colspan="2">
                <h1>小尚的个人资料修改</h1>
            </td>
        </tr>
        <tr>
            <td>
                <label for="userName">登录账号</label>
            </td>
            <td>
                <input type="text" name="userName" id="userName" value="lgzhyan" readonly/>
            </td>
        </tr>
        <tr>
            <td>
                <label for="passwd">密    码</label>
            </td>
            <td>
                <input type="password" name="passwd" id="passwd"/>
            </td>
        </tr>
        <tr>
            <td>
                <label for="repasswd">确认密码</label>
            </td>
            <td>
                <input type="password" name="rePasswd" id="repasswd"/>
            </td>
        </tr>
        <tr>
            <td>
                <label for="email">邮箱地址</label>
            </td>
            <td>
                <input type="text" name="email" id="email"/>
            </td>
        </tr>
        <tr>
            <td>
                性    别
            </td>
```

```
    <td>
        <label for="radio1">男</label>
        <input type="radio" name="sex" id="radio1" checked/>
          
        <label for="radio2">女</label>
        <input type="radio" name="sex" id="radio2"/>
    </td>
</tr>
<tr>
    <td>
        爱    好
    </td>
    <td>
        <label for="checkbox1">登山</label>
        <input type="checkbox" name="hobby" id="checkbox1" value="1" disabled/>
          
        <label for="checkbox2">郊游</label>
        <input type="checkbox" name="hobby" id="checkbox2" value="2"/>
          
        <label for="checkbox3">养鱼</label>
        <input type="checkbox" name="hobby" id="checkbox3" value="3"/>
          
        <label for="checkbox4">钓鱼</label>
        <input type="checkbox" name="hobby" id="checkbox4" value="4"/>
          
        <label for="checkbox5">交友</label>
        <input type="checkbox" name="hobby" id="checkbox5" value="5" checked/>
          
    </td>
</tr>
<tr>
    <td>
        <label for="country">国    籍</label>
    </td>
    <td>
        <select name="country" id="country">
            <option value="N">&#45;&#45;请选择国家&#45;&#45;</option>
            <option value="C" selected>中国</option>
            <option value="J">日本</option>
            <option value="K">韩国</option>
        </select>
    </td>
</tr>
<tr>
    <td>
        <label for="profile">个人简介</label>
    </td>
    <td>
        <textarea name="profile" id="profile" cols="30" rows="10">这个人很懒，什么
        都没有留下! </textarea>
    </td>
</tr>
<tr>
    <td colspan="2">
        <button type="submit">确认修改</button>
    </td>
```

```
        </tr>
    </table>
</form>
```

## 4.4　本章小结

本章主要分 3 个部分对表格和表单进行了介绍。4.1 节对表单的相关知识进行了讲解。其中，通过对一个案例的划分，让读者了解了表格结构的相关标签；同时介绍了表格中 <td>标签、<th>标签的 2 个属性，并且通过生活中常见的案例"食堂菜谱"对表格的相关知识进行了应用。阅读完 4.1 节后，相信读者已经可以通过 HTML 在网页上实现绝大部分表格。

4.2 节介绍了表单的相关内容。与表格的介绍方式不同，4.2 节由浅入深地对表单的相关知识进行了介绍。首先对表单传递数据的原理进行了讲解，其次对初始表单进行了简单应用，最后对每个标签的使用方式和可以在该标签上使用的属性进行了介绍，并且不断配以简单案例进行练习。

4.3 节结合本章所学，带领读者实操了一个经典案例：个人资料修改表单。同样是从表格划分和表单划分 2 个方面进行讲解，帮助读者在日后的开发中养成结构划分的习惯，从而快速地开发所有表单和表格页面。

# CSS 篇

# 第5章

## 初探 CSS 及选择器

本章彩图

　　CSS 是 Cascading Style Sheets 的简写，中文译为层叠样式表。它是由 W3C 协会制定并发布的一个网页排版样式标准，是对 HTML 语言功能的补充。CSS 是主要用来描述 HTML 文档样式的一种标记型语言，其描述了在媒体上的标签应该如何被渲染。用一个比喻来帮助读者理解 CSS，HTML 相当于刚购买的毛坯房，而 CSS 相当于对毛坯房进行装修的过程。通过使用 CSS 实现页面内容与表现形式的分离，极大地提高了工作效率。如今，CSS 被越来越多地应用到网页设计中。

　　CSS 目前有 3 个版本，即 CSS1、CSS2、CSS3。目前比较流行的是 CSS2 和 CSS3。本书主要对这 2 个版本进行讲解。

　　其实，CSS 的各版本基本是向下兼容的。以 CSS2 和 CSS3 为例，CSS3 在 CSS2 的基础上添加了很多新特性，这些新特性更加符合移动开发的需求，可以加快开发速度。随着各大浏览器厂商对浏览器不断进行版本更新，这些浏览器应该会逐渐更加标准化地支持 CSS3 的新特性，因此本书的讲解采用循序渐进的方式，先对 CSS2 的相关知识进行讲解，再对 CSS3 的相关知识进行讲解。

　　CSS 样式看似简单，但要真正精通是不容易的。本章作为 CSS 篇的第 1 章，会先从最基础的知识开始介绍，带领读者初探 CSS！

## 5.1　CSS 的基本用法

　　本节将会从 CSS 的基础语法、注释符、颜色的表示方法，以及 CSS 的使用方式 4 个方面进行讲解。

### 5.1.1　CSS 的基础语法

　　先通过一个案例来理解 CSS 的基础语法。现有图形 A 和图形 B（见图 5-1）2 个图形，要求改变图形 A 的宽度和高度，同时改变图形 B 的背景颜色。修改后的图形 A 和图形 B 如图 5-2 所示。

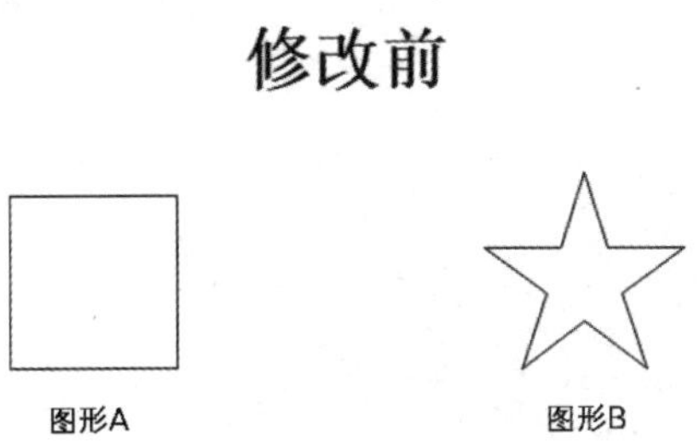

图 5-1　图形 A 和图形 B

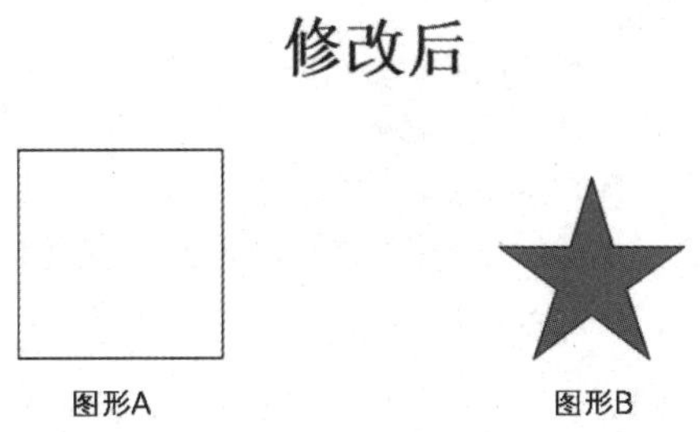

图 5-2　修改后的图形 A 和图形 B

要想使用 CSS 实现修改后的效果，需要先选中图形 A，然后修改其宽度和高度。对于图形 B，同样需要先选中，然后修改其背景颜色。通过 2 种修改方式可以看出，不管是要修改宽度、高度还是背景颜色，都需要先选中图形，然后再进行修改。2 个图形的 CSS 修改代码格式如下所示。

```
图形 A{
    宽度:100;
    高度:200;
}
图形 B{
    背景颜色:绿色;
}
```

观察上面的代码格式可知，修改图形 CSS 的属性需要写在该图形所属的花括号内，花括号内是为该图形设置的具体样式。其中，样式的设置是通过属性及其属性值来实现的。它的书写格式为"属性:属性值"，表示针对指定的对象设置的具体样式，如字号、背景颜色等。值得一提的是，属性都是由 CSS 预先定义好的，对应的属性值是用来定义指定属性显示效果的参数，这个参数并不统一，视属性而定。

CSS 的基础语法不只上面的一种。在 CSS 中有一种语法叫作选择器，它可以告诉浏览器应该将样式作用于页面中的哪些标签。这种语法也需要先选中一个或多个标签，然后才能修改这个标签对应的属性，其语法格式如下所示。

```
选择器{
    属性 1:属性值 1;
    属性 2:属性值 2;
    ...
    属性 n:属性值 n;
}
```

这段语法格式与上一种格式相似，只是将选中的"图形"改为选择器，其余相同，这里不再讲解。

关于书写 CSS 语法格式，有 3 点需要注意，具体说明如下。

（1）在每组"属性:属性值"的后面需要写分号。

（2）最后一个"属性:属性值"的后面可以不写分号，但是我们建议写上，以免在后续书写新的样式时，因为忘记分号而产生错误。

（3）在 CSS 语法格式中，不管是一个空格还是多个空格，都会被解释为一个空格，因此可以利用空格来美化 CSS 代码。

## 5.1.2　CSS 中的注释符

任何语言都需要注释，CSS 也不例外。在 CSS 中需要使用"/*"和"*/"来注释，然后将需要注释的内容书写在"/*"和"*/"之间，代码格式如下所示。

```
/* 想要注释掉的内容 */
```

值得一提的是，CSS 中的注释可以是一行，也可以是多行，但只能使用上述格式的代码进行注释，不支持使用"//"或"#"，代码格式如下所示。

```
/*
    这是 CSS 注释符，可以注释多行
    这是 CSS 注释符，可以注释多行
    这是 CSS 注释符，可以注释多行
    这是 CSS 注释符，可以注释多行
*/
选择器{
    属性1:属性值1;/*这是 CSS 注释符，可以注释一行*/
    属性2:属性值2;
    ...
    属性n:属性值n;
}
```

### 5.1.3　CSS 中颜色的表示方式

在 CSS 中，颜色的表示方式与我们在生活中的颜色表示方式略有差异，本节将对 CSS 中颜色的表示方式进行介绍。

在 CSS 中，颜色使用关键字、十六进制颜色值和 rgb 颜色值 3 种方式来表示，下面将分别进行讲解。

- 关键字：关键字与平时表示颜色的方式最相近，可以直接使用表示颜色的单词，如 red、blue、pink 等。
- 十六进制颜色值：十六进制以"#"开头，后面的 6 位分别由十六进制的数字组成，每两位表示一个颜色，共 3 组。例如，"#FF00CC"前面的 2 个 F 代表红色，中间的 2 个 0 代表绿色，最后的 CC 代表蓝色。值得一提的是，如果在 6 位十六进制值中，3 组值的 2 个数字都相等，那么可以进行简写。例如，刚刚提过的"#FF00CC"可以简写为"#F0C"。
- rgb 颜色值：rgb 颜色值不仅是 CSS 中颜色值的常用表示方式，还是计算机中颜色值的常见表示方式。计算机中的颜色按照不同比例的红（red）、绿（green）、蓝（blue）混合而成，经常被称为 RGB 颜色。在 CSS 中，可以通过 rgb(r,g,b)的格式来设置颜色。值得一提的是，在 rgb(r,g,b)中，r、g、b 的值支持设置的范围是 0~255，如 rgb(0,0,0)代表的是黑色。

CSS 颜色的使用将在 5.1.4 节进行案例演示，这里不多做讲解。

### 5.1.4　CSS 的使用方式

通过前面的介绍，我们知道 CSS 的基础语法由选择器和属性这 2 个部分组成。为了使读者可以轻松地学习本节，我们对 1 个常用选择器和 3 个常用属性进行简单的举例介绍，后面的内容也会针对本节所涉及的选择器和属性进行详细说明。

本节要介绍的选择器是标签选择器，也叫作元素选择器，它是通过 HTML 标签名来选择标签的。

在本章的开头，我们已经介绍了选择器的使用方式。标签选择器的使用也十分简单，只需要将 HTML 标签写在选择器的位置上，就可以告诉浏览器已经选中了该标签。以<p>标签为例，它的语法实现具体如下所示。

```
p{
    属性1:属性值1;
    属性2:属性值2;
    ...
    属性n:属性值n;
}
```

同时介绍 3 个常见属性，具体说明如下。

- color 属性：用来设置标签中字体的颜色，其属性值的设置方式为在 5.1.3 节中讲解的 3 种。

- background-color 属性：用来设置标签的背景颜色，其属性值的设置方式同样为在 5.1.3 节中讲解的 3 种。
- font-size 属性：用来设置标签内文字的大小，单位是 px。

下面开始对本章的内容进行正式讲解。

在前面我们提到，CSS 是用来描述 HTML 文档样式的标记语言。那么，CSS 样式要如何才能应用到 HTML 标签上呢？

其实有 3 种方式可以选择，分别为行内样式、内嵌样式和外链样式。下面就对这 3 种引入方式进行讲解。

### 1. 行内样式

行内样式是利用 HTML 标签上的 style 属性来设置的，CSS 样式将作为 style 属性的属性值来书写。使用这种方式来应用 CSS 样式的特点是，其只能在当前标签上生效。行内样式的语法有 2 种书写格式，具体如下。

（1）在双标签中设置行内样式，代码如下所示。

```
<标签名 style="属性1:属性值1;属性2:属性值2;...属性n:属性值n">标记出来的内容</标签名>
```

（2）在单标签中设置行内样式，代码如下所示。

```
<标签名 style="属性1:属性值1;属性2:属性值2;...属性n:属性值n" />
```

在学习过基本语法后，下面使用行内样式在 HTML 文档中设置 CSS 样式，具体代码如下所示。

```
<!DOCTYPE html>
<html>
    <head>
        <meta charset="UTF-8"/>
    </head>
    <body>
        <span style="color:red;font-size:100px;">小尚今天很高兴! </span>
        <span>小尚今天不高兴! </span>
    </body>
</html>
```

上述代码使用了行内样式，在第 1 个<span>标签中的 style 属性上设置了 CSS 样式 "color:red;font-size: 100px;"。该标签中的字体颜色会被设置为红色，字号会被设置为 100px。而在第 2 个没有书写 CSS 样式的 <span>标签中的文字就完全不会受到影响。运行代码后，页面效果如图 5-3 所示。

图 5-3　页面效果（1）

需要注意的是，行内样式通常在只为单个元素提供少量样式时使用。在实际开发中，我们不推荐使用这种方法来应用 CSS 样式，因为这体现不出 CSS 的优点。例如，在为整个文档或多个文档设置外观时，需要在对应标签上寻找对应样式，并且依次修改，这会导致工程师的工作量增加。因此，即使这种方式编写简单、定位准确，我们也不推荐使用。

**注意：** 本书采用单色印刷，颜色以文字描述为准，具体的颜色变化读者可通过运行配套代码进行查看。

### 2. 内嵌样式

内嵌样式先将 CSS 样式直接编写在<head>标签中的<style>标签里，再将样式表编写在<style>标签中。通过 CSS 选择器告诉浏览器给谁设置样式，然后通过 CSS 选择器选中指定的元素，可以同时为这些元素设置样式，并且可以使样式得到进一步复用。使用这种方式应用 CSS 样式的特点是，样式可以作用于当前整个页面，具体语法如下所示。

```
<style>
选择器{
```

```
    属性 1:属性值 1;
    属性 2:属性值 2;
    ……
    属性 n:属性值 n;
}
</style>
```

内嵌样式的基本语法在前面已经进行了介绍，这里不再赘述。下面使用内嵌样式实现在 HTML 文档中使用 CSS 样式，具体代码如下所示。

```
<!DOCTYPE html>
<html>
    <head>
        <meta charset="UTF-8"/>
        <style>
            span{
                color:red;
            }
        </style>
    </head>
    <body>
        <span>小尚今天很高兴! </span>
        <span>小尚今天不高兴! </span>
    </body>
</html>
```

上述代码使用标签选择器选中了页面中所有的<span>标签，在对应的花括号内将字体颜色设置为红色，即文档中所有的<span>标签都可以应用这个样式。运行代码后，页面效果如图 5-4 所示。

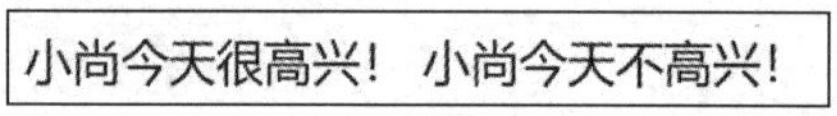

小尚今天很高兴! 小尚今天不高兴!

图 5-4　页面效果（2）

### 3. 外链样式

外链样式使用<link>标签将其他文档与当前文档关联起来。使用这种方式应用 CSS 样式的特点是，可以将其应用在多个页面中。推荐将<link>标签写在<head>标签里，具体语法如下所示。

```
<link href="文件名.css" type="text/css" rel="stylesheet" />
```

可以看到，在<link>标签中书写了 3 个属性，具体说明如下。

● href 属性：其属性值是样式表文件的 URL。
● type 属性：其属性值代表使用<link>标签加载的数据类型，这里的属性值应为 text/css。
● rel 属性：rel 是 relation 的缩写，中文译为关系。此属性值用来表示链接的文档与当前文档的关系。

下面通过一个案例来演示外链样式的具体用法。现在有 3 个文件，分别是 test.css（其中放置的是要书写的 CSS 代码）、test1.html 和 test2.html（这 2 个文件要同时使用 test.css）。

test.css 文件如下所示。

```
span{
    font-size:100px;
    color:yellow;
}
```

值得一提的是，需要链接的 CSS 文件名要以.css 结尾，而且在 CSS 文件中要直接书写 CSS 代码。

test1.html 文件如下所示。

```
<!DOCTYPE html>
<html>
    <head>
        <meta charset="UTF-8"/>
        <!--将 test.css 链接到 test1.html 中，test.css 是 css 格式的文件，它是 test1.html 的样式表-->
```

```
    <link href="./test.css" type="text/css" rel="stylesheet" />
</head>
<body>
    <span>小尚今天很高兴！</span>
</body>
</html>
```

代码中的加粗部分使用<link>标签将 test.css 文件链接到 test1.html 文件中，此时，<span>标签应用了 test.css 文件中的样式，将字体颜色设置为黄色，字号设置为 100px。运行代码后，页面效果如图 5-5 所示。

小尚今天很高兴！

图 5-5　页面效果（3）

test2.html 文件如下所示。

```
<!DOCTYPE html>
<html>
    <head>
        <meta charset="UTF-8"/>
        <!--将 test.css 链接到 test2.html 中，test.css 是 css 格式的文件，它是 test2.html 的样式表-->
        <link href="./test.css" type="text/css" rel="stylesheet" />
    </head>
    <body>
        <span>小尚今天不高兴！</span>
    </body>
</html>
```

这段代码与上段代码基本相同，这里不再赘述。运行代码后，页面效果如图 5-6 所示。

小尚今天不高兴！

图 5-6　页面效果（4）

## 5.2　CSS 特性

在 CSS 中有 2 个特性可以方便我们进行开发，分别是层叠性和继承性。下面将会对这 2 个特性展开讲解。

首先对层叠性进行介绍。我们知道在 HTML 中，同一个元素可以拥有多个 CSS 样式，但如果设置了多个属性，究竟哪个属性会生效呢？这就是我们所说的层叠性。简单地说，层叠性是多种 CSS 样式的叠加，是浏览器处理样式冲突的方式。例如，现在使用内嵌样式和外链样式同时选中<span>标签，每种方式都使用标签选择器设置<span>标签中文本的颜色，哪种会生效呢？

可以通过代码来验证。

test.css 文件如下所示。

```
span{
    color:yellow;
}
```

test.html 文件如下所示。

```
<!DOCTYPE html>
<html>
  <head>
    <meta charset="UTF-8" />
    <!--将 test.css 链接到 test.html 中，test.css 是 css 格式的文件，它是 test1.html 的样式表-->
    <link href="./test.css" type="text/css" rel="stylesheet" />
    <style>
```

```
      span {
        color: red;
      }
    </style>
  </head>
  <body>
    <span>小尚今天很高兴！</span>
  </body>
</html>
```

从代码中可以看出，我们使用外链样式和内嵌样式分别对<span>标签进行了设置。在外链样式中将字体颜色设置为黄色，在内嵌样式中将字体颜色设置为红色。那么，在代码运行后，页面会出现什么效果呢？如图 5-7 所示。

<div style="text-align:center">小尚今天很高兴！</div>

<div style="text-align:center">图 5-7　页面效果（1）</div>

根据代码效果可知，<span>标签中的文本颜色最终应用了红色，通过外链样式设置的 color 属性值被通过内嵌样式设置的 color 属性值覆盖了。需要注意的是，内嵌样式的权重不比外链样式的权重高，这里应用的页面效果为红色是因为后面的样式覆盖了前面的样式。

在 5.1.4 节中，我们共为读者讲解了 3 种使用 CSS 的方式。其实，如果 3 种方式使用的选择器和属性相同，那么哪种方式距离被修饰的标签近，哪个属性的属性值就会生效。

其次我们对继承性进行介绍。所谓继承性，是指在父辈标签上设置的属性能够被后代标签使用，用一个词来形容继承性，就是"子承父业"，具体代码如下所示。

```
<!DOCTYPE html>
<html>
    <head>
        <meta charset="UTF-8"/>
        <style>
            div{
                color:blue;
            }
        </style>
    </head>
    <body>
        <div>
            哈哈
            <span>小尚今天很高兴！</span>
        </div>
    </body>
</html>
```

这段代码使用标签选择器选中了<div>标签，并且设置了字体颜色为蓝色。在运行代码后会发现，不仅"哈哈"2 个字变成了蓝色，其内部的<span>标签中的文字也变成了蓝色，这是 CSS 的继承性导致的。运行代码后，页面效果如图 5-8 所示。

<div style="text-align:center">哈哈 小尚今天很高兴！</div>

<div style="text-align:center">图 5-8　页面效果（2）</div>

## 5.3　CSS 选择器

通过前面的讲解可以得知，CSS 由选择器及属性组成。CSS 通过选择器来实现哪些标签元素使用样式，哪些标签元素不使用样式。同时，可以通过选择器来指定标签元素选择使用哪个样式。本节将根据选择器的功能来分别讲解 CSS 中常用的选择器。

## 5.3.1 标签选择器

标签选择器也叫作元素选择器。简单来说，我们将文档中的标签名作为选择器来使用。例如，在下方代码中，可以使用 p、h3 或 a，甚至可以使用 HTML 自身来作为选择器的名字，案例代码如下所示。

```
<!DOCTYPE html>
<html>
    <head>
        <meta charset="UTF-8"/>
        <style>
            p{
                font-size:30px;
            }
            h3{
                font-size:40px;
            }
            a{
                font-size:50px;
            }
            html{
                background-color:yellow;
            }
        </style>
    </head>
    <body>
        <p>这是一个 p 标签</p>
        <h3>这是一个 h 标签</h3>
        <a href="#">这是一个 a 标签</a>
    </body>
</html>
```

从这段代码中可以看出，标签选择器可以用来匹配该文档中所有此类型的标签,因此在日常的开发中,可以使用标签选择器来进行标签的初始化。运行代码后，页面效果如图 5-9 所示。

对于一些特定标签，浏览器已经为其设置了初始样式，而使用标签选择器可以覆盖浏览器自带的样式。例如，浏览器为<h3>标签设置了默认字号，我们可以使用标签选择器来覆盖浏览器自带的字号，从而自行设置<h3>标签的初始字号，代码如下所示。

```
<!DOCTYPE html>
<html>
    <head>
        <meta charset="UTF-8"/>
        <style>
            h3{
                font-size:40px;
            }
        </style>
    </head>
    <body>
        <h3>这是第一个 h3 标签</h3>
        <p>这是第一个段落</p>
        <h3>这是第二个 h3 标签</h3>
        <p>这是第二个段落</p>
    </body>
</html>
```

上述代码使用标签选择器将<h3>标签的字号设置为40px，覆盖了浏览器自带的字号。运行代码后，页面效果如图5-10所示。

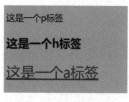

图5-9　页面效果（1）

图5-10　页面效果（2）

## 5.3.2　类选择器

首先明确什么是类，类是指具有相同特征的一类事物的总称。例如，在哺乳动物这个类中，所有成员都具有胎生的特点。在 CSS 中，我们可以将具有一系列相同特征的标签归为一类。

在 CSS 中使用类选择器，需要先在 HTML 标签中使用 class 属性，并且为其自定义一个名字，然后在 CSS 中使用 ".自定义的类名" 进行选择，具体代码如下所示。

```
<!DOCTYPE html>
<html>
    <head>
        <meta charset="UTF-8"/>
        <style>
            .t{
                color:red;
            }
        </style>
    </head>
    <body>
        <p>Life is a <span class="t">horse</span>,and either you ride it or it rides
            you.</p>
        <p>Life is like music.It must be composed by ear,feeling and instinct,not by
            <strong class="t">rule</strong>.</p>
    </body>
</html>
```

在这段代码中，因为第 1 个<p>标签中的<span>标签和第 2 个<p>标签中的<strong>标签在进行修饰的时候都需要将字体颜色设置为红色，这是共同特征，所以将这二者归为一类；然后在<span>标签和<strong>标签中使用 class 属性指定一个自定义的类名；最后在 CSS 中使用 ".类名" 的方式选中<span>标签和<strong>标签，并且设置字体颜色为红色。运行代码后，页面效果如图5-11所示。

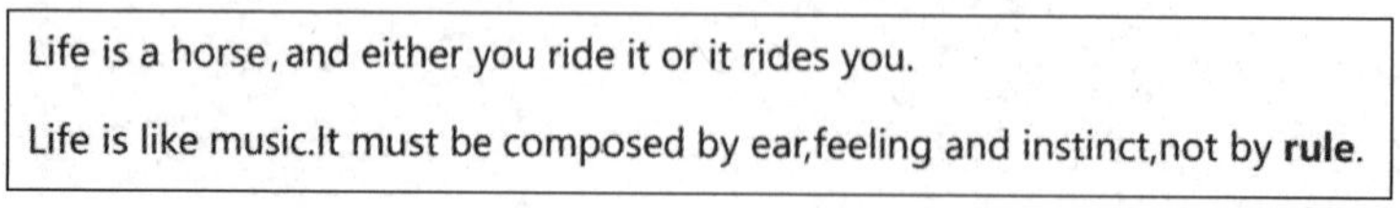

Life is a horse,and either you ride it or it rides you.

Life is like music.It must be composed by ear,feeling and instinct,not by **rule**.

图5-11　页面效果（1）

我们也可以使用 "标签名.类名" 的方式，选择具有类名的标签，具体代码如下所示。

```
<!DOCTYPE html>
<html>
    <head>
        <meta charset="UTF-8"/>
        <style>
            span.t{
```

```
            color:red;
        }
    </style>
</head>
<body>
    <p>Life is a <span class="t">horse</span>,and either you ride it or it rides
        you.</p>
    <p>Life is like music.It <span class="t">must</span> be composed by ear,feeling
        and instinct,not by <strong class="t">rule</strong>.</p>
</body>
</html>
```

上面的代码选择了属于 t 这个类的<span>标签，并且将其字体颜色设置为红色。与上一段代码相比，<strong>标签所包含的 "rule" 的字体颜色没有变为红色。运行代码后，页面效果如图 5-12 所示。

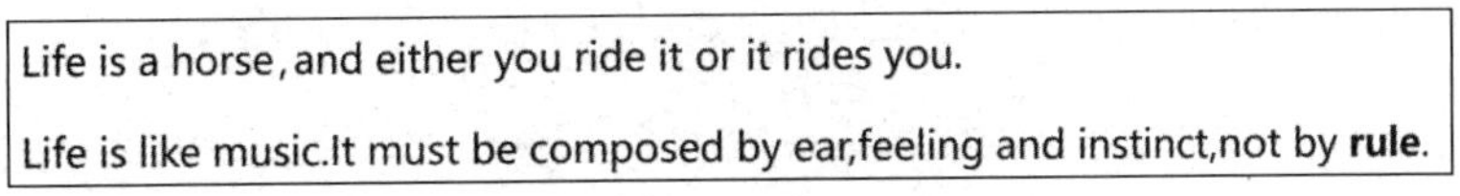

Life is a horse, and either you ride it or it rides you.

Life is like music.It must be composed by ear,feeling and instinct,not by **rule**.

图 5-12 页面效果（2）

一个标签可能属于多个类。例如，小尚（假设性别为男）这个学生，他既属于学生这个类，又属于儿子这个类，即在 HTML 中有时需要为标签书写多个类，此时就需要使用多个空格将多个类隔开，具体代码如下所示。

```
<!DOCTYPE html>
<html>
    <head>
        <meta charset="UTF-8"/>
        <style>
            .t{
                color:red;
            }
            .t1{
                font-size:100px;
            }
        </style>
    </head>
    <body>
        <p>Life is a <span class="t">horse</span>,and either you ride it or it rides
            you.</p>
        <p>Life is like music.It <span class="t t1">must</span> be composed by ear,feeling
            and instinct,not by <strong class="t1">rule</strong>.</p>
    </body>
</html>
```

在这段代码中，我们在 t 这个类中设置了字体颜色为红色，在 t1 这个类中设置了字号为 100px。值得一提的是，因为第 2 个<p>标签中的<span>标签同时属于 t 和 t1 这 2 个类，所以文字 "must" 的颜色会变为红色，字号为 100px。运行代码后，页面效果如图 5-13 所示。

图 5-13 页面效果（3）

如果需要选择同时具有多个类的选择器，那么可以使用 ".类名 1.类名 2" 的方式，具体代码如下所示。

```html
<!DOCTYPE html>
<html>
    <head>
        <meta charset="UTF-8"/>
        <style>
            .t{
                color:red;
            }
            .t1{
                font-size:100px;
            }
            .t.t1{
                background-color:yellow;
            }
        </style>
    </head>
    <body>
        <p>Life is a <span class="t">horse</span>,and either you ride it or it rides
            you.</p>
        <p>Life is like music.It <span class="t t1">must</span> be composed by ear,
            feeling and instinct,not by <strong class="t1">rule</strong>.</p>
    </body>
</html>
```

在上面这段代码中，我们通过 ".t.t1" 的方式，选择了在第 2 个<p>标签中同时具有 t 和 t1 这 2 个类的<span>标签，并且将其文字 "must" 的背景色变成了黄色。运行代码后，页面效果如图 5-14 所示。

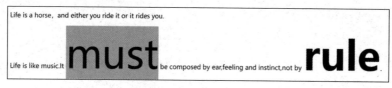

图 5-14　页面效果（4）

## 5.3.3　案例：仿 Google

Google 是生活中常用的搜索引擎，尤其对于开发者来说，Google 搜索引擎具有搜索速度快和资料丰富的优点，从而更受他们喜爱。本节将使用 HTML 和 CSS 在页面上实现 Google 搜索引擎的 Logo。先来看我们要实现的效果，如图 5-15 所示。

# Google

图 5-15　Google 搜索引擎的 Logo

下面对图 5-15 进行分析。

（1）从整体来看，Logo 共有 6 个字母。因为每个字母的效果都不尽相同，所以每个字母都应该使用一个标签进行包裹。

（2）从整体的样式来看，6 个字母的字号都一样，因此可以在一个类中设置字号。

（3）从个体来看，第 1 个字母和第 4 个字母的颜色一样，可以归为一类；第 2 个字母和第 6 个字母的颜色一样，可以归为一类；第 3 个字母单独归为一类；第 5 个字母也单独归为一类。

根据上述分析，可以书写出如下代码。

```
<!DOCTYPE html>
<html>
    <head>
        <meta charset="UTF-8"/>
        <style>
            /*因为所有字母字号一致，所以使用标签选择器比较合适*/
            span{
                font-size:150px;
            }
            /*以下是每一类的定义*/
            .blue {
                color: #1B6FEF;
            }
            .red {
                color: #DB4732;
            }
            .yellow {
                color: #FFD669;
            }
            .qreen {
                color: #009A57;
            }
        </style>
    </head>
    <body>
        <!--先使用 span 标签进行包裹，然后根据颜色的不同赋予不同的类名 -->
        <span class="blue">G</span>
        <span class="red">o</span>
        <span class="yellow">o</span>
        <span class="blue">g</span>
        <span class="green">l</span>
        <span class="red">e</span>
    </body>
</html>
```

上述代码中的每个字母都使用<span>标签进行包裹，同时使用标签选择器为<span>标签设置字号，这里将前面分析中的第 1 点和第 2 点合并处理。因为在分析的第 3 点中提到字母可分为 4 类，所以使用类选择器来书写不同的类对应的颜色样式，并且应用在各<span>标签中。

### 5.3.4　层次选择器

CSS 可以通过文档的结构来确定使用哪些样式，这里的层次指的就是文档结构的层次。来看下面这段代码。

```
<!DOCTYPE html>
<html>
    <head>
        <meta charset="UTF-8"/>
    </head>
    <body>
        <div>
            这里是一个<b>b 标签</b>。
            <p>
                这里是 p 标签中的<b>b 标签</b>。
```

```
            <a href="#">这里是第一个 a 链接。</a>
            <a href="#">这里是第二个 a 链接。</a>
        </p>
    </div>
    这里是单独的<b>b 标签</b>
</body>
</html>
```

我们可以将上面的 HTML 文档结构层次以树状结构进行展示，如图 5-16 所示。

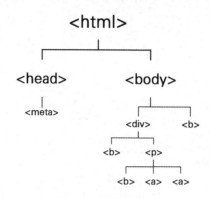

图 5-16　树状结构

文档中的元素可以是另一个元素的父元素（如 p 元素是 b 元素、a 元素的父元素），也可以是另一个元素的子元素（如 a 元素是 p 元素的子元素），还可以在是一个元素的父元素的同时是另一个元素的子元素（如 head 元素既是 meta 元素的父元素，又是 html 元素的子元素）。

CSS 专门提供了几种层次选择器，可以方便开发者选择元素，主要分为后代选择器、子选择器和相邻兄弟选择器 3 种，下面就来对其进行讲解。

### 1. 后代选择器

后代选择器定义的规则是要书写特定的结构，其格式如下所示。

```
选择器 1 选择器 2
```

根据规则，各选择器由空格分隔，可以理解为"选中选择器 1 的后代中能够匹配选择器 2 的元素"。根据上面的 HTML 文档结构进行分析，如果选择器写为"body b"，那么指的就是选中"body"的所有后代中的 b 元素，代码如下所示。

```html
<!DOCTYPE html>
<html>
    <head>
        <meta charset="UTF-8"/>
        <style>
            body b{
                color:red;
            }
        </style>
    </head>
    <body>
        <div>
            这里是一个<b>b 标签</b>。
            <p>
                这里是 p 标签中的<b>b 标签</b>。
                <a href="#">这里是第一个 a 链接。</a>
                <a href="#">这里是第二个 a 链接。</a>
            </p>
        </div>
```

```
        这里是单独的<b>b 标签</b>
    </body>
</html>
```

这段代码就是利用后代选择器选中"body"的所有后代中的 b 元素，并且将其颜色设置为红色。运行代码后，页面效果如图 5-17 所示。

```
这里是一个b标签。

这里是p标签中的b标签。 这里是第一个a链接。 这里是第二个a链接。

这里是单独的b标签
```

图 5-17　页面效果（1）

值得一提的是，后代选择器不仅可以设置为 2 个选择器，也可以设置为更多个选择器。例如，"body p b"，代表的是选中"body"的所有后代中 p 元素的所有后代中的 b 元素，即将 p 元素中的 b 元素选中，代码如下所示。

```
<!DOCTYPE html>
<html>
    <head>
        <meta charset="UTF-8"/>
        <style>
            body p b{
                color:red;
            }
        </style>
    </head>
    <body>
        <div>
            这里是一个<b>b 标签</b>。
            <p>
                这里是 p 标签中的<b>b 标签</b>。
                <a href="#">这里是第一个 a 链接。</a>
                <a href="#">这里是第二个 a 链接。</a>
            </p>
        </div>
        这里是单独的<b>b 标签</b>
    </body>
</html>
```

上述代码设置了 3 个选择器，从外向内找到了 b 元素并将其设置为红色。与上一段代码不同的是，这里只有 1 个元素满足条件，因此在页面中只有 1 个"b 标签"文字变为红色，页面效果如图 5-18 所示。

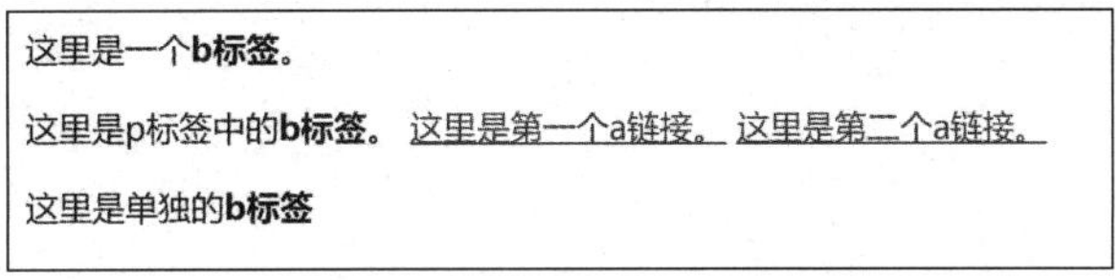

```
这里是一个b标签。

这里是p标签中的b标签。 这里是第一个a链接。 这里是第二个a链接。

这里是单独的b标签
```

图 5-18　页面效果（2）

### 2. 子选择器

后代选择器的选择比较"粗糙"。如果想在上面结构的基础上，选择 body 元素的直接子元素"b 标签"，那么后代选择器执行起来就"力不从心"，此时可以使用子选择器来选中。

子选择器定义的规则是，要书写特定的结构，格式如下所示。

```
选择器 1 > 选择器 2
```

在规则中，选择器由">"分隔，我们可以理解为"选中在选择器 1 的子元素中能够匹配选择器 2 的元素"。此时如果使用子选择器选择"body"的直接子元素"b 标签"，就可以将其写为"body > b"，代码如下所示。

```
<!DOCTYPE html>
<html>
    <head>
        <meta charset="UTF-8"/>
        <style>
            body > b{
                color:green;
            }
        </style>
    </head>
    <body>
        <div>
            这里是一个<b>b 标签</b>。
            <p>
                这里是 p 标签中的<b>b 标签</b>。
                <a href="#">这里是第一个 a 链接。</a>
                <a href="#">这里是第二个 a 链接。</a>
            </p>
        </div>
        这里是单独的<b>b 标签</b>
    </body>
</html>
```

在上面的代码中，符合子选择器"body > b"的 b 元素只有一个，因此"这里是单独的 b 标签"中的"b 标签"的颜色会变为绿色，如图 5-19 所示。

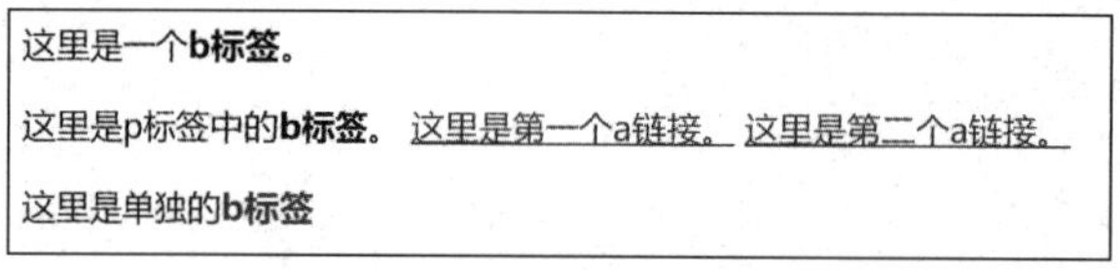

图 5-19　页面效果（3）

### 3. 相邻兄弟选择器

相邻兄弟选择器，顾名思义，其中的"相邻"和"兄弟"2 个词是重中之重。所谓兄弟，指的是元素必须要处在同一层级；而相邻指的是必须位于前一个选择器选中的元素的后面。

相邻兄弟选择器定义的规则是，要书写特定的结构，格式如下所示。

```
选择器1 + 选择器2
```

在规则中，选择器由"+"分隔，我们通过代码来观察相邻兄弟选择器的选择效果，代码如下所示。

```
<!DOCTYPE html>
<html>
    <head>
        <meta charset="UTF-8"/>
        <style>
            b + a {
                color: green;
            }
        </style>
    </head>
    <body>
        <div>
            这里是一个<b>b 标签</b>。
            <p>
```

```
            这里是 p 标签中的<b>b 标签</b>。
            <a href="#">这里是第一个 a 链接。</a>
            <a href="#">这里是第二个 a 链接。</a>
        </p>
    </div>
    这里是单独的<b>b 标签</b>
</body>
</html>
```

上述代码书写的相邻兄弟选择器是"b+a"，指的是选中 b 元素的同辈 a 元素，并且要选中的 a 元素只能是 b 元素后面的一个元素。对于上面的代码来说，符合的只有"<a href="#">这里是第一个 a 链接。</a>"，所以"这里是第一个 a 连接"的颜色会变为绿色，如图 5-20 所示。

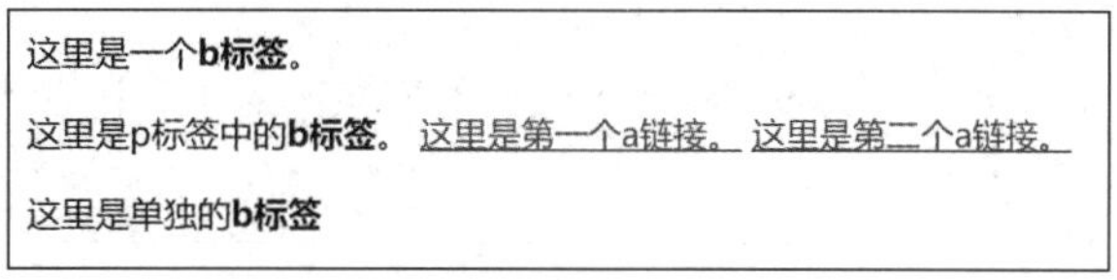

图 5-20　页面效果（4）

## 5.3.5　ID 选择器

ID 选择器中的 ID 是"Identity"的缩写，中文译为身份标识号码，代表具有唯一性。

ID 选择器与类选择器相似，其与类选择器的唯一区别是，在使用 ID 选择器进行选择时，要使用"#"加自定义类名，而不是"."加自定义类名。同时，在 HTML 中使用 id 属性，并且赋予其自定义的值，代码如下所示。

```
<!DOCTYPE html>
<html>
    <head>
        <meta charset="UTF-8"/>
        <style>
            #i{
                color:yellow;
            }
        </style>
    </head>
    <body>
        <p>Wasting <span>time</span> is <span id="i">robbing</span> oneself.</p>
    </body>
</html>
```

在上述代码中，我们在<span>标签上定义了 id 属性，并且赋予了其自定义的值"i"。在 CSS 中使用 ID 选择器为自定义类名"i"设置了字体颜色。运行代码后，页面效果如图 5-21 所示。

图 5-21　页面效果（1）

在本节的开头提过，ID 是唯一的。在一个 HTML 文档中，id 属性值仅能使用 1 次。这里需要特别提及一点，实际上浏览器通常不检查 HTML 中的 ID 唯一性，即可能会设置多个具有相同 id 属性值的标签，也可能为这些标签应用相同的样式。因为这种情况具有不确定性，所以在实际应用时我们非常不建议这样使用。

下方代码在部分浏览器中是可以运行的，但是不能保证代码都可以正常运行，具体如下所示。

```
<!DOCTYPE html>
```

```
<html>
  <head>
    <meta charset="UTF-8"/>
     <style>
         #i{
            color:yellow;
         }
     </style>
  </head>
  <body>
     <p>Wasting <span id="i">time</span> is <span id="i">robbing</span> oneself.</p>
  </body>
</html>
```

我们在 Google 浏览器中运行这段代码，显示可以正常运行。2 个<span>标签包含的文字都变为黄色。
运行代码后，页面效果如图 5-22 所示。

**Wasting** time **is** robbing **oneself.**

图 5-22  页面效果（2）

## 5.3.6  组合选择器

组合选择器可以同时让多个选择器使用同一样式，这样可以选中同时满足多个选择器要求的元素，其
格式如下所示。

选择器 1,选择器 2...选择器 n{}

假设现在有这样一个需求：让在这段代码中所有标题标签的字体颜色显示为红色。

不使用组合选择器的写法如下所示。

```
<!DOCTYPE html>
<html>
  <head>
     <meta charset="UTF-8"/>
      <style>
          h1{color:red;}
          h2{color:red;}
          h3{color:red;}
          h4{color:red;}
          h5{color:red;}
          h6{color:red;}
      </style>
  </head>
  <body>
      <h1>标题</h1>
      <h2>标题</h2>
      <h3>标题</h3>
      <h4>标题</h4>
      <h5>标题</h5>
      <h6>标题</h6>
  </body>
</html>
```

通过上面这段代码可以发现，虽然可以实现想要的效果，但是逐一选择标题标签并为其赋予相同的样
式，会让代码产生冗余。运行代码后，页面效果如图 5-23 所示，6 个等级的标题的颜色均为红色。

而使用组合选择器就可以避免代码冗余的产生。下面使用组合选择器来改写上述代码，改写后的代码如下所示。

```
<!DOCTYPE html>
<html>
    <head>
        <meta charset="UTF-8"/>
        <style>
            h1,h2,h3,h4,h5,h6{
                color:red;
            }
        </style>
    </head>
    <body>
        <h1>标题</h1>
        <h2>标题</h2>
        <h3>标题</h3>
        <h4>标题</h4>
        <h5>标题</h5>
        <h6>标题</h6>
    </body>
</html>
```

图 5-23　页面效果

在这段代码中，我们使用组合选择器将<h1>标签至<h6>标签一起选中，并且为其设置相同的样式。运行代码后，页面效果同样为图 5-23 显示的效果。

对比 2 段代码可以发现，明显下方代码更为简洁。在实际开发中，如果遇到这种情况，我们更推荐使用组合选择器进行实现。

## 5.3.7　通配符选择器

通配符选择器也叫作通用选择器，是最强大的选择器，其使用一个 "＊" 来表示，可以匹配所有元素。例如，如果想让标签中的每个元素都显示为红色，就可以书写出如下代码。

```
<!DOCTYPE html>
<html>
    <head>
        <meta charset="UTF-8"/>
        <style>
            * {
                color:red;
            }
        </style>
    </head>
    <body>
        <h1>标题</h1>
        <p>段落</p>
        <b>加粗</b>
        <i>斜体</i>
    </body>
</html>
```

上面这段代码使用通配符选择器来匹配页面上的所有元素，依次选中 html 元素、body 元素、h1 元素、p 元素、b 元素、i 元素，并且将字体颜色设置为红色。运行代码后，页面效果如图 5-24 所示。

图 5-24　页面效果

## 5.3.8 伪类选择器

在中文表述中，"伪"代表"虚假"，有"有意做作掩盖本来面貌"的意思。CSS 中的伪类选择器指的是文档中不一定真实存在的结构指定样式，或者为某些标签的特定状态赋予不存在的类，我们也可以称之为幽灵类。

在开发中，读者有时需要选择本身没有标签，但是仍然易于识别的网页部位，例如，段落首行或光标滑过的链接，此时可以使用伪类选择器来实现。

值得一提的是，所有伪类的语法格式都是以"："开头的，但为了便于讲解，下面的伪类选择器都不带"："。

下面对链接伪类选择器和动态伪类选择器进行讲解。

### 1. 链接伪类选择器

链接伪类选择器与其名称一样，需要在超链接上使用，对应地，想要匹配的超链接<a>标签需要具有 href 属性。

链接伪类选择器有 link 和 visited 两种，具体说明如下。

- link：用来匹配具有 href 属性的超链接<a>标签，并且 href 属性所指向的链接在没有被访问时生效。
- visited：用来匹配具有 href 属性的超链接<a>标签，并且 href 属性所指向的链接在被访问后生效。

下面对链接伪类选择器的 2 种书写方式进行演示，代码如下所示。

```html
<!DOCTYPE html>
<html>
    <head>
        <meta charset="UTF-8"/>
        <style>
            /*未访问的链接显示为绿色*/
            a:link {
                color:green;
            }
            /*已访问的链接显示为红色*/
            a:visited{
                color:red;
            }
        </style>
    </head>
    <body>
        <a href="http://www.atguigu.com">硅谷乐园</a>
    </body>
</html>
```

上述代码使用链接伪类选择器 link 和链接伪类选择器 visited 对未访问的超链接和已访问的超链接的字体颜色进行了设置。当页面上的超链接"硅谷乐园"没有被访问时，"硅谷乐园"的字体颜色为绿色，如图 5-25 所示。当页面上的超链接"硅谷乐园"被访问后，"硅谷乐园"的字体颜色为红色，如图 5-26 所示。

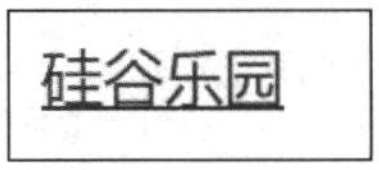

硅谷乐园　　　　　　　　　　　　　　硅谷乐园

图 5-25　没有被访问过的超链接 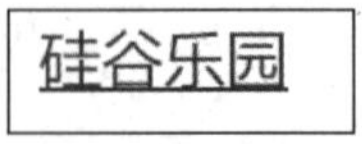　　　　　　图 5-26　被访问过的超链接

其实，链接伪类选择器也可以与类选择器或 ID 选择器结合起来使用，代码如下所示。

```html
<!DOCTYPE html>
<html>
    <head>
```

```
<meta charset="UTF-8"/>
 <style>
    /*类名为 atguigu 的超链接 a 标签，未访问的链接显示为黄色*/
    .atguigu:link {
       color:yellow;
    }
    /*类名为 atguigu 的超链接 a 标签，已访问的链接显示为粉色*/
    .atguigu:visited{
       color:pink;
    }
    /*ID 为 at 的超链接 a 标签，未访问的链接显示为棕色*/
    #at:link {
       color:greenyellow;
    }
    /*ID 为 at 的超链接 a 标签，已访问的链接显示为棕色*/
    #at:visited{
       color:chocolate;
    }
 </style>
</head>
<body>
   <a href="http://www.atguigu.com" class="atguigu">硅谷乐园 1</a>
   <a href="http://www.atguigu.com" id="at">硅谷乐园 2</a>
   <a href="http://www.atguigu.com" class="atguigu">硅谷乐园 3</a>
   <a href="http://www.atguigu.com" class="atguigu">硅谷乐园 4</a>
</body>
</html>
```

这段代码将链接伪类选择器分别与类选择器、ID 选择器结合起来使用，设置了超链接在不同状态下的显示效果。页面效果在没有访问链接时，如图 5-27 所示。页面效果在访问了其中一个链接后，如图 5-28 所示。

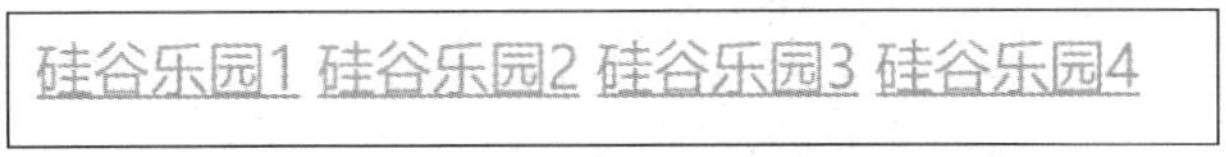

硅谷乐园1 硅谷乐园2 硅谷乐园3 硅谷乐园4

图 5-27　没有访问过超链接时

硅谷乐园1 **硅谷乐园2** 硅谷乐园3 硅谷乐园4

图 5-28　访问了其中一个超链接后

### 2. 动态伪类选择器

现在我们介绍第 2 种伪类选择器——动态伪类选择器。动态伪类选择器有 hover、active 和 focus 三种，下面将分别进行讲解并给出案例演示。

首先对 hover 这个动态伪类选择器进行介绍。当光标放在元素上时，其会被触发。现在页面上有一个 div 元素和一个超链接<a>标签，要求当光标移动到 2 个元素上面时，div 元素的背景颜色变为黄色，超链接<a>标签的字体颜色变为绿色，代码如下所示。

```
<!DOCTYPE html>
<html>
   <head>
      <meta charset="UTF-8"/>
       <style>
          /*光标移动到 div 元素上时，让其背景色变为黄色*/
          div:hover{
             background-color:yellow;
```

```
            }
            /*光标移动到超链接 a 标签上时,让其字体颜色变为绿色*/
            a:hover {
                color:green;
            }
    </style>
</head>
<body>
    <div>hover 小例子</div>
    <a href="#">hover 小例子</a>
</body>
</html>
```

这段代码使用动态伪类选择器 hover 对 div 元素和超链接<a>标签进行了样式设置,从而实现了需求。光标移动至 div 元素的页面效果如图 5-29 所示。光标移动至超链接<a>标签,文字"hover 小例子"的字体颜色变为绿色,如图 5-30 所示。

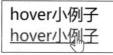

图 5-29　当光标移动至 div 元素的页面效果　　　　图 5-30　当光标移动至超链接<a>标签的页面效果

其次讲解 active 这个动态伪类选择器。当元素被激活时,其就会被触发。现在页面上有一个超链接<a>标签和一个按钮,当点击超链接<a>标签时,其字体颜色变为绿色;当点击按钮时,其字体颜色变为红色。

代码如下所示。

```
<!DOCTYPE html>
<html>
    <head>
        <meta charset="UTF-8"/>
        <style>
            /*点击超链接 a 标签的一刹那(此时鼠标按键被按下),其字体颜色变为绿色*/
            a:active {
                color:green;
            }
            /*点击按钮的一刹那(此时鼠标按键被按下),其字体颜色变为红色*/
            button:active{
                color:red;
            }
        </style>
    </head>
    <body>
        <a href="#">active 小例子</a>
        <button>active 小例子</button>
    </body>
</html>
```

这段代码利用动态伪类选择器 active 为超链接<a>标签和按钮进行了样式设置,从而实现了需求。当点击超链接时,超链接的文字"active 小例子"的颜色变为绿色,如图 5-31 所示;当点击按钮时,按钮上的文字"active 小例子"的颜色变为红色,如图 5-32 所示。

值得一提的是,如果在超链接<a>标签上同时使用:link、:visited、:hover、:active 这 4 个伪类,就需要注意它们的使用顺序。顺序应为:link->:visited->:hover->:active。

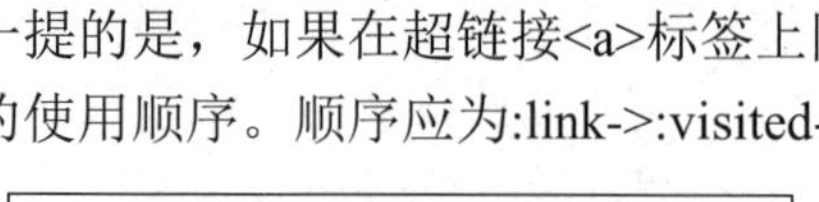

图 5-31　当点击超链接时 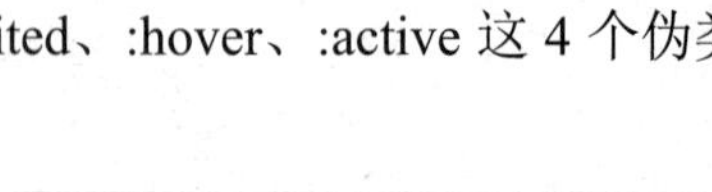　　　　　　　　图 5-32　当点击按钮时

最后讲解 foucs 这个动态伪类选择器。当元素获得焦点（当用户使用鼠标点击或按 Tab 键进行选择时）时，其会被触发。值得一提的是，该动态伪类选择器通常应用于表单元素。例如：

```html
<!DOCTYPE html>
<html>
    <head>
        <meta charset="UTF-8"/>
        <style>
            input:focus{
                background-color:greenyellow;
                color:yellow;
            }
        </style>
    </head>
    <body>
        <input type="text"/>
    </body>
</html>
```

上方代码使用了动态伪类选择器 foucs。当光标定位在 input 元素上时，其背景颜色将会变为 greenyellow，字体颜色会变为 yellow，如图 5-33 所示。当 input 元素失去焦点时，即光标不放在 input 元素上时，我们设置的背景颜色、字体颜色将会消失，变为普通文本框，如图 5-34 所示，因为已经匹配不上 input:focus 了。

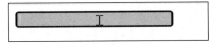

图 5-33　背景颜色变为 greenyellow

图 5-34　变为普通文本框

## 5.3.9　其他选择器

除了上面提到的选择器，CSS 还提供了很多其他类型的选择器，供开发者使用。但是由于读者现在的知识储备还有些单薄，如果在这里过度讲解，就会导致读者思维混乱，故本节只对 CSS 选择器进行罗列，在第 12 章再通过案例进行演示讲解。值得一提的是，在 CSS3 中也有一些相关选择器，但为了读者可以清楚地区分 2 种选择器，本书将分为 CSS 篇和 CSS3 篇两部分进行讲解。本节只罗列 CSS 的相关选择器。

当然，如果读者感兴趣，也可以在阅读完本节后先阅读第 12 章，但是我们依旧建议按照顺序进行阅读，以便对选择器有更透彻的理解。

我们通过表格来展示 CSS 中其他类型的选择器，如表 5-1 所示。

表 5-1　CSS 中其他类型的选择器

| 名称 | 格式 | 含义 |
| --- | --- | --- |
| 属性选择器 | [attr] | 表示带有以 attr 命名的属性的元素将会被选中 |
| | [attr="value"] | 表示带有以 attr 命名的属性，并且属性值为 value 的元素将会被选中 |
| | [attr~="value"] | 表示带有 attr 命名的属性的元素，并且该属性的属性值是一个以空格作为分隔的列表，其中至少有一个属性值为 value 的元素将会被选中 |
| | [attr\|="value"] | 表示带有 attr 命名的属性的元素，并且该属性的属性值为 value，或是以 value-为前缀开头的元素将会被选中 |
| 结构性伪类选择器 | E:first-child | 如果在一组兄弟元素中是第一元素，并且这个元素为 E，那么这个元素将会被选中 |
| 动态伪类选择器 | E:focus | 获得光标焦点的 E 元素将会被选中 |
| 伪元素选择器 | E:first-letter | 该选择器用于选中 E 元素的首字母或第一个字 |
| | E:first-line | 该选择器用于选中 E 元素的第一行文字 |
| | E:before | 用于在 E 元素的开始标签后插入一些内容 |
| | E:after | 用于在 E 元素的结束标签前插入一些内容 |

### 5.3.10 案例：表格隔行换色

为了展示本节的效果，下面的案例会涉及一些在后续内容中讲解的知识点。读者对此不必感到困惑，这里会对涉及的内容先进行简单讲解，后续再对这些相关知识点进行详细讲解。

首先对本节将要涉及的未学知识点进行简单介绍，具体内容如下。

（1）width 属性：用来设置元素的宽度。

（2）border 属性：用来设置元素的边框。例如，"border:1px solid black"的意思是，给元素加上 1 个像素宽度的实线边框。

（3）border-collapse 属性：用来设置表格边框的分离模式。使用值 collapse 可以让表格中的单元格与单元格之间没有空隙。

下面就开始讲解本节的案例。

我们想要实现"表格隔行换色"的效果，其初始页面如图 5-35 所示。

图 5-35　"表格隔行换色"效果的初始页面

当光标移动到表格上时，对应行的背景颜色会变为深蓝色，如图 5-36 所示。

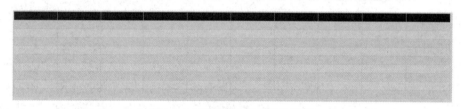

图 5-36　光标移动后的表格效果

下面对图 5-35 的效果进行整体分析。

（1）图 5-35 展示的是一个 10 行 10 列的表格。从效果来看，奇数行背景是白色、偶数行是灰色，从而形成了隔行换色的效果，这一效果可以使用类选择器实现。

（2）从效果来看，表格宽度与浏览器宽度相同，我们可以使用 width 属性实现。

（3）表格使用的是灰色实线边框，可以使用 border 属性实现。

（4）表格单元格边框是合并的，可以使用 border-collapse 属性实现。

（5）当光标移动到对应的行上时，该行显示的背景颜色（见图 5-36）为深蓝色，可以使用动态伪类选择器实现。

根据分析，我们可以书写出如下代码。

```
<!DOCTYPE html>
<html>
    <head>
        <meta charset="UTF-8"/>
        <style>
            table{
                width:100%;
                border-collapse:collapse;
            }
            table,tr,td{
```

```
            border:1px solid #EBEBEB;
        }
        .odd{
            background-color:#FFF;
        }
        .even{
            background-color:#F9F9F9;
        }
        tr:hover{
            background-color:#031B38;
        }
    </style>
</head>
<body>
    <table>
        <tr class="odd">
            <td> </td>
            <td> </td>
            <td> </td>
            <td> </td>
            <td> </td>
            <td> </td>
            <td> </td>
            <td> </td>
            <td> </td>
            <td> </td>
        </tr>
        <tr class="even">
            <td> </td>
            <td> </td>
            <td> </td>
            <td> </td>
            <td> </td>
            <td> </td>
            <td> </td>
            <td> </td>
            <td> </td>
        </tr>
        <tr class="odd">
            <td> </td>
            …（此处与前面的实现方法相同，故省略相同代码，其余处同理）
            <td> </td>
        </tr>
        <tr class="even">
            <td> </td>
            …
            <td> </td>
        </tr>
        <tr class="odd">
            <td> </td>
            …
            <td> </td>
        </tr>
        <tr class="even">
            <td> </td>
```

```
            ...
            <td> </td>
        </tr>
        <tr class="odd">
            <td> </td>
            ...
            <td> </td>
        </tr>
        <tr class="even">
            <td> </td>
            ...
            <td> </td>
        </tr>
        <tr class="odd">
            <td> </td>
            ...
            <td> </td>
        </tr>
        <tr class="even">
            <td> </td>
            ...
            <td> </td>
        </tr>
    </table>
    </body>
</html>
```

在这段代码中，所有奇数行使用的是 odd 类，所有偶数行使用的是 even 类。然后使用动态伪类选择器 hover 实现当光标移动到对应行上后，背景色变为深蓝色的效果。

## 5.4 权重值

在页面中使用 CSS 选择器选中元素时，经常会出现同一个元素被 2 个或更多个选择器选择的情况。例如，类选择器和 ID 选择器选择的是同一个元素，如果 2 个选择器设置的样式不同，那么所有样式都会应用到该元素上。如果 2 个选择器设置的样式相同，那么就会产生属性上的冲突，此时这个元素会应用哪个样式呢？

我们通过代码来验证，代码如下所示。

```
<!DOCTYPE html>
<html>
    <head>
        <meta charset="UTF-8"/>
        <style>
            #d{
                color:red;
            }
            .c{
                color:green;
            }
            div{
                color:pink;
            }
        </style>
    </head>
    <body>
```

```
    <div id="d" class="c">你好，小尚！</div>
  </body>
</html>
```

在这段代码中，div 元素同时具有 id 属性和 class 属性，而在 CSS 中分别使用 ID 选择器、class 选择器和标签选择器 3 种选择器进行了选择，并且同时设置了字体颜色。那么，div 元素究竟应用了哪个选择器中设置的颜色呢？先来看页面效果，如图 5-37 所示。

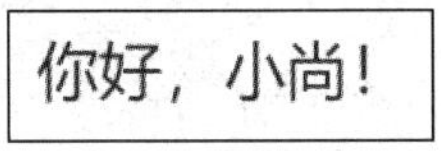

你好，小尚！

图 5-37　页面效果（1）

从页面效果来看，最终字体颜色是红色，证明应用了 ID 选择器中设置的样式。至于为什么是红色，这涉及权重值的相关知识。下面开始对权重值的相关知识进行介绍。

浏览器会计算每项规则中选择器的权重值，然后将其依附在规则中的每个属性声明上。如果 2 个或更多个属性声明存在冲突，那么就会应用权重值最高的属性声明。

权重值由 4 个部分组成，如 0,0,0,0。我们将 7 种选择器的权重值通过表格的形式进行展示，如表 5-2 所示。

表 5-2　7 种选择器的权重值

| 选择器名称 | 权重值 |
| --- | --- |
| ID 选择器 | 0,1,0,0 |
| 类选择器 | 0,0,1,0 |
| 伪类选择器 | 0,0,1,0 |
| 标签选择器 | 0,0,0,1 |
| 通用选择器 | 0,0,0,0 |
| 行内样式 | 1,0,0,0 |
| 层次选择器 | 将各层次的选择器的权重值相加 |

在上面的案例中，选择器的权重值如下所示。

```
<style>
  /*ID选择器权重值：0,1,0,0*/
  #d{
    color:red;
  }
  /*类选择器权重值：0,0,1,0*/
  .c{
    color:green;
  }
  /*标签选择器权重值：0,0,0,1*/
  div{
    color:pink;
  }
</style>
```

最终的结果是："#d" 为 0,1,0,0；".c" 为 0,0,1,0；"div" 为 0,0,0,1。对比后发现，因为 ID 选择器中的选择器权重值最高，所以应用的是 "color:red;"。

上面的分析印证了前面的观点，即权重值通常是在多个选择器选中了一个选择器，并且在多个属性声明存在冲突时才会显现出作用。只要使用了选择器，权重值就已经生效了。

有时某个属性声明可能非常重要，其权重值需要高于其他所有的属性声明，此时可以在属性声明末尾的分号前插入 "!important"。"!important" 与优先级没有任何关系，它不进行权重值比较，而是直接使用对应的属性声明，代码如下所示。

```
<!DOCTYPE html>
<html>
    <head>
        <meta charset="UTF-8"/>
         <style>
            #d{
                color:red;
            }
            .c{
                color:green;
            }
            div{
                color:pink !important;
            }
        </style>
    </head>
    <body>
        <div id="d" class="c" style="color:blue;">你好，小尚! </div>
    </body>
</html>
```

在这段代码中，我们使用 ID 选择器、类选择器、标签选择器和行内样式为<div>标签中的文字设置了字体颜色。根据权重值的比较结果，应该应用行内样式设置的蓝色，但因为在<div>标签的属性声明后面添加了"!important"，所以最终字体颜色为粉色。运行代码后，页面效果如图 5-38 所示。

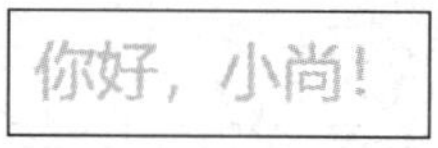

你好，小尚！

图 5-38 页面效果（2）

如果多个属性声明后面都添加了"!important"，那么此时还需要比较权重值，权重值大的生效，代码如下所示。

```
<!DOCTYPE html>
<html>
    <head>
        <meta charset="UTF-8"/>
         <style>
          #d {
            color: red !important;
          }
          .c {
            color: green;
          }
          div {
            color: pink !important;
          }
        </style>
    </head>
    <body>
        <div id="d" class="c" style="color:blue;">你好，小尚! </div>
    </body>
</html>
```

在这段代码中，<div>标签中文字的字体颜色最终应用了红色，这是因为 ID 选择器 "#d" 和标签选择器 "div" 都在 color 属性后面插入了"!important"，所以此时需要对比权重值，最终 ID 选择器 "#d" 的权重值最大，设置在其中的 "color:red" 就会生效。运行代码后，页面效果如图 5-39 所示。

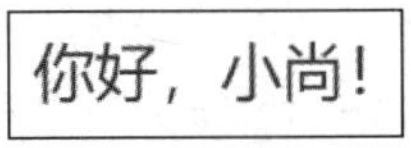

你好，小尚！

图 5-39　页面效果（3）

需要注意的是，尽量不要使用"!important"。当出现属性声明冲突，需要对比权重值的时候，开发者应选择从选择器的优先级入手来解决问题。只有在确定真正需要覆盖其他属性声明的时候，才推荐使用"!important"。

## 5.5　本章小结

本章分 3 个部分对 CSS 的基本用法、特性和选择器进行了介绍。5.1 节主要介绍了 CSS 的基础语法、注释符、颜色的表示方法等，这部分内容比较基础，读者在阅读后基本上已经可以书写一个简单的 CSS 样式。在学习了基本语法后，5.2 节又通过代码对 CSS 特性进行了演示及讲解，此时我们对 CSS 的了解又加深了一些。5.3 节讲解了 CSS 中的重要知识——选择器，选择器在 CSS 中是极为重要的一部分，它可以帮助我们选择对应的元素，从而为其添加样式，使网页变得更加美观，因此这部分我们使用了较大的篇幅来讲解。在本章的学习中，读者除了需要掌握 CSS 的基本用法，还需要对 CSS 选择器中的知识点进行反复练习，以达到熟练掌握的程度，便于后续学习。

# 第6章
## 字体与文本

本章彩图

文字是网页信息传递的主要载体。用户在获取网页信息时，主要的方式是阅读文字。虽然使用图片、视频或动画等多媒体信息同样可以表情达意，但是文字所传递的信息是最准确的，也是最丰富的。网页上的文字，其字体样式和文字样式与传统印刷排版的样式相似，例如，可以定义字体类型、字号和字体颜色，也可以设置段落文本的版式和样式。上述效果在网页中都可以通过 CSS 实现。

从本章开始，我们将会在讲解中融入开发常用手法"调试器"，使读者可以在学习中切实体验开发的场景。本章首先为读者介绍调试器的相关知识，其次对字体和文本两部分内容依次展开讲解，最后通过综合案例进行实际操作演示。

字体和文本在网页中的样式种类较多，CSS 中关于字体和文本的样式也十分丰富，下面就开始带领读者正式学习字体和文本的相关属性！

## 6.1 调试器在 CSS 中的使用

Chrome 是 Google 出品的一款非常优秀的浏览器，Chrome 浏览器内置开发者工具，方便前端开发工程师对 Web 进行调试。

为了方便读者理解后续的知识点，模拟开发中的情况，做到边书写边调试，在讲解 CSS 属性之前，我们先对 Chrome 浏览器中调试器的相关功能进行介绍。下面将分 3 步为读者介绍调试器在 CSS 中的使用。

第 1 步：打开调试器。在浏览器中，按 F12 键或 Ctrl+Shift+J 键打开调试器。

第 2 步：查看调试器的整体布局及其他按钮。此时，在调试器页面中会出现一些常用的功能菜单，如图 6-1 所示。

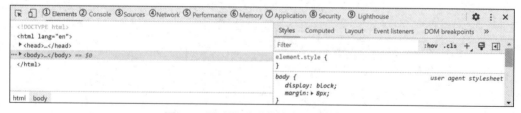

图 6-1　调试器页面中的常用功能菜单

图 6-1 标记了 9 个功能菜单，每个功能菜单具有相应的功能和使用方法。下面对各功能菜单进行介绍。

① Elements 面板：用来查看、修改页面上的元素，包括标签及 CSS 样式查看、修改，以及盒子模型的信息。这也是我们学习 CSS 需要主要掌握的功能菜单。

② Console 面板：用来打印和输出相关的命令信息及报错信息。

③ Sources 面板：用来查找当前页面中使用的 js 源文件，方便调试和查看。

④ Network 面板：用来查看网络请求，如图片、html、css、js 等文件的请求。

⑤ Performance 面板：用来记录和分析应用程序的活动。

⑥ Memory 面板：用来列出 JS、DOM 节点的内存消耗，并且记录内存的分配。

⑦ Application 面板：用来列出所有资源、Database 和本地存储等。

⑧ Security 面板：用来列出本网站的安全性、安全证书等信息。

⑨ Lighthouse 面板：用来提高网页质量，并且针对性能、可访问性等进行审核。

此外，在调试器页面上还有一些常用按钮，如图 6-2 所示。

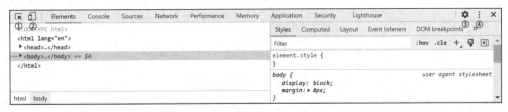

图 6-2　调试器页面上的常用按钮

图 6-2 标记了 4 个常用按钮，下面将依次进行介绍。

① "箭头" 按钮：用于在页面中选择一个元素并审核和查看它的相关信息。

② "设备" 按钮：点击后可以切换不同的设备进行开发，如在 PC 端和移动端设备之间切换。

③ "设置" 按钮：用来设置 Chrome 调试器的一些配置。

④ "更多" 按钮：其中包含自定义 Chrome 调试器功能的一些设置。

第 3 步：介绍 Elements 面板及调试练习。接下来我们对 Elements 面板的相关内容进行介绍，同时带领读者使用 Elements 面板进行调试练习。先来看 Elements 面板页面，如图 6-3 所示。

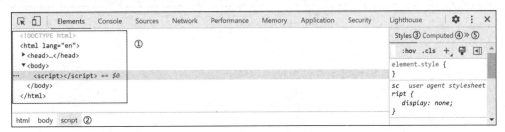

图 6-3　Elements 面板页面

图 6-3 标记了 Elements 面板的 5 个区域，其中：①所示的区域用于显示 HTML 标签结构及实时编辑内容；②代表当前选中元素所在的位置，例如，在图 6-3 中已选中 HTML 中的<body>标签中的<script>标签；③是 Styles 选项卡，用于显示当前选中标签的样式及盒子模型；④是 Computed 选项卡，用于显示当前选中标签的样式属性计算结果；⑤在点击后会显示一些其他菜单，本书不使用该选项卡，故不多做讲解。

在对 Elements 面板有了一定了解后，下面将从查看元素样式、修改 HTML 属性的属性值、注释掉的代码在调试器中的表示方式，以及错误属性及属性值在调试器中的表示方式等 7 个方面，来演示 Elements 面板的使用，具体讲解如下。

（1）查看元素样式。

在实际开发中，我们经常需要使用 Elements 面板来查看元素现有的样式，下面演示如何使用 Elements 面板查看元素样式，HTML 代码如下所示。

```
<!DOCTYPE html>
<html>
    <head>
        <meta charset="UTF-8"/>
        <style>
            #s1{
                color:yellow;
```

```
        }
        #s2{
            font-size:120px;
        }
    </style>
</head>
<body>
    <span id="s1">h</span>
    <span id="s2">e</span>
</body>
</html>
```

上述代码定义了 2 个<span>标签，同时使用 2 个 ID 选择器 s1 和 s2 分别定义了样式。本节对代码不多做讲解。运行代码后，在浏览器中打开 Elements 面板进行页面调试，如图 6-4 所示，先点击"箭头"按钮，再选中 Elements 面板中的第 2 个<span>标签，此时可以通过 Styles 选项卡查看应用在该标签上的样式（详见黑框中的内容）。

图 6-4　Elements 面板页面调试

（2）修改 HTML 属性的属性值。

在 Elements 面板上临时调整 HTML 属性也是开发时常进行的操作，下面演示如何使用 Elements 面板修改 HTML 属性的属性值，HTML 代码如下所示。

```
<!DOCTYPE html>
<html>
    <head>
        <meta charset="UTF-8"/>
    </head>
    <body>
        <span class="t1">h</span>
        <span>e</span>
    </body>
</html>
```

运行代码并在浏览器中打开控制台后，使用"箭头"按钮选中第 1 个<span>标签，然后选中其中的 class，点击右键选择"Edit attribute"，如图 6-5 所示。随后填入在 HTML 属性中需要修改的 class 的值，如图 6-6 所示。

（3）注释掉的代码在调试器中的表示方式。

在开发时经常会使用注释对一些代码进行调试，下面演示如何在调试器中表示注释掉的代码，HTML 代码如下所示。

```
<!DOCTYPE html>
<html>
    <head>
        <meta charset="UTF-8"/>
        <style>
            .t1{
                color:red;
```

```
                    /*font-size:100px;*/
            }
        </style>
    </head>
    <body>
        <span class="t1">h</span>
    </body>
</html>
```

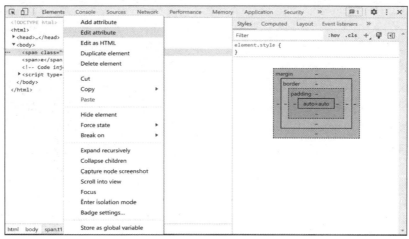

图 6-5　点击右键选择 "Edit attribute"

图 6-6　修改 HTML 属性中 class 的值

　　上面的代码对类选择器 t1 中的 "font-size:100px;" 进行了注释,此时 "h" 只有字体颜色发生了改变。那么,在调试器中,被注释掉的代码将如何表示呢?如图 6-7 所示。

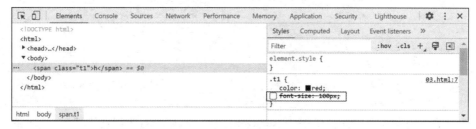

图 6-7　注释掉的代码在调试器中的表示方式

　　从图 6-7 中可以看到,在 "font-size:100px;" 这个属性上有一条删除线,代表其被注释掉了。同时可以注意到,在属性前方有一个复选框,点击这个复选框可以将其勾选,并且暂时让这个被注释掉的属性生效。

　　(4)错误属性及属性值在调试器中的表示方式。

　　在书写属性或属性值的时候可能会出现书写错误的情况,导致样式失效。此时,可以打开调试器观察样式是否在该标签上生效。下面演示错误属性及属性值在调试器中的表示方式,HTML 代码如下所示。

```
<!DOCTYPE html>
<html>
    <head>
```

```
    <meta charset="UTF-8"/>
    <style>
        .t1{
            /*属性出错*/
            colors:red;
            /*属性值出错*/
            font-size:100;
        }
    </style>
</head>
<body>
    <span class="t1">h</span>
</body>
</html>
```

在这段代码中，属性和属性值明显书写错误，那么，其在浏览器的调试器中会被如何表示呢？如图 6-8 所示。

图 6-8　错误属性和属性值在调试器中的表示方式

从图 6-8 中可以看出，不管是属性出错还是属性值出错，该条属性规则前面都会出现黄色感叹号，在调试器中，这样的标识有助于我们排错。

（5）默认样式在调试器中的表示方式。

我们知道，在 HTML 中有一部分标签具有默认样式，那么在调试器中它们是如何被表示的呢？下面对此进行演示，HTML 代码如下所示。

```
<!DOCTYPE html>
<html>
    <head>
        <meta charset="UTF-8"/>
    </head>
    <body>
        <b>Hello</b>
    </body>
</html>
```

在 Elements 面板中使用"箭头"按钮选中<b>标签后，会显示默认样式在调试器中的表示方式，如图 6-9 所示。需要注意的是，其中黑框中的"user agent stylesheet"（用户代理样式），代表的是标签默认携带的样式。

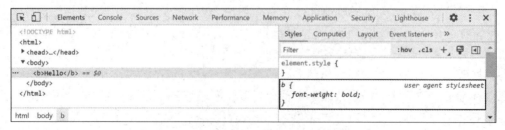

图 6-9　默认样式在调试器中的表示方式

（6）继承下来的样式在调试器中的表示方式。

在前面的内容中我们提到过，在一些情况下，样式是可以继承的。那么，继承下来的样式在调试器中是如何被表示的呢？下面对此进行演示，HTML 代码如下所示。

```html
<!DOCTYPE html>
<html>
    <head>
        <meta charset="UTF-8"/>
        <style>
            div{
                color:yellow;
            }
            b{
                font-size:20px;
            }
        </style>
    </head>
    <body>
        <div>
            <b>Hello</b>
        </div>
    </body>
</html>
```

根据之前学习的内容可知，<b>标签被<div>标签包裹，证明<b>标签继承了<div>标签的样式。此时在 Elements 面板中使用"箭头"按钮选中<b>标签后，继承下来的样式在调试器中的表示方式如图 6-10 所示。

需要注意的是，结合图 6-10 的黑框中的"Inherited from div"（继承自 div）来看，黑框中的内容代表从父元素 div 上继承的样式"color:yellow"。

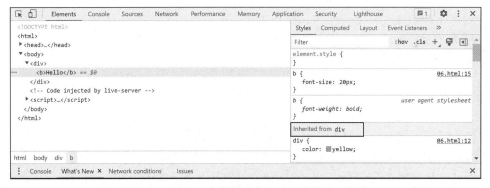

图 6-10  继承下来的样式在调试器中的表示方式

（7）给选中的元素临时添加样式。

在调试过程中经常会为选中的元素临时添加样式，此时可以在 Elements 面板中进行操作。下面对此进行演示，HTML 代码如下所示。

```html
<!DOCTYPE html>
<html>
    <head>
        <meta charset="UTF-8"/>
    </head>
    <body>
        <b>Hello</b>
    </body>
</html>
```

运行代码后，在浏览器中打开调试器，并且在 Elements 面板中使用"箭头"按钮选中<b>标签，随后找到"element.style",如图 6-11 中的黑框所示,在空白处就可以添加暂时需要调试的 CSS 代码。

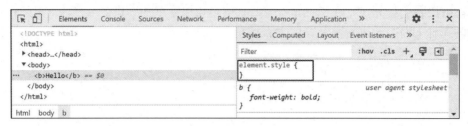

图 6-11　Elements 面板中选中元素

此时,在"element.style"中书写"color:green;"和 "font-size:100px",页面会立刻显示代码运行效果。值得一提的是,通过"element.style"添加的属性和属性值会以行内样式的形式暂时被添加在页面上,如图 6-12 所示。

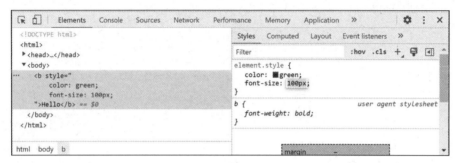

图 6-12　添加的属性和属性值

## 6.2　字体

提及使用 CSS 为字体设置样式,主要是指设置字、词的样式,如字体类型、字号、字体风格等。本节主要讲解 CSS 中与字体相关的知识点。

### 6.2.1　字体及字体族

中国汉字博大精深,同一个字拥有多种字体,不同的字体会给人以不同的印象,如楷体、宋体等。字体是文字的衣服,是文字的外在特征。不同的文字使用同一种字体,会拥有相同的外观风格及排版样式。

那么,什么是字体族呢?我们通常说的字体包含该字体的多个变体(变体指的是该字体的粗体、斜体等表现形式),如图 6-13 所示为微软雅黑字体族,其中包括"微软雅黑 常规""微软雅黑 粗体""微软雅黑 细体"。此时,微软雅黑就不单指一个字体,而是应该叫作一个字体族。

图 6-13　微软雅黑字体族

### 6.2.2　字体(字体族)的类型

本节主要讲解字体(字体族)的类型。字体(字体族)的类型有 2 种,分别是 serif 和 sans-serif,下面将分别进行讲解。

- serif：表示衬线字体，即笔画开始和结束的地方具有额外的装饰，如宋体、Georgia。
- sans-serif：表示无衬线字体，其没有额外的装饰，笔画粗细差异较小，如微软雅黑、Arial。

下面将衬线字体和无衬线字体进行对比，如图 6-14 所示。

图 6-14　衬线字体和无衬线字体的对比

此外，其他的字体（字体族）类型还有等宽字体、手写字体和奇幻字体，这些在 Web 中应用得较少，此处不再一一讲解。

## 6.2.3　设置字体（字体族）——可继承

使用不同风格的字体可以提升网站的美观度。如果想要在 CSS 中为标签、文档设置字体或字体族，那么可以使用 font-family 属性，最简单的用法就是在其后面设置一个字体（字体族），代码如下所示。

```
<!DOCTYPE html>
<html>
    <head>
        <meta charset="UTF-8"/>
        <style>
            span{
                font-family: SimSun;
            }
        </style>
    </head>
    <body>
        <span>你好，小尚！</span>
    </body>
</html>
```

这段代码使用标签选择器将文档中所有带有<span>标签的文本的字体都设置为"SimSun"。值得一提的是，我们在设置字体时使用的是客户端上的字体，如果客户端没有安装该字体，那么此时将会使用客户端的默认字体。

font-family 属性也支持设置字体或字体族的列表，以便在客户端没有安装指定字体时，可以使用另外一款字体。需要注意的是，多款字体之间需要使用逗号进行分隔，代码如下所示。

```
<!DOCTYPE html>
<html>
    <head>
        <meta charset="UTF-8"/>
        <style>
            span{
                font-family: PingFang SC,Microsoft YaHei,WenQuanYi Micro Hei,Helvetica
Neue,Arial;
            }
        </style>
    </head>
    <body>
```

```
        <span>你好，小尚！</span>
    </body>
</html>
```

上述代码分别设置了"PingFang SC""Microsoft YaHei"等多种字体。此时客户端会按照列表中字体出现的先后顺序来查找字体。如果到最后客户端还没有找到对应的字体，那么依然会使用客户端的默认字体。为了解决这个问题，我们通常选择使用通用字体族名。

通用字体族名是一种备选机制，一般放在由多个字体组成的列表的最后，将其作为一种后备选项，代码如下所示。

```
span{
    font-family: PingFang SC,Microsoft YaHei,sans-serif;
}
```

在这个列表中规定了多种字体，其中最后一个"sans-serif"就是定义的字体族名，它表示的是让<span>标签中的内容使用无衬线字体，但具体使用哪一种则由浏览器进行设置。这行代码的意思就是，让浏览器先找到"PingFang SC"字体；如果有就使用这种字体，如果没有就寻找并使用"Microsoft YaHei"字体；如果还是没有，就让客户端自己指定一种无衬线字体。

我们此时指定的字体族的名称就是 6.2.1 节中提到的 2 种类型"serif"和"sans-serif"，这部分内容此处不再赘述。

## 6.2.4　字号——可继承

CSS 用来设置字号的属性格式为"font-size:value"，在前面的内容中，读者可能见到它已被使用。事实上，与设置字号有关的知识点不止于此，本节将会对字号的相关内容进行具体讲解。

font-size 属性的属性值有 2 种单位，分别是 px 和 em。px 代表像素，而 em 是根据继承的来自父元素的字号计算得出的。值得一提的是，当没有给文本指定字号的时候，浏览器会使用它预先设置好的默认值。大部分浏览器的默认值通常是 16px，我们也将其叫作基准文本尺寸，具体代码如下所示。

```
<!DOCTYPE html>
<html>
    <head>
        <meta charset="UTF-8"/>
    </head>
    <body>
        <span>这是第一个 span 标签</span>
    </body>
</html>
```

上述代码没有为<span>标签设置字号，即此时浏览器的字号使用的是默认值 16px。我们可以通过在 Elements 面板的 Computed 选项卡下方的搜索框中输入"font-size"来查看字号，如图 6-15 所示。

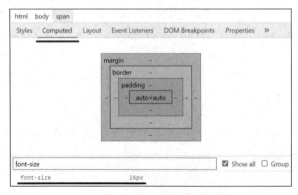

图 6-15　Computed 选项卡页面

前面提到过，字号是可继承的，下面通过代码来验证。

```
<!DOCTYPE html>
<html>
    <head>
        <meta charset="UTF-8"/>
        <style>
            div {
                font-size:100px;
            }
        </style>
    </head>
    <body>
        <div>
            <h1>这是一个标题标签</h1>
        </div>
    </body>
</html>
```

在这段代码中，我们使用标签选择器为所有<div>标签中的字设置了字号为 100px。因为<h1>标签被<div>标签嵌套，font-size 属性又具有继承性，所以我们推断该字号会被<h1>标签继承下来。但是在调试器的 Elements 面板中，当我们实际查看<h1>标签的字号时，发现<h1>标签的"font-size"为 200px，如图 6-16 所示。

在 Elements 面板中查看< h1>标签的默认样式，如图 6-17 所示。

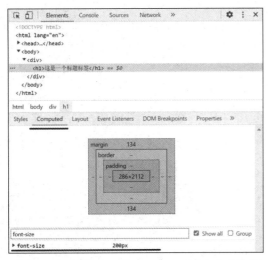

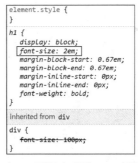

图 6-16　在调试器的 Elements 面板中查看字号　　图 6-17　在 Elements 面板中查看< h1>标签的默认样式

由图 6-17 可以看出，从<div>标签上继承下来的字号（100px）被<h1>标签的默认样式覆盖了。<h1>标签本身具有默认样式"font-size:2em"，其优先于继承下来的样式。而 em 是根据从父元素上继承下来的字号进行计算的，此时继承下来的字号就是 100px×2，为 200px，即当前的字号。

## 6.2.5　设置字重——可继承

在页面中，我们经常会使用加粗这一字体效果来表示强调，但是在 HTML 标记中，加粗的程度只能通过一种标签来实现。其实，通过 CSS 样式可以为文字设置不同程度的加粗效果，我们将这种效果称为字重。下面就对如何设置字重进行讲解。

CSS 用来设置字重的属性格式为"font-weight:value"。font-weight 属性有 2 个属性值，分别是 normal 和 bold。normal 代表正常粗细，bold 代表加粗。通过前面的讲解可以得知，被<b>标签包裹的文字会被加粗，那么，<b>标签内部的默认样式是否具有 font-weight 属性呢？下面我们通过代码和调试器进行验证，具体代码如下所示。

```
<!DOCTYPE html>
<html>
    <head>
        <meta charset="UTF-8"/>
    </head>
    <body>
        <b>这是一个 b 标签</b>
        <span>这是一个 span 标签</span>
    </body>
</html>
```

运行这段代码后可以发现，页面上被<b>标签包裹的文字"这是一个 b 标签"被加粗了，而被<span>标签包裹的文字"这是一个 span 标签"没有被加粗。此时我们打开调试器并定位到<b>标签上，如图 6-18 所示。可以看到，效果与我们预想得相同，<b>标签中的文字被加粗的原因就是定义了默认样式。

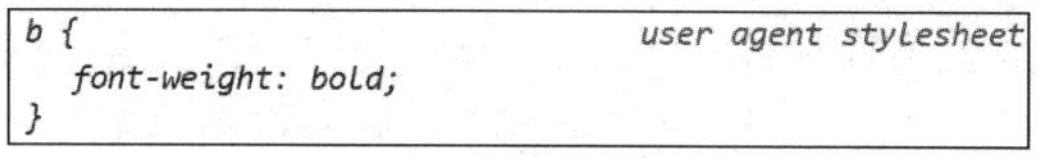

```
b {                                    user agent stylesheet
    font-weight: bold;
}
```

图 6-18　使用调试器验证

前面的内容提到过，要注意 HTML 标签的语义，而不是注意其中的样式，因为我们很有可能被"蒙蔽"，这里再着重强调一遍。请观察如下代码。

```
<!DOCTYPE html>
<html>
    <head>
        <meta charset="UTF-8"/>
        <style>
            b{
                /*覆盖浏览器自带的样式*/
                font-weight: normal;
            }
            span {
                /*为 span 标签添加加粗效果*/
                font-weight: bold;
            }
        </style>
    </head>
    <body>
        <b>这是一个 b 标签</b>
        <span>这是一个 span 标签</span>
    </body>
</html>
```

如果不看 CSS 代码，那么代码运行后，页面会显示"这是一个 b 标签"被加粗了，而"这是一个 span 标签"没有被加粗。但是在 CSS 中，我们通过为这 2 个标签设置字重，更改了原来 HTML 的默认样式，对<b>标签自带的样式进行了覆盖，同时给<span>标签添加了加粗效果，如图 6-19 所示。此时用户通过观察页面无法分辨我们使用的是<b>标签还是<span>标签，但是浏览器与搜索引擎可以知道。

这是一个b标签 **这是一个span标签**

图 6-19　页面效果

## 6.2.6　字体风格——可继承

CSS 用来设置字体风格的属性格式为"font-style:value"。font-style 属性有 2 个属性值，分别是 normal

和 italic。normal 代表正常，italic 代表斜体。下面我们通过案例来演示 font-style 属性的使用方式，具体代码如下所示。

```
<!DOCTYPE html>
<html>
    <head>
        <meta charset="UTF-8"/>
        <style>
            span{
                font-style:italic;
            }
            i{
                font-style: normal;
            }
        </style>
    </head>
    <body>
        <span>这是一个 span 标签</span>
        <i>这是一个 i 标签</i>
    </body>
</html>
```

原本<span>标签默认的字体风格是正常，<i>标签默认的字体风格是斜体。在上面的代码中，我们通过标签选择器将<span>标签设置为斜体，将<i>标签设置为正常。运行代码后，页面效果如图 6-20 所示。

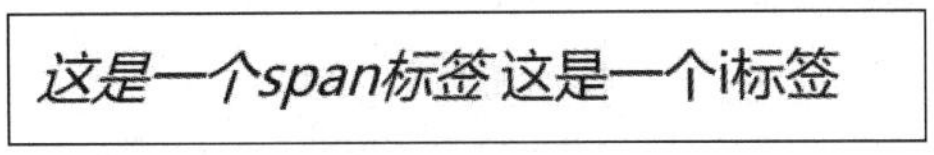

这是一个*span标签* 这是一个i标签

图 6-20　页面效果

## 6.2.7　字体简写

6.2.1 节至 6.2.6 节讲解的字体及字体族、字号、字重和字体风格都是用来设置文字的字体效果的，属于同一类别。其实我们可以更加方便地对字体效果进行设置，CSS 提供了 font 属性，它是用来统一设置字体效果的简写属性，其格式如下所示。

```
font:style weight size family;
```

现要求将“这是一个普通文本”的字体样式设置为斜体、加粗、字号为 100px 且使用 SimSun 字体。我们使用 font 属性来实现，代码如下所示。

```
<!DOCTYPE html>
<html>
    <head>
        <meta charset="UTF-8"/>
        <style>
            div {
                font: italic bold 100px 'SimSun';
            }
        </style>
    </head>
    <body>
        <div>这是一个普通文本</div>
    </body>
</html>
```

需要注意的是，在 font 属性中必须书写 size 和 family，并且顺序不能更改。我们通过代码来演示 font 属性的 3 种使用情况，具体如下所示。

```
<!DOCTYPE html>
<html>
```

```
<head>
    <meta charset="UTF-8"/>
    <style>
        #d1{
            /*省略 style 和 weight 可以正常使用*/
            font:100px 'SimSun';
        }
        #d2 {
            /*因为没有 size 和 family，所以属性值无效*/
            font: italic bold;
        }
        #d3{
            /*size 和 family 的顺序不能更改*/
            font:'SimSun' 100px;
        }
    </style>
</head>
<body>
    <div id="d1">这是一个普通文本</div>
    <div id="d2">这是一个普通文本</div>
    <div id="d3">这是一个普通文本</div>
</body>
</html>
```

上面的代码演示了 3 种书写 font 属性的方式。在 ID 选择器 d1 中，font 属性的属性值为"100px 'SimSun'"，省略了 style 和 weight，可以正常使用；在 ID 选择器 d2 中，font 属性的属性值为"italic bold"，没有书写 size 和 family，因为这 2 项是必备的，所以属性值无效；在 ID 选择器 d3 中，font 属性的属性值为"'SimSun' 100px"，因为书写顺序发生了改变，所以属性值无效。运行代码后，页面效果如图 6-21 所示。

图 6-21　页面效果

## 6.3　文本

文本的设置包括文本装饰、文本缩进、文本对齐等。下面我们来详细讲解这些内容。

### 6.3.1　盒子模型的基本要素

后续内容的讲解会涉及一些有关盒子模型的内容。为了帮助读者理解，本节会为读者简单介绍盒子模型的基本要素及相关属性，如表 6-1 所示。至于一些细节性的内容，会在后续讲解使用的过程中逐步展开。

表 6-1　盒子模型的基本要素及相关属性

| 属性 | 描述 |
| --- | --- |
| width | 用于设置元素的宽度，单位为 px |
| height | 用于设置元素的高度，单位为 px |
| background-color | 用于设置元素的背景色，其值使用颜色的关键字 |
| border | 用于设置元素的边框，这里使用的格式为"border:边框粗细 边框样式 边框颜色"，如"border:1px solid green;"表示的是将元素的边框设置为 1px 的宽度、实线、绿色 |

## 6.3.2　块状元素和行内元素

在正式开始讲解文本的相关属性前，我们需要掌握块状元素（block）、行内元素（inline）、行内块状元素（inline-block）这 3 个名词的前置知识，有助于理解后续的知识点。本节先对它们进行简单介绍，至于一些细节性的内容，我们会在后续章节中依次展开讲解。3 个名词的具体说明如下。

- 块状元素：其会从包含块的顶部开始，按顺序垂直排列。块状元素可以设置宽度和高度，如<div>标签、<p>标签、标题标签。
- 行内元素：其会从包含块的顶部开始，按顺序水平排列。行内元素不可以设置宽度和高度，如<span>标签。
- 行内块状元素：其在内部表现为块状元素，可以设置宽度、高度；其在外部的表现类似于行内元素，按顺序水平排列。

## 6.3.3　元素显示类型

CSS 提供了 display 属性，可以用于设置元素的显示类型，其格式为"display:value"。display 属性有 4 个属性值，如表 6-2 所示。

表 6-2　display 属性的 4 个属性值

| 属性值 | 描述 |
| --- | --- |
| block | 显示为块状元素 |
| inline | 显示为行内元素 |
| inline-block | 显示为行内块状元素 |
| none | 隐藏元素，该元素及所有子元素都不再显示 |

下面通过一个案例来演示如何使用 display 属性，代码如下所示。

```
<!DOCTYPE html>
<html>
    <head>
        <meta charset="UTF-8"/>
        <style>
            #inline{
                /*将inline元素设置为块状元素，宽度和高度属性将会生效*/
                display:block;
                width:100px;
                height:100px;
                border:1px solid green;
            }
            #block{
                /*将block元素设置为行内元素，宽度和高度属性将会失效*/
                display:inline;
                width:100px;
                height:100px;
                border:1px solid red;
            }
            #inline-block{
                /*将block元素设置为行内块状元素，宽度和高度属性依然生效，但是多个inline-block将会横向
排列*/
                display:inline-block;
                width:100px;
                height:100px;
                border:1px solid pink;
```

```
        }
        #none{
            /*将块状元素设置为none，可以将该元素隐藏起来，就像没有该元素一样*/
            display:none;
            width:100px;
            height:100px;
            border:1px solid yellow;
        }
    </style>
</head>
<body>
    <span id="inline">这是一个 span 标签</span>
    <div id="block">这是第一个 div 标签</div>
    <div id="inline-block">这是第二个 div 标签</div>
    <div id="none">这是第三个 div 标签</div>
</body>
</html>
```

在 6.3.2 节我们介绍过，<span>标签是行内元素，其按照顺序水平排列；而<div>标签是块状元素，其按照顺序垂直排列。在上面这段代码中，我们使用 ID 选择器分别设置了元素的显示类型，覆盖了原来的显示类型。运行代码后，页面效果如图 6-22 所示。

原本的<span>标签是行内元素，不能设置宽度和高度，但是在将 display 属性的属性值设置为"block"，并且将元素显示类型改为块状元素后，<span>标签就可以设置宽度和高度了。<div>标签默认是块状元素，我们分别将它们的元素显示类型设置为"inline"、"inline-block"和"none"，当设置为"inline"时，设置的宽度和高度就会立即失效；当设置为"inline-block"时，设置的宽度和高度不会立即失效，但是在书写多个行内元素或行内块状元素时，其会横向排列；当设置为"none"时，对应的元素会在页面中隐藏起来。

其实我们也可以在调试器中，通过查看 display 属性来确定元素具体属于哪种类型。以<span>标签为例来演示查看方式，如图 6-23 所示。

图 6-22　页面效果

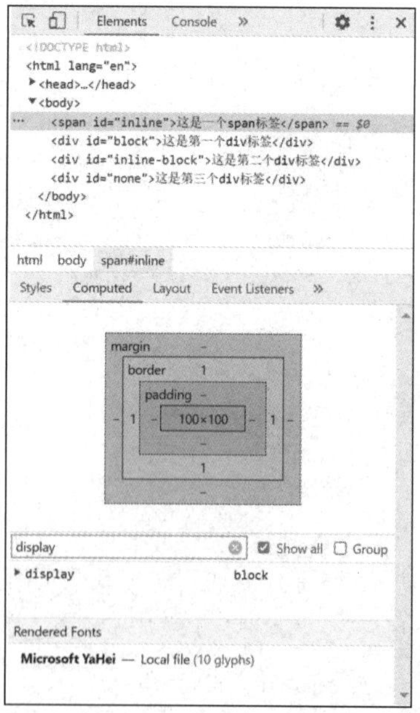

图 6-23　通过调试器查看元素显示类型

## 6.3.4　字体颜色——可继承

网页中的字可以根据不同的场景设置不同的颜色。CSS 提供了 color 属性，可以用来设置字体颜色，它的格式为"color:value"。color 属性的属性值有 4 种类型，具体说明如下。

- 关键字。
- 十六进制颜色值。
- rgb 颜色值。
- rgba 颜色值，格式为 rgba(红,绿,蓝,透明度)。

前 3 种类型的属性值在 5.1.3 节中已经详细讲解过，这里不再赘述，第 4 种类型会在 13.1.3 节介绍。若读者有不清楚的地方，可以在阅读 5.1.3 节和 13.1.3 节后，再阅读本节。

我们可以借助各种取色工具（如 PicPick、FastStone Capture）来选取颜色。下面以 PicPick 软件为例来演示如何进行取色，具体操作如下。

首先来看 PicPick 软件的初始界面，如图 6-24 所示。

图 6-24　PicPick 软件的初始界面

其次在初始界面上，点击实用工具中的"取色器"选项并将其移动到想要进行取色的内容上，如图 6-25 所示。此时我们将取色器的光标移动至红框位置，浏览器左上角会出现一个长方形框，其中会显示当前的颜色。

图 6-25　使用取色器取色

随后在页面上会随机弹出一个调色板，如图 6-26 所示。颜色值显示在红框标注的位置，用户可以根据自己的需求将颜色值复制到需要使用该颜色的地方。

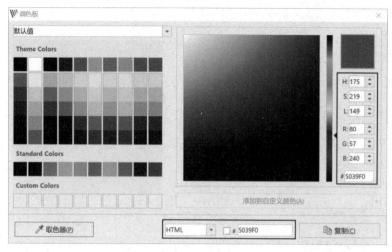

图 6-26　调色板

## 6.3.5　文本装饰——不可继承

一些购物网站为了让顾客感到活动力度大，通常会在原价上添加删除线，然后给出新的价格。除了这种场景，在生活中还有很多类似的场景，这类效果就可以使用 CSS 实现。

CSS 提供了 text-decoration 属性，用来设置文本的装饰线（如下画线、上画线、删除线），其格式为"text-decoration:value"。text-decoration 属性的属性值有 4 种类型，具体说明如下。

● none：表示没有文本装饰效果。

● underline：表示文本的下方有一条装饰线。

● overline：表示文本的上方有一条装饰线。

● line-through：表示有一条贯穿文本的装饰线。

下面通过一个案例来演示如何使用 text-decoration 属性，代码如下所示。

```
<!DOCTYPE html>
<html>
    <head>
        <meta charset="UTF-8"/>
        <style>
            #a1{
                /*将a标签的默认下画线去掉*/
                text-decoration: none;
            }
            #a2{
                text-decoration: overline;
            }
            #a3{
                text-decoration: line-through;
            }
            #s1{
                text-decoration: underline;
            }
        </style>
    </head>
    <body>
        <a href="#" id="a1">第一个a链接</a>
        <a href="#" id="a2">第二个a链接</a>
        <a href="#" id="a3">第三个a链接</a>
```

```
    <span id="s1">span 标签</span>
  </body>
</html>
```

这段代码在 4 个 ID 选择器中分别定义了 text-decoration 属性的 4 类属性值，修改了 4 个标签的样式。运行代码后，页面效果如图 6-27 所示。值得一提的是，当 text-decoration 属性的属性值设置为 none 并应用在<a>标签上时，其可以覆盖<a>标签的默认样式，将其原本的下画线隐藏，这是我们在开发时常用的方式。

图 6-27　页面效果（1）

我们也可以使用多个装饰效果，此时就需要以列表形式来放置，中间以空格隔开，具体代码如下所示。

```
<!DOCTYPE html>
<html>
  <head>
    <meta charset="UTF-8"/>
    <style>
      a{
        color:#333;
        text-decoration: none;
      }
      a:hover{
        /*当光标移动到超链接 a 标签上的时候，同时出现上画线和下画线*/
        text-decoration: underline overline;
      }
    </style>
  </head>
  <body>
    <a href="#">第一个 a 链接</a>
  </body>
</html>
```

在这段代码中，我们使用标签选择器将超链接<a>标签的默认下画线取消，使用伪类选择器 hover 实现当光标移动至超链接<a>标签上时，同时出现上画线和下画线 2 个样式。运行代码后，页面初始效果如图 6-28 所示。当光标移动至超链接<a>标签上时，效果如图 6-29 所示。

图 6-28　页面初始效果

图 6-29　光标移动至超链接<a>标签上的效果

需要注意的是，在使用装饰线时，应用到父元素上的装饰线在其子元素上也无法取消，代码如下所示。

```
<!DOCTYPE html>
<html>
    <head>
        <meta charset="UTF-8"/>
        <style>
            p{
                text-decoration: underline;
            }
            span{
                /*无法取消p标签的下画线，text-decoration属性没有被继承下来*/
                text-decoration: none;
            }
        </style>
    </head>
    <body>
        <p>这是一段话的开始<span>这是span</span>这是一段话的结束</p>
    </body>
</html>
```

通过上面的代码中可以发现，即使在<span>标签上应用了"text-decoration:none"，也无法取消下画线。这是因为<p>标签是<strong>标签的父元素，在<p>标签上使用"text-decoration:underline"形成的下画线也被应用在其中的<span>标签上。运行代码后，页面效果如图 6-30 所示。

图 6-30  页面效果（2）

## 6.3.6  文本缩进——可继承

在没有使用 CSS 之前，我们都是通过输入空格来实现一段文本的首行缩进的。CSS 提供了专门的属性，用于实现文本的首行缩进，开发者就不需要再在每个段落前都加上 2 个空格了。下面就对文本缩进的属性进行讲解。

CSS 提供了 text-indent 属性，用来设置第一行文本的缩进长度，其格式为"text-indent:value"。text-indent 属性的属性值有 3 种类型，具体说明如下。

● px：像素。
● em：基于元素的 font-size 属性的属性值进行计算。
● 百分比：相对于缩进元素的宽度进行计算。

下面通过一个案例来演示 text-indent 属性的使用方式，代码如下所示。

```
<!DOCTYPE html>
<html>
    <head>
        <meta charset="UTF-8"/>
        <style>
            p{
                width:500px;
                border:1px solid green;
            }
            #p1{
                text-indent: 32px;
```

```
        }
        #p2{
            text-indent: 2em;
        }
        #p3{
            text-indent: 50%;
        }
    </style>
</head>
<body>
    <p id="p1">共同努力，让生活更低碳（美丽中国）</p>
    <p id="p2">
        没有包装盒，也不使用胶带，用扎带封好就发走——最近，江苏省苏州市姑苏区的朱先生在寄快递时，在小程
序上选择了一只最小号的"快递循环箱"。这是一家快递企业在苏州推出的循环箱，费用与同型号纸箱一致，可循环使用 70
次以上。
    </p>
    <p id="p3">
        绿色快递、绿色交通、绿色消费……在江苏、广东、甘肃等不少地方，绿色低碳的生产方式和生活方式正在加快形
成。
    </p>
</body>
</html>
```

在这段代码中，因为<p>标签是块状元素，所以可以为其设置 width 属性并使属性生效；ID 选择器 p1
使用了 32px，也就是 2 个字的距离（默认是 16px）；ID 选择器 p2 使用了 2em，同样是缩进了 2 个字的距
离，但是这种方法可以根据 font-size 属性值大小的改变而自动改变缩进距离；ID 选择器 p3 使用了 50%，
相当于缩进了 ID 选择器 p3 所对应的<p>标签宽度的 50%。运行代码后，页面效果如图 6-31 所示。

> 共同努力，让生活更低碳（美丽中国）
>
> 　　没有包装盒，也不使用胶带，用扎带封好就发走——最近，江苏省
> 苏州市姑苏区的朱先生在寄快递时，在小程序上选择了一只最小号
> 的"快递循环箱"。这是一家快递企业在苏州推出的循环箱，费用与同
> 型号纸箱一致，可循环使用70次以上。
>
> 　　　　　　　绿色快递、绿色交通、绿色消
> 费……在江苏、广东、甘肃等不少地方，绿色低碳的生产方式和生活方
> 式正在加快形成。

图 6-31　页面效果

text-indent 属性的属性值也可以设置为负值，此时首行会被缩进到左边。例如，我们可以通过将属性
值设置为负值来实现图 6-32 中的效果，先来看我们想要实现的效果图。

图 6-32　想要实现的效果图

下面我们来分析实现这个效果的代码结构。可以清晰地看到，该效果由左边的图片和右边的文字 2 个
部分组成，同时可以发现"星星"2 个字被加粗了，位置超出了右边的文字部分，而且压在了图片上面（读

者可通过控制台自行查看），图 6-32 的效果就可以通过将 text-indent 属性的属性值设置为负值来实现。

具体实现代码如下所示。

```
<!DOCTYPE html>
<html>
    <head>
        <meta charset="UTF-8"/>
        <style>
            div{
                width:400px;
                border:1px solid gray;
            }
            img{
                width:190px;
            }
            p{
                display:inline-block;
                text-indent: -62px;
                width:200px;
            }
            span{
                font-size:30px;
                font-weight: bold;
            }
        </style>
    </head>
    <body>
        <div>
            <img src="./img/star.jpg" />
            <p><span>星星</span>是浪漫的代名词。在距离地球 3 万光年的银河系边缘，有两个上演着"探戈"的巨大星系。这两个星系由数十亿颗恒星和气体云组成，都呈螺旋状。右侧较大星系的恒星、气体和灰尘形成一只"手臂"，环抱住左侧的较小星系，二者在相互作用下慢慢地摆出各种优美的舞姿。</p>
        </div>
    </body>
</html>
```

在上述代码中，我们将<p>标签设置为行内块状元素，使其与图片排在一行，同时通过将 text-indent 属性的属性值设置负数来实现缩进，让其位置超出<p>标签中的"星星"2 个字，最后为"星星"2 个字设置对应的样式。

需要注意的是，text-indent 属性只能设置在块状元素和行内块状元素上，不能设置在行内元素上。

## 6.3.7　字符间距——可继承

CSS 提供了 letter-spacing 属性，可以用来修改字符之间的距离，其格式为"letter-spacing:value"。letter-spacing 属性的属性值有 3 种类型，具体说明如下。

- normal：正常（效果与"letter-spacing:0"相同）。
- px：像素。
- em：根据 font-size 属性的属性值计算得出。

字符间距在实际开发中应用得较少，这个属性不难理解，也不难设置，其使用方式与其他文本属性相同，这里不多做讲解与演示。

## 6.3.8　文本对齐——可继承

CSS 提供了 text-align 属性，可以用来控制元素中各行文本的对齐方式，其格式为"text-align:value"。text-align 属性的属性值有 3 种类型，具体说明如下。

- left：左侧对齐。
- right：右侧对齐。
- center：行内的内容居中对齐。

下面通过一个案例来演示 text-align 属性的使用方式，代码如下所示。

```html
<!DOCTYPE html>
<html>
    <head>
        <meta charset="UTF-8"/>
        <style>
            h1{
                border:1px solid gray;
            }
            #h1{
                /*左侧对齐*/
                text-align: left;
            }
            #h2{
                /*右侧对齐*/
                text-align: right;
            }
            #h3{
                /*居中对齐*/
                text-align: center;
            }
        </style>
    </head>
    <body>
        <h1 id="h1">标题 1</h1>
        <h1 id="h2">标题 2</h1>
        <h1 id="h3">标题 3</h1>
    </body>
</html>
```

在上述代码中，我们对 3 个<h1>标签的对齐方式进行了设置。运行代码后，页面效果如图 6-33 所示。

图 6-33　页面效果（1）

值得一提的是，text-align 属性可以设置在块状元素和行内块状元素上，其控制的是其中内容的对齐方式，而不是自身的对齐方式，代码如下所示。

```html
<!DOCTYPE html>
<html>
    <head>
        <meta charset="UTF-8"/>
        <style>
            div{
```

```
                width:300px;
                height:100px;
                border:1px solid gray;
                text-align: center;
            }
            #d1{
                /*将 d1 设置为行内块状元素*/
                display: inline-block;
            }
        </style>
    </head>
    <body>
        <div id="d1">内容一</div>
        <div id="d2">内容二</div>
    </body>
</html>
```

这段代码演示了 text-align 属性设置在块状元素和行内块状元素上的场景，通过浏览器展现的效果可知，2 个 div 元素的运行效果完全相同，如图 6-34 所示。

图 6-34　页面效果（2）

## 6.3.9　空白处理及换行

前面我们讲解过，在 HTML 中，不管是空格还是换行，都会被当作一个空格进行处理。实际上，这种效果本质上是通过 white-space 属性来进行处理的，其格式为 "white-space:value"。white-space 属性的属性值有 5 种，具体说明如下。

- normal：此为默认值，表示会折叠空格（将连续的多个空格当作一个来进行处理），换行符变成空白，并且允许自动换行。
- nowrap：表示会折叠多个空格，换行符变成空白，同时禁止自动换行。
- pre：表示不折叠空格，会保留换行，同时禁止自动换行。
- pre-wrap：表示不折叠空格，会保留换行，同时允许自动换行。
- pre-line：表示折叠多个空格，会保留换行，同时允许自动换行。

下面通过一个案例来演示 white-space 属性的 5 种属性值的使用方式，代码如下所示。

```
<!DOCTYPE html>
<html>
    <head>
        <meta charset="UTF-8"/>
        <style>
            div{
                width:200px;
                height:140px;
```

```
            border:1px solid green;
        }
        #div1{
            white-space: normal;
        }
        #div2{
            white-space: nowrap;
        }
        #div3{
            white-space: pre;
        }
        #div4{
            white-space: pre-wrap;
        }
        #div5{
            white-space: pre-line;
        }
    </style>
</head>
<body>
    <div id="div1">这是一段测试内容 1    这是一段测试内容 2

        这是一段测试内容 3
    </div>
    <div id="div2">这是一段测试内容 1    这是一段测试内容 2

        这是一段测试内容 3
    </div>
    <div  id="div3">这是一段测试内容 1    这是一段测试内容 2

        这是一段测试内容 3
    </div>
    <div  id="div4">这是一段测试内容 1    这是一段测试内容 2

        这是一段测试内容 3
    </div>
    <div  id="div5">这是一段测试内容 1    这是一段测试内容 2

        这是一段测试内容 3
    </div>
</body>
</html>
```

在上述代码中，5 段 HTML 代码是相同的，但是我们在 CSS 部分对其进行了不同的处理。运行代码后，页面效果如图 6-35 所示。

对于换行来说，如果一段文本太长，在一行中放不下，就需要对文本进行软换行。所谓软换行，是相对于<br/>标签导致的硬换行来说的。

我们可以使用 white-space 属性的属性值 nowrap、pre 来禁止自动换行。其中，nowrap 更加好用，因为其效果接近于浏览器的默认操作（折叠空白），但是需要注意的是，nowrap 不允许自动换行。例如，现在需要制作一个文章推荐列表，推荐列表由一个个标题组成，标题有些比较长，有些则比较短。对于长的标题，我们不能让其换行，在理想情况下，页面效果如图 6-36 所示。

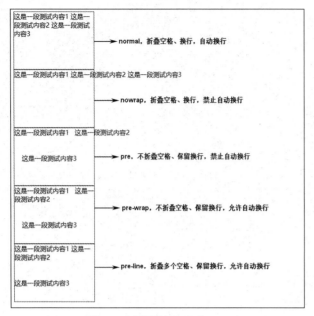

图 6-35　页面效果（1）　　　　　　　　　　　图 6-36　页面效果（2）

上述效果的实现代码如下所示。

```html
<!DOCTYPE html>
<html>
    <head>
        <meta charset="UTF-8"/>
        <style>
            ul{
                width:300px;
                border:1px solid green;
            }
            ul li {
                white-space:nowrap;
                border:1px solid red;
            }
            ul li a{
                font-size:15px;
                text-decoration:none;
            }
        </style>
    </head>
    <body>
        <ul>
            <li><a href="#">这是标题一，这是标题一，这是标题一，这是标题一</a></li>
            <li><a href="#">这是标题二，这是标题二，这是标题二，这是标题二</a></li>
            <li><a href="#">这是标题三，这是标题三，这是标题三，这是标题三</a></li>
            <li><a href="#">这是标题四，这是标题四，这是标题四，这是标题四</a></li>
            <li><a href="#">这是标题五，这是标题五，这是标题五，这是标题五</a></li>
        </ul>
    </body>
</html>
```

上面代码将 ul 元素整体的宽度设置为 300px，此时 li 元素的宽度也为 300px。因为<a>标签中的内容宽度大于 300px，所以文本会自动换行，但为了让其不出现换行，我们在 ul 元素中的 li 元素中添加了"white-space:nowrap"，从而实现了这一效果。

## 6.3.10　超出隐藏

在前面的案例中，虽然加入了"white-space:nowrap"使文本不发生换行，但是因为内容较多，所以文本超出了容器，此时可以使用 overflow 属性进行控制。

overflow 属性主要用来控制元素或用来处理内容太多而超出容器的情况，该属性有 4 个属性值，下面进行具体介绍。

- visibe：此为默认值，表示超出元素框的内容是可见的。
- scroll：表示超出元素框的内容会被裁剪，但会显示滚动条，拖动滚动条可以看到其余内容。
- hidden：表示内容会被裁剪，其余内容不可见。
- auto：其看起来与 visible 的效果相同，表示超出元素框的内容会显示滚动条。

下面我们为 6.3.9 节案例代码中的 ul 元素加上不同的 overflow 属性值，由于代码比较简单，这里不进行演示，直接来看效果。

（1）overflow:hidden：表示隐藏超出内容。添加此属性值后的页面效果如图 6-37 所示。

（2）overflow:scroll：表示隐藏超出内容并显示滚动条。添加此属性值后的页面效果如图 6-38 所示。

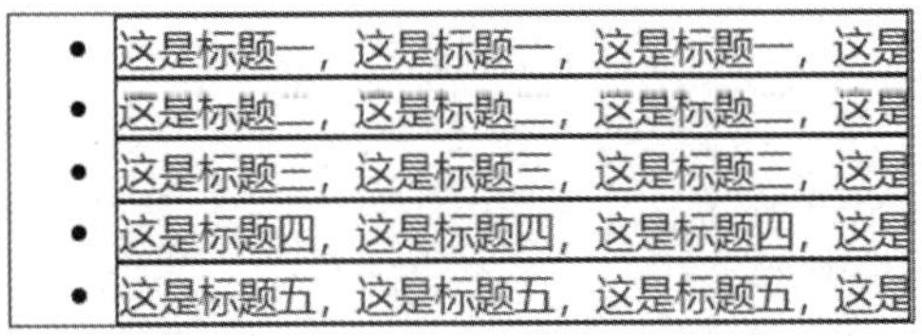

图 6-37　添加 hidden 属性值后的页面效果 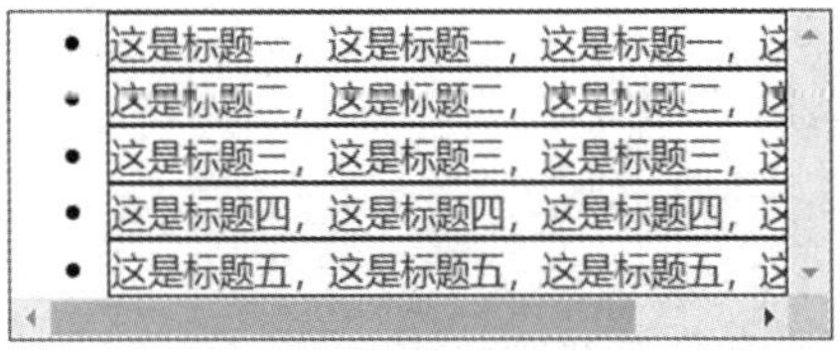　　　　图 6-38　添加 scroll 属性值后的页面效果

## 6.3.11　行高

在介绍行高属性之前，先介绍其前置知识，然后逐步引出本节所要讲解的行高属性 line-height。

先用一个简单的例子来说明在一行代码中内容的组成结构，来看下面的代码。

```
<p>我们放置了一个普通的<em>em</em>标签。</p>
```

在上面的代码中虽然有 2 个标签，但是在运行后，内容会被放在一行中。浏览器在解释时会将上面代码中的一行内容分为 3 个盒子，如图 6-39 所示。

<p>我们放置了一个普通的<em>em</em>标签。</p>

图 6-39　浏览器在解释时的内容划分

图 6-39 中的实线部分及虚线部分就是浏览器在解析代码时划分的盒子。我们将这样的盒子称为内联盒子，它决定了行内元素在一行中如何摆放。

内联盒子分为 2 种，具体说明如下。

- 匿名内联盒子：没有被行内元素标签包裹，只有文字。
- 普通内联盒子：已经被行内元素标签包裹。

每个内联盒子都由内容区、上半行间距、下半行间距组成。下面对各部分进行具体介绍，读者可结合图 6-40 进行理解。

（1）内容区。

内容区用来放置具体的内容，是由元素中多个字体框组成的一个字体框。这里需要补充一下字体框的概念，即浏览器在解释每个字符时，字符都会被包含在一个字体框内，font-size 属性控制的正是

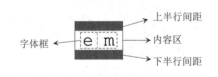

图 6-40　内联盒子结构

字体框的高度。多个字体框连在一起构成内联盒子的内容区。

（2）上、下半行间距。

上、下半行间距是放在内容区上方和下方的空白。放在内容区上方和下方的空白是等量的，放在内容区上方的空白，我们称为上半行间距；放在内容区下方的空白，我们称为下半行间距。

前面介绍过，font-size 属性用来控制字体框的高度，其也间接控制了整个内联盒子中内容区的高度。内联盒子模型中的上半行间距和下半行间距是由行高属性 line-height 决定的。通过 line-height 属性的属性值减去 font-size 属性的属性值，再除以 2，得到的结果就是内联盒子上、下半行间距的值。

line-height 属性的默认值是 normal（正常），这个值是由浏览器在解析时自己计算得出的，不同浏览器解析出来的结果可能会有所不同。一般来说，浏览器解析出来的"line-height:normal"约为字体高度的 1.2 倍，不同的 font-family 属性值也会导致"line-height:normal"的值有所差异，这里我们不考虑 font-family 属性的问题，统一按照 1.2 倍来计算并讲解。

阅读下面的代码。

```
<span style="font-size:14px;">你好</span>
```

<span>标签的字号为 14px，14px 的 1.2 倍就是 16.8px，"(16.8px-14px)/2"得出的结果 1.4px 就是上、下半行间距。

line-height 属性的属性值可以设置为 px，此时上、下半行间距的计算方法与上面的方法相同，来看下面的代码。

```
<span style="font-size:14px;line-height:28px">你好</span>
```

其中，<span>标签的字号为 14px，行高为 28px，"(28px-14px)/2"得出的结果 7px 就是上、下半行间距。

回看本节最开始的案例代码。

```
<p>我们放置了一个普通的<em>em</em>标签。</p>
```

分析上面的案例代码可以发现，在一行中有 3 个内联盒子。因为需要它们显示在一行中，所以在这 3 个内联盒子的外侧还会包裹一个行框盒子。

这里我们结合图 6-41 和说明文字来理解行框盒子。每一行有一个行框，这个行框包裹了本行中的所有内联盒子，即这个行框会包裹各内联盒子，并且通过多个内联盒子的最高点和最低点来确定行框的上、下边框的位置。

现在对上面的代码进行些许修改。

```
<p style="font-size:40px;">我们放置了一个普通的<em style="font-size:50px">em</em>标签。</p>
```

在这 3 个内联盒子中，行高都设置为 normal，其中，第 1 个内联盒子将字号设置为 40px，这个内联盒子的行高就是 40px×1.2。同理，可以得出第 2 个内联盒子的行高为 50px×1.2，以及第 3 个内联盒子的行高是 40px×1.2。这样来看，这 3 个内联盒子的行高不完全相同，第 1 个内联盒子和第 3 个内联盒子的上、下半行间距为 4px（计算方式为"(40px×1.2-40px)/2"），第 2 个盒子的上、下半行间距为 5px（计算方式为"(50px×1.2-50px)/2"）。修改后的案例如图 6-42 所示。

图 6-41　行框盒子会包裹各内联盒子

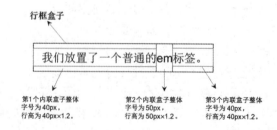

图 6-42　修改后的案例

在进行文本处理的时候，大段文本很有可能会被分成多行。如果想要突出某个重点，就可以对个别文字进行加粗、放大处理。加粗效果比较容易实现，针对放大效果，可以分别控制每行中的内联盒子的行高，代码如下所示。

```
<!DOCTYPE html>
<html>
    <head>
        <meta charset="UTF-8"/>
        <style>
            p {
                width: 560px;
                font-size: 20px;
                border: 1px solid green;
            }
        </style>
    </head>
    <body>
      <p>
        6月2日，<strong style="line-height: 30px">"尚硅谷前沿技术会暨同学会（第三季）"</strong>活
动，在北京圆满举办。<em style="line-height: 50px">众多尚硅谷毕业老学员</em>到达现场，与来自阿里巴巴、
多点，以及尚硅谷的技术大咖，<b style="line-height: 45px">近距离</b>接触、面对面交流。
      </p>
    </body>
</html>
```

运行代码后，页面效果如图 6-43 所示。

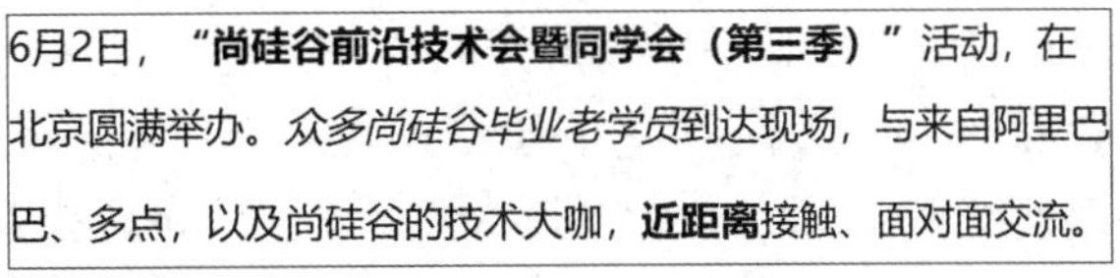

> 6月2日，**"尚硅谷前沿技术会暨同学会（第三季）"** 活动，在
> 北京圆满举办。*众多尚硅谷毕业老学员*到达现场，与来自阿里
> 巴、多点，以及尚硅谷的技术大咖，**近距离**接触、面对面交流。

图 6-43　页面效果（1）

在上面的代码中，除了匿名内联盒子，还有其他 3 个内联盒子，如图 6-44 所示。

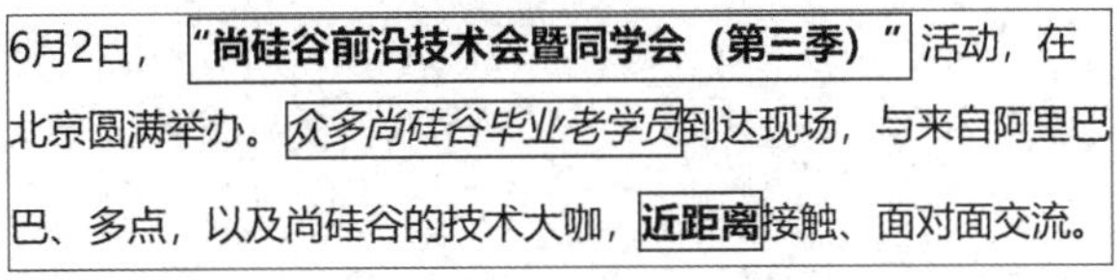

> 6月2日，"尚硅谷前沿技术会暨同学会（第三季）"活动，在
> 北京圆满举办。众多尚硅谷毕业老学员到达现场，与来自阿里巴
> 巴、多点，以及尚硅谷的技术大咖，近距离接触、面对面交流。

图 6-44　3 个内联盒子

代码中的<p>标签的字号是 20px，其他匿名内联盒子的上、下半行间距为 2px（计算方式为"(20px×1.2-20px)/2"），匿名内联盒子的高度为 24px（计算方式为"20px+2px+2px"）。由于整体被分为 3 行，每行都有一个比较大的内联盒子，而大的内联盒子将会撑开本行的行框，所以第 1 行由<strong>标签撑开，其 line-height 属性值是 30px，也就是第 1 行行框的高度；第 2 行由<em>标签撑开，其 line-height 属性值是 50px，对应的就是第 2 行行框的高度；第 3 行由<b>标签撑开，其 line-height 属性值是 45px，即第 3 行行框的高度就是 45px。3 行整体高度加起来就是 125px（计算方式为"30px+50px+45px"）。

上面的方法虽然可以用来设置每行的高度，但不是我们经常使用的方法。在上面的例子中，我们只说明了在内联盒子上使用 line-height 属性会发生什么。在实际开发中，我们经常会将 line-height 属性写在块状元素上，然后让其中的内联盒子继承这个值，代码如下所示。

```
<!DOCTYPE html>
<html>
    <head>
        <meta charset="UTF-8"/>
        <style>
        p {
            width: 560px;
```

```
            font-size: 20px;
            line-height: 40px;
            border: 1px solid green;
        }
    </style>
  </head>
    <body>
      <p>
        6 月 2 日，<strong>"尚硅谷前沿技术会暨同学会（第三季）"</strong>活动，在北京圆满举办。<em>众多
尚硅谷毕业老学员</em>到达现场，与来自阿里巴巴、多点，以及尚硅谷的技术大咖，<b>近距离</b>接触、面对面交流。
      </p>
    </body>
</html>
```

从代码上来看没有什么问题，但我们需要注意，当 line-height 属性值设置到块状元素上时，表示的是行框盒子的最小高度。为运行效果划分行框，如图 6-45 所示。

> 6月2日，**"尚硅谷前沿技术会暨同学会（第三季）"** 活动，在
> 北京圆满举办。*众多尚硅谷毕业老学员*到达现场，与来自阿里巴
> 巴、多点，以及尚硅谷的技术大咖，**近距离**接触、面对面交流。

<center>图 6-45　划分行框（1）</center>

line-height 属性值设置在块状元素上时，表示的是行框盒子的最小高度。也就是说行框是可以变大的。例如，我们将<strong>标签中的 line-height 属性值设置为 50px，那么第一行将会被最小的行框将高度由 40px 撑开到 50px，剩余 2 行的行框高度还是 40px，整体 3 行的高度就是 130px（计算方式为"50px+40px+40px"）。修改后的代码如下所示。

```
<!DOCTYPE html>
<html>
    <head>
        <meta charset="UTF-8"/>
        <style>
          p {
            width: 560px;
            font-size: 20px;
            line-height: 40px;
            border: 1px solid green;
          }
        </style>
    </head>
  <body>
      <p>
        6 月 2 日，<strong style="line-height: 50px">"尚硅谷前沿技术会暨同学会（第三季）"</strong>
活动，在北京圆满举办。<em>众多尚硅谷毕业老学员</em>到达现场，与来自阿里巴巴、多点，以及尚硅谷的技术大咖，
<b>近距离</b>接触、面对面交流。
      </p>
    </body>
</html>
```

整体代码的行框划分，如图 6-46 所示。

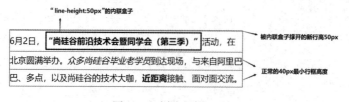

<center>图 6-46　划分行框（2）</center>

如果在上方代码的基础上，单独设定行内元素 b 的字号，就会出现问题。现在来看下方代码，同时请思考会出现什么效果。

```html
<!DOCTYPE html>
<html>
  <head>
    <meta charset="UTF-8"/>
    <style>
      p {
        width: 560px;
        font-size: 20px;
        line-height: 40px;
        border: 1px solid green;
      }
    </style>
  </head>
  <body>
    <p>
      6 月 2 日，<strong>"尚硅谷前沿技术会暨同学会（第三季）"</strong>活动，在北京圆满举办。<em>众多尚硅谷毕业老学员</em>到达现场，与来自阿里巴巴、多点，以及尚硅谷的技术大咖，<b style="font-size: 80px">近距离</b>接触、面对面交流。
    </p>
  </body>
</html>
```

先来看运行后的页面效果，如图 6-47 所示。

图 6-47　页面效果（2）

从图 6-47 中可以看出，"近距离" 3 个字已经和上一行文字产生了重叠。这是因为每一行的最小行框高度都是 40px，line-height 属性会被其中的内联盒子继承，即<b>标签的 line-height 属性值为 40px。此时计算后的内联盒子的上、下半行间距就是-20px（计算方式为 "(40px-80px)/2"），上、下半行间距出现了负数。对于内联盒子来说，其行高是 40px，而内容区的高度是 80px，内容区的高度超过了内联盒子的高度，并且垂直居中在内联盒子中，"近距离" 的内容区具体如图 6-48 所示。

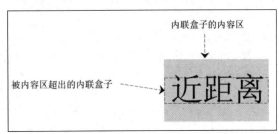

图 6-48　"近距离" 的内容区

由于在块状元素上将 line-height 属性值设置为 px 时会出现问题，所以在通常情况下，在块状元素上进行设置时会使用 line-height 属性的另一取值——纯数值。当 line-height 属性值使用纯数值时，表示的是当前元素的 font-size 属性值的倍数。

同样以上面的代码为例，将 line-height 属性值设置为 1.5。此时计算每行的最小行框高度就是 20px×

1.5，line-height 属性值会被<b>标签继承，在计算<b>标签内联盒子的整体高度时，得出的结果就是 120px（计算方式为"80px×1.5"），内联盒子的上、下半行间距就是 20px。<b>标签本行的行框高度也会被撑到 120px，因此，不会再发生重叠的现象。修改后再运行代码，页面效果如图 6-49 所示。

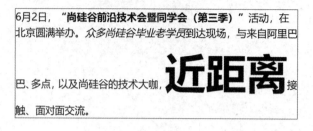

图 6-49　页面效果（3）

以上介绍的是 line-height 属性的第一个功能——设置行之间的距离。除了这个功能，line-height 属性还可以用来设置单行文本垂直居中，下面进行具体说明。

首先我们要明确，在不设置元素高度时，撑开元素高度的就是行高，代码如下所示。

```html
<!DOCTYPE html>
<html>
  <head>
    <meta charset="UTF-8"/>
    <style>
      div {
        font-size: 20px;
        line-height: 50px;
        border: 1px solid green;
      }
    </style>
  </head>
  <body>
    <div>
      你好，世界。你好，世界你好，世界你好，世界你好，世界你好，世界你好，世界
  </div>
  </body>
</html>
```

运行代码后，页面效果如图 6-50 所示。

上面的代码将 line-height 属性值设置为 50px，即每一行的最小行框高度是 50px。页面上共有 3 行，即总体高度为 150px。我们通过 Chrome 调试器进行验证，查看这个 div 元素的盒子模型，如图 6-51 所示。从中可以得知，元素的整体高度通过每行的高度得到了撑高，与我们前面的分析一致。

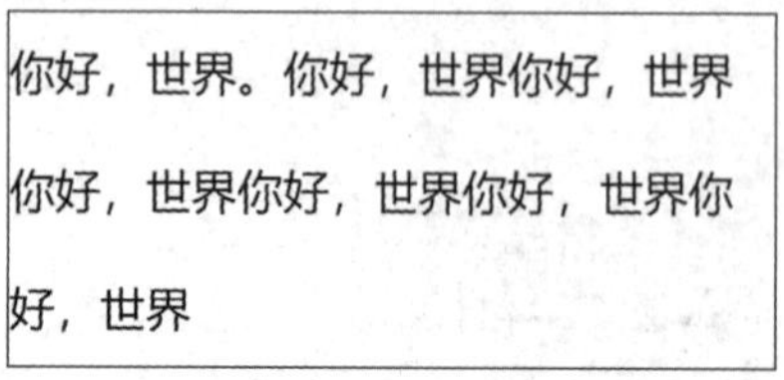

你好，世界。你好，世界你好，世界
你好，世界你好，世界你好，世界你
好，世界

图 6-50　页面效果（4）

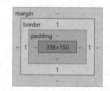

图 6-51　div 元素的盒子模型

当在元素中只有一行内容时，元素的高度也会按照这种计算方式来计算，现在思考下方代码的运行效果。

```html
<!DOCTYPE html>
<html>
    <head>
```

```
    <meta charset="UTF-8"/>
    <style>
      div {
        font-size: 20px;
        line-height: 150px;
        border: 1px solid green;
      }
    </style>
  </head>
  <body>
    <div>你好，世界。</div>
 </body>
</html>
```

上面的内容只够在一行内显示，上述代码将 line-height 属性值设置为 150px，代表最小行框高度是 150px，同时设置字号为 20px，二者会被匿名内联盒子继承，从而计算出来的上、下半行间距为 65px（计算方式为 "(150px-20px)/2"）。也就是说，在内联盒子的内容区上、下都放置等量的空白（65px），内容区正好垂直居中于盒子。因为内联盒子继承了 line-height 属性的属性值，其最小行框高度是 150px，所以内联盒子的内容区正好垂直居中于行框。又因为行框撑开了外部 div 元素，所以内联盒子的内容区正好垂直居中于行框。

在讲解并演示完上面的案例后，读者可以对所学内容进行练习。例如，文字 HelloWorld 被放置在一个 div 元素中，div 元素的高度是 300px，字号是 20px。现有需求为 "想让 HelloWorld 垂直居中于 div 元素"。

实现代码如下所示。

```
<!DOCTYPE html>
<html>
    <head>
      <meta charset="UTF-8"/>
      <style>
        div {
          height: 300px;
          line-height: 300px;
          border: 1px solid green;
        }
      </style>
    </head>
    <body>
      <div>HelloWorld</div>
    </body>
</html>
```

上面的代码将 height 属性值和 line-height 属性值都设置为 300px，从而实现内容垂直居中。具体原理前面已经详细讲解过，这里不再赘述。只不过我们需要明确一点，要想让单行文本垂直居中，可以通过将 line-height 属性值设置为 height 属性值的方式实现，这也是在后续实现中的常用手段。

## 6.3.12　垂直居中

在 6.3.11 节，我们提过一个名词 "垂直居中"，并且讲解了一种它的实现方式。相信此时读者已经大致清楚垂直居中的效果。为了让读者更加明确，我们可以将垂直居中理解为 Word 中的 "纵向对齐文本"。

前面我们提到过，在一行中会有多个内联盒子，行框包含最高的内联盒子顶边和最低内联盒子的底边。CSS 提供了 vertical-align 属性，可以用来决定内联盒子在一行中的纵向对齐方式，如图 6-52 所示。

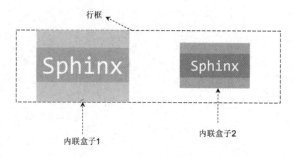

图 6-52　行框与内联盒子

在图 6-52 中，整个行框是由内联盒子 1 撑开的，内联盒子 2 的上边和下边相比整个行框还有一些距离。vertical-align 属性就是用来控制内联盒子 2 在行框中进行对齐的属性。

在介绍 vertical-align 属性的属性值之前，我们还需要知道 2 条线，具体说明如下。

● 基线：即小写字母 x 下边缘的一条线。

● 中线：即在内联盒子的内容区中心的一条线。

在明确了这 2 条线后，现在开始介绍 vertical-align 属性的属性值，其主要有 4 种取值，具体说明如下。

（1）baseline：此为默认值，用于使元素的基线与父元素的基线对齐，代码如下所示。

```html
<!DOCTYPE html>
<html>
    <head>
      <meta charset="UTF-8"/>
      <style>
         div {
          font-size: 100px;
          border: 1px solid green;
          }
      </style>
    </head>
    <body>
      <div>
        Sphinx
        <span style="font-size: 50px">Sphinx</span>
        <span style="font-size: 20px">Sphinx</span>
      </div>
    </body>
</html>
```

运行代码后，页面效果如图 6-53 所示。

图 6-53　页面效果（1）

从上面的代码中我们可以看出，即使匿名内联盒子和 2 个<span>标签的字号不同，但它们的小写字母 x 的底部都是对齐的，这是默认值 baseline 导致的。

对于图片来说，其没有基线，但其底部也会与父元素的基线对齐，代码如下所示。

```html
<!DOCTYPE html>
<html>
    <head>
      <meta charset="UTF-8" />
      <style>
```

```
    div {
      border: 1px solid green;
    }
  </style>
</head>
<body>
  <div>
    <span style="font-size: 50px">Sphinx</span>
    <span style="font-size: 20px">Sphinx</span>
    <img src="./images/01.jpg" />
  </div>
</body>
</html>
```

运行代码后，页面效果如图 6-54 所示。

图 6-54　页面效果（2）

从图 6-54 中可以清楚地看到，图片底部与内联盒子中的 x 的下边缘是对齐的。

（2）top：用于使内联盒子的顶边与行框的顶边对齐，代码如下所示。

```
<!DOCTYPE html>
<html>

  <head>
    <meta charset="UTF-8" />
    <style>
      div {
        border: 1px solid green;
        font-size: 100px;
      }
    </style>
  </head>

  <body>
    <div>
      Sphinx<span style="font-size: 50px; vertical-align: top">Sphinx</span>
    </div>
  </body>

</html>
```

运行代码后，页面效果如图 6-55 所示，效果分析如图 6-56 所示。

图 6-55　页面效果（3）

图 6-56　效果分析（1）

119

（3）bottom：用于使内联盒子的底边与行框的底边对齐，代码如下所示。

```html
<!DOCTYPE html>
<html>
  <head>
    <meta charset="UTF-8" />
    <style>
      div {
        border: 1px solid green;
        font-size: 100px;
      }
    </style>
  </head>
  <body>
    <div>
      Sphinx<span style="font-size: 50px; vertical-align: bottom">Sphinx</span>
    </div>
  </body>
</html>
```

运行代码后，页面效果如图 6-57 所示，效果分析如图 6-58 所示。

图 6-57　页面效果（4）

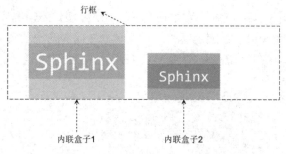

图 6-58　效果分析（2）

（4）middle：标准一些的解释是，使元素的垂直中部与父元素基线上的父元素 x-height 的一半对齐。这种解释略显晦涩，我们可以理解为内联盒子的中线与父元素的字母 x 的 1/2 处对齐。该属性值通常被设置在图片中线位置，如图 6-59 所示。

图 6-59　图片中线位置

实现图 6-59 中的效果的代码如下所示。

```html
<!DOCTYPE html>
<html>
  <head>
    <meta charset="UTF-8" />
```

```
    <style>
      div {
        border: 1px solid green;
        font-size: 400px;
      }
    </style>
  </head>
  <body>
    <div>
      Sphinx<img src="./images/02.jpg" style="vertical-align: middle" />
    </div>
  </body>
</html>
```

上面的代码在图片上设置了"vertical-align: middle"，使图片的中线位置与字母 x 的 1/2 处进行了对齐。页面效果如图 6-60 所示。

图 6-60　页面效果（5）

也就是说，我们可以利用"vertical-align:middle"使图片垂直居中于容器，具体代码如下所示。

```
<!DOCTYPE html>
<html>
  <head>
    <meta charset="UTF-8" />
    <style>
      div {
        width: 500px;
        height: 500px;
        /*1. 让文字垂直居中，此时字母 x 会垂直对齐于 div 元素*/
        line-height: 500px;
        border: 1px solid green;
      }
      img {
/*2. 默认图片基于基线对齐，为图片设置 vertical-align:middle，使图片的中心与字母 x 的 1/2 处对齐*/
        vertical-align: middle;
      }
    </style>
  </head>
  <body>
    <div>x<img src="./images/02.jpg" /></div>
  </body>
</html>
```

上面的代码分 2 步实现了这个效果。

（1）让文字垂直居中，此时 x 会垂直对齐于 div 元素。

（2）默认图片基线对齐，为图片设置"vertical-align:middle"，使图片中心和 x 的 1/2 处对齐。

运行上面的代码后，页面效果如图 6-61 所示，即图片在 div 元素中垂直居中。

图 6-61　页面效果（6）

## 6.4　本章小结

本节主要分 3 个部分对字体和文本的相关属性进行了介绍。6.1 节主要作为前置知识，为读者介绍了如何在浏览器中调试 CSS 样式，对后续学习和开发都有很大的帮助。6.2 节讲解了字体的相关属性，首先从简单的字体和字体族开始介绍，其次由浅入深地讲解了字体（字体族）的类型、如何设置字号与字重、字体风格，以及字体简写的相关属性，从多个方面有针对性地介绍了各属性的使用。在网站中应用各种字体必不可少，不同的字体可以带给用户不同的印象，因此 6.2 节对每个重要属性都配以案例演示，并带领读者进行练习，帮助读者理解这部分知识。

6.3 节主要讲解了文本的相关属性。整节可以划分为 2 个部分，第 1 部分是 6.3.1 节到 6.3.3 节，这部分介绍了盒子模型、行内元素、块状元素和元素显示类型，前两节主要介绍了相关知识，6.3.3 节结合浏览器来演示了调试过程。第 2 部分是 6.3.4 节到 6.3.12 节，这部分介绍了文本的相关属性，包括字体颜色、文本装饰、文本缩进、字符间距、文本对齐等属性，同时为每个属性都配以案例演示，方便读者真正掌握理解和熟悉如何在开发中使用它们。

本章内容虽然比较简单，但是十分重要。建议读者对本章涉及的代码进行多次练习，以达到掌握的程度。

# 第 7 章

## 盒子模型

本章彩图

　　盒子模型的英文为 Box Model。在 CSS 中，它是在设计和布局时使用的。在实际开发中，我们根据 UI 设计得出的设计图来进行页面搭建。对于前端开发者而言，通常要先使用 HTML 对页面进行初步搭建，然后使用 CSS 逐层细化排版设计。因此，能否控制好每个 HTML 元素在页面中的位置十分重要。此时就需要运用盒子模型的相关知识，掌握元素的尺寸。

　　实际上，每个 HTML 元素都可以被看作盒子模型。盒子模型是 CSS 中的重点，不论是后期计算元素的位置，还是在浏览器中进行调试，掌握盒子模型的相关知识都十分重要。

　　本章将从页面的整体布局出发，介绍 CSS 中与盒子模型相关的属性，以及使用 CSS 进行页面布局的整体思路。接下来将采用案例进行讲解，帮助读者理解相关知识。

## 7.1　整体结构

　　文档中的每个元素都会生成一个矩形框，该矩形框也可以被称为元素框。元素框用来描述元素在文档布局中所占的空间，这就是我们常说的盒子模型。本节先对盒子模型的整体结构进行介绍，如图 7-1 所示。

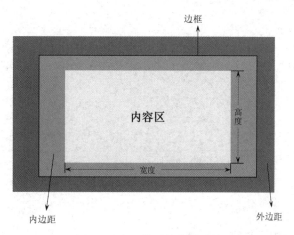

图 7-1　盒子模型的整体结构

　　在图 7-1 中，盒子模型的整体结构由内容区、内边距、外边距和边框 4 个部分组成，内容区在最中间，从内向外依次由内边距、边框和外边距包裹。下面将对这 4 个部分进行介绍，具体如下。

（1）内容区（content）：用来放置具体内容。

● 　宽度（width）：用来定义内容区的宽度。

● 　高度（height）：用来定义内容区的高度。

（2）内边距（padding）：用来定义内容区与边框的距离。

（3）边框（border）：内容区或内边距周围的一条或多条可以设置宽度的线段。

（4）外边距（margin）：用来定义元素与元素之间的距离。外边距表现为在元素周围添加的额外的空白。

我们举一个生活中的案例来帮助读者理解盒子模型。我们经常收到快递，有些快递需要使用泡沫包裹防震，然后套上盒子或快递袋进行运输。盒子模型与快递的结构十分相似，盒子模型中的内容区可以看作盒子里装的物品；内边距就是为了防止盒子里装的物品损坏而添加的泡沫或其他抗震辅料；边框就是运输过程中使用的盒子或快递袋；至于外边距，就相当于快递员在摆放盒子的时候，不能把它们全部堆在一起，而是要留出一定的间隔并保持通风，同时方便取出。

在前面的讲解中，我们提到元素会生成矩形框，而矩形框就是盒子模型。网页中的盒子与现实生活中盒子存在一定差别，例如，现实生活中的物品通常要小于包裹它的盒子，否则盒子就会被撑坏。而 CSS 中的盒子是具有弹性的盒子，如果里面的东西大过盒子本身，那么最多把它撑大，而不会像现实生活中的盒子一样会被损坏。

此时我们已经对盒子模型有了一定的了解，但是对于开发来说还不够。在实际开发中，为了能够更直观地进行调试，我们还需要使用 Chrome 调试器。其操作步骤也比较简单，主要分为 2 步，首先在页面中选中想要调试的元素，其次在调试器中查看它们的盒子属性。下面我们通过一段代码进行演示，具体如下所示。

```html
<!DOCTYPE html>
<html>
    <head>
        <meta charset="UTF-8"/>
        <style>
            div{
                width:500px;
                height:500px;
                border:1px solid green;
                padding:10px;
                margin:10px;
            }
        </style>
    </head>
    <body>
        <div></div>
    </body>
</html>
```

运行代码后，我们使用"箭头"按钮（见图 6-2）选中 div 元素，此时打开调试器，其页面如图 7-2 所示。

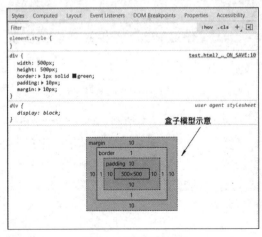

图 7-2　调试器页面

在图 7-2 中，箭头所指的就是此时 div 元素的盒子模型。我们在代码中设置的属性，在盒子模型中都有对应的体现，后续会对这些属性依次展开介绍。

此外，我们还需对容纳块具有一定了解。容纳块是元素框整体的布局基础，具体地说，它是距离元素最近的那个块级框。下面我们通过代码来演示，具体如下所示。

```html
<!DOCTYPE html>
<html>
    <head>
        <meta charset="UTF-8"/>
        <style>
            #f0 {
                width: 500px;
                height: 500px;
                border: 1px solid green;
                padding: 10px;
                margin: 10px;
            }
            #f1{
                width:300px;
                height:300px;
                border:1px solid red;
            }
            #z {
                height: 200px;
                background-color: yellow;
            }
        </style>
    </head>
    <body>
        <div id="f0">
            <div id="f1">
                <div id="z"></div>
            </div>
        </div>
    </body>
</html>
```

从代码中可以看出，div 元素（id 为 f0）中包含 div 元素（id 为 f1），div 元素（id 为 f1）中包含 div 元素（id 为 z）。此时我们可以说，　div 元素（id 为 f0）是 div 元素（id 为 f1）的容纳块，div 元素（id 为 f1）是 div 元素（id 为 z）的容纳块。运行代码后，页面效果如图 7-3 所示。

## 7.2　宽度

本节将介绍 CSS 中用来表示元素内容区宽度的 width 属性。

图 7-3　页面效果

元素的宽度是指从内容区左边界到右边界的距离。CSS 提供了 width 属性，可以用来设置元素框内容区的宽度。该属性是一个不可继承属性，它可以设置在块状元素和行内块状元素上，其语法格式为"width:value"。

值得一提的是，当不为 width 属性设置属性值时，它会应用默认值 auto，代表当前块状元素的宽度默认是容纳块内容区的宽度。下面通过一段代码来验证，具体如下所示。

```html
<!DOCTYPE html>
<html>
```

```
    <head>
        <meta charset="UTF-8"/>
        <style>
            #f{
                width:500px;
                height:500px;
                border:1px solid green;
                padding:10px;
                margin:10px;
            }
            #z{
                height:200px;
                background-color:yellow;
            }
        </style>
    </head>
    <body>
        <div id="f">
            <div id="z"></div>
        </div>
    </body>
</html>
```

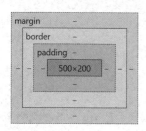

图 7-4　盒子模型

在这段代码中，div 元素（id 为 f）包裹着 div 元素（id 为 z），我们为 div 元素（id 为 f）设置了高度 500px 和宽度 500px，为 div 元素（id 为 z）只设置了高度 200px。此时运行代码，选中内层 div 元素，在调试器中可以发现，其宽度为容纳块（id 为 f 的 div 元素）的内容区宽度，即 500px，参见图 7-4 所示的盒子模型。

需要注意的是，在这段代码中，除了用来表示宽度的 width 属性，我们还使用了 height 属性、border 属性、margin 属性和 padding 属性，这 4 个属性在后续内容中都会依次讲解，此处使用只是为了展示代码效果，读者不必纠结。

width 属性的属性值有 2 种设置方式，分别是像素（px）和百分比（%）。像素（px）在前面的多个属性中都有所应用，这里不多做介绍。如果使用百分比（%）来设置宽度，就代表此时的宽度是相对于容纳块内容区宽度的百分比来设置的。下面通过代码来演示，具体如下所示。

```
<!DOCTYPE html>
<html>
    <head>
        <meta charset="UTF-8"/>
        <style>
            #f {
                width: 500px;
                height: 500px;
                border: 1px solid green;
                padding: 10px;
                margin: 10px;
            }
            #z {
                width:50%;
                height: 200px;
                background-color: yellow;
            }
        </style>
    </head>
```

```
<body>
    <div id="f">
        <div id="z"></div>
    </div>
</body>
</html>
```

在上述代码中，我们将外层 div 元素的高度设置为 500px 并将宽度设置为 500px，使用百分比的方式将内层 div 元素的宽度设置为 50%，此时内层 div 元素的宽度就是容纳块（id 为 f 的 div 元素）内容区宽度的 50%，即 250px。运行代码后，先选中内层 div 元素，然后打开调试器观察盒子模型，如图 7-5 所示。

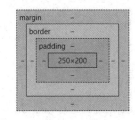

图 7-5　内层 div 元素的盒子模型

## 7.3　高度

本节将介绍在 CSS 中用来表示元素高度的 height 属性。该属性的设置方式与 width 属性基本相同。

元素的高度是指内容区上边界到下边界的距离。CSS 提供了 height 属性，用来设置元素框内容区的高度。与 width 属性相同，height 属性也是一个不可继承属性，其可以设置在块状元素和行内块状元素上，其语法格式为"height:value"。当没有为 height 属性设置属性值时，其会应用默认值 auto，代表当前块状元素内容的行高会撑开默认的高度，代码如下所示。

```
<!DOCTYPE html>
<html>
    <head>
        <meta charset="UTF-8"/>
        <style>
            #f {
                height:auto;
                line-height: 50px;
                border: 1px solid green;
            }
        </style>
    </head>
    <body>
        <div id="f">
            这是一行文本
        </div>
    </body>
</html>
```

在这段代码中，我们将 div 元素的高度设置为默认值 auto，此时 div 元素的高度应等于当前内容设置的 line-height 属性值。其中，我们设置了"line-height:50px"，此时 div 元素就被撑高到 50px。运行代码后，页面效果如图 7-6 所示。

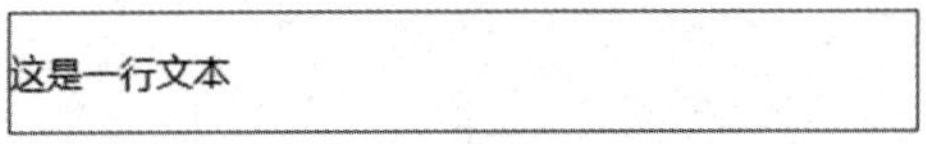

这是一行文本

图 7-6　页面效果

与 width 属性相同，height 属性的属性值也有 2 种设置方式，分别是像素（px）和百分比（%）。这 2 种方式在前面已经进行了讲解，这里不再赘述。下面通过代码来演示，具体如下所示。

```
<!DOCTYPE html>
<html>
    <head>
```

```
    <meta charset="UTF-8"/>
    <style>
        #f {
            width: 500px;
            height: 600px;
            border: 1px solid green;
            padding: 10px;
            margin: 10px;
        }
        #z {
            width:auto;
            height: 50%;
            background-color: yellow;
        }
    </style>
</head>
<body>
    <div id="f">
        <div id="z"></div>
    </div>
</body>
</html>
```

图 7-7　内层 div 元素的盒子模型

在上述代码中，我们将外层 div 元素的高度设置为 600px 和宽度设置为 500px，同时将内层 div 元素的高度设置为 50%，此时内层 div 元素的高度就是容纳块 div 元素（id 为 f）内容区高度的 50%，即 300px。运行代码后，先选中内层 div 元素，然后打开调试器观察盒子模型，如图 7-7 所示。

我们对 html 元素、body 元素的宽度和高度的百分比进行一个特别说明，body 元素的宽度和高度的百分比设置是基于 html 元素的宽度和高度进行的，而 html 元素的宽度和高度的百分比设置则基于浏览器视区的大小进行，具体代码如下所示。

```
<!DOCTYPE html>
<html>
    <head>
        <meta charset="utf-8" />
        <style>
            html{
                width:100%;
                height:100%;
                background-color:red;
            }
            body{
                /*因为body元素在默认情况下带有margin属性，所以这里需要将其清除，可以参考7.8节中的说明*/
                margin:0;
                width:100%;
                height:100%;
                background-color:rgba(0,0,0,.1);
            }
            div{
                width:100%;
                height:100%;
                background-color:green;
            }
        </style>
```

```
    </head>
    <body>
        <div></div>
    </body>
</html>
```

在这段代码中，html 元素、body 元素和 div 元素的宽度与高度都被设置为 100% ，此时不管浏览器的窗口大小如何变化，拥有绿色背景的 div 元素永远会与浏览器窗口一样大。

## 7.4　元素宽度、高度的最大值和最小值

在 7.2 节和 7.3 节，我们介绍了用来设置内容区宽度和高度的 width 属性与 height 属性。其实元素的高度和宽度不仅可以通过这 2 个属性来设置，CSS 还为我们提供了宽度最小值 min-width、宽度最大值 max-width、高度最小值 min-height 和高度最大值 max-height 这 4 个属性，可以方便地定义元素的属性。下面将这 4 个属性分为 2 组进行讲解。

首先要介绍的是用来定义宽度最小值和高度最小值的 2 个属性。在 CSS 中，我们可以使用 min-width 属性和 min-height 属性为元素的内容区定义最小值。与其中文名称对应，min-width 属性是给元素定义最小宽度的属性，min-height 属性是给元素定义最小高度的属性。

这 2 个属性可以用来阻止出现 width、height 属性值小于 min-width、min-height 属性值的情况，当 width、height 属性值小于 min-width、min-height 属性值时，元素会按照设置的 min-width、min-height 属性值来显示。下面以 min-width 属性为例进行演示说明，具体代码如下所示。

```
<!DOCTYPE html>
<html>
    <head>
        <meta charset="UTF-8"/>
        <style>
            body{
                /*去掉浏览器自带的样式*/
                margin:0;
            }
            #f {
                width:auto;
                min-width: 800px;
                height:300px;
                border:1px solid gray;
            }
        </style>
    </head>
    <body>
        <div id="f">
        </div>
    </body>
</html>
```

代码中将 width 属性的属性值设置为默认值，让其宽度与浏览器宽度一致，但是当宽度小于 800px 时，div 元素的宽度不再与浏览器的宽度保持一致。下面运行代码进行验证，首先将浏览器的窗口宽度调整到 870px，页面效果如图 7-8 所示。

从图 7-8 中可以看出，将窗口宽度调整到 870px 后，页面上没有出现特别的效果，因为此时 div 元素的宽度使用的是默认值 auto，对应的窗口大小在改变，body 元素的宽度在缩窄，所以 div 元素的宽度也相应地缩窄了。

图 7-8　页面效果（1）

现在我们将窗口宽度调整到 700px，此时，页面效果如图 7-9 所示。

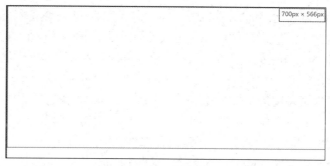

图 7-9　页面效果（2）

从图 7-9 中可以看出，在页面下方出现了滚动条，这是因为我们在代码中设置了"min-width:800px"，最小宽度为 800px，而现在浏览器的窗口宽度为 700px，已经小于 800px，所以滚动条出现了。

值得一提的是，在这段代码中，我们通过为 body 元素设置"margin:0;"去除了浏览器的自带样式，从而保证整个代码能够实现预期的运行效果。我们在 7.8 节中会对这个属性进行详细讲解，读者此时只需要清楚这段代码的含义即可。

其次我们介绍定义宽度最大值和高度最大值的 2 个属性 max-width 和 max-height，它们分别可以为元素定义最大宽度和最大高度。与最小值相同，这 2 个属性可以用来阻止出现 width、height 属性值大于 max-width、max-height 属性值的情况。当 width、height 属性值大于 max-width、max-height 属性值时，元素会按照 max-width、max-height 属性值来显示。

下面以 max-width 属性为例进行演示说明，具体代码如下所示。

```html
<!DOCTYPE html>
<html>
    <head>
        <meta charset="UTF-8"/>
        <style>
            body{
                /*去掉浏览器自带的样式*/
                margin:0;
            }
            #f {
                width:auto;
                max-width: 800px;
                height:300px;
                border:1px solid gray;
            }
        </style>
    </head>
    <body>
        <div id="f">
```

```
        </div>
    </body>
</html>
```

上述代码依旧将 width 属性的属性值设置为默认值 auto，让其宽度与浏览器宽度一致。将 div 元素的最大宽度设置为 800px，随后运行代码来观察页面效果。将浏览器窗口宽度调整为 560px，页面效果如图 7-10 所示。

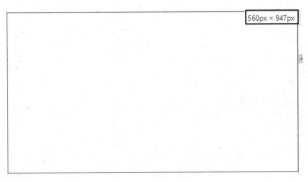

图 7-10　页面效果（3）

窗口被调整为 560px 后，页面没有出现异常，因为此时窗口的宽度还没有超过 800px。我们再将窗口宽度调整为超过 800px，同时观察页面效果和调试器中的盒子模型，如图 7-11 所示。

图 7-11　页面效果和调试器中的盒子模型

从图 7-11 中可以看到，窗口宽度已被调整为 887px，已超过我们设置的最大宽度 800px，此时 div 元素的宽度最大值也只能为 800px，如图 7-11 中的黑框所示。

## 7.5　内边距

CSS 提供了 padding 属性，用来设置元素的内边距。通过使用 padding 属性，我们可以设置元素边界与内容之间的距离。padding 属性有 3 种取值，分别是 px、em 和%。其中，px 和%在用来设置宽度和高度的相关属性中已经多次讲解，但它们在设置内边距时的使用方式还是有些许不同。px 还是像素，但它的值不能为负数；%还是百分比，内边距同样使用百分比来设置，盒子模型有上、下、左、右 4 个边，但是内边距的百分比都是相对于容纳块的内容区宽度来计算的。至于 em，前面我们已经多次使用过，其取值是根据当前的字号来计算的。

下面我们通过一个案例对 padding 属性进行演示和讲解，代码如下所示。

```
<!DOCTYPE html>
<html>
    <head>
        <meta charset="UTF-8"/>
        <style>
```

```
            body{
                /*去掉浏览器自带的样式*/
                margin:0;
            }
            #f {
                width:500px;
                height:600px;
                border:1px solid gray;
            }
            #z{
                width:100px;
                height:100px;
                padding:10%;
                border:1px solid gray;
            }
        </style>
    </head>
    <body>
        <div id="f">
            <div id="z"></div>
        </div>
    </body>
</html>
```

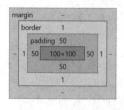

图 7-12　内层 div 元素的盒子模型

在上述代码中，我们为内层 div 元素（id 为 z）设置了 padding 属性，其属性值为 10%。此时上、右、下、左 4 个边的 padding 属性值都会以其容纳块——外层 div 元素（id 为 f）的内容区宽度为基准来计算，即都是内容区宽度的 10%。内层 div 元素的盒子模型如图 7-12 所示。

其实，padding 属性的属性值不仅可以设置 1 个，还可以设置 2 个、3 个或 4 个，即我们可以指定任意内边距的值。下面对这 4 种情况进行讲解，具体如下。

（1）当 padding 属性的属性值为 1 个时，padding 属性相当于书写为 "padding:top/right/bottom/left"，即同时指定了元素的上、右、下、左内边距。

演示代码如下所示。

```
<!DOCTYPE html>
<html>
    <head>
        <meta charset="UTF-8"/>
        <style>
            #f {
                width:500px;
                padding:100px;
                height:600px;
                border:1px solid gray;
            }
        </style>
    </head>
    <body>
        <div id="f">
        </div>
    </body>
</html>
```

在代码中，div 元素将 padding 属性的属性值设置为"100px"，代表上、右、下、左内边距都是 100px，盒子模型如图 7-13 所示。

（2）当 padding 属性的属性值为 2 个时，padding 属性相当于书写为"padding:top/bottom left/right"，第 1 个值指定了元素的上、下内边距，第 2 个值指定了元素的左、右内边距。

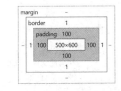

图 7-13　盒子模型（1）

演示代码如下所示。

```html
<!DOCTYPE html>
<html>
    <head>
        <meta charset="UTF-8"/>
        <style>
            #f {
                width:500px;
                padding:100px 150px;
                height:600px;
                border:1px solid gray;
            }
        </style>
    </head>
    <body>
        <div id="f">
        </div>
    </body>
</html>
```

在代码中，div 元素将 padding 属性的属性值设置为"100px 150px"，代表元素的上、下内边距是 100px，元素的左、右内边距是 150px，盒子模型如图 7-14 所示。

（3）当 padding 属性的属性值为 3 个时，padding 属性相当于书写为"padding:top left/right bottom"，第 1 个值指定了元素的上内边距，第 2 个值指定了元素的左、右内边距，第 3 个值指定了元素的下内边距。

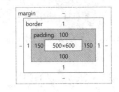

图 7-14　盒子模型（2）

演示代码如下所示。

```html
<!DOCTYPE html>
<html>
    <head>
        <meta charset="UTF-8"/>
        <style>
            #f {
                width:500px;
                padding:100px 150px 200px;
                height:600px;
                border:1px solid gray;
            }
        </style>
    </head>
    <body>
        <div id="f">
        </div>
    </body>
</html>
```

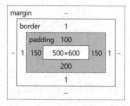

图 7-15　盒子模型（3）

在代码中，div 元素将 padding 属性的属性值设置为"100px 150px 200px"，代表元素的上内边距是 100px，元素的左、右内边距是 150px，元素的下内边距是 200px，盒子模型如图 7-15 所示。

（4）当 padding 属性的属性值为 4 个时，padding 属性相当于书写为"padding:top right bottom left"，这 4 个值指定了元素的上、右、下、左内边距。需要注意的是，这 4 个值将顺时针地应用于上、右、下、左内边距。演示代码如下所示。

```
<!DOCTYPE html>
<html>
    <head>
        <meta charset="UTF-8"/>
        <style>
            #f {
                width:500px;
                padding:100px 150px 200px 250px;
                height:600px;
                border:1px solid gray;
            }
        </style>
    </head>
    <body>
        <div id="f">
        </div>
    </body>
</html>
```

在代码中，div 元素将 padding 属性的属性值设置为"100px 150px 200px 250px"，分别对应 div 元素的上、右、下、左内边距，盒子模型如图 7-16 所示。

## 7.5.1　单边内边距

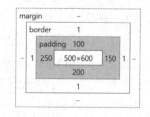

图 7-16　盒子模型（4）

其实，通过控制 padding 属性的属性值个数来对单边内边距进行设置的方式，并不适用于所有场景。在实际开发中，样式复杂多样，若只是想对左、右 2 个内边距进行设置，却使用了上面所讲解的方式，则会导致代码的可读性大大降低。为此，CSS 提供了用来设置单边内边距的 4 个属性，其适用于只想控制部分内边距的场景。下面对这 4 个属性进行介绍，具体说明如下。

- padding-top：用于设置上内边距的属性。
- padding-right：用于设置右内边距的属性。
- padding-bottom：用于设置下内边距的属性。
- padding-left：用于设置左内边距的属性。

4 个属性的属性值与前面讲解的内边距属性的取值相同，这里不再赘述。单边内边距在实际开发中通常用来覆盖设置的整体的内边距，下面通过代码来演示这 4 个属性的使用方式，具体如下所示。

```
<!DOCTYPE html>
<html>
    <head>
        <meta charset="UTF-8"/>
        <style>
            #f {
                width:500px;
                padding:10px;
```

```
            padding-top:30px;
            height:600px;
            border:1px solid gray;
        }
    </style>
</head>
<body>
    <div id="f">
    </div>
</body>
</html>
```

从代码中可以看出，我们先通过 padding 属性将整体的内边距都设置为
10px，然后通过 padding-top 属性单独将上内边距设置为 30px，此时上、右、下、
左内边距分别为 30px、10px、10px、10px。观察调试器中的盒子模型，如图 7-17
所示。

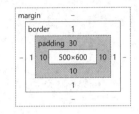

图 7-17　盒子模型（5）

## 7.5.2　行内元素和行内块状元素的内边距

前面讲解的内边距都是使用块状元素 div 进行演示的，这是因为块状元素
可以设置高度和宽度，所以设置的内边距可以生效。而前面也讲解过，行内元素不能设置宽度和高度，行
内块状元素的表现与行内元素相似，那么，如果为行内元素和行内块状元素设置内边距，能否生效呢？本
节将为读者揭晓。

当我们为行内元素设置内边距时，只有设置的左、右内边距可以将文本向四周推开，设置的上、下内
边距对行高没有影响，代码如下所示。

```
<!DOCTYPE html>
<html>
    <head>
        <meta charset="UTF-8"/>
        <style>
            span{
                padding-left:10px;
                padding-right:20px;
                padding-top:10px;
                padding-bottom:20px;
                border:1px solid red;
            }
        </style>
    </head>
    <body>
        这是普通的<span>文本</span>! <br/>
        这是第二行的普通文本。
    </body>
</html>
```

这段代码使用单边内边距为行内元素 span 分别设置了上、右、下、左
内边距。下面我们通过代码来验证内边距在行内元素上的效果，页面效果
如图 7-18 所示。

从图 7-18 中可以看出，当为<span>标签设置 padding 属性时，左、右
内边距确实已经将四周的文字推开了。上、下内边距虽然看不出效果，但

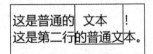

图 7-18　页面效果（1）

确实已经生效了，只是没有影响行高，因此对文字垂直的位置也没有造成影响。

而对于行内块状元素来说，当为其元素设置内边距时，其上、右、下、左内边距都会生效，可以通过如下代码进行验证。

```html
<!DOCTYPE html>
<html>
    <head>
        <meta charset="UTF-8"/>
        <style>
            span{
                display:inline-block;
                padding-left:10px;
                padding-right:20px;
                padding-top:10px;
                padding-bottom:20px;
                border:1px solid red;
            }
        </style>
    </head>
    <body>
        这是普通的<span>文本</span>！<br/>
        这是第二行的普通文本。
    </body>
</html>
```

这段代码先通过"display:inline-block;"将行内元素更改为行内块状元素，然后使用单边内边距对上、右、下、左内边距分别进行设置。通过页面效果和盒子模型来验证内边距在行内块状元素上的效果，如图 7-19 与图 7-20 所示。

值得一提的是，<img/>标签也具有行内块状元素的特征，可以为其设置边框、宽度和高度、外边距等属性。但是我们要知道，它不是行内块状元素，而是行内元素。针对图 7-19 来说，其内容区就可以是图片本身。我们可以使用 padding 属性和 background-color 属性来模仿并设置一个边框。想要实现的案例效果如图 7-21 所示。

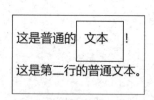

图 7-19　页面效果（2）

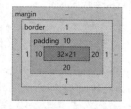

图 7-20　盒子模型

图 7-21　想要实现案例效果

前面已经将案例的实现讲解得十分清晰，此处不多做讲解，具体代码实现如下所示。

```html
<!DOCTYPE html>
<html>
    <head>
        <meta charset="UTF-8"/>
        <style>
            img {
                background-color:gray;
                padding:10px;
            }
        </style>
    </head>
    <body>
```

```
        <img src="./images/star.jpg" alt=""/>
    </body>
</html>
```

在上述代码中，图片本身是内容区，其外部可以包含内边距。当设置背景颜色时，背景颜色的延伸区域包括内边距。因此，当我们为图片设置了 10px 的内边距后，灰色的背景就可以显示出来，看起来就像是给图片加上了边框。

## 7.6　边框

在 7.5 节，我们通过设置内边距的方式巧妙地为图片加上了边框。其实，CSS 也提供了一些用来设置边框的属性。本章将从如何设置边框的宽度、样式、颜色等方面为读者进行详细介绍。

下面通过演示一个案例来开启边框的内容。为了说明边框的属性，下面的案例会先使用 border-style 属性设置边框的样式，7.6.2 节再对边框样式属性的相关内容进行介绍，这里读者只需知道该属性的作用即可。

请思考下方代码的运行效果。

```
<!DOCTYPE html>
<html>
    <head>
        <meta charset="UTF-8"/>
        <style>
            div{
                width:100px;
                height:100px;
                border-style:solid;
            }
        </style>
    </head>
    <body>
        <div></div>
    </body>
</html>
```

这段代码只将 div 元素的边框样式设置为 solid，该属性值与其中文意思相同，代表实线。运行代码后可以发现，div 元素拥有了边框，并且边框颜色是黑色，页面效果如图 7-22 所示。

给 div 元素加上"color:red"，随后会发现边框的颜色发生了变化，即变为红色，此时，页面效果如图 7-23 所示。

图 7-22　页面效果（1）　　　　　图 7-23　页面效果（2）

那么，为什么会出现边框颜色变化的情况呢？

我们需要先知道边框的组成。边框由 3 个要素组成，分别是边框宽度（border-width）、边框样式（border-style）、边框颜色（border-color），具体说明如下。

● 边框宽度：border-width 属性的属性值默认为 medium，具体宽度由特定的浏览器决定，一般是 3px。

● 边框样式：border-style 属性的属性值默认为 none，即使设置了边框宽度，在边框样式的属性值为 none 时，也不会显示边框（边框宽度失效）。

● 边框颜色：border-color 属性的属性值默认是元素自身的文本颜色。

　　7.6.1 节至 7.6.3 节将依次对这 3 个属性展开讲解，在讲解完知识点后，还会通过一个综合案例来演示常见属性的使用方式。

## 7.6.1　边框宽度

　　在讲解 HTML 时，我们在<table>标签上设置了 border 属性，以此设置表格的边框宽度；在 CSS 中，可以使用 border-width 属性来设置边框宽度。与 HTML 不同的是，CSS 提供的 border-width 属性不仅可以为表格设置边框宽度，还可以为任何有边框的元素设置边框宽度。

　　border-width 属性的语法格式为"border-width:value"，该属性有 2 种取值，分别是 px 和 em，具体说明如下。

- px：像素。
- em：其相对于元素的字号进行设置。

　　因 border-width 属性的取值和 padding 属性的取值方式相似，故本节只对知识点进行讲解，不做案例演示。

　　border-width 属性与 padding 属性相似，可以设置 1～4 个属性值。下面通过表格来展示这 4 种情况，如表 7-1 所示。

表 7-1　border-width 属性在设置属性值时存在的 4 种情况

| 属性及属性值 | 描述 |
| --- | --- |
| 属性值为 1 个：border-width:top/right/bottom/left | 同时指定了上、右、下、左边框的宽度 |
| 属性值为 2 个：border-width:top/bottom left/right | 第 1 个值指定了上、下边框的宽度，第 2 个值指定了左、右边框的宽度 |
| 属性值为 3 个：border-width:top left/right bottom | 第 1 个值指定了上边框的宽度，第 2 个值同时指定了左、右边框的宽度，第 3 个值指定了下边框的宽度 |
| 属性值为 4 个：border-width:top right bottom left | 分别指定了上、右、下、左边框的宽度 |

　　**注意**：当属性值为 4 个时，属性值对应的顺序是上、右、下、左，即顺时针应用值。

　　同理，在设置边框宽度时，也可以设置单边的边框宽度，具体说明如下。

- border-top-width：用于设置上边框宽度。
- border-right-width：用于设置右边框宽度。
- border-bottom-width：用于设置下边框宽度。
- border-left-width：用于设置左边框宽度。

## 7.6.2　边框样式

　　CSS 提供了 border-style 属性，用来为元素的 4 个边框设置不同的样式，其设置方法与 border-width 属性类似。其语法格式为"border-style:value"，这里我们只对常用的属性值进行介绍，具体说明如下。

- none：表示没有样式。none 是默认值，在 border-width 属性的属性值为 none 时，元素不仅没有样式，border-width 属性的属性值也自动被设置为 0。
- solid：表示实线。

　　至于 border-style 属性的其他值，这里不做讲解，读者可以自行查阅相关文档。本节只对知识点进行讲解，不做案例演示。

　　border-style 属性与 border-width 属性相似，可以设置 1～4 个属性值。下面通过表格来展示这 4 种情况，如表 7-2 所示。

表 7-2 border-style 属性在设置属性值时存在的 4 种情况

| 属性及属性值 | 描述 |
| --- | --- |
| 属性值为 1 个：border-style:top/right/bottom/left | 同时指定了上、右、下、左边框的样式 |
| 属性值为 2 个：border-style:top/bottom left/right | 第 1 个值指定了上、下边框的样式，第 2 个值指定了左、右边框的样式 |
| 属性值为 3 个：border-style:top left/right bottom | 第 1 个值指定了上边框的样式，第 2 个值同时指定了左、右边框的样式，第 3 个值指定了下边框的样式 |
| 属性值为 4 个：border-style:top right bottom left | 分别指定了上、右、下、左边框的样式 |

**注意**：当属性值为 4 个时，属性值对应的顺序是上、右、下、左，即顺时针应用值。

同理，在设置边框样式时，也可以设置单边的边框样式，具体说明如下。

- border-top-style：用于设置上边框样式。
- border-right-style：用于设置右边框样式。
- border-bottom-style：用于设置下边框样式。
- border-left-style：用于设置左边框样式。

## 7.6.3 边框颜色

在 HTML 中，我们无法为表格设置边框颜色，但在 CSS 中，我们可以使用 border-color 属性对边框颜色进行设置。值得一提的是，border-color 属性不仅可以为表格设置边框颜色，还可以为大部分元素设置边框颜色。

border-color 属性的语法格式为"border-color:value"，该属性的属性值为颜色值。这里需要强调的是，边框颜色可以使用透明颜色值 transparent，但透明不代表没有边框。

因为 border-color 属性的设置与 padding 属性的设置方式类似，所以本节只对知识点进行讲解，不做案例演示。

border-color 属性与 padding 属性相似，可以设置 1~4 个属性值。下面通过表格来展示这 4 种情况，如表 7-3 所示。

表 7-3 border-color 属性设置属性值的 4 种情况

| 属性及属性值 | 描述 |
| --- | --- |
| 属性值为 1 个：border-color:top/right/bottom/left | 同时指定了上、右、下、左边框的颜色 |
| 属性值为 2 个：border-color:top/bottom left/right | 第 1 个值指定了上、下边框的颜色，第 2 个值指定了左、右边框的颜色 |
| 属性值为 3 个：border-color:top left/right bottom | 第 1 个值指定了上边框的颜色，第 2 个值同时指定了左、右边框的颜色，第 3 个值指定了下边框的颜色 |
| 属性值为 4 个：border-color:top right bottom left | 分别指定了上、右、下、左边框的颜色 |

**注意**：当属性值为 4 个时，属性值对应的顺序是上、右、下、左，即顺时针应用值。

同理，在设置边框颜色时，也可以设置单边的边框颜色，具体说明如下。

- border-top-color：用于设置上边框颜色。
- border-right-color：用于设置右边框颜色。
- border-bottom-color：用于设置下边框颜色。
- border-left-color：用于设置左边框颜色。

## 7.6.4 边框简写

与字体类似，我们也可以通过 border 属性来直接设置边框的整体效果，其语法格式为"border: 边框宽

度 边框样式 边框颜色"。值得一提的是,在这个语法中,我们可以通过设置其中的一项或几项来控制边框效果,当只设置一项时,其余值会使用默认值,以此类推,这里不多做讲解。

与字体不同的是,边框具有 4 个边,CSS 为边框提供了单边边框设置和整体边框设置的语法,下面将分别进行介绍。本节所讲解的属性在本节不做代码演示,在 7.6.5 节会统一进行案例演示。

先介绍设置单边边框的属性,具体说明如下。

● border-top:border-width border-style border-color:用于设置上边框的属性。
● border-right:border-width border-style border-color:用于设置右边框的属性。
● border-bottom:border-width border-style border-color:用于设置下边框的属性。
● border-left:border-width border-style border-color:用于设置左边框的属性。

用来进行整体边框设置的属性和用来进行字体整体设置的属性类似,其语法格式为"border:border-width border-style border-color"。

## 7.6.5 案例:制作一个三角形

前面依次介绍了边框宽度、边框样式、边框颜色和边框简写的相关属性。本节将使用常用属性在页面中实现"制作一个三角形"的案例。

先来分析下方代码的实现效果,具体如下所示。

```html
<!DOCTYPE html>
<html>
    <head>
        <meta charset="UTF-8" />
        <style>
            div{
                width:30px;
                height:30px;
                border-top:20px solid green;
                border-right:20px solid red;
                border-bottom:20px solid blue;
                border-left:20px solid pink;
            }
        </style>
    </head>
    <body>
        <div></div>
    </body>
</html>
```

从上述代码的加粗样式中可以分析得出,我们虽然使用了单边边框的设置方式,但是为 4 个边框设置了相同的宽度和样式,唯一不同的是边框的颜色。由此我们可以预测,div 元素会有一个 4 个边颜色分别为绿色、红色、蓝色和粉色的切角。运行代码后,页面效果如图 7-24 所示。

可以发现,页面效果与我们预想的相同,若我们缩小内容区,则切角会随着内容区的缩小而变大,如图 7-25 所示。

图 7-24  页面效果(1)

图 7-25  页面效果(2)

如果将内容区的宽度和高度设置为 0,并且将 3 个边框设置为透明,那么只会保留一个边,此时一个有颜色的三角形就出现了，具体代码如下所示。

```html
<!DOCTYPE html>
<html>
    <head>
        <meta charset="UTF-8" />
        <style>
            div{
                width:0;
                height:0;
                border:30px solid transparent;
                border-left-color:red;
            }
        </style>
    </head>
    <body>
        <div></div>
    </body>
</html>
```

在这段代码中，我们使用 border 属性先将整体边框的颜色设置为透明
"transparent"，然后使用 border-left-color 属性覆盖左边框，覆盖后颜色生效，变
为红色。此时，页面效果如图 7-26 所示。

图 7-26　页面效果（3）

## 7.7　轮廓

轮廓是一种特殊的装饰方式，它本身不属于盒子模型，放在这里讲解是为了让读者能够更好地区分轮
廓和边框。轮廓一般直接绘制在边框的外侧，下面对其进行具体讲解。

### 7.7.1　轮廓宽度

与边框一样，轮廓也可以设置宽度，对应属性的语法格式如下所示。

```
outline-width:value
```

outline-width 属性的属性值有 4 种，下面将对其进行具体讲解。

- px：像素。
- thin：其为较细的轮廓，一般浏览器给定的宽度是 1px。
- medium：其为默认值，是比 thin 粗一些的轮廓，一般浏览器给定的宽度是 3px。
- thick：其为比 medium 粗一些的轮廓，一般浏览器给定的宽度是 5px。

下面对这 4 种属性值的使用进行代码演示。

```html
<!DOCTYPE html>
<html>
    <head>
        <meta charset="UTF-8"/>
        <style>
            div{
                margin-top:30px;
                width:300px;
                height:50px;
                line-height: 50px;
                text-align:center;
                border:10px solid red;
                outline-style: solid;
```

```
            }
            #f1{
                outline-width: thin;
            }
            #f2{
                outline-width: medium;
            }
            #f3{
                outline-width: thick;
            }
            #f4{
                outline-width: 10px;
            }
        </style>
    </head>
    <body>
        <div id="f1">outline-width: thin;</div>
        <div id="f2">outline-width: medium;</div>
        <div id="f3">outline-width: thick;</div>
        <div id="f4">outline-width: 10px;</div>
    </body>
</html>
```

上面的代码分别演示了 outline-width 属性的 4 种属性值的使用方法，设置了不同的轮廓宽度，运行代码后，页面效果如图 7-27 所示。

图 7-27　页面效果

需要特别注意的是，当 outline-style 属性的属性值为 none 时，outline-width 属性的属性值为 0。

## 7.7.2　轮廓样式

轮廓具有多种样式，其语法格式如下所示。

```
outline-style:value
```

outline-style 属性的属性值有很多种，这里我们只对常用的 3 种进行讲解，其余值读者可以自行查阅相关文档。

- none：无轮廓样式。
- solid：实线样式。
- dotted：点状样式。

下面对这 3 种属性值的使用进行代码演示。

```
<!DOCTYPE html>
<html>
    <head>
        <meta charset="UTF-8"/>
        <style>
            div{
                margin-top:30px;
                width:300px;
                height:50px;
                line-height: 50px;
                text-align:center;
                border:10px solid red;
```

```
        }
        #f1{
            outline-style: none;
        }
        #f2{
            outline-style: solid;
        }
        #f3{
            outline-style: dotted;
        }
    </style>
</head>
<body>
    <div id="f1">outline-style:none</div>
    <div id="f2">outline-style:solid</div>
    <div id="f3">outline-style:dotted</div>
</body>
</html>
```

上面的代码分别演示了 outline-style 属性的 3 种属性值的使用方式，设置了不同的轮廓样式，运行代码后，页面效果如图 7-28 所示。

图 7-28　页面效果

## 7.7.3　轮廓颜色

与边框相同，轮廓也可以设置颜色，对应的属性为 outline-color 属性，其属性值可以使用任何一个我们之前讲解的颜色表达形式，这里不多做讲解。

## 7.7.4　轮廓简写

与边框（border）属性相同，轮廓也可以简写，其属性为 outline 属性，其语法格式如下所示。

```
outline:color style width
```

轮廓的简写属性十分简单，这里不对其做案例讲解和文字讲解。

## 7.7.5　轮廓与边框的不同之处

我们在前面一直将轮廓与边框进行对比，二者还是有所不同的。下面我们就对二者的不同之处进行详细讲解和演示。

### 1. 轮廓不占空间

我们直接通过代码进行对比演示，读者也可以针对下方代码的运行效果进行思考。

```
<!DOCTYPE html>
<html>
    <head>
        <meta charset="UTF-8"/>
        <style>
            div{
                margin:30px;
                width:300px;
```

```
        height:50px;
        line-height: 50px;
        text-align:center;
        border:10px solid red;
        outline:15px solid black;
        }
    </style>
</head>
<body>
    <div></div>
</body>
</html>
```

上面的代码将上、右、下、左外边距设置为 30px，同时设置轮廓为 15px。通过 Chrome 调试器，我们选中"margin"，可以发现阴影将轮廓也覆盖了，如图 7-29 所示。

图 7-29　选中"margin"后

### 2. 轮廓可以不是矩形，也可以不连续

我们还是通过代码进行对比，读者可自行思考下方代码的运行效果。

```
<!DOCTYPE html>
<html>
    <head>
        <meta charset="UTF-8"/>
        <style>
            div{
                margin-top:40px;
                padding:5px;
                width:300px;
                border:10px solid red;
            }
            #f1 span{
                border:1px solid green;
            }
            #f2 span{
                outline:1px dotted red;
            }
        </style>
    </head>
    <body>
        <div id="f1">这里是内容，这里是内容。这里是内容，这里是内容。<span>这里是内容，这里是内容。这里
是内容，这里是内容。</span>这里是内容，这里是内容。</div>
        <div id="f2">这里是内容，这里是内容。这里是内容，这里是内容。<span>这里是内容，这里是内容。这里
是内容，这里是内容。</span>这里是内容，这里是内容。</div>
    </body>
</html>
```

我们先运行上方代码，然后根据运行效果进行分析。页面效果如图 7-30 所示。

结合上面的代码和图 7-30 我们可以发现，第 2 个 div 元素中的<span>标签上的 outline 属性在换行处进行了结尾，并且将相邻行的轮廓合并在了一起；第 1 个 div 元素中的<span>标签上的 border 属性在换行处没有进行结尾，并且也没有合并。

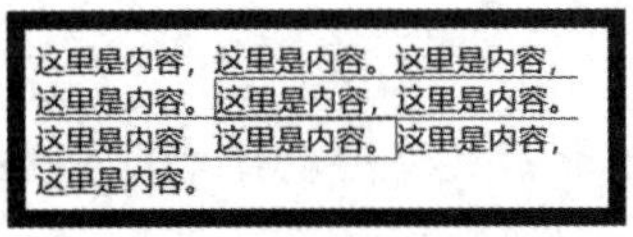

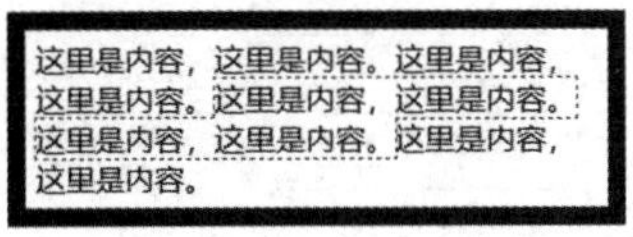

这里是内容，这里是内容，这里是内容，这里是内容，这里是内容，这里是内容，这里是内容，这里是内容，这里是内容，这里是内容。

这里是内容，这里是内容，这里是内容，这里是内容，这里是内容，这里是内容，这里是内容，这里是内容，这里是内容，这里是内容。

图 7-30　页面效果（1）

### 3. 浏览器通常在表单获得焦点时为其添加轮廓

还是通过代码进行演示，具体如下所示。

```
<!DOCTYPE html>
<html>
    <head>
        <meta charset="UTF-8"/>
        <style>
            input{
                margin-left:20px;
            }
        </style>
    </head>
    <body>
        <input type="text"/>
        <input type="text"/>
    </body>
</html>
```

上面的代码定义了 2 个输入框，第 1 个输入框因为没有被选中，所以没有轮廓；第 2 个输入框因为被选中而获得了焦点，所以拥有了轮廓。运行代码后，页面效果如图 7-31 所示。如果我们不需要轮廓，那么可以在代码中添加"outline:none"，将选中时出现的轮廓去掉。

图 7-31　页面效果（2）

## 7.8　外边距

外边距是元素框与元素框之间的空白区域（它是透明的），margin 是 CSS 中主要用于控制页面的松紧程度的属性。margin 属性可以用来设置元素周围的边界距离，这个距离可以明显地区分不同的元素，也可以让网页中的内容显得没有那么拥挤。

浏览器会为很多元素（例如，<p>标签、<body>标签等）提供预设样式，其中包括外边距。具体的值可以在页面中选中元素，并且通过调试器进行查看。其语法格式为"margin:value"，具有 4 种属性值，具体说明如下。

- auto：自动（margin 属性的默认值是 0）。
- px：像素，其可以为负数。
- em：相对于字号计算得出。
- %（百分比）：相对于容纳块的内容区宽度计算得出（与 padding 属性的百分比计算方式相同）。

值得一提的是，若我们不需要默认外边距的样式，则可以使用"margin:0px"将其清除。

margin 属性与 padding 属性类似，可以设置 1～4 个属性值。下面通过表格来展示不同数量的属性值所形成的不同情况，如表 7-4 所示。

表 7-4　margin 属性在设置属性值时存在的 4 种情况

| 属性及属性值 | 描述 |
| --- | --- |
| 属性值为 1 个值：margin:top/right/bottom/left | 同时指定了上、右、下、左外边距 |
| 属性值为 2 个值：margin:top/bottom left/right | 第 1 个值指定了上、下外边距，第 2 个值指定了左、右外边距 |
| 属性值为 3 个值：margin:top left/right bottom | 第 1 个值指定了上外边距，第 2 个值同时指定了左、右外边距，第 3 个值指定了下外边距 |
| 属性值为 4 个值：margin:top right bottom left | 分别指定了上、右、下、左外边距 |

**注意：**当属性值为 4 个时，属性值对应的顺序是上、右、下、左，即顺时针应用值。

同理，在设置外边框时，也可以设置单边的外边框，具体说明如下。

- margin-top：用于设置上外边距。
- margin-right：用于设置右外边距。
- margin-bottom：用于设置下外边距。
- margin-left：用于设置左外边距。

值得一提的是，内边距的值不可以为负数，但是外边距的值可以为负数。当外边距的值为负数时，会出现什么现象呢？我们通过代码来说明，代码如下所示。

```html
<!DOCTYPE html>
<html>
    <head>
        <meta charset="UTF-8" />
        <style>
            div{
                width:300px;
                height:300px;
                border:1px solid green;
            }
            #f1{
                background-color: white;
            }
            #f2{
                margin-top:-100px;
                background-color: gray;
            }
        </style>
    </head>
    <body>
        <div id="f1"></div>
        <div id="f2"></div>
    </body>
</html>
```

图 7-32　页面效果

我们在代码中定义了 2 个 300px×300px 的 div 元素，然后将 div 元素（id 为 f1）的背景颜色定义为白色，将 div 元素（id 为 f2）的背景颜色定义为灰色，同时将其上外边距设置为-100px。我们知道，外边距用来控制元素与元素之间的边界距离，当将其设置为负数时，元素之间就没有边界距离了，甚至会出现重叠。上面这段代码会使 2 个 div 元素重合，页面效果如图 7-32 所示。

外边距折叠指的是普通文档流中块状元素的上、下外边距在设置时会产生的重合情况。外边距折叠分为 2 种，即兄弟元素外边距折叠和父子元素外边距折叠。下面通过案例对这 2 种情况进行讲解和演示。

### 1. 兄弟元素外边距折叠

下面对兄弟元素外边距折叠的情况进行讲解。所谓兄弟元素外边距折叠，是指 2 个相邻元素的上、下外边距一旦"相遇"，就会产生的折叠现象。

请思考下方代码的运行效果。

```
<!DOCTYPE html>
<html>
    <head>
        <meta charset="UTF-8"/>
        <style>
            div {
                width: 100px;
                height: 100px;
            }
            #f1 {
                margin-bottom:10px;
                border: 1px solid blue;
            }
            #f2 {
                margin-top:20px;
                border: 1px solid red;
            }
        </style>
    </head>
    <body>
        <div id="f1"></div>
        <div id="f2"></div>
    </body>
</html>
```

从代码中我们可以看出，div 元素（id 为 f1）设置了下外边距，div 元素（id 为 f2）设置了上外边距，此时它们之间的距离应该为 30px，但实际上它们之间的距离只有 20px，这就是我们所说的折叠现象。因为 2 个元素是兄弟元素，所以我们也称这种现象为兄弟元素外边距折叠。

如果想要解决这个情况，只需将其中一个元素设置为行内块状元素即可。但是我们不建议使用这种方式，因为会使代码的可读性降低。在实际应用中，只对上、下单边的外边距进行设置就可以解决这个问题。

### 2. 父子元素外边距折叠

父元素与它的子元素之间隔着内边距、边框。如果没有定义这些属性，并且如果没有为子元素设置外边距，就会发生外边距折叠。

请思考下方代码的运行效果。

```
<!DOCTYPE html>
<html>
    <head>
        <meta charset="UTF-8" />
        <style>
            div{
                background-color:yellow;
            }
            h1{
                margin:100px;
            }
        </style>
    </head>
    <body>
```

```
        <div>
            <h1>hello world!</h1>
        </div>
    </body>
</html>
```

在这段代码中,我们将 h1 元素的外边距设置为 100px,此时 h1 元素的四边就都存在 100px 的外边距,而 div 元素作为父元素,应该将 h1 元素包起来,但我们通过调试器查看其盒子模型时发现,h1 元素的高度是 42px,div 元素的高度也是 42px。div 元素的盒子模型如图 7-33 所示。

这个问题实际上是父元素和子元素的外边距折叠导致的。解决这个问题的方法就是给父元素设置边框或内边距。当然,还可以使用其他方法来解决这个问题,后面的章节我们再展开讲解。这里我们先为 div 元素在调试器中添加 border 属性,然后再来看 div 元素的盒子模型,如图 7-34 所示。

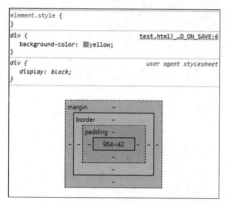

图 7-33　div 元素的盒子模型

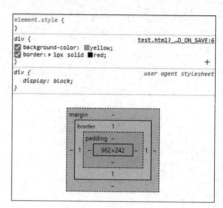

图 7-34　添加 border 属性后 div 元素的盒子模型

在添加 border 属性后,可以通过盒子模型清楚地看到,div 元素的高度已经变为 242px(h1 元素的内容区域高度 42px +div 元素的上外边距 100px +div 元素的下外边距 100px)。

至此,外边距折叠的 2 种情况已经介绍完毕。

现在对外边距折叠进行总结。通过这 2 种情况的案例演示可以得知,产生折叠的原因是元素的上、下外边距产生了"接触",从而出现了折叠现象。兄弟元素产生折叠是因为它们之间的外边距出现了直接"接触",而父子元素产生折叠是因为没有东西阻隔。在实际开发中,开发者若遇到此类问题,则需要根据不同情况,选择对应的方式进行处理。

## 7.9　关于 auto

在前面讲解的属性中,许多属性的默认值都为 auto,在实际开发中,我们也常将一些属性的默认值定义为 auto。那么,开发者是如何知道内容区的尺寸的呢?本节主要对 auto 的部分使用场景进行介绍,为读者揭晓其中的算法。

在默认情况下,块级框各组成部分的横向尺寸始终等于容纳块的宽度。现在一起来思考,在下面这段代码中,div 元素(id 为 z)的内容区宽度是多少?代码如下所示。

```
<!DOCTYPE html>
<html>
    <head>
        <meta charset="UTF-8" />
        <style>
            #f{
                margin:100px;
                padding:100px;
```

```
                width:500px;
                height:500px;
                border:1px solid green;
            }
            #z{
                margin:10px;
                padding:10px;
                border:10px solid blue;
                width:auto;
                height:200px;
            }
        </style>
    </head>
    <body>
        <div id="f">
            <div id="z"></div>
        </div>
    </body>
</html>
```

从这段代码中可以看出，div 元素（id 为 f）的内容区域宽度为 500px，div 元素（id 为 z）的 width 属性值为 auto，并且对于宽度来说，左、右内边距均为 10px，左、右边框宽度均为 10px，左、右外边距均为 10px。此时浏览器会自动计算 div 元素（id 为 z）的 width 属性值并得出结果为 440px，具体计算公式为

$$容纳块内容区宽度 = 子元素的 \text{margin-left} 属性值 + 子元素的 \text{border-left} 属性值 +$$
$$子元素的 \text{padding-left} 属性值 + 子元素的 \text{width} 属性值 +$$
$$子元素的 \text{padding-right} 属性值 + 子元素的 \text{border-right} 属性值 + \tag{7-1}$$
$$子元素的 \text{margin-right} 属性值$$

有了式（7-1），相信读者已经明白为什么在上面的代码中，div 元素（id 为 z）的 width 属性值为 440px 了，这里不再赘述。

值得一提的是，在式（7-1）中提到的 7 个属性值中，只有子元素的 width 属性值、子元素的 margin-left 属性值，以及子元素的 margin-right 属性值可以被设置为 auto，其他属性值只能设置为具体值或使用默认值 0。

下面将对这 3 个属性的属性值设置为 auto 的情况分别进行案例讲解。

### 1. 当 width、margin-left、margin-right 属性中有 1 个属性值设置为 auto 时

当在上述 3 个属性中有任一属性值为 auto 时，在计算时必须满足式（7-1）的计算条件。当 width 属性的属性值为 auto 时，代码如下所示。

```
<!DOCTYPE html>
<html>
    <head>
        <meta charset="UTF-8" />
        <style>
            #f{
                margin:100px;
                padding:100px;
                width:500px;
                height:500px;
                border:1px solid green;
            }
            #z{
                margin:10px;
```

```
                width:auto;
                height:200px;
                border:1px solid blue;
            }
        </style>
    </head>
    <body>
        <div id="f">
            <div id="z"></div>
        </div>
    </body>
</html>
```

上述代码在计算 div 元素（id 为 z）的内容区宽度时，是这样执行的：500px（父元素内容区宽度）–10px（子元素左外边距宽度）–10px（子元素右外边距宽度）–1px（子元素左边框宽度）–1px（子元素右边框宽度），此时 div 元素（id 为 z）的内容区宽度为478px。

当 margin-left 属性或 margin-right 属性的属性值为 auto 时（这里以 margin-right 属性为例），代码如下所示。

```
<!DOCTYPE html>
<html>
    <head>
        <meta charset="UTF-8" />
        <style>
            #f{
                margin:100px;
                padding:100px;
                width:500px;
                height:500px;
                border:1px solid green;
            }
            #z{
                margin-left:10px;
                margin-right:auto;
                width:100px;
                height:200px;
                border:1px solid blue;
            }
        </style>
    </head>
    <body>
        <div id="f">
            <div id="z"></div>
        </div>
    </body>
</html>
```

上述代码在计算 div 元素（id 为 z）右外边距时，是这样执行的：500px（父元素内容区宽度）–10px（子元素左外边距宽度）–100px（子元素内容区宽度）–1px（子元素左边框宽度）–1px（子元素右边框宽度），此时 div 元素（id 为 z）的右外边距为388px。

### 2. 当 width、margin-left、margin-right 属性中有 2 个属性值设置为 auto 时

下面分 2 种情况进行案例演示讲解。

如果是将 margin-left、margin-right 这 2 个属性的属性值设置为 auto，那么两侧外边距相等，子元素会显示在父元素的中间，这也是我们让元素实现水平居中的常用方式。请计算下面这段代码中 div 元素（id

为 z）内容区的左、右外边距，代码如下所示。

```
<!DOCTYPE html>
<html>
    <head>
        <meta charset="UTF-8" />
        <style>
            #f{
                margin:100px;
                padding:100px;
                width:500px;
                height:500px;
                border:1px solid green;
            }
            #z{
                margin-left:auto;
                margin-right:auto;
                width:100px;
                height:200px;
                border:1px solid blue;
            }
        </style>
    </head>
    <body>
        <div id="f">
            <div id="z"></div>
        </div>
    </body>
</html>
```

在代码中，左外边距和右外边距是这样算的：(500px（父元素内容区宽度）-100px（子元素内容区宽度） -1px（子元素左边框宽度）-1px（子元素右边框宽度）)/2，此时 div 元素（id 为 z）的左外边距和右外边距均为 199px。

如果 margin-left 属性或 margin-right 属性的任一属性值和 width 属性的属性值设置为 auto，那么 margin-left 属性或 margin-right 属性中剩下的那个，其属性值会设置为 0。此时 width 属性值的计算依旧要满足式（7-1）的条件。请思考并计算下方代码中 div 元素（id 为 z）的 width 属性值，代码如下所示。

```
<!DOCTYPE html>
<html>
    <head>
        <meta charset="UTF-8" />
        <style>
            #f{
                margin:100px;
                padding:100px;
                width:500px;
                height:500px;
                border:1px solid green;
            }
            #z{
                margin-left:auto;
                margin-right:10px;
                width:auto;
                height:200px;
                border:1px solid blue;
            }
        </style>
```

```
    </head>
    <body>
        <div id="f">
            <div id="z"></div>
        </div>
    </body>
</html>
```

上述代码将 div 元素（id 为 z）的 margin-left 属性和 width 属性的属性值设置为 auto，此时浏览器将 margin-left 属性的属性值自动设置为 0，然后再计算 width 属性的属性值。width 属性值的计算方式为：500px（父元素内容区宽度）-0px（子元素左外边距宽度）-10px（子元素右外边距宽度）-1px（子元素左边框宽度）-1px（子元素右边框宽度），此时 div 元素（id 为 z）的 width 属性值为 488px。

### 3. 当 width、margin-left、margin-right 属性的属性值均设置为 auto 时

当这 3 个属性的属性值都设置为 auto 时，margin-left 属性和 margin-right 属性的属性值会被设置为 0，width 属性值的计算应符合前面提到的式（7-1）。请思考并计算下方代码中 div 元素（id 为 z）的 width 属性值，代码如下所示。

```
<!DOCTYPE html>
<html>
    <head>
        <meta charset="UTF-8" />
        <style>
            #f{
                margin:100px;
                padding:100px;
                width:500px;
                height:500px;
                border:1px solid green;
            }
            #z{
                margin-left:auto;
                margin-right:auto;
                width:auto;
                height:200px;
                border:1px solid blue;
            }
        </style>
    </head>
    <body>
        <div id="f">
            <div id="z"></div>
        </div>
    </body>
</html>
```

上述代码将 margin-left 属性和 margin-right 属性的属性值均设置为 0，此时 width 属性值的计算方式为：500px（父元素内容区宽度）-0px（子元素左外边距宽度）-0px（子元素右外边距宽度）-1px（子元素左边框宽度）-1px（子元素右边框宽度），此时 div 元素（id 为 z）的 width 属性值为 498px。

### 4. 当 width、margin-left、margin-right 属性的属性值均设置为具体值时

将上述 3 个属性的属性值都设置为具体值的情况叫作过渡约束。此时不管右外边距为多少，其都会被设置为 auto，代码如下所示。

```
<!DOCTYPE html>
<html>
```

```
<head>
    <meta charset="UTF-8" />
    <style>
        #f{
            margin:100px;
            padding:100px;
            width:500px;
            height:500px;
            border:1px solid green;
        }
        #z{
            margin-left:100px;
            margin-right:1000px;
            width:100px;
            height:200px;
            border:1px solid blue;
        }
    </style>
</head>
<body>
    <div id="f">
        <div id="z"></div>
    </div>
</body>
</html>
```

在这段代码中，我们将 div 元素（id 为 z）的左外边距设置为 100px，将右外边距设置为 1000px，将宽度设置为 100px，以及将左、右边框都设置为 1px。此时，div 元素（id 为 z）的横向尺寸应该为 1220px（100px + 1000px + 100px + 1px + 1px）。但是包裹它的 div 元素（id 为 f）的 width 属性值只有 500px，远小于我们计算得出的值。此时浏览器会默认执行一件事情，就是将 div 元素（id 为 z）的 margin-right 属性值设置为 auto，在这样设置之后，右外边距就会变为 298px（500px-100px-100px-1px-1px）。

# 7.10　案例：新闻网页

随着时代的发展和互联网的普及，人们获取新闻的渠道已经不限于新闻联播等电视节目，人们可以在任何地点通过网络来获取新闻和信息。其中，在网页上获取新闻是最为常见的方式，本节将结合前面所讲解的知识来实现"新闻网页"的设计与制作。

在这一案例中，我们将利用盒子模型进行布局，同时使用字体与文本的相关属性对内容进行修饰。

### 1. 结构分析

先来看"新闻网页"的整体效果，如图 7-35 所示。

当想要实现一个完整的网页结构时，开发者要先对整体结构进行划分，然后逐步分析并实现。下面我们对这个案例进行整体结构划分，如图 7-36 所示。

从图 7-36 中可以看出，我们将整个页面划分为 4 个部分，具体说明如下。

（1）"新闻网页"主体部分："新闻网页"中的内容都被放在一个容器中，这个容器横向居中，多余的空间设置两侧留白。

（2）"新闻网页"的头部：其中包含新闻标题、新闻发布时间、新闻所属分类等。

（3）"新闻网页"的主体内容部分：其中包含一段段文字，以及一张图片。

（4）"新闻网页"的脚注部分：其中标明了网页的来源，以及给出了分享链接。

图 7-35　"新闻网页"的整体效果

图 7-36　整体结构划分

此时我们可以写出整体结构的 HTML 代码，具体如下所示。

```
<!DOCTYPE html>
<html>
  <head>
    <meta charset="utf-8" />
  </head>
  <body>
    <!-- 新闻网页主体部分 -->
    <div id="news">
      <div id="news-head">新闻网页头部</div>
      <div id="news-content">新闻网页主体内容</div>
      <div id="news-link">新闻网页脚注</div>
    </div>
  </body>
</html>
```

整体结构已经搭建出来，此时我们只需按照划分好的部分将内容依次填入即可。在图 7-36 中，①为整体结构的"外壳"，不需要设置样式。下面我们将依次对剩余的 3 个部分进行分析讲解，具体如下。

（1）"新闻网页"头部分析。

"新闻网页"头部这一部分主要由标题和发布日期等信息组成，可以再分为 3 个部分，如图 7-37 所示。

图 7-37　"新闻网页"头部结构划分

"新闻网页"头部结构划分如下。

①　"新闻网页"的标题：可以使用<h1>标签进行设置。

②　"新闻网页"的发布日期及所在分类：可以使用一个<div>标签将信息包裹起来。

③ "新闻网页"的分类：在点击分类后可以跳转到指定的分类列表，可以使用超链接<a>标签来实现。

此时将这部分内容填充到对应的 HTML 结构中，代码如下所示。

```
<!DOCTYPE html>
<html>
    <head>
      <meta charset="UTF-8" />
    </head>
    <body>
      <!-- 新闻网页主体部分 -->
      <div id="news">
        <div id="news-head">
            <h1>尚硅谷喜获央广网 2021 年度公信力教育品牌</h1>
            <div>
              Posted on 2021 年 12 月 31 日 by smile in <a href="#">硅谷新闻</a>,
              <a href="#">大事迹</a>
            </div>
        </div>
        <div id="news-content">新闻网页主体内容</div>
        <div id="news-link">新闻网页脚注</div>
      </div>
    </body>
    </html>
  </head>
</html>
```

（2）"新闻网页"主体内容分析。

"新闻网页"主体内容主要通过文字和图片为读者展示信息。下面来看这部分内容，如图 7-38 所示。

图 7-38 "新闻网页"主体内容页面

从图 7-38 中可以看出，"新闻网页"的主体内容由文字和图片组成，我们可以使用<p>标签来放置内容，并且使用<img/>标签来引用图片。这部分内容十分简单，相信读者可以轻松掌握。将这部分内容填充到对应的 HTML 结构中，代码如下所示。

```
<!DOCTYPE html>
<html>
  <head>
    <meta charset="UTF-8" />
  </head>
  <body>
    <!-- 新闻网页主体部分 -->
    <div id="news">
      <div id="news-head">
        <h1>尚硅谷喜获央广网 2021 年度公信力教育品牌</h1>
        <div>
          Posted on 2021 年 12 月 31 日 by smile in <a href="#">硅谷新闻</a>,
          <a href="#">大事迹</a>
        </div>
      </div>
      <div id="news-content">
        <p>
          12 月 15 日，由央广网主办的 2021"声彻中国"央广网教育年度峰会在北京隆重举行。峰会表彰了一批由专
家委员会审核评选出的优质教育机构，涵盖高等教育、国际教育、职业教育、在线教育等领域。尚硅谷喜获央广网"2021
年度公信力教育品牌"！
        </p>
        <p>
          峰会以"新机遇、新生态、新格局"为主题，邀请了众多教育名家、优秀学者、优秀教育机构领导者、媒体人
等齐聚一堂，汇聚当代教育英才，分享成功经验，互鉴教育思想，协同探讨新环境、新变革下我国教育事业的良性发展道
路，为助力中国由教育大国迈向教育强国贡献智慧和力量。
        </p>
        <p>
          中国互联网发展近 30 年，IT 领域新的技术层出不穷，IT 职业教育需要及时跟进企业需求。尚硅谷成立至
今，已八年有余，在北京、深圳、上海、武汉、西安设有分校，开设 Java、大数据、前端、UI/UE 设计等课程。尚硅谷始
终坚持追求教学品质，注重课程研发和讲师队伍建设，这是我们教学质量保障的根本，也是学员们纷纷成功就业的根源所
在。
        </p>
        <p>
          尚硅谷与国内大厂展开合作，与阿里钉钉研发前端、小程序生态；引入百度深度学习、人工智能的相关数据和
课程；与华为云、阿里云、北京市计算中心开展大数据和云计算落地项目的研发……2022 年，我们将继续加强企业级项目
的研发与合作。
        </p>
        <img src="./images/01.jpg" alt="尚硅谷公信力" />
        <p>
          金杯银杯不如谷粉们的口碑，金奖银奖不如谷粉们的夸奖，这是对过往的肯定，这是对未来提出的更高要求。
尚硅谷将一如既往，秉承我们的初衷，"让天下没有难学的技术"，帮助到更多需要帮助的人，为 IT 教育贡献我们的力量！
        </p>
      </div>
      <div id="news-link">
        新闻网页脚注
      </div>
    </div>
  </body>
</html>
```

（3）"新闻网页"脚注分析。

脚注可以附在文章页面底端，是对某些内容加以说明或印在书页下端的注文。在本案例中，脚注用来展现文章的出处和链接。这部分内容又可分为 2 个部分，如图 7-39 所示。

图 7-39　"新闻网页"脚注分析

从图 7-39 中可以看到 2 个容器，分别用来说明该文章的出处和该网页的链接地址。其中，文章出处和网页链接应使用超链接<a>标签进行包裹。

将这部分内容填充至对应的 HTML 结构中，代码如下所示[①]。

```
<!DOCTYPE html>
<html>

<head>
  <meta charset="UTF-8" />
</head>


<body>
 <!-- 新闻网页主体部分 -->
 <div id="news">
   <div id="news-head">
     <h1>尚硅谷喜获央广网 2021 年度公信力教育品牌</h1>
     <div>
       Posted on 2021 年 12 月 31 日 by smile in <a href="#">硅谷新闻</a>,
       <a href="#">大事迹</a>
     </div>
   </div>
   <div id="news-content">
    内容部分省略...
   </div>
   <div id="news-link">
     <div>
       转载请注明来自有趣新闻网：<a href="#">（显示新闻网页的标题，点击可跳转至对应网页）</a>
     </div>
     <div>
       喜欢本文马上分享给小伙伴吧！本文链接：<a href="#">（新闻网页链接）</a>
     </div>
   </div>
 </div>
</body>

</html>
```

## 2. 样式分析

演示到这里，HTML 结构已经搭建完成，此时我们开始使用 CSS 样式对其进行修饰。

（1）默认样式。

在大部分开发中都会先对默认样式进行统一清除，以此方便进行后续的样式调整。在"新闻网页"这

---

[①] 代码中标注"（新闻网页链接）"的位置应显示有效网址。

个案例中，我们也需要对默认样式进行清除，代码如下所示。

```
/*初始化样式*/
body{
    margin:0;
}
```

（2）整体样式。

观察该案例的整体效果可以发现，整体内容被一个整体边框包裹，文章内容居中。将框体宽度设置为605px，再加上 2px 的左、右边框，即 607px；高度不设置，使其自适应。由此我们可以写出如下 CSS样式。

```
/* 设置页面主体部分的宽度，并居中*/
#news{
    margin:0 auto;
    width:605px;
    border:1px solid #333;
}
```

（3）"新闻网页"头部具体分析。

依旧观察图 7-37 中 "新闻网页" 的头部结构划分。其中，①所示部分的文字样式为字号 24px 并居中；②所示部分的文字的整体颜色为 "#999"，字号为 12px，文字居中；②所示部分包含③所示部分，当光标没有移动至元素上方时，③所示部分的文字颜色与前面的文字颜色相同，当移动至元素上方时，文字颜色变为 "#333"。值得一提的是，即使③所示部分使用了超链接<a>标签，但因为在图 7-37 中没有显示超链接<a>标签的默认下画线，所以我们应将其默认样式删除。

分析之后，我们可以写出如下代码。

```
/*修饰新闻网页头部*/
#news-head h1{
    font-size:24px;
    font-weight: normal;
    text-align: center;
}
#news-head div{
    font-size:12px;
    color:#999;
    text-align: center;
}
#news-head div a{
    color:#999;
    text-decoration: none;
}
#news-head div a:hover{
    color:#333;
}
```

图 7-40　调试器中显示的样式

需要注意的是，虽然上方代码为 "#news-head div" 设置了颜色，但是其中的超链接<a>标签的颜色没有被设置。这是因为超链接<a>标签具有默认样式，继承下来的样式被覆盖了，所以需要在 "#news-head div a" 中使用 "color:#999" 再覆盖一下默认样式。在调试器中显示的样式如图 7-40 所示。

（4）修饰 "新闻网页" 的主体内容部分。

"新闻网页" 主体内容的样式比较简单，整体文字和图片居中，段落首行缩进 2 格即可，代码如下所示。

```
/*修饰新闻网页的主体内容部分*/
#news-content{
```

```
    margin:0 auto;
    width:595px;
}
#news-content p{
    text-indent: 2em;
}
#news-content img{
    display:block;
    margin:0 auto;
    width:544px;
}
```

在代码中，为了使主体内容部分更加美观，我们为"#news-content"设置了宽度为595px，同时设置了"margin:0 auto"，使"#news-content"居中，这样左右两边就各空出 5px。将"#news-content"中的 img 元素设置显示为块状元素，因为只有块状元素才能使用"margin:0 auto"进行水平居中。

（5）修饰"新闻网页"的脚注部分。

"新闻网页"的脚注部分样式比较简单，与"新闻网页"头部中的部分元素类似，这里不多做讲解。值得一提的是，2 个 div 元素之间明显有行距，我们可以使用外边距来实现。"新闻网页"脚注部分的划分可参见图 7-39。

这部分 CSS 修饰代码如下所示。

```
/*修饰新闻网页的脚注部分*/
#news-link{
    margin:0 auto;
    width:595px;
}
#news-link div{
    margin-top:6px;
    margin-bottom:6px;
    height:16px;
    line-height: 16px;
    font-size:12px;
    text-indent: 2em;
}
#news-link div a{
    color:#369;
    text-decoration: none;
}
#news-link div a:hover{
    color:#E00000;
}
```

完整代码详见本书配套代码。

## 7.11　本章小结

本章采用从整体到局部的结构对盒子模型进行了介绍。首先，在 7.1 节为读者介绍了盒子模型的整体结构。其次，在 7.2 节至 7.8 节依次介绍了用来设置盒子模型的宽度、高度、宽度与高度最大值和最小值、内边距、边框、轮廓和外边距的多个属性。因为多个属性都具有默认值 auto，所以 7.9 节我们就不同情况下的 auto，为读者做了案例演示和讲解。至此，读者已经对盒子模型有所掌握，最后，我们在 7.10 节通过一个生活中常见的案例"新闻网页"模拟了实际开发的思路，帮助读者巩固了盒子模型的相关知识。

盒子模型对于控制页面元素来说极为重要，因此建议读者对这部分内容及案例进行多次练习，以达到熟练掌握的程度。

# 第8章

# 背景、列表及表格

本章彩图

每个网站的背景都像绿叶一样衬托着网页中的信息，使用合适的绿叶，更能凸显红花的美丽，从而吸引更多浏览者前来观赏。在 CSS 中，绿叶不再单一，开发者可以选择使用对应的属性对背景进行设置，如可以设置背景颜色、背景图片，以及背景的定位等。

无论是在生活中还是在网页中，列表和表格都是展现信息的常用手段。列表在网页中的常见结构有导航条、热搜列表、菜单栏等。表格的结构就更为常见，例如，调查表、价格表等。但是 HTML 元素自带的样式过于简单，不适用所有场景，因此在开发中，开发者常常通过 CSS 对列表和表格进行样式设计。例如，将列表的标号使用图片进行展示，对列表的标号位置进行调整等；再如，将表格的标题位置进行调整，让单元格的边框变得更加简单、干净等，使网页变得更加美观，从而更加彰显页面设计风格。

在本章中，我们将内容分为背景、列表和表格三大部分，采用文字与代码相结合的方式对知识进行讲解。除了针对相应属性的练习，在每部分的最后，我们还会综合所有相关知识来实现一个生活中的常见案例。

## 8.1 背景

每个网站的页面都有不同的风格和特点，背景自然也需要设置得与网页的整体风格相统一。使用适合的背景对于网页来说能够产生画龙点睛的效果。本节将为读者讲解在 CSS 中设置背景的相关知识。

### 8.1.1 背景颜色

为网页设置背景颜色是比较常见的操作，在 CSS 中，可以使用 background-color 属性来设置背景颜色。background-color 属性的语法格式为"background-color:value"，其属性值可以书写为以下 2 种。

● transparent：此为默认值，显示为透明色，即元素的默认背景颜色是透明的。
● 其他有效的颜色值。

值得一提的是，元素的默认背景颜色为 transparent，并且背景颜色不会被继承。当 background-color 属性的属性值为 transparent 时，透过元素的透明背景可以看到祖辈元素的背景颜色，代码如下所示。

```
<!DOCTYPE html>
<html>
    <head>
        <meta charset="UTF-8"/>
        <style>
            #f{
                width:500px;
                height:500px;
                border:1px solid green;
```

```
            background-color: red;
        }
        #z{
            width:300px;
            height:300px;
            margin:90px 90px;
            border:10px solid yellow;
        }
    </style>
</head>
<body>
    <div id="f">
        <div id="z"></div>
    </div>
</body>
</html>
```

在这段代码中，我们只为外层 div 元素（id 为 f）设置了背景颜色，而只为内层 div 元素（id 为 z）设置了边框。因为背景颜色不会被继承，所以此时在页面中内层 div 元素（id 为 z）应用的是默认值 transparent，即透过透明背景色显示出来的红色，页面效果如图 8-1 所示。

图 8-1　页面效果（1）

需要注意的是，背景的延伸区域是指从内容区、内边距一直到边框。因为在大多数情况下，我们都会将边框设置为实线，所以在页面上看不到背景在边框部分也有延展。我们只需将边框设置为虚线，就可以看到对应的效果，具体代码如下所示。

```
<!DOCTYPE html>
<html>
    <head>
        <meta charset="UTF-8"/>
        <style>
            #f {
                width: 200px;
                height: 200px;
                border: 10px dashed yellow;
                background-color: red;
            }
        </style>
    </head>
    <body>
        <div id="f">
        </div>
    </body>
</html>
```

这段代码将 div 元素（id 为 f）的边框设置为虚线，同时为 div 元素（id 为 f）设置了背景颜色。此时我们可以通过页面效果来验证上面的说法，如图 8-2 所示。

从代码运行效果中可以看出，虚线边框的空白处显示出红色的背景颜色，验证了背景的延伸区域的定义。

图 8-2　页面效果（2）

这里有一个奇怪的现象，我们通过操作来验证。

（1）为 body 元素设置背景颜色，其将会填满整个浏览器窗口，代码如下所示。

```
<!DOCTYPE html>
<html>
    <head>
        <meta charset="UTF-8"/>
        <style>
```

```
        body{
            background-color:yellow;
        }
    </style>
</head>
<body>
    <b>
        这是一个 b 元素
    </b>
</body>
</html>
```

在正常情况下，body 元素的背景颜色会铺满整个浏览器，但是只要是打开控制台查看元素就会发现，body 元素的尺寸不等于整个浏览器窗口的尺寸，即背景颜色没有铺满窗口，如图 8-3 所示。

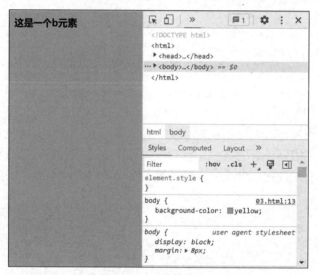

图 8-3　当打开控制台之后，背景颜色没有铺满窗口

是不是因为我们将背景颜色设置在 body 元素上，而不是在 HTML 元素上呢？

（2）在 HTML 元素上添加背景颜色，会发现 HTML 元素上添加的背景颜色占满了整个窗口，但是我们在控制台查看时发现，HTML 元素的尺寸依然不等于整个窗口的尺寸，代码如下所示。

```
<!DOCTYPE html>
<html>
    <head>
        <meta charset="UTF-8"/>
        <style>
            html{
                background-color: yellow;
            }
            body{
                background-color:red;
            }
        </style>
    </head>
    <body>
        <b>
            这是一个 b 元素
        </b>
    </body>
</html>
```

此时打开控制台查看元素，会发现背景颜色依然没有铺满整个浏览器窗口，如图 8-4 所示。

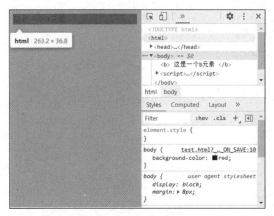

图 8-4　设置在 HTML 元素上的背景颜色没有铺满窗口

其实，出现这种问题的原因在于，所有元素的背景都是透明的，但是元素的后面还有一个文档画布（页面中的内容会在文档画布上渲染），如果在页面中只为 body 元素设置了背景颜色，那么文档画布的颜色将由 body 元素的背景颜色决定；如果设置了 html 元素或同时设置了 html 元素、body 元素的背景颜色，那么义档画布颜色将由 html 元素的背景颜色决定。

## 8.1.2　背景图片

除了可以为页面中的元素设置背景颜色，CSS 还可以为元素设置背景图片。当使用图片作为元素背景时，不仅需要设置图片的源文件，还需要设置一些其他属性。下面正式开始介绍背景图片的相关知识。

CSS 提供了 background-image 属性，使用其可以将图片放到背景中，其语法格式为"background-image:value"。background-image 属性的属性值有 2 种取值，具体说明如下。

● none：无背景图片。

● url（图片地址）：设置想要使用的背景图片的地址，可以是绝对路径或相对路径。

在添加背景图片后，还需要注意一点，如果背景图片比当前元素小，那么其会平铺显示。如果背景图片比当前元素大，那么背景图片只会显示一部分。

下面我们演示将不同尺寸的图片插入大小相同的元素的效果。现在我们有尺寸为 841px×499px 与 294px×166px 的 2 张图片，如图 8-5 与图 8-6 所示。

图 8-5　尺寸为 841px×499px 的图片　　　　图 8-6　尺寸为 294px×166px 的图片

此时我们将这 2 张图片插入 div 元素，具体代码如下所示。

```
<!DOCTYPE html>
<html>
    <head>
        <meta charset="UTF-8"/>
        <style>
            #f1,#f2 {
                width: 500px;
```

```
            height: 500px;
            border: 1px dotted red;
        }
        #f1{
            background-image:url("./images/cat1.jpg");
        }
        #f2{
            background-image: url("./images/cat2.jpg");
        }
    </style>
</head>
<body>
    <div id="f1"></div>
    <div id="f2"></div>
</body>
</html>
```

在这段代码中，2 个 div 元素分别使用不同尺寸的图片作为背景。运行代码后，一个 div 元素以大图片（图 8-5）为背景，但是由于图片尺寸比元素尺寸大，所以只显示了一部分。另一个 div 元素以小图片（图 8-6）为背景，由于图片尺寸比元素尺寸小，所以小图片平铺显示。页面效果如图 8-7 所示。

## 8.1.3 背景重复

通过 8.1.2 节的讲解可知，当图片尺寸小于元素尺寸时，图片默认会在元素中平铺。实际上，这个场景就是 CSS 中背景重复属性 background-repeat 的默认值 repeat 生效所带来的效果。简单来说，background-repeat 属性是控制是否允许背景图片进行重复的属性，其语法格式为 "background-repeat:value"，其属性值有 4 种取值，具体说明如下。

- repeat：此为默认值，表示沿着横向和纵向无限平铺图片。
- no-repeat：禁止图片平铺。
- repeat-x：横向平铺图片。
- repeat-y：纵向平铺图片。

图 8-7　页面效果

需要注意的是，不管使用哪一种重复方式，背景图片始终是从元素背景区域的左上角开始平铺的。

下面通过代码来演示 background-repeat 属性的 4 种属性值的使用方式，具体如下所示。

```
<!DOCTYPE html>
<html>
    <head>
        <meta charset="UTF-8"/>
        <style>
            div {
                display: inline-block;
                width: 300px;
                height: 300px;
                border: 1px solid gray;
                background-image: url("./images/cat3.jpg");
            }
        </style>
    </head>
    <body>
        <div style="background-repeat: repeat"></div>
```

```
        <div style="background-repeat: no-repeat"></div>
        <div style="background-repeat: repeat-x"></div>
        <div style="background-repeat: repeat-y"></div>
    </body>
</html>
```

　　这段代码使用相同尺寸的 div 元素演示了 4 种属性值的取值方式，这部分代码较为简单，我们不做过多讲解，直接来观察页面效果，如图 8-8 所示。

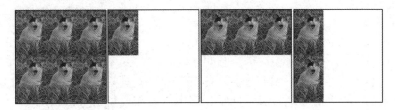

图 8-8　页面效果

## 8.1.4　背景定位

　　在对 background-repeat 属性的讲解中，我们曾特别提到，背景图片始终从元素背景区域的左上角开始平铺。其实，这是用来进行背景定位的 background-position 属性所导致的，其可以改变背景图片在元素中的具体位置。background-position 属性的语法格式为 "background-position:value"，其属性值有 3 种类型，分别是关键字、像素（px）和百分比（%）。其中，在关键字中只能书写固定的 5 个属性值。下面我们对这 3 种类型进行讲解，具体说明如下。

　　（1）关键字。

- top：上部。
- bottom：下部。
- left：左部。
- right：右部。
- center：中间。

　　（2）像素（px）。

　　（3）百分比（%）：使用 "0% 0%" 作为初始值，即元素的左上角。

　　值得一提的是，background-position 属性的属性值可以使用 1 个或 2 个。当属性值为 2 个时，其位置顺序可以更改，2 个值分别指向横向位置和纵向位置；当属性值为 1 个时，会默认将另一个假定为 center。请思考下方代码的运行效果。

```
<!DOCTYPE html>
<html>
    <head>
        <meta charset="UTF-8"/>
        <style>
            div {
                display: inline-block;
                width: 300px;
                height: 300px;
                border: 1px solid gray;
                background-repeat: no-repeat;
                background-image: url("./images/cat3.jpg");
            }
            #f1 {
                background-position: right bottom;
```

```
        }
        #f2 {
            background-position: top;
        }
    </style>
</head>
<body>
    <div id="f1"></div>
    <div id="f2"></div>
</body>
</html>
```

在这段代码中，我们先使用标签选择器将所有 div 元素的背景设置为不重复。然后使用 ID 选择器分别为 div 元素（id 为 f1）设置背景定位为横向靠右、纵向向下，并且为 div 元素（id 为 f2）设置背景定位为横向向上，此时 div 元素（id 为 f2）的背景纵向默认居中，页面效果如图 8-9 所示。

前面我们演示了当属性值为关键字时的设置方式，下面对第 2 种取值进行讲解。当属性值为 px 时，开发者可以更加精准地控制背景图片。默认背景图片以元素内边距的外边界为基准进行定位，页面效果如图 8-10 所示。

图 8-9　页面效果（1）　　　　　　　图 8-10　页面效果（2）

下面我们使用 px 对图片位置进行调整，代码如下所示。

```
<!DOCTYPE html>
<html>
    <head>
        <meta charset="UTF-8"/>
        <style>
            div {
                padding:10px;
                width: 300px;
                height: 300px;
                border: 10px dotted gray;
                background-repeat: no-repeat;
                background-image: url("./images/cat3.jpg");
                background-position: 10px;
            }
        </style>
    </head>
    <body>
        <div></div>
    </body>
</html>
```

我们先来看页面效果，然后再结合代码进行分析。在调整后，页面效果如图 8-11 所示。

现在我们将二者结合起来分析。上述代码使用 px 为 background-position 属性只设置了 1 个属性值，此时这个值将背景定位设置为横向，并且将纵向的属性值默认设定为 center，背景图片所在的位置为图 8-11 呈现的效果。

图 8-11 页面效果（3）

值得一提的是，background-position 属性的属性值可以为负数。从横向来说，其为正数时图片会往右边偏移，其为负数时图片会往左边偏移。从纵向来说，其为正数时图片往下边偏移，其为负数时图片往上边偏移，代码如下所示。

```html
<!DOCTYPE html>
<html>
    <head>
        <meta charset="UTF-8"/>
        <style>
            div {
                padding:10px;
                width: 300px;
                height: 300px;
                border: 10px dotted gray;
                background-repeat: no-repeat;
                background-image: url("./images/cat3.jpg");
            }
            #f1{
                background-position: 10px 10px;
            }
            #f2{
                background-position: -10px -10px;
            }
        </style>
    </head>
    <body>
        <div id="f1"></div>
        <div id="f2"></div>
    </body>
</html>
```

在上面的代码中，我们分别将 2 个 div 元素的 background-position 属性的属性值设置为 2 个正数和 2 个负数，按照我们前面所讲解的知识点，此时页面效果是一个是向右下偏移，另一个向左上偏移，如图 8-12 所示。

background-position 属性的属性值也可以设置为百分比。当属性值为百分比时，百分比将同时应用在背景图片和元素上，即当设置"background-position:50% 50%"时，元素的横向 50%和纵向 50%的相交点与背景图片的横向 50%和纵向 50%的相交点重合，代码如下所示。

```html
<!DOCTYPE html>
<html>
    <head>
        <meta charset="UTF-8"/>
        <style>
            div {
                padding:10px;
```

图 8-12 页面效果（4）

```
            width: 300px;
            height: 300px;
            border: 10px dotted gray;
            background-repeat: no-repeat;
            background-image: url("./images/cat3.jpg");
            background-position: 50% 50%;
        }
    </style>
  </head>
  <body>
    <div></div>
  </body>
</html>
```

图 8-13　页面效果（5）

上述代码将背景图片的位置设置为"50% 50%"，其含义在前面已经进行过讲解，这里不再重复。直接为读者展示页面效果，如图 8-13 所示。

这时再回过头来思考，如果我们不对 background-position 属性进行设置，那么此时其默认值就是"0% 0%"，代表元素的"0% 0%"相交的点与图片的"0% 0%"相交的点重合，即元素左上角的位置。

## 8.1.5　背景粘滞

网站会为浏览者呈现很多信息，有时需要向下拖动滚动条，才能浏览下方的信息。但是，在不同的网站中向下滑动时可以发现，有的背景图片是固定不动的，有的背景图片则会随着页面的改变而变化。这种效果我们称为背景粘滞，在 CSS 中可以通过 background-attachment 属性来实现。具体地说，该属性可以决定背景图片是随着包含它的区块滚动显示，还是在视口内固定显示。

background-attachment 属性的语法格式为"background-attachment:value"，该属性的属性值有 3 种，分别为 scroll、local 和 fixed，下面我们将分别举例讲解。

首先对属性值为 scroll 的情况进行讲解。scroll 是默认值，代表当前背景图片相对于元素自身固定，当拉动滚动条时，只有内容移动，背景图片不动，具体代码演示如下所示。

```
<!DOCTYPE html>
<html>
  <head>
    <meta charset="UTF-8"/>
    <style>
        div {
            width: 400px;
            height: 200px;
            background-image: url("./images/logo.jpg");
            background-attachment: scroll;
            overflow: scroll;
            color:red;
            background-repeat: no-repeat;
            background-position: center;
        }
    </style>
  </head>
  <body>
    <div>
        这里是内容<br/>
        这里是内容<br/>
```

```
            这里是内容<br/>
            这里是内容<br/>
            这里是内容<br/>
            这里是内容<br/>
            这里是内容<br/>
            这里是内容<br/>
            这里是内容<br/>
            这里是内容<br/>
            这里是内容<br/>
            这里是内容<br/>
            这里是内容<br/>
            这里是内容<br/>
            这里是内容<br/>
        </div>
    </body>
</html>
```

　　运行上面这段代码后，我们可以从页面上发现，由于内容较多，所以出现了纵向滚动条，页面效果如图 8-14 所示。在我们设置了"background-attachment:scroll"后，拉动滚动条会让内容产生移动，但是背景图片"尚硅谷"因为相对于元素自身是固定的，所以没有产生移动，始终处于中间的位置。

图 8-14　页面效果

　　其次对属性值为 local 的情况进行讲解。当使用的属性值为 local 时，代表当前背景图片相对于元素内容固定，当拉动滚动条时，内容和背景一起移动，具体代码演示如下所示。

```
<!DOCTYPE html>
<html>
    <head>
        <meta charset="UTF-8"/>
        <style>
            div {
                width: 400px;
                height: 200px;
                background-image: url("./images/logo.jpg");
                background-attachment: local;
                overflow: scroll;
                color:red;
                background-repeat: no-repeat;
                background-position: center;
            }
        </style>
    </head>
    <body>
        <div>
            这里是内容<br/>
            这里是内容<br/>
            这里是内容<br/>
            这里是内容<br/>
            这里是内容<br/>
            这里是内容<br/>
```

```
            这里是内容<br/>
            这里是内容<br/>
            这里是内容<br/>
            这里是内容<br/>
            这里是内容<br/>
            这里是内容<br/>
            这里是内容<br/>
            这里是内容<br/>
            这里是内容<br/>
        </div>
    </body>
</html>
```

运行这段代码后，在页面中依旧会因为内容较多而出现纵向滚动条。在我们设置了"background-attachment:local"后，拉动滚动条会让内容产生移动，同时因为背景图片相对于元素自身的内容是固定的，因此在内容移动时，背景图片也会移动。

最后，background-attachment 属性的属性值还可以设置为 fixed，表示当前背景图片相对于视口固定，当拉动滚动条时，只有内容移动，背景不移动，具体代码演示如下所示。

```
<!DOCTYPE html>
<html>
    <head>
        <meta charset="UTF-8"/>
        <style>
            div {
                width: 400px;
                height: 200px;
                background-image: url("./images/logo.jpg");
                background-attachment: fixed;
                overflow: scroll;
                color:red;
                background-repeat: no-repeat;
                background-position: center;
            }
        </style>
    </head>
    <body>
        <div>
            这里是内容<br/>
            这里是内容<br/>
            这里是内容<br/>
            这里是内容<br/>
            这里是内容<br/>
            这里是内容<br/>
            这里是内容<br/>
            这里是内容<br/>
            这里是内容<br/>
            这里是内容<br/>
            这里是内容<br/>
            这里是内容<br/>
            这里是内容<br/>
            这里是内容<br/>
            这里是内容<br/>
        </div>
    </body>
</html>
```

在设置了"background-attachment:fixed"后，拉动滚动条只会让内容产生移动，背景不会移动。但要注意的是，与"background-attachment:scroll"不同，在设置了"background-attachment:fixed"后，背景图片是相对于视口固定的。下面我们将其更改为 scroll，然后通过页面效果进行对比讲解，更改后的代码如下所示。

```html
<!DOCTYPE html>
<html>
    <head>
        <meta charset="UTF-8"/>
        <style>
            div {
                margin-left:100px;
                width: 400px;
                height: 200px;
                background-image: url("./images/logo.jpg");
                background-attachment: scroll;
                overflow: scroll;
                color:red;
                background-repeat: no-repeat;
                background-position: center;
            }
        </style>
    </head>
    <body>
        <div>
            这里是内容<br/>
            这里是内容<br/>
            这里是内容<br/>
            这里是内容<br/>
            这里是内容<br/>
            这里是内容<br/>
            这里是内容<br/>
            这里是内容<br/>
            这里是内容<br/>
            这里是内容<br/>
            这里是内容<br/>
            这里是内容<br/>
            这里是内容<br/>
            这里是内容<br/>
            这里是内容<br/>
        </div>
    </body>
</html>
```

当属性值为 fixed 时，其页面效果如图 8-15 所示。我们可以看到，在 div 元素内根本看不到设置的图片，但实际上图片是存在的，只是因为它相对于视口移动，所以在 div 元素中无法看到。将属性值改为 scroll 后可以发现，图片立刻显示在 div 元素的中间，其页面效果如图 8-16 所示。

图 8-15　当属性值为 fixed 时的页面效果

图 8-16　当属性值为 scroll 时的页面效果

### 8.1.6 案例：精灵图

在正式讲解精灵图之前，先对实现该案例涉及的部分知识点进行梳理和演示，以便后续讲解，具体如下。

（1）在 8.1.1 节中我们提到，元素的背景默认会延伸到边框的外边界，并且通过将边框设置为虚线验证了这个说法（见图 8-2）。

（2）8.1.2 节讲解过，当背景图片比元素小时，其将会在元素中以平铺的形式呈现。当背景图片比元素大时，其只会显示一部分，页面效果如图 8-7 所示（详细实现代码请见 8.1.2 节）。

（3）8.1.4 节提到，当 background-position 属性的属性值在横向上为正数时，可以让背景图片向右移动；当为负数时，可以让背景图片向左移动；当 background-position 属性的属性值在纵向上为正数时，可以让背景图片向下移动；当为负数时，可以让背景图片向上移动。如果读者对该部分知识点有所遗忘，建议重新学习 8.1.4 节。

对前置知识进行简单回顾后，下面将带领读者实现开发常见的效果"精灵图"。

首先需要明确想要实现的精灵图是什么。我们知道每个网页都会用到大量图片，每张图片在网页中的显示都是通过浏览器发送请求至服务器，服务器接收请求并返回响应内容才能实现。即使网页中的图片很小，也需要向服务器发送请求，进行相同的流程。大量的请求会让整个页面的加载速度降低，并且增加服务器的压力。而我们所说的精灵图就可以解决这个问题，它是进行图片整合的一种技术，会将大量小背景图片整合到一张大图片中，这样浏览器只需要发送一次请求，就可以得到所有的小图片，从而减少请求次数，降低服务器的压力，提高页面的加载速度。我们有时也将精灵图称作雪碧图（CSS Sprite）。

本节想要实现的精灵图如图 8-17 所示。下面我们来模拟实际开发场景，将图 8-17 拆解为结构和样式两部分进行讲解，具体内容如下。

#### 1. 结构分析

开发任何一个页面都需要先对其结构进行划分，然后根据划分的情况写出相应的结构代码。精灵图的结构划分如图 8-18 所示。

图 8-17　精灵图

图 8-18　精灵图的结构划分

在图 8-18 中有 4 处标记，它们代表不同的结构。其中，①为整体容器，里面放置了 12 个结构相同的小模块（②）；②中的结构可以划分为图标（③）和小标题（④）。此时精灵图的结构已十分清晰，我们可以编写出如下 HTML 结构代码。

```
<!DOCTYPE html>
<html>
    <head>
        <meta charset="UTF-8"/>
    </head>
    <body>
```

```
    <div id="sprite">
        <div class="e-sprite">
            <div class="huafei"></div>
            <a href="#">话费</a>
        </div>
        <div class="e-sprite">
            <div class="jipiao"></div>
            <a href="#">机票</a>
        </div>
        <div class="e-sprite">
            <div class="jiudian"></div>
            <a href="#">酒店</a>
        </div>
        <div class="e-sprite">
            <div class="youxi"></div>
            <a href="#">游戏</a>
        </div>
        <div class="e-sprite">
            <div class="jiayouka"></div>
            <a href="#">加油卡</a>
        </div>
        <div class="e-sprite">
            <div class="huochepiao"></div>
            <a href="#">火车票</a>
        </div>
        <div class="e-sprite">
            <div class="zhongchou"></div>
            <a href="#">众筹</a>
        </div>
        <div class="e-sprite">
            <div class="licai"></div>
            <a href="#">理财</a>
        </div>
        <div class="e-sprite">
            <div class="baitiao"></div>
            <a href="#">白条</a>
        </div>
        <div class="e-sprite">
            <div class="dianyingpiao"></div>
            <a href="#">电影票</a>
        </div>
        <div class="e-sprite">
            <div class="qiyegou"></div>
            <a href="#">企业购</a>
        </div>
        <div class="e-sprite">
            <div class="lipinka"></div>
            <a href="#">礼品卡</a>
        </div>
    </div>
</body>
</html>
```

### 2. 样式分析

关于精灵图的样式分析，我们依旧基于图 8-18 的结构分析进行。

①为包裹所有小模块的"框",从图 8-18 中可以看到,横向有 3 个小模块,纵向可以根据所添加的小模块个数进行自适应。我们可以将大框的宽度设置为 192px,但不设置高度。

②为小模块,因为每个小模块的大小都相同,所以将其设置为宽度和高度分别为 64px 和 55px 的元素。为了保证元素之间存在间距,我们可以设置 5px 的上外边框。

②中的每个小模块都是由图标(③)和小标题(④)组成的。可以看出,在每个小标题中,无论是图标还是文字,格式都是相同的,因此可以统一将小模块中的图标宽度和高度设置为 28px,并且统一将小标题的宽度设置为 64px,高度设置为 24px。

图 8-19  光标移入后的效果

以上都是静态效果分析,当光标移入小模块内时,对应的小模块中的图标和文字会产生相应的颜色变化。下面以"话费"小模块为例进行效果演示,其光标移入后的效果如图 8-19 所示。

当光标没有移入时,"话费"的图标颜色为蓝色,文字颜色为黑色。当光标移入后,图标和文字颜色都变为红色。要想实现这部分效果,对于此时的读者来说应该较为轻松,这里不对该效果进行讲解。

此外,当我们将光标移入对应的小模块中时,图标也会进行相应的移动。这个功能此处不进行讲解,后续我们会做具体说明。

受篇幅限制,下面我们书写的并不是完整的代码,只演示通用样式的书写,代码如下所示。

```css
body{
    background-color:#F4F4F4;
}
/*第一部分: 设置大框*/
#sprite{
    width:192px;
/*因为行内块状元素会将空格算作距离,所以这里需要将第二部分的每个小框之间的间距去掉*/
    font-size:0;
    background-color:#FFF;
    /*border:1px solid green;*/
}
/*第二部分: 设置每个小框*/
.e-sprite{
    display:inline-block;
    margin-top:5px;
    width:64px;
    height:55px;
    /*border:1px solid red;*/
}
/*每个小框的图标区域*/
.e-sprite div{
    margin:0 auto;
    width:28px;
    height:28px;
    /*border:1px solid pink;*/
    background-image:url(./images/01.png);
    background-repeat: no-repeat;
}
/*每个小框的标题区域*/
.e-sprite a{
    display:block;
    height:24px;
    line-height: 24px;
    /*border:1px solid blue;*/
    font-size:12px;
```

```
    text-align: center;
    text-decoration: none;
    color:#000;
}
/*光标移入每个小框时，标题区域的文字变化*/
.e-sprite:hover a{
    color:#C50E1B;
}
/*光标移入每一个小框时，图标区域的变化*/
.e-sprite div.huafei{
    background-position: -168px 0;
}
.e-sprite:hover div.huafei{
    background-position: -420px 0;
}
```

需要注意的是，在上述样式代码中有几行注释代码，这是因为在调试时，有时会看不清模块的具体位置，此时我们通常使用边框来掌握当前模块的位置。

前面曾提到，当我们将光标移入对应的小模块中时，图标也会进行相应的移动。对于如何实现这个功能，读者可自行练习。在练习时可以参考下面的小模块坐标来实现对各小模块的定位，如表 8-1 所示。

表 8-1　小模块坐标

| 对应模块 | 默认展示的坐标 | 光标移入后的坐标 |
| --- | --- | --- |
| 话费区域 | x:-168px,y:0 | x:-420px,y:0 |
| 机票区域 | x:-84px,y:0 | x:-616px,y:0 |
| 酒店区域 | x:-588px,y:0 | x:-140px,y:0 |
| 游戏区域 | x:0,y:0 | x:-448px,y:0 |
| 加油卡区域 | x:-196px,y:0 | x:-532px,y:0 |
| 火车票区域 | x:-336px,y:0 | x:-224px,y:0 |
| 众筹区域 | x:-476px,y:0 | x:-28px,y:0 |
| 理财区域 | x:-56px,y:0 | x:-364px,y:0 |
| 白条区域 | x:-308px,y:0 | x:-112px,y:0 |
| 电影票区域 | x:-280px,y:0 | x:-644px,y:0 |
| 企业购区域 | x:-252px,y:0 | x:-504px,y:0 |
| 礼品卡区域 | x:-560px,y:0 | x:-392px,y:0 |

## 8.2　列表

CSS 提供了可以用于列表设计的样式，我们可以使用这些样式，实现以图片代替以前我们所见到的标号。当然，也可以通过不同的方式来使用多种列表标记，甚至与其他属性类似，可以设置列表文字的排列方式和间距。本节将为读者讲解列表的相关属性的使用方式。

### 8.2.1　列表简介

在 HTML 中，<ul>标签和<ol>标签用来表示列表，它们是块状元素（display:block）。其中的列表项显示为 list-item，它是类似于块状元素的元素类型，其包含 2 个部分：标记项和内容项。标记项不参与文档布局，它只悬挂在列表一侧，其内容可以是递增的数据或字母，这也是我们常说的列表项标号。

列表在 HTML 中的实现代码如下所示。

```
<ul>
    <li>第一个列表项</li>
    <li>第二个列表项</li>
    <li>第三个列表项</li>
    <li>第四个列表项</li>
    <li>第五个列表项</li>
    <li>第六个列表项</li>
</ul>
```

在页面中通过 Chrome 调试器选中 li 元素可以发现，只能选择文字内容，不能选择标记符号标记项。这是因为标记项只起装饰性作用，不会对文档布局产生影响，页面效果如图 8-20 所示。

浏览器通常会给列表设置默认的内边距或外边距，其中包含左内边距（为了美观缩进列表），以及上、下外边距（为了和其他内容有所区分），列表项的盒子模型如图 8-21 所示。

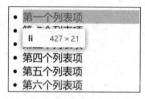

图 8-20　页面效果

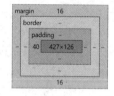

图 8-21　列表项的盒子模型

其实我们可以将这些默认设置取消，实现代码如下所示。

```
<!DOCTYPE html>
<html>
    <head>
        <meta charset="UTF-8"/>
        <style>
            ul {
                margin: 0 auto;
                padding: 0;
                width:500px;
                border:1px solid green;
            }
        </style>
    </head>
    <body>
        <ul>
            <li>第一个列表项</li>
            <li>第二个列表项</li>
            <li>第三个列表项</li>
            <li>第四个列表项</li>
            <li>第五个列表项</li>
            <li>第六个列表项</li>
        </ul>
    </body>
</html>
```

通过这段代码可以发现，当我们将 padding 属性的属性值设置为 0 后，由于标记项本身不参与文档布局，所以列表标记项出现在 ul 元素的绿色边框外，如图 8-22 所示。

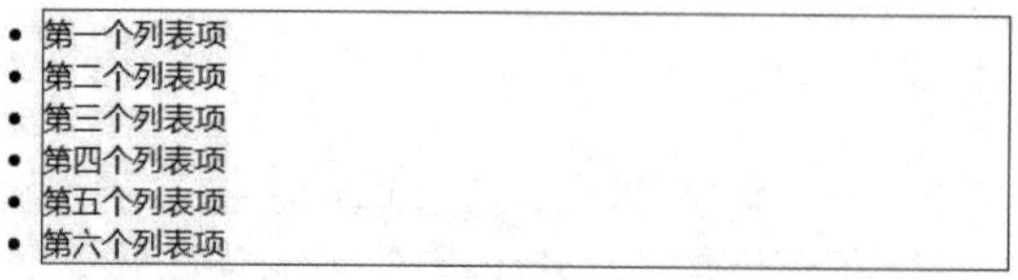

- 第一个列表项
- 第二个列表项
- 第三个列表项
- 第四个列表项
- 第五个列表项
- 第六个列表项

图 8-22　列表标记项在 ul 元素的绿色边框外

## 8.2.2　列表标记类型

在 HTML 中，&lt;ul&gt;标签可以设置为无序列表，每项列表标记以圆点进行表示。&lt;ol&gt;标签可以设置为有序列表，在页面上每项列表标记默认表示为 "1、2、3…"。CSS 提供了 list-style-type 属性，用来调整列表的标记类型，需要注意的是，在 CSS 中是不区分有序列表和无序列表的列表项的。

list-style-type 属性的语法格式为 "list-style-type:value"，其属性值有多种，这里将其属性值通过表格来展示，如表 8-2 所示，但是本节只为读者演示 3 种属性值的使用方式。

表 8-2　list-style-type 属性值

| 属性值 | 描述 |
| --- | --- |
| none | 无标记 |
| disc | 默认值。标记是实心圆 |
| decimal | 标记是数字 |
| square | 标记是实心方块 |
| circle | 标记是空心圆 |
| decimal-leading-zero | 0 开头的数字标记（如 01、02、03 等） |
| lower-roman | 小写罗马数字（如 i、ii、iii、iv、v 等） |
| upper-roman | 大写罗马数字（如 I、II、III、IV、V 等） |
| lower-alpha | 小写英文字母（如 a、b、c、d、e 等） |
| upper-alpha | 大写英文字母（如 A、B、C、D、E 等） |
| lower-greek | 小写希腊字母（如 alpha、beta、gamma 等） |
| lower-latin | 小写拉丁字母（如 a、b、c、d、e 等） |
| upper-latin | 大写拉丁字母（如 A、B、C、D、E 等） |
| hebrew | 传统的希伯来编号方式 |
| armenian | 传统的亚美尼亚编号方式 |
| georgian | 传统的格鲁吉亚数字编号方式（如 an、ban、gan 等） |
| cjk-ideographic | 简单的表意数字 |
| hiragana | 日文平假名字符（如 a、i、u、e、o、ka、ki 等） |
| katakana | 日文片假名字符（如 A、I、U、E、O、KA、KI 等） |
| hiragana-iroha | 日文平假名序号（如 i、ro、ha、ni、ho、he、to 等） |
| katakana-iroha | 日文片假名序号（如 I、RO、HA、NI、HO、HE、TO 等） |

表 8-2 中的前 4 种取值比较常见，读者需要对其进行记忆。至于其他属性值，读者可以在需要的时候通过表格进行查询。

值得一提的是，none 代表的是无标记。当我们在有序列表的某个 li 元素中使用这个属性值后，不会阻断有序列表的计算，代码如下所示。

```
<!DOCTYPE html>
<html>
    <head>
        <meta charset="UTF-8"/>
        <style>
            li {
                list-style-type:decimal;
            }
        </style>
    </head>
    <body>
```

```
    <ol>
        <li>第一个列表项</li>
        <li style="list-style-type: none">第二个列表项</li>
        <li>第三个列表项</li>
        <li>第四个列表项</li>
        <li>第五个列表项</li>
        <li>第六个列表项</li>
    </ol>
</body>
</html>
```

1. 第一个列表项
   第二个列表项
3. 第三个列表项
4. 第四个列表项
5. 第五个列表项
6. 第六个列表项

图 8-23　页面效果（1）

在上述代码中，我们通过将 list-style-type 属性的属性值设置为 decimal，使该列表通过数字进行标号。但我们将第二个列表项的标记类型设置为无标记，此时标记列表会将这个列表项忽略，但是不影响计算，页面效果如图 8-23 所示。

因为 list-style-type 属性本身具有继承性，所以可以放在列表元素上。我们可以使用继承性来满足改变标记类型的需求，代码如下所示。

```
<!DOCTYPE html>
<html>
    <head>
        <meta charset="UTF-8"/>
        <style>
            ul {
                list-style-type:square;
            }
        </style>
    </head>
    <body>
        <ul>
            <li>第一个列表项</li>
            <li>第二个列表项</li>
            <li>第三个列表项</li>
            <li>第四个列表项</li>
            <li>第五个列表项</li>
            <li>第六个列表项</li>
        </ul>
    </body>
</html>
```

在上述代码中，我们将父元素的列表标记设置为实心方块，因为 list-style-type 属性具有继承性，所以该样式会被应用在列表项上。此时页面中列表项前面的标记符号为实心方块，页面效果如图 8-24 所示。

- 第一个列表项
- 第二个列表项
- 第三个列表项
- 第四个列表项
- 第五个列表项
- 第六个列表项

图 8-24　页面效果（2）

### 8.2.3　列表标记图片

CSS 所提供的列表标记的效果有时不能满足我们的需求，此时我们可以通过 CSS 提供的另一个属性 list-style-image，使用图片来设定列表标记。list-style-image 属性的语法格式为 "list-style-image:value"，其属性值有 2 种，具体说明如下。

● none：无列表图片，其为默认值。

● url（图片地址）：使用指定的图片作为列表标记。

下面我们为读者演示 list-style-image 属性的使用方式，代码如下所示。

```
<!DOCTYPE html>
<html>
    <head>
        <meta charset="UTF-8"/>
        <style>
            ul {
                list-style-image:url("./images/tb.gif");
            }
        </style>
    </head>
    <body>
        <ul>
            <li>第一个列表项</li>
            <li>第二个列表项</li>
            <li>第三个列表项</li>
            <li>第四个列表项</li>
            <li>第五个列表项</li>
            <li>第六个列表项</li>
        </ul>
    </body>
</html>
```

在代码中，我们将父元素 ul 的列表标记设置为图片"tb.gif"，因为该属性具有继承性，所以列表项的标记都为父元素所设置的图片，页面效果如图 8-25 所示。

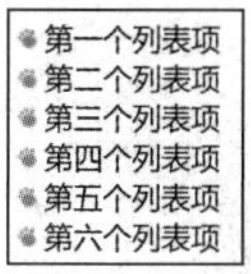

在通常情况下，我们会使用 list-style-type 属性来设置一个后备标记，以此防止图片无法加载的情况出现，即当同时指定 list-style-image 属性和 list-style-type 属性时，会优先显示 list-style-image 属性的属性值，代码如下所示。

| ◆ 第一个列表项 |
| ◆ 第二个列表项 |
| ◆ 第三个列表项 |
| ◆ 第四个列表项 |
| ◆ 第五个列表项 |
| ◆ 第六个列表项 |

图 8-25　页面效果

```
<!DOCTYPE html>
<html>
    <head>
        <meta charset="UTF-8"/>
        <style>
            ul {
                list-style-image:url("./images/tb.gif");
                list-style-type:square;
            }
        </style>
    </head>
    <body>
        <ul>
            <li>第一个列表项</li>
            <li>第二个列表项</li>
            <li>第三个列表项</li>
            <li>第四个列表项</li>
            <li>第五个列表项</li>
            <li>第六个列表项</li>
        </ul>
    </body>
</html>
```

179

上述代码为 ul 元素同时定义了 list-style-image 属性和 list-style-type 属性。当 list-style-image 属性对应的图片存在时，优先显示图片；当图片不存在时，则应用 list-style-type 属性，此处我们使用实心方块作为标记。

## 8.2.4 列表标记位置

在 8.2.1 节中提到过，列表标记在默认情况下是放在标记项中的，其实列表标记位置可以通过 CSS 进行改变，CSS 为开发者提供了 list-style-position 属性，用来修改列表标记的显示位置。

list-style-position 属性的语法格式为 "list-style-position:value"，该属性具有 2 种常用属性值，具体说明如下。

- outside：此为默认值，将列表标记显示在标记项中。
- inside：将列表标记显示在内容项中。

请思考下面这段代码运行后的页面效果。

```html
<!DOCTYPE html>
<html>
    <head>
        <meta charset="UTF-8"/>
        <style>
            ul {
                margin:0 auto;
                padding:0;
                width:500px;
                border:1px dotted black;
                list-style-type:square;
            }
        </style>
    </head>
    <body>
        <ul>
            <li>第一个列表项</li>
            <li>第二个列表项</li>
            <li>第三个列表项</li>
            <li>第四个列表项</li>
            <li>第五个列表项</li>
            <li>第六个列表项</li>
        </ul>
    </body>
</html>
```

这段代码的运行效果与 8.2.1 节中演示的案例效果相同，列表标记显示在内容项外部，这里对代码不做过多讲解。直接来看页面效果，如图 8-26 所示。

图 8-26　页面效果

下面在 Chrome 调试器中给 ul 元素加上 "list-style-position:inside"。此时，使用 Chrome 调试器选中 li 元素并查看效果，可以发现，列表标记已经出现在内容项中，如图 8-27 所示。

图 8-27　列表标记出现在内容项中

## 8.2.5　列表样式的简写属性

与字体类似，列表样式也有简写属性，即 list-style 属性，其可以将 3 个列表样式属性合并为一个属性。list-style 属性的语法格式为 "list-style:type image position"。与字体不同的是，list-style 属性的属性值在书写时可以不按顺序，而且任何一个属性值都可以省略。当使用该属性但省略了属性值时，将应用对应属性的默认值，代码如下所示。

```html
<!DOCTYPE html>
<html>
    <head>
        <meta charset="UTF-8"/>
        <style>
            ul {
                margin:0 auto;
                padding:0;
                width:500px;
                border:1px dotted black;
                list-style:decimal inside;
            }
        </style>
    </head>
    <body>
        <ul>
            <li>第一个列表项</li>
            <li>第二个列表项</li>
            <li>第三个列表项</li>
            <li>第四个列表项</li>
            <li>第五个列表项</li>
            <li>第六个列表项</li>
        </ul>
    </body>
</html>
```

这段代码只使用 list-style 属性为 ul 元素设置了列表标记类型和列表标记位置，因为列表标记图片没有进行设置，所以应用默认值。此时，该列表在页面中的显示顺序是通过数值进行排序得出的，并且列表标记被改为显示在内容项中。

## 8.2.6　案例：宠物列表

在网页中经常会出现一些列表，用来展示各种信息，如新闻热搜、娱乐热搜等。下面我们结合前面所讲解的知识来实现一个宠物相关内容的列表，用来显示一些养宠物的知识，并且为其取名为"宠物列表"。

先来看我们想要实现的整体效果，如图 8-28 所示。

我们将图 8-28 拆分为结构和样式两部分进行讲解，每部分都会先进行分析，然后对代码进行演示，具体内容如下。

图 8-28　案例"宠物列表"

### 1. 结构分析

我们先进行结构分析，为整体页面搭建"架子"，然后再根据形成的不同模块进行样式装饰。针对这个案例，我们可以将其划分为 4 个部分，如图 8-29 所示。

从图 8-29 中可以清晰地看到划分的 4 个部分，①是"宠物列表"的整体容器，用来存放"宠物列表"的标题和列表内容，可以使用 div 元素实现；②是"宠物列表"的标题，可以使用 h3 元素实现；③为"宠物列表"的容器，④为"宠物列表"展示信息的列表项，这两部分可以使用 ul 元素和 li 元素实现。

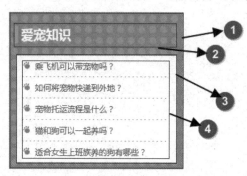

图 8-29　"宠物列表"结构划分

此时，整个案例结构变得十分清晰，我们可以编写出如下 HTML 代码。

```html
<!DOCTYPE html>
<html>
    <head>
        <meta charset="UTF-8"/>
    </head>
<body>
    <div>
        <h3>爱宠知识</h3>
        <ul>
            <li>
                <a href="#">乘飞机可以带宠物吗？</a>
            </li>
            <li>
                <a href="#">如何将宠物快递到外地？</a>
            </li>
            <li>
                <a href="#">宠物托运流程是什么？</a>
            </li>
            <li>
                <a href="#">猫和狗可以一起养吗？</a>
            </li>
            <li class="clear-border">
                <a href="#">适合女生上班族养的狗有哪些？</a>
            </li>
```

```
        </ul>
      </div>
    </body>
</html>
```

### 2. 样式分析

样式分析不同于结构分析，除了要对模块进行装饰，我们还要对一些默认样式进行清除，防止在不同的浏览器中出现显示上的差异。清除标签默认样式的代码如下所示。

```
ul{
    margin: 0;
    padding: 0;
    list-style-type: none;
}
```

现在我们开始对页面效果进行设置。首先设置整体容器的宽度、高度和背景图片。对于这个页面来说，宽度是固定的，而高度会随着列表内容的增加而改变，因为这里只对整体容器的宽度进行了设置。将宽度设置为 260px，具体代码如下所示。

```
div {
    width: 260px;
    border: 1px solid #96C649;
    background-image: url('./images/bg.gif');
}
```

整体容器的效果已经完成。其次我们从上向下进行样式细化。②所表示的区域是"宠物列表"的标题，页面已经提示我们，因为整个标题有固定的宽度，并且两边都留有一定的距离，所以可以将宽度设置为240px，然后使用 margin 属性设置水平居中，此时左边和右边正好有 10px 的外边距，这部分样式的实现代码如下所示。

```
div h3 {
    margin-left: auto;
    margin-right: auto;
    width: 240px;
    border-left: 5px solid #C9E143;
    text-indent: 5px;
    color: #FFFFFF;
    /* border:1px solid blue; */
}
```

③所表示的区域为整个"宠物列表"容器的 ul 元素。从图 8-29 中可以看出，这部分内容的宽度与标题部分的宽度相同，并且都水平居中。因此，可以将宽度设置为240px，并且使用 margin 属性设置水平居中，此时左边和右边正好有 10px 的外边距。在图 8-29 中，这部分内容与整个容器存在一定边距，因此要为其添加"margin-bottom:10px"，具体代码如下所示。

```
div ul {
    margin: 0 auto;
    margin-bottom: 10px;
    width: 240px;
    /* border:1px solid green; */
    background-color: #FFFFFF;
}
```

④所表示的区域为"宠物列表"中的列表项，这部分内容可以写在 ul 元素内部，其宽度略窄于 ul 元素，我们将其设置为220px，然后使用"margin:0 auto"让每一个列表项都水平居中。对于列表中的每一项，我们都将其设置为固定的高度 30px，根据列表项的个数将 ul 元素的高度撑高。从图 8-29 中可以看出，每个列表项的下面都有虚线形式的底部边框，可以使用 border-bottom 属性对列表项进行统一设置。每一项的列表标记都是一张图片，并且被移动到列表项的内容部分，这需要使用 list-style 相关属性进行设置，这部

分实现代码如下所示。

```
div li {
    margin: 0 auto;
    width: 220px;
    height: 30px;
    line-height: 30px;
    font-size: 12px;
    border-bottom: 1px dashed #7BA5B6;
    list-style-image: url('./images/tb.gif');
    list-style-position: inside;
}
```

可以发现，最后一个列表项没有底部边框，因此要通过设置将其取消，代码如下所示。

```
div li.clear-border {
    border: 0px;
}
```

在 HTML 中，列表项中包含超链接<a>标签，但是在图 8-28 中没有显示超链接<a>标签的默认样式，因此需要统一取消其默认样式，这部分实现代码如下所示。

```
div li a {
    text-decoration: none;
    color: #0066CC;
}
```

至此，我们已经对每个部分需要设置的结构和样式进行了解析，完整代码详见本书配套代码（获取方式见前言）。

## 8.3　CSS 控制表格

在第 4 章中，我们讲解了如何使用 HTML 在网页中编写一个表格，但并未讲解用于修饰表格的相关属性。本节将为读者介绍如何使用 CSS 对表格进行样式修饰。

### 8.3.1　CSS 中的表格

我们知道表格包含 3 个部分，分别是表头（thead）、表格主体（tbody）和表格脚注（tfoot）。在表头、表格主体、表格脚注中，使用<tr>标签可以编写一行行数据，然后在行中使用<td>标签或<th>标签生成多个单元格。

CSS 为表格定义了一些层级，当需要对表格进行装饰时，可以将不同的部分放在不同的层级上，然后将不同部分的样式放在各自所属的层级上渲染。

在对表格进行装饰时，常用的层级有以下 4 个。

- 单元格：一个个单元格用来放置表格中的具体内容。
- 行：一个个单元格横向排列，组成行。
- 行组：多个行形成一组，组成一个行组。
- 表格：最后一层是表格，即最外层的内容。

各层级由内到外的渲染顺序为单元格→行→行组→表格，即在渲染样式时，需要先渲染单元格，再依次渲染行、行组和表格。

需要注意的是，层级不止这 4 个，上面所列举的只是常用的层级。在层级中还有列和列组的概念，但因为在开发中这些概念不常使用，所以这里不展开讲解。

请思考下方代码的运行效果。

```
<!DOCTYPE html>
<html>
```

```
<head>
    <meta charset="UTF-8"/>
    <style>
        table{
            background-color:green;
        }
        tr{
            background-color: pink;
        }
        td{
            background-color: gray;
            /*background-color: rgba(255,0,0,.2);*/
        }
    </style>
</head>
<body>
    <table border="1" width="300">
        <tr>
            <td>1-1</td>
            <td>1-2</td>
        </tr>
        <tr>
            <td>2-1</td>
            <td>2-2</td>
        </tr>
    </table>
</body>
</html>
```

我们先来观察页面效果，如图 8-30 所示。然后对这段代码进行讲解。

图 8-30　页面效果

这段代码分别为 table 元素、tr 元素、td 元素设置了背景颜色。通过图 8-30 可以发现，tr 元素的背景颜色没有被设置为粉色，这是受到了表格层级关系的影响。因为 td 元素的层级比 tr 元素的层级高，所以尽管 tr 元素设置了背景颜色，显示的却是 td 元素的背景颜色。只需对 td 元素背景颜色的透明度稍作调整，就可以看到在 tr 元素上确实设置了背景颜色，只是被覆盖了。这也是在开发中有些人所说的，明明为先单元格设置了背景颜色，然后才给行设置背景颜色，但行的背景颜色显示不出来。

各层级都在 HTML 中有对应的标签和显示模式（display 属性值），下面我们将各层级的对应关系使用表格进行展示，如表 8-3 所示。

表 8-3　各层级的对应关系

| 层级 | 对应 HTML 中的标签 | 显示模式（display 属性值） |
|---|---|---|
| 单元格 | <td>、<th> | display:table-cell，其将元素定义为表格中的一个单元格，td、th 元素都是应用 table-cell 的元素 |
| 行 | <tr> | display:table-row，其将元素定义为由单元格构成的行，对应 HTML 中的 tr 元素 |
| 行组 | <tbody> | display:table-row-group，其将元素定义为由一行或多行构成的行组 |
| | <thead> | display:table-header-group，与 table-row-group 相似，其表头行组始终显示在其他行或其他行组的前面、标题后面 |
| | <tfoot> | display:table-footer-group，与 table-row-group 相似，表格脚注行组始终显示在其他行和其他行组的后面 |
| 表格 | <table> | display:table，其将元素定义为块级表格 |
| 标题 | <caption> | display:table-caption，用来定义表格标题 |

185

值得一提的是，在表 8-3 中出现了一个新的显示模式——标题。相较其他 4 个层级，这个层级使用频率并不高，但是有时也会使用，因此我们将其一并放在表 8-3 中进行简单说明。在下面的综合案例中，我们会配合使用 div 元素来具体演示在表格中 5 个层级的使用方式。请读者观察下方代码，并且思考运行代码后的页面效果。

```html
<!DOCTYPE html>
<html>
    <head>
        <meta charset="UTF-8"/>
        <style>
            /*显示为表格*/
            #table{
                display:table;
                width:500px;
            }
            /*显示为表格标题*/
            #caption{
                display:table-caption;
            }
            /*显示为表头*/
            #thead{
                display:table-header-group;
            }
            /*显示为表格主体*/
            #tbody{
                display:table-row-group;
            }
            /*显示为表格脚注*/
            #tfoot{
                display:table-footer-group;
            }
            /*显示为每一行*/
            .tr{
                display:table-row;
            }
            /*显示为一个个单元格*/
            .td {
                display: table-cell;
                border:1px solid black;
            }
        </style>
    </head>
    <body>
        <div id="table">
            <div id="caption">表格标题</div>
            <div id="thead">
                <div class="tr">
                    <div class="td">表头 1</div>
                    <div class="td">表头 2</div>
                    <div class="td">表头 3</div>
                    <div class="td">表头 4</div>
                </div>
            </div>
            <div id="tbody">
                <div class="tr">
```

```
                <div class="td">内容 1-1</div>
                <div class="td">内容 1-2</div>
                <div class="td">内容 1-3</div>
                <div class="td">内容 1-4</div>
            </div>
            <div class="tr">
                <div class="td">内容 2-1</div>
                <div class="td">内容 2-2</div>
                <div class="td">内容 2-3</div>
                <div class="td">内容 2-4</div>
            </div>
        </div>
        <div id="tfoot">
            <div class="tr">
                <div class="td">表格脚注 1</div>
                <div class="td">表格脚注 2</div>
                <div class="td">表格脚注 3</div>
                <div class="td">表格脚注 4</div>
            </div>
        </div>
        </div>
    </div>
    </body>
</html>
```

在这段代码中，我们通过为 div 元素设置不同的显示模式，实现了一个带有标题的 4 行 4 列的表格。从页面中我们可以看出，其与使用 HTML 标签定义的表格没有任何区别，如图 8-31 所示。

| 表格标题 | | | |
|---|---|---|---|
| 表头1 | 表头2 | 表头3 | 表头4 |
| 内容1-1 | 内容1-2 | 内容1-3 | 内容1-4 |
| 内容2-1 | 内容2-2 | 内容2-3 | 内容2-4 |
| 表格脚注1 | 表格脚注2 | 表格脚注3 | 表格脚注4 |

图 8-31　通过对 div 元素设置显示模式实现的表格

## 8.3.2　表格标题位置

在网站中，表格的标题通常被放置在表格上方和表格下方这 2 个位置上。CSS 提供了 caption-size 属性，可以用来设置表格标题是放在表格上方还是表格下方。caption-size 属性的语法格式为 "caption-size:value"，其属性值只有以下 2 种。

● top：此为默认值，用于将标题放在表格上方。

● bottom：用于将标题放在表格下方。

下面我们以属性值 bottom 为例，演示 caption-side 属性的使用方式，具体代码如下所示。

```
<!DOCTYPE html>
<html>
    <head>
        <meta charset="UTF-8"/>
        <style>
            table{
                color:red;
            }
            caption{
                caption-side: bottom;
                border:1px solid red;
            }
        </style>
```

```
        </head>
        <body>
            <table border="1" width="300">
                <caption>表格标题</caption>
                <tr>
                    <td>1</td>
                    <td>2</td>
                    <td>3</td>
                </tr>
                <tr>
                    <td>1</td>
                    <td>2</td>
                    <td>3</td>
                </tr>
            </table>
        </body>
    </html>
```

我们先来观察页面效果，然后结合页面效果对这段代码分析，页面效果如图 8-32 所示。

图 8-32　页面效果

通过图 8-32 我们可以看出，表格标题尽管看起来不属于表格的一部分（其像是放在表格框前或表格框后的一个元素），但还是可以从表格中继承样式。在这个案例中，caption 元素从 table 元素中继承了字体颜色，并且 caption 元素的宽度是由 table 元素中内容的宽度来决定的，其容纳块是 table 元素，图 8-32 中"表格标题"的红色边框就可以很好地说明这一点。

### 8.3.3　单元格的边框

在 CSS 中有 2 种不同的边框模型，分别是分离边框模型和折叠边框模型，具体说明如下。

● 　分离边框模型：此为默认值，在单元格与单元格之间有间隔。

● 　折叠边框模型：单元格之间在视觉上没有间隔，单元格与单元格之间的边框会折叠在一起。

在代码中，我们可以使用 border-collapse 属性来更改边框模型，其语法格式为"border-collapse:value"，其属性值有以下 2 种。

● 　separate：此为默认值，表示分离边框模型。

● 　collapse：表示折叠边框模型。

当我们不为 border-collapse 属性设置属性值时，其就会应用默认值 separate，此时单元格的边框就是分离边框。下面演示将 border-collapse 属性的属性值设置为 separate 的场景，代码如下所示。

```
<!DOCTYPE html>
<html>
    <head>
        <meta charset="UTF-8"/>
        <style>
            table{
                border-collapse: separate;
            }
        </style>
    </head>
```

```
  <body>
     <table border="1" width="300">
        <caption>表格标题</caption>
        <tr>
           <td>1</td>
           <td>2</td>
           <td>3</td>
        </tr>
        <tr>
           <td>1</td>
           <td>2</td>
           <td>3</td>
        </tr>
     </table>
  </body>
</html>
```

运行代码后，页面效果如图 8-33 所示。

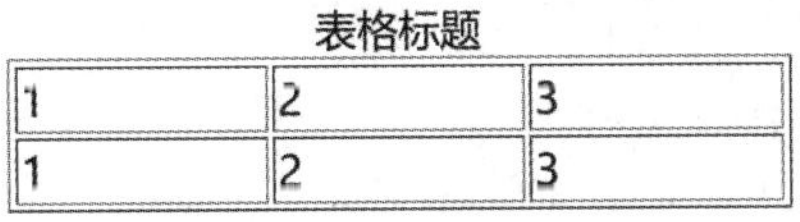

| 表格标题 | | |
|---|---|---|
| 1 | 2 | 3 |
| 1 | 2 | 3 |

图 8-33　页面效果（1）

有时分离边框不能达到我们想要的效果，因此还需要让单元格和单元格之间保持一定的间距。我们可以使用 CSS 中的 border-spacing 属性来实现这个需求。border-spacing 属性的属性值可以设置为 1 个或 2 个，当为 1 个时，指的是每个单元格与其他单元格在上、下、左、右之间的距离；当为 2 个时，第 1 个值指的是横向间隔，第 2 个值指的是纵向间隔。需要注意的是，border-spacing 属性要添加在表格的<table>标签上，代码如下所示。

```
<!DOCTYPE html>
<html>
  <head>
     <meta charset="UTF-8"/>
     <style>
        #t1 {
           border-collapse: separate;
           border-spacing: 50px;
        }
        #t2 {
           border-collapse: separate;
           border-spacing: 50px 100px;
        }
     </style>
  </head>
  <body>
     <table border="1" id="t1">
        <caption>表格 1</caption>
        <tr>
           <td>1</td>
           <td>2</td>
           <td>3</td>
        </tr>
        <tr>
           <td>1</td>
```

```
            <td>2</td>
            <td>3</td>
        </tr>
    </table>
    <table border="1" id="t2">
        <caption>表格 2</caption>
        <tr>
            <td>1</td>
            <td>2</td>
            <td>3</td>
        </tr>
        <tr>
            <td>1</td>
            <td>2</td>
            <td>3</td>
        </tr>
    </table>
</body>
</html>
```

这段代码为 2 个表格的单元格设置了不同的边距，其中，因为表格 1（id 为 t1）只设置了 1 个属性值，所以每个单元格与其他单元格在上、下、左、右都有 50px 的距离；表格 2（id 为 t2）设置了 2 个属性值，此时横向间距应用第 1 个属性值 50px，纵向属性值应用第 2 个属性值 100px。此时，页面效果如图 8-34 所示。在这个案例中，我们将每个属性值对应的位置在图 8-35 中进行了标注，读者可将其与代码对照，以便能够更好地理解相关知识。

图 8-34  页面效果（2）　　　　图 8-35  属性值标注对比

当 border-collapse 属性的属性值设置为 collapse 时，单元格的边框就会显示为折叠边框，具体代码如下所示。

```
<!DOCTYPE html>
<html>
    <head>
        <meta charset="UTF-8"/>
        <style>
            #t1 {
```

```
                width:500px;
                border:1px solid gray;
                border-collapse: collapse;
            }
            td{
                border:1px solid gray;
            }
        </style>
    </head>
    <body>
        <table id="t1">
            <caption>表格 1</caption>
            <tr>
                <td>1</td>
                <td>2</td>
                <td>3</td>
            </tr>
            <tr>
                <td>1</td>
                <td>2</td>
                <td>3</td>
            </tr>
        </table>
    </body>
</html>
```

此时，表格的所有单元格边框都是折叠边框，如图 8-36 所示。

| 表格1 | | |
|---|---|---|
| 1 | 2 | 3 |
| 1 | 2 | 3 |

图 8-36　折叠边框表格

在使用"border-collapse:collapse"时，单元格和单元格之间没有间距。此时边框毗邻处折叠在一起，只能绘制出一条折叠的边框，代码如下所示。

```
<!DOCTYPE html>
<html>
    <head>
        <meta charset="UTF-8"/>
        <style>
            #t1 {
                width:500px;
                border:1px solid gray;
                border-collapse: collapse;
            }
            td{
                border:1px solid gray;
            }
        </style>
    </head>
    <body>
        <table id="t1">
            <caption>表格 1</caption>
            <tr>
                <td>1</td>
                <td>2</td>
```

```
            <td>3</td>
        </tr>
        <tr>
            <td style="border:2px solid red;">1</td>
            <td>2</td>
            <td>3</td>
        </tr>
    </table>
 </body>
</html>
```

在这段代码中，我们使用行内样式为其中一个 tr 元素的边框设置了"border:2px solid red;"，此时 tr 元素的边框明显比其他单元格的边框宽。先来看页面效果，如图 8-37 所示。

图 8-37　页面效果（3）

由图 8-37 可以看出，红色边框的单元格（左下角的单元格）在显示效果上明显超出了其他单元格，这是因为红色边框和周围的灰色边框产生了折叠，并且由于红色边框较宽，所以红色边框"胜出"。

## 8.3.4　案例：隔行换色表格

在 Word 中，我们可以为表格设计不同的风格，例如，表格边框使用不同颜色、表格是否具有边框、隔行换色等。前面我们讲解了使用 CSS 设计表格的各种属性，此时我们可以使用其在网页中实现"隔行换色表格"。下面开始正式讲解。

首先来看我们想要实现的"隔行换色表格"的页面效果，如图 8-38 所示。

图 8-38　"隔行换色表格"的页面效果

由于这个案例比较简单，所以我们只对样式进行分析，如图 8-39 所示。从图 8-39 中我们可以看出，①表示的是一个 6 行 4 列的表格，宽度为 800px，高度不进行设定，使其跟随行数自动调整。②表示的是表格的表头，其背景颜色为绿色。表格主体部分呈现出隔行换色的效果，在其余 5 行中，单数行为深色背景，双数行为浅色背景。

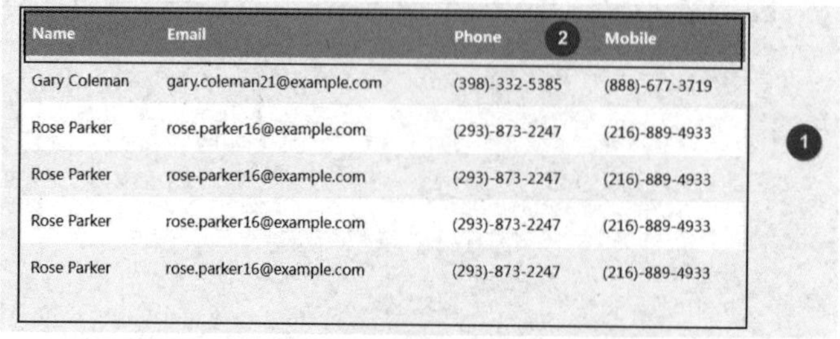

图 8-39　"隔行换色表格"样式分析

此时，这个表格的实现方式变得十分清晰，完整代码如下所示。

```html
<!DOCTYPE html>
<html>
    <head>
        <meta charset="UTF-8"/>
        <style>
            html,
            body {
                margin: 0;
                padding: 0;
                background-color: #F8F8F8;
            }
            table {
                margin: 0 auto;
                margin-top: 100px;
                width: 800px;
                /* border: 1px solid green; */
                /*合并边框*/
                border-collapse: collapse;
            }
            table tr td {
                height: 48px;
                padding-left: 10px;
            }
            table tr.first {
                background-color: #31BC86 !important;
                color: #FFFFFF;
                font-weight: bold;
            }
            table tr.odd {
                background-color: #F8F8F8;
            }
            table tr.even{
                background-color:#FFF;
            }
            table tr.odd:hover,table tr.even:hover {
                background-color: #D9F1E7;
            }
        </style>
    </head>
    <body>
        <table>
            <tr class="first">
                <td>Name</td>
                <td>Email</td>
                <td>Phone</td>
                <td>Mobile</td>
            </tr>
            <tr class="odd">
                <td>Gary Coleman</td>
                <td>gary.coleman21@example.com</td>
                <td>(398)-332-5385</td>
                <td>(888)-677-3719</td>
            </tr>
            <tr class="even">
```

```
        <td>Rose Parker</td>
        <td>rose.parker16@example.com</td>
        <td>(293)-873-2247</td>
        <td>(216)-889-4933</td>
      </tr>
      <tr class="odd">
        <td>Rose Parker</td>
        <td>rose.parker16@example.com</td>
        <td>(293)-873-2247</td>
        <td>(216)-889-4933</td>
      </tr>
      <tr class="even">
        <td>Rose Parker</td>
        <td>rose.parker16@example.com</td>
        <td>(293)-873-2247</td>
        <td>(216)-889-4933</td>
      </tr>
      <tr class="odd">
        <td>Rose Parker</td>
        <td>rose.parker16@example.com</td>
        <td>(293)-873-2247</td>
        <td>(216)-889-4933</td>
      </tr>
    </table>
  </body>
</html>
```

# 8.4  本章小结

本章对背景、列表和表格 3 个部分的相关属性进行了讲解和案例演示。8.1 节主要介绍了背景的相关知识，其中 8.1.1 节至 8.1.5 节依次介绍了 5 种设置背景的属性，8.1.6 节综合使用前面 5 节讲解的相关属性实现了开发中常见的"精灵图"效果。

8.2 节介绍了列表的相关知识，因为列表在网页中是展示信息常用的方式，所以我们采用了解、介绍、实现三步走的原理来讲解，首先在 8.2.1 节对列表进行了简单介绍，然后通过 4 节的篇幅分别介绍了列表的 3 个属性及列表的简写属性，最后综合已讲解的有关列表的所有知识实现了案例"宠物列表"。

表格也是在网页中经常用来展示信息的手段，相对于列表，其属性更为简单。在 8.3 节中，我们先对表格的结构进行了复习，然后使用两节的篇幅快速讲解了 2 个属性，最后通过"隔行换色表格"案例对属性进行了应用。

尽管本章的内容比较简单，但我们还是建议读者在阅读后对案例进行多次练习，以达到掌握的效果。

# 第9章

## 浮动及定位

在前面的内容中，我们无法使用 CSS 改变整个文档元素的默认位置。例如，在创建行内元素后，会在其右侧接着创建其他元素；再如，在创建块状元素之后，会在其下方接着创建其他元素。但如果我们想在创建块状元素后，再在其右侧创建新的元素，要怎么使用 CSS 实现呢？

不论是行内元素还是块状元素，它们都遵循普通文档流（这里可以将其暂时理解为默认的排版顺序，具体会在 9.1.1 节介绍）。而要想实现我们前面所说的效果，就需要让元素打破普通文档流。在 CSS 中有一个概念叫作浮动，其提供了一种让元素脱离普通文档流的方式。

定位允许网页开发者精确定义元素出现的相对位置，可以为这个元素设置相对于哪个元素进行定位，也可以使元素相对于浏览器窗口进行定位。

本章分 2 个部分来介绍浮动和定位的相关知识。

## 9.1 浮动

浮动是 CSS 中的重点，本节将为读者介绍浮动的相关知识。

### 9.1.1 普通文档流和浮动

前面我们简单提到过普通文档流的相关知识，本节就来对其进行详细讲解。所谓普通文档流，我们可以简单地理解为元素按照其在 HTML 中的位置顺序进行排版的过程。在书写 HTML 文档时，元素通常会按照从上到下或从左到右的顺序进行排列。通过阅读前面的内容可以知道，在浏览器进行解析时，行内元素会在一行内水平排列，块状元素则会自己独占一行。普通文档流如图 9-1 所示。

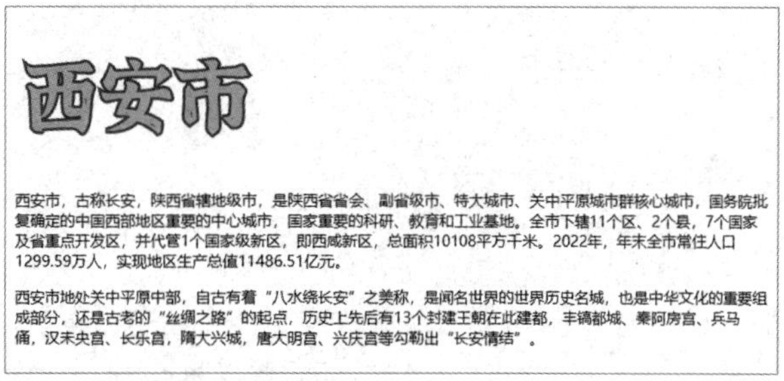

**西安市**

西安市，古称长安，陕西省辖地级市，是陕西省省会、副省级市、特大城市、关中平原城市群核心城市，国务院批复确定的中国西部地区重要的中心城市，国家重要的科研、教育和工业基地。全市下辖11个区、2个县，7个国家及省重点开发区，并代管1个国家级新区，即西咸新区，总面积10108平方千米。2022年，年末全市常住人口1299.59万人，实现地区生产总值11486.51亿元。

西安市地处关中平原中部，自古有着"八水绕长安"之美称，是闻名世界的世界历史名城，也是中华文化的重要组成部分，还是古老的"丝绸之路"的起点，历史上先后有13个封建王朝在此建都，丰镐都城、秦阿房宫、兵马俑、汉未央宫、长乐宫、隋大兴城、唐大明宫、兴庆宫等勾勒出"长安情结"。

图 9-1　普通文档流

浮动的出现就是为了打破正常文档流，从而实现文字环绕效果。需要注意的是，尽管浮动常被用于布局，但是它最初不是为布局而生的。我们可以使用浮动将图 9-1 展示的页面效果修改为文字环绕的效果，如图 9-2 所示。

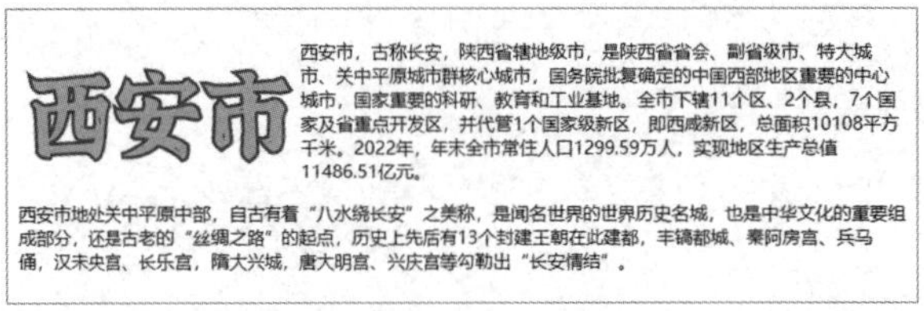

西安市，古称长安，陕西省辖地级市，是陕西省省会、副省级市、特大城市、关中平原城市群核心城市，国务院批复确定的中国西部地区重要的中心城市，国家重要的科研、教育和工业基地。全市下辖11个区、2个县，7个国家及省重点开发区，并代管1个国家级新区，即西咸新区，总面积10108平方千米。2022年，年末全市常住人口1299.59万人，实现地区生产总值11486.51亿元。

西安市地处关中平原中部，自古有着"八水绕长安"之美称，是闻名世界的世界历史名城，也是中华文化的重要组成部分，还是古老的"丝绸之路"的起点，历史上先后有13个封建王朝在此建都，丰镐都城、秦阿房宫、兵马俑，汉未央宫、长乐宫，隋大兴城，唐大明宫、兴庆宫等勾勒出"长安情结"。

图 9-2　使用浮动改变后的页面

CSS 提供了 float 属性，可以用来实现浮动，其语法格式为"float:value"。float 属性有 3 种属性值，具体说明如下。

- none：此为默认值，表示元素不浮动。
- left：表示元素向左浮动。
- right：表示元素向右浮动。

下面通过一个简单的案例来演示 float 属性的使用方式，具体代码如下所示。

```
<!DOCTYPE html>
<html>
  <head>
    <meta charset="UTF-8" />
    <style>
      #content {
        margin: 0 auto;
        padding: 10px;
        width: 800px;
        border: 1px solid gray;
      }
      #content img {
        padding: 5px;
      }
      #content #f1 {
        float: left;
      }
      #content #f2 {
        float: right;
      }
    </style>
  </head>
  <body>
  <div id="content">
    <img src="./images/xian.png" alt="" id="f1" />
    <p>
      西安市，古称长安，陕西省辖地级市，是陕西省省会、副省级市、特大城市、关中平原城市群核心城市，国务院
批复确定的中国西部地区重要的中心城市，国家重要的科研、教育和工业基地。全市下辖11个区、2个县，7个国家及省
重点开发区，并代管1个国家级新区，即西咸新区，总面积10108平方千米。2022年，年末全市常住人口1299.59万
人，实现地区生产总值11486.51亿元。
    </p>
    <p>
      西安市地处关中平原中部，自古有着"八水绕长安"之美称，是闻名世界的世界历史名城，也是中华文化的重要组
成部分，还是古老的"丝绸之路"的起点，历史上先后有13个封建王朝在此建都，丰镐都城、秦阿房宫，兵马俑，汉未央
宫、长乐宫，隋大兴城，唐大明宫、兴庆宫等勾勒出"长安情结"。
    </p>
    <img src="./images/xian.png" alt="" id="f2" />
    <p>
      西安市获评中国国际形象最佳城市，有两项六处遗产被列入《世界遗产名录》，分别是：秦始皇陵及兵马俑、大雁
塔、小雁塔、唐长安城大明宫遗址、汉长安城未央宫遗址、兴教寺塔。另有西安城墙、钟鼓楼、华清池、终南山、大唐芙
```

蓉园、陕西历史博物馆、碑林等景点。西安市拥有西安交通大学、西北工业大学、西安电子科技大学等 7 所"双一流"建设高校。2018 年 2 月，国家发展和改革委员会、住房和城乡建设部发布了《关中平原城市群发展规划》，其中提到，建设西安国家中心城市。保护好古都风貌，统筹老城、新区发展，加快大西安都市圈立体交通体系建设，形成多线轴、多组团、多中心格局，建成具有历史文化特色的国际化大都市。

```
      </p>
    </div>
  </body>
</html>
</body>
</html>
```

先来观察这段代码的运行效果，然后根据其效果对代码进行讲解。运行代码后，页面效果如图 9-3 所示。

图 9-3　页面效果

从图 9-3 中我们可以明显地看出，此时的正常文档流已经被打破。我们在代码中为第 1 张图片设置了"float:left"，使其向左浮动，文字内容就分布在浮动元素的右侧；同时为第 2 张图片设置了"float:right"，使其向右浮动，文字内容就分布在浮动元素的左侧，从而实现了文字环绕效果。

总结文字环绕效果，就是浮动元素脱离了文档流，与非浮动元素产生了重叠，而非浮动元素中的行框盒子没有与浮动元素产生重合。下面我们使用 Chrome 调试器进行验证。

在调试器中选中 p 元素，可以看到 p 元素（非浮动元素）与图片（浮动元素）产生了重叠，但是其中的一行行文字与图片没有产生重叠，如图 9-4 所示。

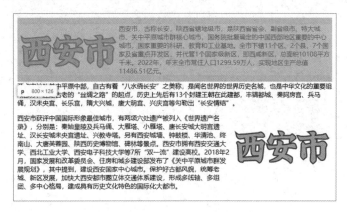

图 9-4　选中 p 元素后的页面划分

### 9.1.2　浮动的规则

在 9.1.1 节我们提到，在当前 Web 中，浮动除了用来设置文字环绕效果，还经常用来进行布局。要想更好地使用浮动进行布局，就必须掌握浮动的规则。这里我们将浮动的规则总结为 8 条，下面对其进行讲解和案例演示，具体如下。

（1）行内元素浮动之后，元素变成块状元素。

我们以 span 元素为例来讲解，它是一个行内元素。行内元素是不能设置宽度和高度的，但是当我们为其设置浮动后，设置的宽度和高度就可以生效，代码如下所示。

```
<!DOCTYPE html>
<html>
  <head>
    <meta charset="UTF-8" />
    <style>
      span {
        float: left;
        width: 300px;
        height: 300px;
        border: 1px solid gray;
      }
    </style>
  </head>
  <body>
    <span>这是一个 span 元素，它是一个行内元素。</span>
  </body>
</html>
```

图 9-5　页面效果（1）

运行代码后，span 元素在页面上呈现为一个 300px×300px 的正方形，页面效果如图 9-5 所示。

从图 9-5 中可以看出，span 元素本来是一个行内元素，但是在使用了 float 属性之后，其变成了块状元素，进而设置的宽度、高度生效了。

（2）当元素关系为父子元素时，如果父元素没有设置高度，但是子元素设置了浮动，那么父元素就会发生高度塌陷。

对于这条规则，我们通过观察下面这段代码运行后的页面效果来说明。首先演示子元素在不添加浮动时的页面效果，请读者思考下方代码的运行效果。

```
<!DOCTYPE html>
<html>
  <head>
    <meta charset="UTF-8" />
    <style>
      #f {
        width: 500px;
        border: 1px solid gray;
      }
      #z {
        width: 300px;
        height: 300px;
        border: 1px solid green;
      }
    </style>
  </head>
  <body>
    <div id="f">
      <div id="z"></div>
    </div>
```

```
    </body>
</html>
```

这段代码没有为子元素 div（id 为 z）设置浮动，此时 2 个 div 元素都是普通文档流中的元素。在页面中，灰色边框的父元素 div（id 为 f）宽度为 500px，高度自适应，对于这段代码来说，高度是被子元素 div（id 为 z）撑开的。父元素 div（id 为 f）内部包含带有绿色边框的 300px×300px 的子元素 div（id 为 z）。运行代码后，页面效果如图 9-6 所示。

现在为子元素 div（id 为 z）添加 float 属性，页面会发生什么变化呢？代码如下所示。

```
#z{
    float:left;
    width:300px;
    height:300px;
    border:1px solid green;
}
```

在添加了 float 属性后，子元素 div（id 为 z）脱离了文档流，同时由于父元素 div（id 为 f）没有设置高度，所以父元素 div（id 为 f）出现了高度塌陷。此时，页面效果如图 9-7 所示。

图 9-6　页面效果（2）　　　　　　　　　　　图 9-7　页面效果（3）

（3）当元素关系为父子元素时，如果父元素没有设置高度，但设置了浮动，此时为子元素也设置浮动，那么父元素就不会出现高度塌陷。

现在我们为父元素设置浮动，不为其设置高度，而且为子元素也设置浮动。请读者思考此时的页面效果，代码如下所示。

```
<!DOCTYPE html>
<html>
  <head>
    <meta charset="UTF-8" />
    <style>
      .f {
        float: left;
        width: 500px;
        border: 1px solid gray;
      }
      .f div {
        float: left;
        width: 100px;
        height: 100px;
        border: 1px solid green;
      }
    </style>
  </head>
  <body>
    <div class="f">
      <div>1</div>
```

```
    </div>
  </body>
</html>
```

在第 2 条规则中我们说过，当父元素没有设置高度但子元素设置了浮动时，父元素会发生高度塌陷。在上面这段代码中，父元素 div（id 为 f）没有设置高度，其本应该塌陷，但是由于其子元素设置了浮动，脱离了文档流，所以其高度没有塌陷，而是被其内部的浮动子元素的高度撑开了。运行代码后，页面效果如图 9-8 所示。

图 9-8　页面效果（4）

（4）当元素向左浮动时，其不能超出容纳块的左边界；当元素向右浮动时，其不能超出容纳块的右边界。不管元素向哪里浮动，都不能超出其容纳块的边界。

下面将 2 组元素中的子元素分别设置为向左浮动和向右浮动，然后观察子元素是否超出容纳块的边界，代码如下所示。

```html
<!DOCTYPE html>
<html>
  <head>
    <meta charset="UTF-8" />
    <style>
      .f {
        margin: 0 auto;
        width: 200px;
        height: 200px;
        border: 1px solid gray;
      }
      .f div {
        width: 100px;
        height: 100px;
        border: 1px solid green;
      }
      .z1 {
        float: left;
      }
      .z2 {
        float: right;
      }
    </style>
  </head>
  <body>
    <div class="f">
      <div class="z1"></div>
    </div>
    <div class="f">
      <div class="z2"></div>
    </div>
  </body>
</html>
```

从上面的代码中可以看出，2 个 class 为 f 的 div 分别为 div 元素（class 为 z1）和 div 元素（class 为 z2）的容纳块，其在浏览器中水平居中显示。运行上面的代码后，页面效果如图 9-9 所示。

从页面上看，div 元素（class 为 z1）向左浮动，但是没有超出容纳块（class 为 f 的 div）的左边界；同样，div 元素（class 为 z2）向右浮动，但是没有超出容纳块（class 为 f 的 div）的右边界；并且，2 个子元素都没有超出容纳块的边界。

（5）当多个元素向左浮动时，后面的浮动元素的左外边界在前一个浮动元素右外边界的右侧。同理，当多个元素向右浮动时，后面的浮动元素的右外边界在前一个浮动元素的左外边界的左侧。

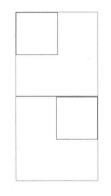

图 9-9　页面效果（5）

下面我们将元素分为 2 组，分别为其设置向左浮动和向右浮动，以此来验证这一规则，具体代码如下所示。

```html
<!DOCTYPE html>
<html>
  <head>
    <meta charset="UTF 8" />
    <style>
      .f {
        margin: 0 auto;
        width: 500px;
        height: 200px;
        border: 1px solid gray;
      }
      .f div {
        width: 100px;
        height: 100px;
        border: 1px solid green;
      }
      .f.fleft div {
        float: left;
      }
      .f.fright div {
        float: right;
      }
    </style>
  </head>
  <body>
    <div class="f fleft">
      <div>1</div>
      <div>2</div>
      <div>3</div>
      <div>4</div>
    </div>
    <div class="f fright">
      <div>1</div>
      <div>2</div>
      <div>3</div>
      <div>4</div>
    </div>
  </body>
</html>
```

先来看代码运行后的页面效果，然后根据页面效果进行分析，如图 9-10 所示。

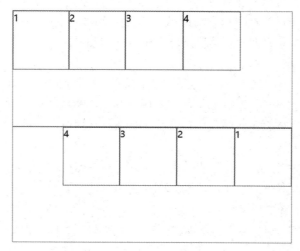

图 9-10　页面效果（6）

从运行效果来看，不管是向左浮动还是向右浮动，它们都会横向排列。这条规则也是在使用 float 属性进行布局时的常用规则。

（6）浮动元素不能超出容纳块的边界，如果浮动元素不能在一行排列，那么将会另起一行。

下面直接通过代码来演示说明这条规则，读者可以思考下方代码运行后的页面效果，具体代码如下所示。

```html
<!DOCTYPE html>
<html>
  <head>
    <meta charset="UTF-8" />
    <style>
      .f {
        margin: 0 auto;
        width: 500px;
        height: 300px;
        border: 1px solid gray;
      }
      .f div {
        float: left;
        width: 100px;
        height: 100px;
        border: 1px solid green;
      }
    </style>
  </head>
  <body>
    <div class="f">
      <div>1</div>
      <div>2</div>
      <div>3</div>
      <div>4</div>
      <div>5</div>
    </div>
  </body>
</html>
```

从上面的代码中可以看出，容纳块 div（class 为 f）包含的 div 元素因为添加了 float 属性，所以进行了横向排列。但是由于容纳块 div（class 为 f）的宽度总共才 500px，而其内部的每一个 div 元素的宽度都是 102px（宽度 100px+左边框 1px+右边框 1px），所以容纳块内最多只能放下 4 个 div 元素，进而导致

"<div>5</div>"这个元素另起了一行。运行代码后，页面效果如图 9-11 所示。

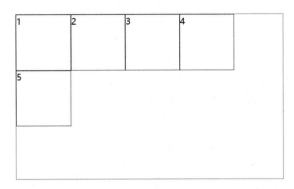

图 9-11　页面效果（7）

（7）浮动元素的上、下外边距不会折叠。

在第 8 章中，我们曾提到过外边距折叠的问题，这是因为在普通文档流中，块状元素的上、下外边距会折叠，但是在浮动元素中不会出现这种情况。下面我们通过案例进行验证，代码如下所示。

```
<!DOCTYPE html>
<html>
  <head>
    <meta charset="UTF-8" />
    <style>
      .f {
        float: left;
        width: 500px;
        border: 1px solid gray;
      }
      .f div {
        float: left;
        margin: 10px;
        width: 100px;
        height: 100px;
        border: 1px solid green;
      }
    </style>
  </head>
  <body>
    <div class="f">
      <div>1</div>
      <div>2</div>
      <div>3</div>
      <div>4</div>
      <div>5</div>
    </div>
  </body>
</html>
```

从上面的代码中可以看出，"<div>1</div>"元素的下外边距是 10px，"<div>5</div>"元素的上外边距是 10px，在普通文档流的块状元素上会进行外边距折叠，但是因为元素被设置了浮动，所以没有产生折叠。我们在页面上选择"<div>5</div>"元素进行验证，如图 9-12 所示。

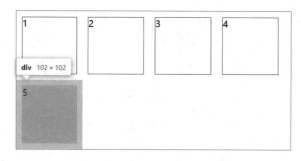

图 9-12　在页面上选中"<div>5</div>"元素

（8）浮动元素的顶边不能比前方浮动元素的顶边高。

下面直接通过代码来演示说明第 8 条规则，读者可以思考下方代码运行后的实现效果，具体代码如下所示。

```
<!DOCTYPE html>
<html>
  <head>
    <meta charset="UTF-8" />
    <style>
      .f {
        margin: 0 auto;
        width: 500px;
        height: 300px;
        border: 1px solid gray;
      }
      .f div {
        float: left;
        height: 100px;
        border: 1px solid green;
      }
      .f #z1 {
        width: 300px;
        margin-bottom: 10px;
      }
      .f #z2 {
        width: 350px;
      }
      .f #z3 {
        width: 100px;
      }
    </style>
  </head>
  <body>
    <div class="f">
      <div id="z1">1</div>
      <div id="z2">2</div>
      <div id="z3">3</div>
    </div>
  </body>
</html>
```

在这段代码中，第 1 个子元素 div（id 为 z1）的宽度为 300px，第 2 个子元素 div（id 为 z2）的宽度为 350px。因为容纳块的宽度为 500px，小于前 2 个子元素的宽度和，所以第 2 个子元素 div（id 为 z2）会另起一行。第 1 个元素 div（id 为 z1）的样式上书写了 margin-bottom 属性，因此另起的第 2 行与第 1 行中间会有 10px 的距离。同时，第 3 个子元素 div（id 为 z3），也是这段代码中最主要的元素，其上方有足够的空间可以上移，但是由于浮动元素的顶边不能比前面元素的顶边高，又因为第 2 个子元素 div（id 为 z2）

和第 3 个子元素 div（id 为 z1）的宽度之和小于容纳块的宽度，所以其只能与第 2 个子元素 div（id 为 z2）呈现在一行上。运行代码后，页面效果如图 9-13 所示。

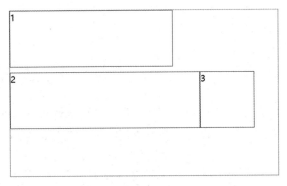

图 9-13 页面效果（8）

### 9.1.3 清除浮动

我们可以下方代码为例，再次验证 9.1.2 节中提到的第 5 条规则。

```html
<!DOCTYPE html>
<html>
  <head>
    <meta charset="UTF-8" />
    <style>
      .f {
        float: left;
        width: 500px;
        border: 1px solid gray;
      }
      .f div {
        float: left;
        width: 100px;
        height: 100px;
        border: 1px solid green;
      }
    </style>
  </head>
  <body>
    <div class="f">
      <div>1</div>
      <div>2</div>
      <div>3</div>
    </div>
  </body>
</html>
```

这段代码的具体含义在 9.1.2 节已经讲解过，这里不再重复。如果读者不理解这段代码，建议重新学习 9.1.2 节的知识，再来看这里的内容。我们直接来看这段代码运行后的页面效果，如图 9-14 所示。

图 9-14 页面效果（1）

现在我们假设有这样一个需求：使"<div>2</div>"元素与"<div>1</div>"元素不相邻。我们需要将浮动清除，让这 2 个元素不相邻。CSS 提供了对应的属性 clear，可以用来清除浮动。clear 属性的语法格式为"clear:value"，其属性值有 4 种取值，具体说明如下。

- none：允许元素两侧出现浮动。
- left：元素左侧不允许出现浮动元素。
- right：元素右侧不允许出现浮动元素。
- both：元素两侧不允许出现浮动元素。

其中，none 是 clear 属性的默认值。在前面的讲解中，我们一直应用的就是 clear 属性值为 none 的场景，这里不做过多代码演示和讲解。剩余的 3 种取值我们将依次进行代码演示和讲解。

（1）left。

当取值为 left 时，代码如下所示。

```html
<!DOCTYPE html>
<html>
  <head>
    <meta charset="UTF-8" />
    <style>
      .f {
        float: left;
        width: 500px;
        border: 1px solid gray;
      }
      .f div {
        float: left;
        width: 100px;
        height: 100px;
        border: 1px solid green;
      }
    </style>
  </head>
  <body>
    <div class="f">
      <div>1</div>
      <div style="clear: left">2</div>
      <div>3</div>
    </div>
  </body>
</html>
```

上面这段代码为 div 元素设置了向左浮动，此时其包含的元素应该全部向左浮动。但是，因为第 2 个元素使用"clear:left"禁止其左侧出现浮动元素，所以第 2 个元素就会另起一行。此时，页面效果如图 9-15 所示。

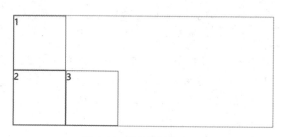

图 9-15　页面效果（2）

（2）right。

当取值为 right 时，代码如下所示。

```
<!DOCTYPE html>
<html>
  <head>
    <meta charset="UTF-8" />
    <style>
      .f {
        float: left;
        width: 500px;
        border: 1px solid gray;
      }
      .f div {
        float: right;
        width: 100px;
        height: 100px;
        border: 1px solid green;
      }
    </style>
  </head>
  <body>
    <div class="f">
      <div>1</div>
      <div style="clear: right">2</div>
      <div>3</div>
    </div>
  </body>
</html>
```

上面这段代码与前一段演示属性值为 left 的代码基本相同，为 div 元素设置了向右浮动，此时其包含的元素应该全部向右浮动。但是，因为第 2 个元素使用 "clear:right" 禁止其右侧出现浮动元素，所以第 2 个元素会另起一行。此时，页面效果如图 9-16 所示。

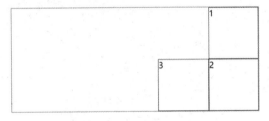

图 9-16　页面效果（3）

（3）both。

当取值为 both 时，代码如下所示。

```
<!DOCTYPE html>
<html>
  <head>
    <meta charset="UTF-8" />
    <style>
      .f {
        float: left;
        width: 500px;
        border: 1px solid gray;
      }
      .f div {
        float: right;
        width: 100px;
        height: 100px;
```

```
      border: 1px solid green;
    }
  </style>
</head>
<body>
  <div class="f">
    <div>1</div>
    <div style="clear: both">2</div>
    <div>3</div>
  </div>
</body>
</html>
```

在运行上方代码后实现的页面效果与取值为 both 的效果相同，如图 9-16 所示。接下来结合代码进行讲解。

看到页面效果后，读者可能会有些疑惑，取值为 both 不是代表元素两侧都不能出现浮动元素吗？为什么在图 9-16 中，第 2 个 div 元素的左侧还会出现第 3 个 div 元素呢？

读者不必着急，下面就将其中缘由娓娓道来。

我们知道"clear:both"代表元素两侧不允许出现浮动元素，但对于上面的代码来说，在元素上只设置了一个向右浮动，相当于"clear:right"。这个设置让页面中的元素"<div>1</div>""<div>2</div>""<div>3</div>"不会出现在一行中。而通过前面对 float 属性的讲解我们得知，一个元素的 float 属性值只能是 left 或 right，不会同时出现 left 和 right 两个值。同理，clear 属性也是如此。

事实上，我们在实际开发中清除浮动时，会经常使用"clear:both"，因为相对于"clear:left"和"clear:right"，使用这种方式不用考虑元素设置的浮动是"float:left"还是"float:right"。

9.1.2 节中的第 2 条规则所对应的情况就可以使用 clear 属性来解决，代码如下所示。

```
<!DOCTYPE html>
<html>
  <head>
    <meta charset="UTF-8" />
    <style>
      .f {
        width: 500px;
        border: 1px solid gray;
      }
      .f .z {
        float: left;
        width: 100px;
        height: 100px;
        border: 1px solid green;
      }
    </style>
  </head>
  <body>
    <div class="f">
      <div class="z">1</div>
      <div class="z">2</div>
      <div class="z">3</div>
    </div>
  </body>
</html>
```

这段代码在 9.1.2 节已经讲解过，相信对此时的读者来说并不难读懂，这里不再赘述。从代码中可以看出，父元素没有设置高度，子元素设置了浮动，此时会产生高度塌陷。我们直接来看代码运行后的页面结果，如图 9-17 所示。

图 9-17 页面效果（4）

只要让父元素的高度被撑开，就可以解决高度塌陷的问题。此时可以使用 clear 属性来解决，我们可以在"<div>3</div>"元素下方添加一个空的 div 元素，通过为其设置"clear:both"来清除浮动，这样父元素 div（class 为 f）的高度就被撑开了。我们可以将上面的代码进行修改，如下所示。

```
<!DOCTYPE html>
<html>
  <head>
    <meta charset="UTF-8" />
    <style>
      .f {
        width: 500px;
        border: 1px solid gray;
      }
      .f .z {
        float: left;
        width: 100px;
        height: 100px;
        border: 1px solid green;
      }
    </style>
  </head>
  <body>
    <div class="f">
      <div class="z">1</div>
      <div class="z">2</div>
      <div class="z">3</div>
      <div style="clear: both"></div>
    </div>
  </body>
</html>
```

对比上一段代码，此处我们只为新增的元素设置了"clear:both"，虽然只有一行代码，但解决了高度塌陷的问题，页面呈现出与图 9-14 相同的效果。

那么，为什么可以利用这种方式来解决高度塌陷呢？下面慢慢为读者揭示其中的奥秘。

我们为新增的 div 元素添加边框，并且观察这个 div 元素的位置，代码如下所示。

```
<div style="clear:both;border:1px solid red"></div>
```

此时，页面效果如图 9-18 所示。

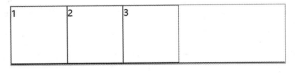

图 9-18 页面效果（5）

从图 9-18 中可以明显地看出，新增的 div 元素（最下方红线）在所有浮动元素的下方，这是因为当 clear 属性应用在非浮动元素上时，其会移动到相关浮动元素的下方。同时因为该元素是块状元素，所以占据了父元素内容区域的 100%。

由于浮动元素不会超出容纳块的顶边，但容纳块（父元素）还需要将普通元素包裹起来，所以高度自然而然就被撑开了。

## 9.1.4 案例：个人博客导航条

现在网络上有一些平台专门用来吸引用户建立个人博客。写博客是一个利己利人的事情，对于程序员来说，其可以通过博客将遇到的问题记录下来，过一段时间遇到同样问题，就可以查找博客中的记录，从而花费较少的时间来解决问题。每个博客都有一个导航条，用来给出提示，本节我们就来实现一个博客的导航条。想要实现的案例效果如图 9-19 所示。

图 9-19　想要实现的案例效果

我们依旧将这个案例拆分为结构和样式 2 个部分进行讲解，每部分都会先进行分析，然后使用代码进行实现，具体内容如下。

### 1. 结构分析

首先将想要实现的案例效果图片进行拆分，其次使用 HTML 将其"架子"搭建起来。图 9-20 可以拆分为 4 个部分，拆分后的案例结构如图 9-20 所示。

图 9-20　拆分后的案例结构

从图 9-20 中可以清楚地看出，①表示的是整体导航条，占据整个页面，我们可以使用 div 并将其作为一个容器。②表示的是导航条的内容部分，从图 9-20 中可以看出，其始终显示在页面的中间，因此我们可以为其设置一个宽度为 1200px 的容器，对其进行包裹。②所对应的导航条内容包含博客名称（③）和多个菜单项（④），博客名称可以使用标题标签来实现，菜单项可以使用列表标签来实现。因为每个菜单项都是可跳转的，所以每个列表项都需要包含超链接标签。

此时我们可以写出如下所示的 HTML 代码。

```html
<!DOCTYPE html>
<html>
  <head>
    <meta charset="UTF-8" />
  </head>
  <body>
    <div id="menu-bar">
      <div id="menu">
        <h1>小尚的博客</h1>
        <ul>
          <li>
            <a href="#">我的作品</a>
          </li>
          <li>
            <a href="#">技术文章</a>
          </li>
          <li>
            <a href="#">存档</a>
          </li>
          <li>
            <a href="#">分类</a>
          </li>
          <li>
            <a href="#">标签</a>
```

```
      </li>
      <li>
        <a href="#">关于我</a>
      </li>
    </ul>
    <div class="clear-fix"></div>
  </div>
  </div>
  </body>
</html>
```

为了便于后续样式的书写，在书写结构时我们就将对应的 ID 选择器和类选择器进行了命名，这样在后续样式分析时即可直接使用。

### 2. 样式分析

现在整个"架子"已搭建起来，接下来对各结构进行样式装点。

为防止不同的浏览器存在显示差异，需要先将默认样式清除。在这个案例中，我们使用了列表元素 ul，但是在页面效果中并未出现其标签的默认样式，因此这里将 ul 元素的默认样式清除。此外，还需要将 body 元素的默认样式清除，代码如下所示。

```
body {
    margin: 0;
}
ul {
    margin: 0;
    padding: 0;
    list-style-type: none;
}
```

接下来按照顺序，我们开始设置图 9-20 中①所示区域的样式。其为整体导航条，从页面上看，它占据了整个页面，因此需要为其设置全屏宽度这一样式，具体代码如下所示。

```
#menu-bar {
    width: 100%;
    min-width: 1200px;
    background-color: #f8f8f8;
    border-bottom: 1px solid #e7e7e7;
}
```

再为图 9-20 中②所示区域进行样式设置。其为导航条的内容部分，从页面上看，没有什么特别的样式，只具有居中的 div 元素，用来包裹博客名称和菜单项，这部分代码如下所示。

```
#menu {
    margin: 0 auto;
    width: 1200px;
    /*border:1px solid green;*/
}
```

在这段样式代码中，我们为导航条内容部分设置了 1200px 的定宽，并且设置了居中的样式。为防止浏览器窗口在缩小时导致最外层大容器 div（id 为 menu-bar）的容度被压缩到小于 1200px，从而无法展现效果，可以将其设置为"min-width:1200px"。

需要注意的是，在代码中有一行注释代码，这是一个开发小技巧，是为了方便读者调试而进行设置的。在调试中有了边框，读者就可以清楚地看到这个元素在页面中的位置，从而方便调整。

图 9-20 中③所示区域为导航条标题（博客名称），可以看出，其始终在导航条内容的左边，可以使用向左浮动来实现；此外，因为在图 9-20 中的标题是垂直居中的，所以这部分样式可以通过设置行高来实现，具体代码实现如下所示。

```
#menu h1 {
```

```
    float: left;
    margin: 0;
    padding-left: 10px;
    padding-right: 10px;
    height: 50px;
    line-height: 50px;
    color: #777;
    font-size: 20px;
    /*border:1px solid gray;*/
}
```

图 9-20 中④所示区域为菜单项，菜单项在页面中紧跟在导航条标题后面显示，因为我们要保证其与导航条标题放在一行，所以将菜单项也设置为向左浮动，这部分代码实现如下所示。

```
#menu ul {
    float: left;
    /*border:1px solid gray;*/
}
```

此时最外层容器 div（id 为 menu-bar）没有设置高度，h1 元素和 ul 元素又都设置了浮动，这导致高度塌陷出现。因此，需要为后面的 div 元素设置"clear:both"，从而将高度撑开，具体代码实现如下所示。

```
.clear-fix {
    clear: both;
}
```

因为菜单项中的列表项同样也需要显示在一行中，所以这部分同样需要设置浮动和行高，具体代码实现如下所示。

```
#menu ul li {
    float: left;
    height: 50px;
    line-height: 50px;
}
```

在结构中，每项列表项都包含一个超链接标签，我们需要对其默认样式进行清除。此外，当光标移动至列表项上时，文字在加深的同时出现下画线，这部分内容需要使用伪类选择器来实现，具体代码实现如下所示。

```
#menu ul li a {
    padding-left: 10px;
    padding-right: 10px;
    text-decoration: none;
    color: #777;
    font-size: 14px;
}
#menu ul li a:hover {
    color: #333;
    text-decoration: underline;
}
```

至此，我们已经对"个人博客导航条"中每部分需要进行设置的结构和样式都进行了解析，完整代码详见本书配套代码。

## 9.1.5 案例：首页的"为你推荐"频道

很多网站都有一个"为你推荐"的频道，这个频道常常会推荐一些重要的信息。我们以尚硅谷官网的"为你推荐"频道为例进行讲解，如图 9-21 所示。

图 9-21　尚硅谷官网的"为你推荐"频道

下面我们结合已讲解的知识来实现这个效果。安全还是拆分为结构和样式 2 个部分进行分析，具体内容如下。

### 1. 结构分析

从结构上可以将图 9-21 拆分为 9 个部分进行搭建，拆分后的效果图如图 9-22 所示。

图 9-22　拆分后的效果图

图 9-22 已经将 9 个部分划分得很清楚了，第 1 部分是"为你推荐"模块的容器，是整个案例的最外层，可以使用 div 元素来实现。第 2 部分"为你推荐"模块的标题部分，其中包含"为你推荐"标题和"全部课程"标题，可以使用 div 元素将这 2 个部分包裹。第 3 部分"为你推荐"这一模块的标题，可以使用标题元素来实现。第 4 部分为"为你推荐"模块标题部分的小标题，它是一个可点击的文字，因此可以使用超链接 a 元素来实现。第 5 部分是课程内容部分，其中包含多个格式相同的课程，这部分可以使用列表元素 ul 来实现。第 6 部分是一个具体课程，由于在第 5 部分中，课程内容部分使用的是 ul 元素，所以每一个具体的课程都需要使用 li 元素来实现。第 7 部分为课程图片，可以使用 img 元素实现。第 8 部分为课程标题，同样使用标题标签来实现。第 9 部分显示的是该课程是否收费，这部分没有什么特别之处，只作为提示出现，故使用 span 元素实现。

此时我们可以使用 HTML 写出该案例的整体结构，具体代码如下所示。

```
<!DOCTYPE html>
<html>
  <head>
    <meta charset="UTF-8" />
  </head>
  <body>
    <!--1. 为你推荐模块容器-->
```

213

```html
<div id="prod">
  <!--2.为你推荐模块标题部分-->
  <div>
    <!--3.为你推荐模块标题部分的标题-->
    <h2>为你推荐</h2>
    <span>/</span>
    <!--4.为你推荐模块标题部分的全部课程链接-->
    <a href="#">全部课程</a>
  </div>
  <!--5.整体课程内容部分-->
  <ul>
    <!--6.每一个 li 都是一个具体的课程-->
    <li>
      <!--7.具体课程中的课程图片-->
      <img src="./images/01.jpg" alt="" />
      <!--8.具体课程中的课程标题-->
      <a href="#">MySQL 数据库</a>
      <!--9.具体课程中的课程是否收费-->
      <span>免费</span>
    </li>
    <li>
      <img src="./images/02.jpg" alt="" />
      <a href="#">103 集实战教学入门必备</a>
      <span>免费</span>
    </li>
    <li>
      <img src="./images/03.jpg" alt="" />
      <a href="#">前端必备技术 0 基础到精通</a>
      <span>免费</span>
    </li>
    <li>
      <img src="./images/04.jpg" alt="" />
      <a href="#">具备 SpringMVC 企业级开发能力</a>
      <span>免费</span>
    </li>
    <li>
      <img src="./images/05.jpg" alt="" />
      <a href="#">基于 Spring4.x 源码级讲授</a>
      <span>免费</span>
    </li>
    <li>
      <img src="./images/06.png" alt="" />
      <a href="#">Vue3 新特性</a>
      <span>免费</span>
    </li>
    <li>
      <img src="./images/07.jpg" alt="" />
      <a href="#">Kubernetes（K8s）新版</a>
      <span>免费</span>
    </li>
    <li>
      <img src="./images/08.jpg" alt="" />
      <a href="#">当前流行的框架整合方案</a>
      <span>免费</span>
    </li>
    <li>
```

```
            <img src="./images/09.png" alt="" />
            <a href="#">大数据项目之电商数仓 3.0</a>
            <span>免费</span>
        </li>
        <li>
            <img src="./images/10.jpg" alt="" />
            <a href="#">大数据技术之 Maxwell</a>
            <span>免费</span>
        </li>
    </ul>
  </div>
 </body>
</html>
```

为了方便后续样式的书写，在书写结构时我们将对应的 ID 选择器进行命名，这样在后续样式分析时就可直接使用。

### 2. 样式分析

通过前面的结构分析，我们已经将整体架构搭建起来，下面开始对这个案例进行样式实现。在整体架构中使用了列表元素 ul，并且整个页面的背景颜色也不是白色，因此在一开始我们就要对背景颜色进行设置，并且取消 ul 元素的默认样式，具体代码如下所示。

```
body {
    background-color: #EEEEEE;
}
ul {
    margin: 0;
    padding: 0;
    list-style-type: none;
}
```

按照在图 9-22 中标注的顺序，我们开始为第 1 部分设计样式。由于这部分是作为"为你推荐"的容器存在的，所以没有特殊的样式，只需为其设置 1200px 的固定宽度，并且使其居中即可，这部分代码如下所示。

```
#prod {
    margin: 0 auto;
    width: 1200px;
    /*border: 1px solid green;*/
}
```

第 2 部分是"为你推荐"的标题部分样式。这部分也是被容器包裹的，因此也没有特殊的样式。从图 9-22 中可以看出，这部分距离容器还有一段距离，可以通过设置 padding-left 属性来实现，样式代码如下所示。

```
#prod div {
    padding-left: 10px;
    height: 50px;
    /*border:1px solid pink;*/
}
```

"为你推荐"模块的标题部分的内容包括标题（第 3 部分）和小标题（第 4 部分），它们整体向左浮动，并且垂直居中，这部分样式代码如下所示。

```
#prod div * {
    float: left;
    margin: 0;
    height: 50px;
    line-height: 50px;
}
```

现在对标题部分（第 2 部分）中的 2 项内容进行样式设置。从图 9-22 中可以看出，这 3 个标签的字体颜色都不一样。此外，对于第 3 部分来说，因为文字是加粗的，所以需要使用 font-weight 属性进行设置；对于"/"来说，因为它与左右两部分文字都保持了一定的距离，所以可以使用 margin-left 属性和 margin-right 属性来实现；对于第 4 部分来说，因为在页面中没有显示超链接 a 元素的默认样式，所以需要将其取消。

此时我们可以将这部分样式代码书写如下。

```
#prod div h2 {
    color: #111;
    font-weight: normal;
    font-size: 24px;
}
#prod div span {
    margin-left: 10px;
    margin-right: 10px;
    font-size: 13px;
    color: #ccc;
}
#prod div a {
    color: #46c37b;
    font-size: 14px;
    text-decoration: none;
}
```

第 5 部分是具体课程内容部分，其使用 ul 元素来实现。这部分只需要设置一个固定的高度，具体代码如下所示。

```
#prod ul {
    height: 420px;
}
```

第 6 部分是一个具体课程。从图 9-22 中可以看出，每个课程的四周都有一定边距，我们使用 margin属性来实现，这部分样式代码如下所示。

```
#prod ul li {
    float: left;
    margin: 5px;
    width: 230px;
    height: 200px;
    /*border:1px solid green;*/
    background-color: #FFF;
}
```

第 7 部分是课程图片，在结构上使用 img 元素来实现，在样式上只需让每个模块中的图片大小一致即可，这部分样式代码如下所示。

```
#prod ul li img {
    width: 230px;
}
```

第 8 部分是课程标题，虽然在结构上使用了超链接 a 元素，但是页面上没有显示该标签的默认样式。通过前面的讲解我们已经知道，虽然超链接 a 元素是行内元素，无法设置宽度和高度，但是因为我们需要让该标签具有一定宽度和高度并居中，所以需要先将其设置为行内块状元素，然后再为其设置宽度、高度和行高。当光标移动至文字上时，会出现下画线，此效果可以通过伪类和 text-decoration 属性来设置，具体代码如下所示。

```
#prod ul li a {
    display: inline-block;
    margin-left: 5px;
```

```
    margin-right: 5px;
    width: 220px;
    height: 30px;
    line-height: 30px;
    color: #111;
    font-size: 13px;
    text-decoration: none;
}
#prod ul li a:hover {
    text-decoration: underline;
}
```

第 9 部分是一个 span 元素，用来表示课程是否收费。这部分的设置与上方代码类似，因此不做过多讲解，直接展示这部分样式代码，如下所示。

```
#prod ul li span {
    display: inline-block;
    margin-left: 5px;
    margin-right: 5px;
    width: 220px;
    height: 20px;
    color: #43bc60;
    font-size: 12px;
}
```

至此，"为你推荐"频道的结构和样式都已经分析完毕，相信读者已经可以实现这个案例了，完整代码详见本书配套代码。

## 9.1.6　案例：左侧固定、右侧自适应页面

我们可以使用光标来调整浏览器窗口的大小，此时在浏览器中显示的网站页面也会随之改变。以后台管理系统为例，左侧用来展示菜单栏，右侧用来展示管理内容。但是在大部分网页中，不管怎么改变浏览器窗口大小，左侧的菜单栏通常都不会改变，只有右侧管理内容页面的大小会改变。其实，左侧内容固定、右侧自动占满屏幕的布局是一种常见布局。本节就来实现一个使用了这样的经典布局的案例。

我们先来看想要实现的页面效果，如图 9-23 所示。

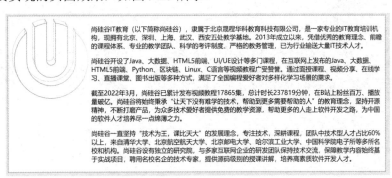

图 9-23　页面效果

这里将图 9-23 拆解为结构和样式 2 个部分进行开发，每部分都会先进行分析，然后使用代码实现，具体内容如下。

### 1．结构分析

这里将该案例页面从结构上拆解为 3 个部分，如图 9-24 所示。

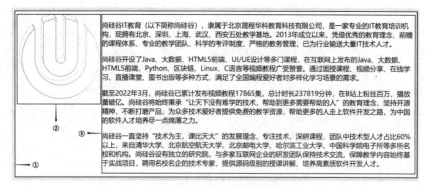

图 9-24 拆分后的案例结构

这个案例的结构非常简单，在图 9-24 中，①是一个包含左侧固定、右侧自适应页面的容器；②是左侧固定、右侧自适应页面中的左侧固定部分；③是左侧固定、右侧自适应页面中的右侧自适应部分。对于③，我们需要注意的是，这部分在结构上表现出来的是存在多个小容器，只不过此处我们将所有自适应部分放在一个容器里面。

该案例的 HTML 代码实现比较简单，我们直接进行书写，如下所示。

```html
<!DOCTYPE html>
<html>
  <head>
    <meta charset="UTF-8" />
  </head>
  <body>
    <div id="content">
      <img src="./images/logo.jpg" alt="" />
      <p>
          尚硅谷 IT 教育（以下简称尚硅谷），隶属于北京晟程华科教育科技有限公司，是一家专业的 IT 教育培训机构，
现拥有北京、深圳、上海、武汉、西安五处教学基地。2013 年成立以来，凭借优秀的教育理念、前瞻的课程体系、专业的
教学团队、科学的考评制度、严格的教务管理，已为行业输送大量 IT 技术人才。
      </p>
      <p>
          尚硅谷开设了 Java、大数据、HTML5 前端、UI/UE 设计等多门课程，在互联网上发布的 Java、大数据、HTML5
前端、Python、区块链、Linux、C 语言等视频教程广受赞誉。通过面授课程、视频分享、在线学习、直播课堂、图书出
版等多种方式，满足了全国编程爱好者对多样化学习场景的需求。
      </p>
      <p>
          截至 2022 年 3 月，尚硅谷已累计发布视频教程 17865 集，总计时长 237819 分钟，在 B 站上粉丝百万、播放
量破亿。尚硅谷将始终秉承"让天下没有难学的技术，帮助到更多需要帮助的人"的教育理念，坚持开源精神，不断打磨产
品，为众多技术爱好者提供免费的教学资源，帮助更多的人走上软件开发之路，为中国的软件人才培养尽一点绵薄之力。
      </p>
      <p>
          尚硅谷一直坚持"技术为王，课比天大"的发展理念，专注技术，深耕课程，团队中技术型人才占比 60% 以上，
来自清华大学、北京航空航天大学、北京邮电大学、哈尔滨工业大学、中国科学院电子所等多所名校和机构。尚硅谷设有
独立的研究院，与多家互联网企业的研发团队保持技术交流，保障教学内容始终基于实战项目，聘用名校名企的技术专家，
提供源码级别的授课讲解，培养高素质软件开发人才。
      </p>
    </div>
  </body>
</html>
```

### 2. 样式分析

通过图 9-23 观察整个页面效果。首先，可以发现页面背景颜色是灰色的，因此先对整个页面的背景颜色进行设置，代码如下所示。

```
body {
    background-color: #F2F2F2;
}
```

其次，开始设置图 9-24 中①所示区域的样式。这部分是整体左侧固定、右侧自适应页面的容器，为了保证页面美观，为其设置"min-width:768px"，即当页面的宽度小于 768px 时，页面就不再缩小，这部分代码样式如下所示。

```
#content {
    margin: 0 150px;
    padding: 5px;
    min-width: 768px;
    background-color: #FFF;
    border: 2px solid #CCCCCC;
}
```

由于 div 元素是块状元素，所以此时图片独占一行。为了实现图 9-24 中的效果，可以为图片标签设置固定大小和浮动方式，这部分样式代码如下所示。

```
#content img {
    float: left;
    width: 200px;
}
```

前面讲解过，在设置了 float 属性后，块状元素会出现重叠，但是其中的行框内容不重叠。此时右侧自适应部分应该会与图片重叠，如图 9-25 所示。

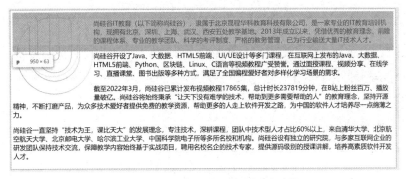

图 9-25 右侧自适应部分和图片重叠

我们将右侧自适应容器部分设置为"margin-left:205px"，这样就可以使右侧自适应的元素距离左侧 205px，不仅避开了与图片重叠，还使图片与自适应部分相隔 5px，使美观得到了保证，这部分样式代码如下所示。

```
#content p {
    margin-left: 205px;
}
```

选择右侧元素，这里只展示部分页面效果，可以看到，右侧自适应部分与图片不再重叠，如图 9-26 所示。

此时拖动窗口改变大小，图片和右侧自适应部分的元素不会产生重叠。参考第 7 章的式（7-1），即盒子模型中的容纳块宽度计算公式，在窗口进行改变时，右侧各 div 元素的内容区会进行自动计算。

因为在右侧各 div 元素中放置的是标题和段落标签，它们都是块状元素，所以在没有设置 padding 属性、border 属性、margin 属性的情况下，其内容区宽度与容纳块（各 div 元素）的内容区宽度相等，这样右侧各 div 元素的内容区宽度在放大或缩小时，其中的标题和段落标签内容区宽度也会同步放大或缩小。

至此，左侧固定、右侧自适应页面的布局相信读者已经熟练掌握，完整代码详见本书配套代码。

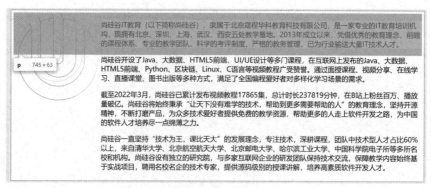

图 9-26　右侧自适应部分和图片不再重叠

# 9.2　定位

定位允许读者从正常的文档流布局中取出元素，并且使它们具有不同的行为。这种方式不仅可以使元素框相对于自己正常的位置进行移动，还可以相对于另一个定位的元素移动，甚至可以相对于浏览器窗口进行定位。显然，这个功能非常强大，我们可以使用这个功能控制页面中的任何一个元素。下面将对定位的相关知识进行讲解。

## 9.2.1　定位属性

CSS 提供了定位属性 position，可以用来设置定位的模式，具体地说，是用来确定元素在移动时会相对于什么标准来移动。position 属性的语法格式为"position:value"，其属性值有 4 种取值，我们通过表格进行展示，如表 9-1 所示。

表 9-1　position 属性值的 4 种取值

| 属性值 | 描述 |
| --- | --- |
| static | 此为默认值，用于正常生成元素框。块状元素独占一行，行内元素水平排列 |
| relative | 相对于元素本该在的位置进行定位 |
| absolute | 相对于最近的非 static 定位祖先元素的偏移，用来确定元素位置 |
| fixed | 相对于浏览器视口来进行定位 |

在本节中，我们只对 position 属性进行简单介绍，至于这些属性值的使用演示，我们会在 9.2.3 节中逐步展开。

## 9.2.2　移动元素属性

在明确了定位方式之后，我们就可以对元素进行移动了。控制移动的属性总共有 4 个，分别是 top 属性值、bottm 属性值、left 属性值、right 属性值。这 4 个属性值的取值可以是像素（px），也可以是百分比（%）。当使用百分比时，其位置是相对于容纳块的百分比来确定的，left 属性值、right 属性值的百分比相对于元素宽度的百分比确定，top 属性值、bottom 属性值的百分比则相对于元素高度的百分比确定。

不管书写的是哪种移动取值，元素的移动效果都是取决于定位属性 position 的取值。下面我们将这 4 种属性的关系通过表格进行展示，如表 9-2 所示。

表 9-2　position 属性和移动元素属性的关系

| position 属性的取值 | 移动元素属性的效果 | 注意事项 |
|---|---|---|
| position:static | top 属性值、bottom 属性值、left 属性值、right 属性值都将无效 | |
| position:relative | top 属性值指定了元素的上边界偏离其正常位置上边界的距离 | 设置为 position:relative 属性的元素的容纳块是离得最近的祖辈块状元素 |
| | bottom 属性值指定了元素的下边界偏离其正常位置下边界的距离 | |
| | left 属性值指定了元素的左边界偏离其正常位置左边界的距离 | |
| | right 属性值指定了元素的右边界偏离其正常位置右边界的距离 | |
| position:absolute | top 属性值指定了定位元素上外边界与其容纳块的上边界的距离 | 设置为 position:absolute 属性的元素的容纳块是距离最近的 position 的值，而不是 static 的祖辈元素 |
| | bottom 属性值指定了定位元素下外边界与其容纳块的下边界的距离 | |
| | left 属性值指定了定位元素左外边界与其容纳块的左边界的距离 | |
| | right 属性值指定了定位元素右外边界与其容纳块的右边界的距离 | |
| position:fixed | top 属性值指定了定位元素上外边界与其容纳块的上边界的距离 | 设置为 position:fixed 属性的元素的容纳块是浏览器视口 |
| | bottom 属性值指定了定位元素下外边界与其容纳块的下边界的距离 | |
| | left 属性值指定了定位元素左外边界与其容纳块的左边界的距离 | |
| | right 属性值指定了定位元素右外边界与其容纳块的右边界的距离 | |

本节只对移动元素属性进行简单介绍，至于这些属性值的使用方式，我们会在 9.2.3 节中逐步演示。

## 9.2.3　定位属性和移动元素属性的配合使用

通过 9.2.1 节和 9.2.2 节的讲解，我们已经对定位属性和移动元素属性有了一定了解，本节将会演示这 2 类属性的使用场景。

当定位属性 position 的属性值为默认值 static 时，其与我们之前使用的属性并无差异，页面会正常生成元素框，移动元素属性 top、bottom、left、right 都将无效。由于与之前使用的属性没有差别，所以对于这种情景，我们不做过多演示。

当定位属性 position 的取值为其他值时，移动元素属性都会生效，下面我们将定位属性 position 的剩余 3 种取值分为 3 种情况进行案例演示及讲解。

### 1. position:relative 与移动元素属性的配合

position:relative 代表相对于元素本该在的位置进行定位。下面我们通过案例进行讲解，请思考下面这段代码的运行效果。

```
<!DOCTYPE html>
<html>
  <head>
    <meta charset="UTF-8" />
    <style>
      .f {
        width: 200px;
        height: 200px;
        border: 1px solid gray;
      }
      .f div {
        width: 100px;
        height: 100px;
        border: 1px solid gray;
      }
    </style>
  </head>
```

```
<body>
  <div class="f">
    <div></div>
  </div>
</body>
</html>
```

相信阅读到这里，读者对这段代码的运行效果已经了然于心，其效果就是在一个 200px×200px 的正方形中嵌套了一个100px×100px 的正方形，此时元素的位置是在浏览器的左上角，同时没有添加外边距，如图 9-27 所示。我们在父元素中添加"margin:100px"，此时父元素会向右、向下移动，相应地，子元素也会随着父元素移动，外边距也会显示出来，如图 9-28 所示。

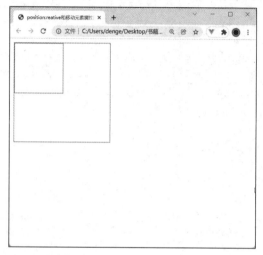

图 9-27　没有添加外边距的页面效果

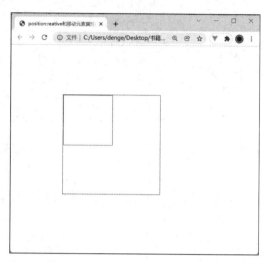

图 9-28　添加外边距的页面效果

现在我们将子元素样式修改为下方的形式，代码如下所示。

```
.f div{
  position:relative;
  left:30px;
  top:30px;
  width:100px;
  height:100px;
  border:1px solid gray;
}
```

我们在子元素的样式中增加了定位属性 position 和移动元素属性 left 与 right，此时子元素的位置发生了移动，如图 9-29 所示，虚线部分是原本子元素所在的位置，实线部分是移动后子元素所在的位置。

值得一提的是，当使用相对定位元素的方式将元素从常规位置移开时，其占据的空间并没有消失。我们可以在子元素的后面再增加一个 div 元素，然后观察其位置，具体代码如下所示。

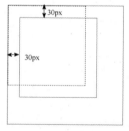

图 9-29　移动后的页面效果

```
<!DOCTYPE html>
<html>
  <head>
    <meta charset="UTF-8" />
    <style>
      .f {
        margin: 100px;
        width: 300px;
        height: 300px;
        border: 1px solid gray;
```

```
  }
  .f #f1 {
    position: relative;
    left: 150px;
    top: 10px;
    width: 100px;
    height: 100px;
    border: 1px solid gray;
  }
  .f #f2 {
    width: 90px;
    height: 90px;
    border: 1px solid red;
  }
</style>
</head>
<body>
  <div class="f">
    <div id="f1">1</div>
    <div id="f2">2</div>
  </div>
</body>
</html>
```

先来看这段代码实现的页面效果，然后结合页面效果对这段代码进行讲解，如图 9-30 所示。

结合图 9-30 的页面效果来看，div 元素（id 为 f1）已经完全移动到了自己应该在的位置之外，并且这个位置在页面上已经空出来了。即使后面我们又书写了一个 div 元素，依旧没有填补这个空白，div 元素（id 为 f2）还在之前的位置上。

需要注意的是，相对定位元素只是将其原来所在的位置空了出来，其也可能与其他元素产生重叠，具体代码如下所示。

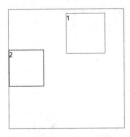

图 9-30　页面效果（1）

```
<!DOCTYPE html>
<html>
  <head>
    <meta charset="UTF-8" />
    <style>
      .f {
        margin: 100px;
        width: 300px;
        height: 300px;
        border: 1px solid gray;
      }
      .f div {
        width: 100px;
        height: 100px;
        border: 1px solid green;
      }
    </style>
  </head>
  <body>
    <div class="f">
      <div
        style="
```

```
            position: relative;
            top: 10px;
            left: 10px;
            background-color: green;
          "
      ></div>
      <div style="background-color: yellow"></div>
    </div>
  </body>
</html>
```

图 9-31 页面效果（2）

依旧先来看这段代码实现的页面结果，如图 9-31 所示，然后对这段代码进行分析。

在代码中，我们为第 1 个 div 元素设置了相对定位，然后使用 top 属性和 left 属性使其进行了移动。从页面效果来看，其与第 2 个 div 元素的位置发生了重叠。

### 2. position:absolute 与移动元素属性的配合

绝对定位元素的容纳块是 position 属性值为非 static 最近的祖辈元素。这部分我们依旧是通过案例进行讲解，请思考下面这段代码的运行效果。

```
<!DOCTYPE html>
<html>
  <head>
    <meta charset="UTF-8" />
    <style>
      #f {
        position: relative;
        width: 500px;
        height: 500px;
        border: 1px solid green;
      }
      #z {
        position: absolute;
        width: 300px;
        height: 300px;
        border: 1px solid red;
      }
      #s {
        position: absolute;
        bottom: 0;
        right: 0;
        width: 100px;
        height: 100px;
        border: 1px solid pink;
      }
    </style>
  </head>
  <body>
    <div id="f">
      <div id="z">
        <div id="s"></div>
      </div>
    </div>
```

```
   </body>
</html>
```

从代码中可以看出，存在的包含关系为 div 元素（id 为 f）→div 元素（id 为 z）→div 元素（id 为 s）。在代码中，我们为 div 元素（id 为 z）和 div 元素（id 为 s）设置了"position:absolute"，并且使用 bottom 属性和 right 属性使 div 元素（id 为 s）的位置发生了移动。运行代码后，页面效果如图 9-32 所示。

从图 9-32 中也可以看出这 3 个元素的包含关系，同时可以发现，其遵循我们在前面说的规则，即"绝对定位元素的容纳块是 position 属性值为最近的非 static 的祖辈元素"。div 元素（id 为 s）相对于 div 元素（id 为 z）进行移动。现在对代码进行修改，将 div 元素（id 为 z）上的"position:absolute"去掉，此时再观察页面，可以发现 div 元素（id 为 s）是相对于 div 元素（id 为 f）进行定位的，页面效果如图 9-33 所示。

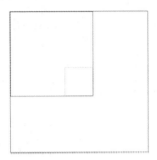

图 9-32　页面效果（3）

图 9-33　页面效果（4）

其实在实际开发中，在子元素上使用"position:absolute"时，会在其父元素上设置 relative，这样既不影响父元素，子元素也会相对于设置了 relative 的父元素移动，不至于产生较大影响。但是如果父元素的 position 属性值是 absolute 或 fixed，那么也可以让设置了"position:absolute"的子元素相对于父元素移动。

值得一提的是，如果元素设置了"position:absolute"，但最后发现其所有的祖辈元素的 position 属性值都是 static，那么此时就要依靠初始容纳块进行定位。

什么是初始容纳块呢？我们通过图 9-34 展示的页面效果来理解。

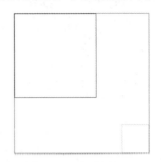

我们从图 9-34 中的①所对应的这一阶段开始分析，假设蓝色虚线框部分是窗口，黄色背景部分是页面中的内容，窗口大小有限，但内容过多，超出了窗口，因此在页面上出现了横向和纵向的滚动条。此时就进入②所对应的阶段，初始容纳块已经生成，它的大小和窗口大小一致，如图 9-34 中②的红色实线部分所示。

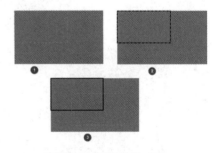

此时拉动滚动条，内容产生了移动，但是已经生成的初始容纳块没有发生改变，其也会随着滚动条被拉动而移动。

图 9-34　页面效果（5）

我们通过下方代码进行验证。

```html
<!DOCTYPE html>
<html>
  <head>
    <meta charset="UTF-8" />
    <style>
      body {
        width: 3000px;
        height: 3000px;
      }
      #f {
        position: absolute;
        bottom: 0;
        right: 0;
        width: 300px;
        height: 300px;
```

```
    border: 1px solid green;
    }
  </style>
</head>
<body>
  <div id="f"></div>
</body>
</html>
```

在上面的代码中，div 元素（id 为 f）的 position 属性值为 absolute。根据规则，我们需要寻找离它最近的 position 属性值为非 static 的元素，但是所有祖辈元素的 position 属性值都是 static，那么就要依靠初始容纳块来进行定位。此时的初始容纳块的大小就是第一屏的窗口大小。

运行代码后，请注意观察 div 元素（id 为 f）的位置。然后拉动滚动条，div 元素（id 为 f）会随着滚动条移动。这里为读者展示拉动滚动条后的页面效果，如图 9-35 所示。

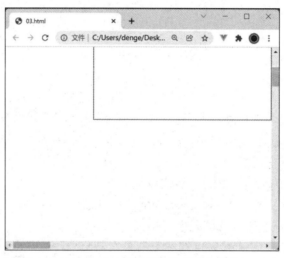

图 9-35　div 元素随着滚动条同步移动

当行内元素的 position 属性被设置为 absolute 后，生成的是一个块状元素。下面我们通过代码进行验证。

```
<!DOCTYPE html>
<html>
  <head>
    <meta charset="UTF-8" />
    <style>
      span {
        position: absolute;
        width: 100px;
        height: 100px;
        border: 1px solid green;
      }
    </style>
  </head>
  <body>
    <span></span>
  </body>
</html>
```

span 元素原本是一个行内元素，不可以设置宽度和高度，但由于我们在该元素上设置了"position:absolute"，将其变成了一个块状元素，设置的 width 属性和 height 属性也就生效了。如图 9-36 所示，在设置绝对定位后，span 元素在页面上显示为 100px×100px 的正方形。

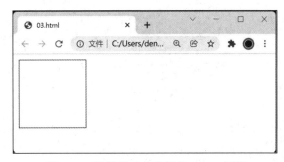

图 9-36 设置绝对定位后的\<span\>标签

当元素设置了绝对定位，并且其子元素设置了浮动时，绝对定位元素不会发生高度塌陷，代码如下所示。

```html
<!DOCTYPE html>
<html>
  <head>
    <meta charset="UTF-8" />
    <style>
      #f {
        position: absolute;
        width: 500px;
        border: 1px solid gray;
      }
      #z {
        float: left;
        width: 100px;
        height: 100px;
        border: 1px solid green;
      }
    </style>
  </head>
  <body>
    <div id="f">
      <div id="z"></div>
    </div>
  </body>
</html>
```

上述代码没有为 div 元素（id 为 f）设置高度，但为 div 元素（id 为 z）设置了浮动。在 9.1 节中我们提到过，这种情况会造成高度塌陷，但是因为 div 元素（id 为 f）被设置了绝对定位，所以此时不会产生塌陷的情况。

绝对定位的元素会被完全从文档流中删除，此时其有可能与其他元素重叠，代码如下所示。

```html
<!DOCTYPE html>
<html>
  <head>
    <meta charset="UTF-8" />
    <style>
      #f {
        position: relative;
        width: 300px;
        height: 300px;
        border: 1px solid green;
      }
      #f div {
        position: absolute;
```

```
      top: 0;
      left: 0;
      width: 100px;
      height: 100px;
      border: 1px solid green;
    }
  </style>
</head>
<body>
  <div id="f">
    <div>1</div>
    <div>2</div>
  </div>
</body>
</html>
```

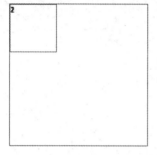

图 9-37　页面效果（6）

这段代码为 div 元素（id 为 f）中的 2 个子元素设置了绝对定位，在我们的认知中，它应该遵循上下关系在页面中显示，但因为设置了绝对定位，所以 2 个子元素 div 出现了重叠。由于这 2 个子元素 div 都没有设置背景颜色，都是透明的，所以从页面上看，这 2 个子元素 div 的数字出现了重叠。如果想要避免出现这种情况，就可以给 div 元素设置背景颜色，使其覆盖另一个元素的背景。运行这段代码后，页面效果如图 9-37 所示。

在绝对定位中，可以同时使用 left 属性和 right 属性对位置进行调整，并且当 width 属性的属性值设置为 auto 时，元素会自动进行计算。同理，针对绝对定位的元素，也可以同时使用 bottom 属性和 top 属性对位置进行调整，并且当 height 属性的属性值设置为 auto 时，元素也会自动进行计算。下面以横向计算 width 属性值为例来进行讲解。

定位元素的内容区宽度 = 容纳块宽度 + 容纳块内边距宽度–left 属性值–margin-left 属性值–border-left 属性值–padding-left 属性值–padding-right 属性值–border-right 属性值–margin-right 属性值–right 属性值　　　　(9-1)

现有代码如下所示，请思考在下方代码中，div 元素（id 为 f）的子元素宽度是多少？

```
<!DOCTYPE html>
<html>
  <head>
  <meta charset="UTF-8" />
  <style>
    #f {
      position: relative;
      padding-left: 10px;
      padding-right: 20px;
      width: 300px;
      height: 300px;
      border: 1px solid green;
    }
    #f div {
      /*width = 300+10+20 - 10 - 23 -1 - 1 - 1 - 3 */
      position: absolute;
      left: 10px;
      right: 3px;
      margin-left: 23px;
      padding-right: 1px;
      width: auto;
```

```
      height: 100px;
      border: 1px solid green;
    }
  </style>
 </head>
 <body>
  <div id="f">
   <div></div>
  </div>
 </body>
</html>
```

在注释中，我们已经将代码中对应的属性值带入式（9-1）进行计算，计算后得出的结果为 291px。下面通过盒子模型来验证计算结果否准确。div 元素（id 为 f）的盒子模型如图 9-38 所示。

### 3. position:fixed 与移动元素属性的配合

position: fixed 的容纳块是浏览器视口，代表相对于浏览器的视口进行定位。当使用移动元素属性来移动元素时，元素也是相对于容纳块进行移动的。

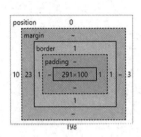

图 9-38　div 元素（id 为 f）的盒子模型

需要注意的是，设置了"position:fixed"的元素会完全脱离文档流，与文档中的任何一部分都没有关系，代码如下所示。

```
<!DOCTYPE html>
<html>
 <head>
  <meta charset="UTF-8" />
  <style>
   .f {
     height: 1000px;
     background-color: yellow;
     border: 1px solid gray;
   }
   #fixed {
     position: fixed;
     top: 0;
     right: 0;
     width: 100px;
     height: 200px;
     border: 1px dotted gray;
     background-color: red;
   }
  </style>
 </head>
 <body>
  <div class="f"></div>
  <div id="fixed"></div>
 </body>
</html>
```

上述代码为 div 元素（id 为 fixed）设置了"position:fixed"，即使拉动滚动条使普通文档流中的元素产生滚动，div 元素（id 为 fixed）的位置也丝毫不受影响，页面效果如图 9-39 所示。

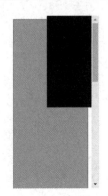

图 9-39　页面效果（7）

## 9.2.4 层叠顺序

在 9.2.3 节我们提到过，如果元素设置了定位属性，那么元素可能会显示在相同的位置上，从而出现重叠。前面也曾提到，要想让元素文字不重叠，只需为元素设置背景颜色即可。但是此时就会产生一个问题，即只会显示上方的元素。如果想要显示下方的元素，应如何操作呢？

这种情况就可以使用 z-index 属性来解决，其主要用来调整元素之间的层叠顺序。z-index 属性的语法格式为 "z-index:value"，其属性值有以下 2 种。

- auto：自动确定，可以理解为 0。
- 其他数值：数值可以大于 0 或小于 0。数值越大，离我们越近。数值大的元素可以覆盖其他元素。

现在请思考下方代码的运行效果。

```
<!DOCTYPE html>
<html>
  <head>
    <meta charset="UTF-8" />
    <style>
      #z1,
      #z2 {
        width: 100px;
        height: 100px;
        border: 1px solid green;
      }
    </style>
  </head>
  <body>
    <div
      id="z1"
      style="position: relative; top: 50px; background-color: green"
    ></div>
    <div id="z2" style="background-color: greenyellow"></div>
  </body>
</html>
```

图 9-40　页面效果（1）

这段代码定义了 2 个 div 元素，为第 1 个 div 元素（id 为 z1）设置了相对定位，并且使用 top 元素对其位置进行了调整，第 2 个 div 元素（id 为 z2）位置不变。此时定位的元素（position 属性值非 static 的元素）会显示在普通元素上面，页面效果如图 9-40 所示。

现在我们对代码进行部分修改，请观察下方代码，并且思考其在页面中的运行效果。

```
<!DOCTYPE html>
<html>
  <head>
    <meta charset="UTF-8" />
    <style>
      #z1,
      #z2 {
        width: 100px;
        height: 100px;
        border: 1px solid green;
      }
    </style>
  </head>
```

```
<body>
  <div
    id="z2"
    style="position: absolute; top: 0; background-color: greenyellow"
  ></div>
  <div
    id="z1"
    style="position: relative; top: 0; background-color: green"
  ></div>
</body>
</html>
```

从代码中可以看出，2 个 div 元素都是定位元素，在页面中第 2 个 div 元素（id 为 z1）会覆盖第 1 个 div 元素（id 为 z2）。因为此时 2 个 div 元素的 z-index 属性值都是 auto，所以层级可以视为 0，后出现的定位元素会覆盖先出现的定位元素，页面效果如图 9-41 所示。

图 9-41 页面效果（2）

如果想要让第 2 个 div 元素（id 为 z2）覆盖第 1 个 div 元素（id 为 z1），那么可以通过修改 z-index 属性值来实现，只需要将该属性值设置得比 0 大即可。下面对上面案例的层级进行修改，代码如下所示。

```
<!DOCTYPE html>
<html>
  <head>
    <meta charset="UTF-8" />
    <style>
      #z1,
      #z2 {
        width: 100px;
        height: 100px;
        border: 1px solid green;
      }
    </style>
  </head>
  <body>
    <div
      id="z2"
      style="
        position: absolute;
        top: 0;
        z-index: 1;
        background-color: greenyellow;
      "
    ></div>
    <div
      id="z1"
      style="position: relative; top: 0; background-color: green"
    ></div>
  </body>
</html>
```

图 9-42 修改了 z-index 属性值后的页面效果

此时，页面效果因为修改了 z-index 属性值而发生了改变，div 元素（id 为 z2）覆盖了 div 元素（id 为 z1），如图 9-42 所示。

需要注意的是，z-index 属性值可以设置为不连续的数字，对于定位元素来说，谁的值大就将谁放在上面，代码如下所示。

```
<!DOCTYPE html>
<html>
  <head>
    <meta charset="UTF-8" />
    <style>
      #z1,
      #z2 {
        width: 100px;
        height: 100px;
        border: 1px solid green;
      }
    </style>
  </head>
  <body>
    <div
      id="z2"
      style="
      position: absolute;
      top: 0;
      z-index: 1;
      background-color: greenyellow;
      "
    ></div>
    <div
      id="z1"
      style="position: relative; top: 0; z-index: -1; background-color: green"
    ></div>
  </body>
</html>
```

运行代码后，页面效果与上一段代码的运行效果相同，如图 9-42 所示。

## 9.2.5 案例：元素水平、垂直居中

在前面我们提到过，定位可以让块状元素进行垂直居中和水平居中，本节将综合这部分知识来实现开发中常见的效果"元素水平、垂直居中"。

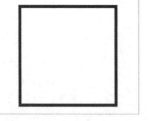

图 9-43 整体页面效果

先来看我们想要实现的整体页面效果，如图 9-43 所示。

从图 9-43 中可以清楚地看到，有 2 个边框有颜色的元素，一个是边框为灰色细线的长方形，另一个是边框为绿色粗线的正方形。其中，绿色的正方形水平、垂直居中放置在灰色长方形中。从结构上看，这是 2 个 div 元素嵌套的形式；从样式来看，除了需要设置对应元素的边框样式，还需要为 2 个 div 元素分别设置定位属性和移动元素属性。

该案例的整体实现代码如下所示。

```
<!DOCTYPE html>
<html>
  <head>
    <meta charset="UTF-8" />
    <style>
      #f {
        position: relative;
        width: 500px;
        height: 400px;
        border: 1px solid gray;
```

```
      }
      #z {
        position: absolute;
        top: 50%;
        margin-top: -175px;
        left: 50%;
        margin-left: -175px;
        padding: 15px;
        border: 10px solid green;
        width: 300px;
        height: 300px;
      }
    </style>
  </head>
  <body>
    <div id="f">
      <div id="z"></div>
    </div>
  </body>
</html>
```

在这段代码中，div 元素（id 为 f）和 div 元素（id 为 z）互为父子关系。现在，因为子元素 div（id 为 z）要水平、垂直居中于父元素 div（id 为 f），所以为子元素 div（id 为 z）设置了绝对定位，同时为父元素 div（id 为 f）设置了相对定位，这样子元素就可以相对于父元素进行移动。

就横向居中来说，我们设置了"left:50%"，指的是容纳块的 50%，即子元素 div（id 为 z）移动到父元素 div（id 为 f）的 50%的位置，如图 9-44 所示。

由于子元素 div（id 为 z）"离开"了 50%，从图 9-44 中可以看出，其已超出容纳块，所以还需要将其"拉回"到自身宽度的一半的位置，从而使其实现水平居中。需要注意的是，这里的自身宽度的一半指的是 (子元素的 width 属性值+子元素的横向 padding 属性值+子元素的横向 border 属性值)/2。移动前、移动后子元素 div（id 为 z）在页面上的位置，如图 9-44 与图 9-45 所示。

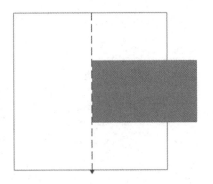

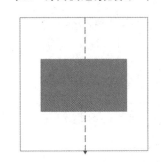

图 9-44　移动前子元素 div（id 为 z）在页面上的位置　　　图 9-45　移动后子元素 div（id 为 z）在页面上的位置

## 9.2.6　案例：二级菜单

大部分网站都有这样一个效果，当光标移动至菜单的某一项上时，会出现该菜单的二级菜单。例如，在某购物网站上有一个品类菜单，其中分别有美妆、运动、电子影音等选项卡，当我们将光标移动至美妆上时，会出现一个区域来显示美妆选项卡下的化妆品类型，如化妆水、乳液、精华等，出现的化妆品类型就是我们所说的二级菜单。下面我们综合前面所讲内容来实现一个简单的二级菜单。

233

先来看想要实现的整体页面效果，如图 9-46 所示。

图 9-46　整体页面效果

我们将上面这个案例拆分为结构和样式 2 个部分进行分析。下面我们先对这个二级菜单的结构进行分析，然后搭建这个案例的框架，最后使用 CSS 对其框架进行修饰。

### 1. 结构分析

图 9-46 的页面在进行划分后，如图 9-47 所示。

这个案例的 HTML 结构很简单，从图 9-47 中可以看出，页面被划分为 2 个部分。一部分是所有一级菜单的结构，另一部分是与其对应的子菜单的结构。有 2 点需要说明，一是每个一级菜单及其所属的二级菜单都可以使用列表项进行包裹；二是每个列表都需要包含一个超链接 a 元素，以此作为一级菜单标签。尽管子菜单也在列表项中，但是它不能与一级菜单相同，即不能使用超链接 a 元素来实现。因为这部分要作为二级菜单出现在一级菜单的右侧，所以二级菜单需要使用 div 元素来实现。

图 9-47　划分后的页面结构

该案例的 HTML 代码如下所示。

```
<!DOCTYPE html>
<html>
  <head>
    <meta charset="UTF-8" />
  </head>
  <body>
    <ul id="menu">
      <li>
        <a href="#">菜单 1</a>
        <div>菜单 1-子菜单</div>
      </li>
      <li>
        <a href="#">菜单 2</a>
        <div>菜单 2-子菜单</div>
      </li>
      <li>
        <a href="#">菜单 3</a>
        <div>菜单 3-子菜单</div>
      </li>
      <li>
        <a href="#">菜单 4</a>
        <div>菜单 4-子菜单</div>
```

```
    </li>
    <li>
      <a href="#">菜单 5</a>
      <div>菜单 5-子菜单</div>
    </li>
    <li>
      <a href="#">菜单 6</a>
      <div>菜单 6-子菜单</div>
    </li>
  </ul>
</body>
</html>
```

### 2. 样式分析

先对整体页面效果进行观察，然后根据不同部分需要呈现的不同效果进行样式填充。

可以看出，整个页面的背景颜色不是纯白色的，并且在结构中使用了 ul 元素来实现菜单项。因此，第 1 步，要设置整个页面的背景颜色并对 ul 元素的默认样式进行清除，以便进行后续操作，这部分样式代码如下所示。

```
body {
    background-color: #F4F4F4;
}
ul {
    margin: 0;
    padding: 0;
    list-style-type: none;
}
```

第 2 步，着手进行整个菜单项区域的设计。这部分内容比较简单，只需设计整个菜单的宽度和背景颜色即可，这部分样式代码如下所示。

```
#menu {
    width: 300px;
    background-color: #FFF;
    border: 1px solid gray;
}
```

此时，因为在一级菜单下还有二级菜单没有进行样式设置，所以第 3 步，使每个选项中的二级菜单与一级菜单相同，都具有固定的宽度和背景颜色，这部分样式代码如下所示。

```
#menu div {
    width: 500px;
    background-color: #FFF;
    border: 1px solid gray;
}
```

此时，页面效果如图 9-48 所示。

图 9-48　页面效果（1）

235

通过前面的描述可以知道，二级菜单在通常情况下是隐藏的，只有当光标移动至一级菜单上时，才会显示出来，这也是这个案例的核心功能。在各部分样式都已设计好后，我们开始实现这个效果。默认让二级菜单隐藏，当光标移动到 li 元素上时，才将 li 元素对应所属的二级菜单显示出来。

我们在第 3 步基础上修改代码，通过添加"display:none"隐藏二级菜单，修改后的代码如下所示。

```
#menu div {
    display: none;
    width: 500px;
    background-color: #FFF;
    border: 1px solid gray;
}
```

当光标移动到 li 元素上时，li 元素对应的二级菜单会显示出来。这个效果需要使用伪类来实现，因此第 4 步，通过伪类将 display 属性的属性值改为 block，样式代码如下所示。

```
#menu li:hover div {
    display: block;
}
```

至此，二级菜单的核心功能已经全部实现。

观察图 9-47 可以发现，我们需要实现的一级菜单的位置和样式都与整体样式不同。这里我们对其进行样式优化，代码如下所示。

```
#menu li {
    padding-left: 5px;
    /*border:1px solid red;*/
}
#menu li a {
    display: block;
    height: 30px;
    line-height: 30px;
    font-size: 14px;
    text-decoration: none;
    color: #333;
    /*border:1px solid gray;*/
}
```

此时，页面效果发生变化，如图 9-49 所示。

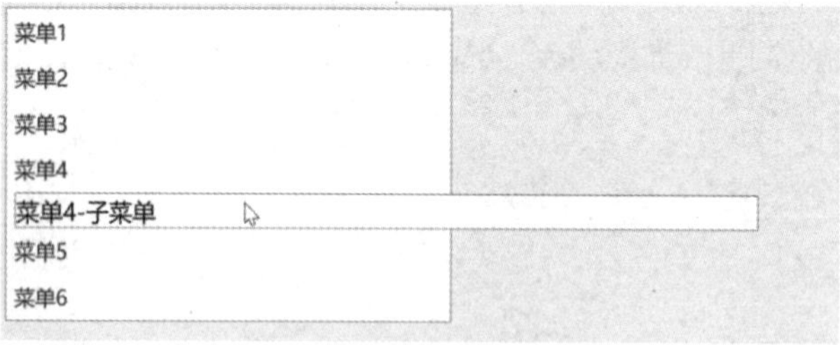

图 9-49　页面效果（2）

这与我们想要实现的效果还是有所差距，二级菜单的位置与设想的不同，因此我们还要固定二级菜单的位置。

因为二级菜单的高度要与整体菜单的高度保持一致，并且其要显示在一级菜单的右侧，所以二级菜单的位置需要使用定位的相关知识来设置并实现。这里分 2 步进行讲解，具体如下。

（1）为二级菜单添加绝对定位，并且将二级菜单设置在一级菜单的右侧。可以对之前设置的二级菜单样式代码进行修改，如下所示。

```
#menu div {
    display: none;
    position: absolute;
```

```
    left: 300px;
    width: 500px;
    background-color: #FFF;
    border: 1px solid gray;
}
```

（2）借助式（9-1）自动计算宽度和高度，将二级菜单的高度撑开。

在这之前，首先要将菜单设置为相对定位，这样所有的二级菜单在都设置了绝对定位后，就可以根据菜单的位置进行定位。可以在之前为菜单项设置的样式中添加"position: relative;"，代码如下所示。

```
#menu {
    position: relative;
    width: 300px;
    background-color: #FFF;
    border: 1px solid gray;
}
```

其次使用式（9-1）自动计算宽度和高度，将二级菜单高度拉开，在前面设置的基础上，将一级菜单的样式代码进行修改，如下所示。

```
#menu div {
    display: none;
    position: absolute;
    top: -1px;
    bottom: -1px;
    left: 300px;
    width: 500px;
    background-color: #FFF;
    border: 1px solid gray;
}
```

至此，我们从整体到局部完成了所有结构样式的设置，完整代码详见本书配套代码。

## 9.2.7 案例：轮播图布局

所谓轮播图，是指在一个模块或窗口通过鼠标点击或手指滑动而看到的多张图片。更有甚者，只要光标或手指在轮播图所在页面停留，多张图片就会自动依次展示。通过轮播图展示多张图片信息的方式，不管是在各大电商类网站还是资讯类应用网站首页都十分常见。

值得一提的是，在前端中有 2 种方式可以实现轮播图效果，一种是使用 CSS 对样式进行调控，另一种是使用 CSS+JS（JavaScript，控制行为的编程语言），在本节中我们采用 CSS 的方式来实现一个轮播图的布局。

先来看我们想要实现的轮播图效果，如图 9-50 所示。

图 9-50　轮播图效果

对于这个案例，我们采用实现的思路，将结构与样式分离，先搭建整体结构，再使用样式对每一部分进行填充。不论是结构部分还是样式部分，都采用先分析再书写代码的方式进行讲解。

### 1. 结构分析

将图 9-50 中的轮播图按照结构进行划分，如图 9-51 所示。

图 9-51 按照结构划分的轮播图

从图 9-51 中可以看出,这个模块可以划分为 3 个部分,分别为显示图片的容器、切换图片的箭头和显示当前图片是第几张的标识。

在轮播图的结构逻辑中,比较难理解的就是图片轮播的思路。因为有多张需要进行轮播展示的图片,但是因为每次只能显示 1 张图片,所以我们可以通过如下结构来实现这一效果,如图 9-52 所示。

图 9-52 轮播图结构

在图 9-52 中,图片一外部的虚线框代表要显示图片的窗口,我们总共需要轮播 5 张图片,因此这 5 张图片需要横向排列。显示图片的窗口一次只能显示 1 张图片,故超出的部分需要隐藏。

值得一提的是,我们不仅可以轮播每张图片,还可以通过点击图片跳转到指定的链接上。如果想要实现这一效果,那么图片外部需要使用超链接 a 元素进行包裹。

此外,当光标移动到轮播图容器上时(图 9-51 中①所表示的部分),容器需要显示可以让用户切换轮播图的箭头,以及当前展示的是第几张轮播图。

此时我们可以写出如下代码结构。

```html
<!DOCTYPE html>
<html>
  <head>
    <meta charset="UTF-8" />
  </head>
  <body>
    <div id="container">
      <!--轮播图图片部分-->
      <ul>
        <li>
          <a href="#">
            <img src="./images/01.jpg" alt="" />
          </a>
        </li>
        <li>
          <a href="#">
            <img src="./images/02.jpg" alt="" />
          </a>
        </li>
        <li>
          <a href="#">
            <img src="./images/03.jpg" alt="" />
          </a>
        </li>
        <li>
          <a href="#">
            <img src="./images/04.jpg" alt="" />
          </a>
        </li>
        <li>
```

```
      <a href="#">
        <img src="./images/05.jpg" alt="" />
      </a>
    </li>
  </ul>
  <!--轮播图箭头部分-->
  <div id="arrow-prev"></div>
  <div id="arrow-next"></div>
  <!--轮播图底部-->
  <div id="sign">
    <div></div>
    <div></div>
    <div class="active"></div>
    <div></div>
    <div></div>
  </div>
  </div>
  </body>
</html>
```

### 2. 样式分析

在设计结构时，我们使用 ul 元素和 li 元素的组合来放置多张图片。在　开始要先将 ul 元素的默认样式清除，这部分样式代码如下所示。

```
ul {
    margin: 0;
    padding: 0;
    list-style-type: none;
}
```

接下来开始对轮播图进行设置。轮播图容器的总宽度应为一张图片的宽度，即 1130px。总共有 5 张图片需要轮番显示，故在容器的 div 元素（id 为 container）中，总宽度设置为 5650px，如此即可实现将超出轮播图容器的图片隐藏起来的效果。这部分样式代码如下所示。

```
#container {
    position: relative;
    margin: 0 auto;
    width: 1130px;
    height: 286px;
    overflow: hidden;
    /*border:1px solid green;*/
}
#container ul {
    position: absolute;
    top: 0;
    left: 0px;
    width: 5650px;
    height: 286px;
    /*border:1px solid red;*/
}
```

此时图片是纵向排列的，但在前面我们说过，需要让图片横向排列。我们可以通过为其设置浮动来实现横向排列。值得一提的是，我们需要为每张图片都设置宽度和高度，但是因为超链接 a 元素是行内元素，所以需要先将其设置为块状元素，再对其进行宽度和高度设置，这部分样式代码如下所示。

```
#container ul li {
    float: left;
    /*border:1px solid gray;*/
}
#container ul li a {
```

```
    display: block;
    width: 1130px;
    height: 286px;
    font-size: 0;
}
#container ul li img {
    width: 100%;
    height: 100%;
}
```

从图 9-51 中②所表示的部分中可以看出，箭头放置在两边且垂直居中。当光标移到容器上时，箭头的背景颜色会发生改变。为了实现这一效果，我们要使用定位对 2 个箭头的位置进行确定，并且使用伪类使光标移入后，背景颜色发生变化，这部分样式代码如下所示。

```
#arrow-prev, #arrow-next {
    position: absolute;
    top: 50%;
    margin-top: -35px;
    width: 42px;
    height: 70px;
    background-image: url("./images/icon-slides.png");
    /*border:1px solid green;*/
}
#arrow-prev {
    left: 0;
    background-position: -84px 0;
}
#arrow-next {
    right: 0;
    background-position: -124px 0;
}
#container:hover #arrow-prev {
    background-position: 0px;
}
#container:hover #arrow-next {
    background-position: -42px;
}
```

还有一部分，就是设置轮播图底部（图 9-50 中③所表示的部分）。这部分是显示当前图片序号的小标志，它位于底部且横向居中。正在显示的图片所对应的小标志显示为白色。对于图片位置的定位，我们依旧使用绝对定位来确定，然后通过为内部的 div 元素设置浮动来实现横向显示。这部分样式代码如下所示。

```
#sign {
    position: absolute;
    left: 50%;
    margin-left: -50px;
    bottom: 30px;
    width: 100px;
    height: 10px;
    /*border:1px solid red;*/
}
#sign div {
    float: left;
    margin-left: 5px;
    margin-right: 5px;
    width: 10px;
    height: 10px;
    background-color: rgba(0, 0, 0, .8);
}
```

```
#sign div.active {
    background-color: rgba(255, 255, 255, .3);
}
```

此时，结构分析和样式分析已经全部完成，完整代码详见本书配套代码。

## 9.2.8 案例：网站底部广告

网站会采用各种各样的方式传递网站信息，前面我们演示了二级菜单和轮播图布局这 2 种网站用来展现信息的方式，下面就带领读者实现一种网站展示信息的新方式——网站底部广告。

图 9-53　整体效果

先来看我们想要实现的整体效果，如图 9-53 所示。

该案例采用结构与样式分离的方式，先进行分析，后进行开发。我们分为两步进行讲解。

### 1. 结构分析

从图 9-53 中可以看出，整个广告分为 3 个部分，分别是广告图片、覆盖在图片上的文字，以及广告右上角的关闭按钮。想要实现的功能是，当我们点击广告时，会跳转到指定的链接上。为了实现这个效果，整个图片需要使用超链接 a 元素进行嵌套。

此时我们可以写出如下 HTML 结构代码。

```
<!DOCTYPE html>
<html>
  <head>
    <meta charset="UTF-8" />
  </head>
  <body>
    <div id="ad">
      <a href="#">
        <img src="./images/01.jpg" alt="" />
      </a>
      <strong>西安我们来了!</strong>
      <div id="close">X</div>
    </div>
  </body>
</html>
```

### 2. 样式分析

现在开始为这个结构进行装饰。我们首先需要明确广告的效果，即不论怎么滚动页面，广告始终固定在窗口的右下角。为了验证这个效果，我们需要将 body 元素的高度设置为 2000px，并且让窗口出现滚动条，代码如下所示。

```
body{
    height:2000px;
}
```

其次设置这个广告在页面中的位置，以及广告的宽度和高度。由于广告始终固定显示在页面上，所以我们使用 "position:fixed;" 对广告进行定位，样式代码如下所示。

```
#ad{
    position:fixed;
    right:0;
    bottom:0;
    width:300px;
    height:169px;
    border:5px solid rgba(0,0,0,.3);
}
```

随后将广告图片的宽度设置为父元素宽度的 100%，使图片大小与容器大小一致，代码如下所示。

```
#ad img{
    width:100%;
}
```

此时，整体框架已经基本成型，下面开始实现在图片上覆盖文字。

文字部分在 HTML 代码中采用 strong 元素实现，我们需要让它根据整个容器 div（id 为 ad）的位置进行定位，因此需要为其设置"position:absolute"。值得一提的是，strong 元素原本是行内元素，但在设置了绝对定位后，它就变成了块状元素。然后通过设置"top:50px"和"bottom:50px"，自动计算出 strong 元素的高度为 69px，因此可以通过设置"line-height:69px"使文字垂直居中显示。这部分样式代码如下所示。

```
#ad strong {
    position:absolute;
    top:50px;
    bottom:50px;
    left:0;
    right:0;
    text-align: center;
    font-size:43px;
    line-height: 69px;
    color:rgba(0,0,0,.8);
    background-color: rgba(255,255,255,.5);
}
```

最后只剩一个关闭按钮没有设置。关闭按钮需要始终定位在广告的右上角，因此与文字定位相似，其需要根据整个容器 div（id 为 ad）的位置进行绝对定位。这部分样式代码比较简单，具体如下所示。

```
#ad #close{
    position:absolute;
    top:0;
    right:0;
    width:30px;
    height:30px;
    line-height: 30px;
    text-align: center;
    color:#FFF;
    background-color:rgba(0,0,0,.3);
}
```

至此，网站底部广告的效果已经成功实现，完整代码详见本书配套代码。

## 9.3  本章小结

本章分 2 个部分介绍了浮动和定位，9.1 节介绍了浮动的相关知识，其中首先对普通文档流和浮动进行了对比演示，使读者可以清楚地看到浮动实现的效果。然后使用两节的篇幅介绍了浮动的规则和如何清除浮动，至此，读者已经可以自如地在代码中应用浮动。最后通过 3 个案例反复练习，让读者可以熟练地掌握如何在各种效果中应用浮动。

9.2 节介绍了定位的相关知识，首先通过两节的篇幅介绍了定位属性和移动元素属性，其次对二者的各种配合使用情况予以介绍和演示，同时介绍了解决多个元素重叠的 z-index 属性，这部分内容比较简单，相信读者可以轻松掌握。最后综合前面讲解的知识实现了 4 个常见案例，读者可以据此轻松地实现一些开发中的常见效果。

虽然本章讲解的属性较少，但我们依旧使用了多个案例进行演示和讲解，这部分内容的重要性足以见得。建议读者对本章内容反复学习，对涉及的案例多次实操，以达到熟练掌握的程度。

# HTML5 篇

# 第10章

# HTML5 初体验

本章彩图

近年来，互联网不断变革，与其密切相关的前端技术也备受瞩目。HTML 已不再能轻松地实现网页上丰富多样的效果，于是在 2007 年，HTML5 出现了。HTML5 在原有版本的基础上，废除了 HTML4 中许多不合理的效果标记，增加了很多媒体、图形等新标记，最大限度地减少了对外部插件的依赖。此外，本地离线存储方式也得到了优化，使得 HTML5 能够为移动端开发提供更多便利。

HTML5 自面世后就受到了各大浏览器厂商的热烈欢迎与支持，更有知名媒体评论"HTML5 的时代马上就要到来了"。为了营造较好的 HTML5 初体验，本章将带领读者一步步剖析 HTML5。从 HTML5 的历史开始，依次讲解 HTML5 的语法和标签，以及如何使用 HTML5 重构网页结构。

## 10.1 HTML5 介绍

在前面的讲解中，我们提到 HTML 是用来编写网页的语言。HTML 使用标签为内容添加结构，简单地说，就是将内容使用标签标记出来。值得一提的是，不管是在 HTML 中还是在 HTML5 中，标签的作用都是相同的。

### 10.1.1 XHTML1.0

在 1998 年，万维网联盟（W3C 官方 Web 标准组织）停止了对 HTML 的维护。作为对 HTML 的改进，W3C 开始制定基于 XML 的后续版本 XHTML1.0。

XHTML1.0 与 HTML 的语法大多相同，只不过其要求更加严格。以将标题中的文字变为斜体为例，普通代码的写法如下所示。

```
<h1>小尚的 HTML5<i>初体验</i></h1>
```

在 XHTML1.0 中，代码写法如下所示。

```
<h1>小尚的 HTML5<i>初体验</h1></i>
```

浏览器在解释上面的代码时，会把 i 标签包裹的"初体验"变为斜体。但为了避免出现这种私上不规的写法，XHTML 验证器会给出警告。

正因如此，尽管在最初 XHTML1.0 获得了成功，但专业的 Web 开发者还是已经厌倦了这种怎么写 HTML 都能正常执行的状态。对于 Web 开发者和浏览器来说，虽然其接受了 XHTML1.0，使 XHTML1.0 成为一种标准，但浏览器不会严格地按照标准执行错误检查，这就意味着 Web 开发者在编写页面时仍然可以不遵守标准。

### 10.1.2 XHTML2.0

为了解决浏览器不执行错误检查的问题，W3C 开始制定 XHTML2.0。XHTML2.0 给出了极其严格的错误处理规则，强制要求浏览器拒绝无效的 XHTML2.0 页面，同时要求 Web 开发者放弃一些编码惯例。

XHTML2.0 的制定意味着 Web 开发者必须改变以前编写网页的习惯，并且浏览器不能解释按照以前的标准所编写的 Web 页面，但是又没有增加新功能，因此 XHTML2.0 标准的制定并不得人心。

### 10.1.3 HTML5 出现

从 2004 年开始，即在 XHTML2.0 标准制定的同时，Opera、Mozilla、Apple 的一些开发者提出建议，希望继续支持以前的标准，并且加入一些对开发者有用的功能，但是他们的建议没有被采纳。

之后，Opera、Mozilla、Apple 组建了 WHATWG 组织，该组织开始制订一些解决方案。WHATWG 提出的解决方案不是为了取代 HTML，而是想办法兼容 HTML 并加入一些对 Web 开发者有用的功能。

2007 年前后，WHATWG 组织获得了很多支持，之后 W3C 宣布解散制定 XHTML2.0 标准的工作组，同时开始将 HTML5 改为正式的标准，这就是 HTML5 的由来。HTML5 图标如图 10-1 所示。

HTML5 标准新增了一些语义标签，加强了 Web 表单控件，增加了视频和音频支持，以及增加了可以通过 JavaScript 进行绘图的 Canvas，等等。因主题限制，本书只对 HTML 方面进行的修改和增加进行讲解。

图 10-1　HTML5 图标

## 10.2　体验 HTML5

通过阅读 10.1 节的内容，我们已经对 HTML5 有了简单的了解。本节就带领读者初次体验 HTML5。

### 10.2.1　设置 HTML5 的文档类型

通过前面的介绍可以得知，文档头的作用是告诉浏览器应该以什么方式来解释这个 HTML 文档，同时提到 HTML5 会将其简化。下面就对 HTML5 的简化方式进行具体介绍。

每个 HTML5 文档的第一行都必须有文档类型声明，通过文档声明，浏览器能够了解当前 HTML 文档所使用的 HTML 规范。

与 XHTML 的文档类型声明相比，HTML5 的文档类型声明相当简洁。在 XHTML 中是这样声明文档类型的，具体代码如下所示。

```
<!DOCTYPE html PUBLIC "-//W3C//DTD XHTML 1.0 Strict//EN"
"http://www.w3.org/TR/xhtml1/DTD/xhtml1-strict.dtd">
```

在 HTML5 中则省略了大部分内容，代码如下所示。

```
<!DOCTYPE html>
```

浏览器通过判断文档头就可以自动切换至对应的模式（如发现是 HTML5 的文档头，就可以切换至

HTML5 的模式），设置文档类型的过程可以体现 HTML5 化繁为简的宗旨。

## 10.2.2　设置页面语言

HTML5 通过在<html>标签上使用 lang 属性来设置网页的语言。这个设置可以让搜索引擎筛选搜索的结果，确保只向搜索者返回与其使用的语言相同的页面。

使用 lang 属性可以设置的常用语言有 2 种，具体说明如下。

● zh：简体中文。

● en：英文。

该知识点比较简单，这里不做过多讲解和演示。在后面的内容中会对 lang 属性的使用方式进行具体讲解和演示。

## 10.2.3　设置字符编码

在 HTML5 文档中添加字符编码要比在 XHTML 中添加简单得多。在 XHTML 中添加字符编码的方式如下所示。

```
<meta http-equiv="Content-type" content="text/html; charset=utf-8">
```

HTML5 依旧遵循化繁为简的宗旨，将其简化为下方代码。

```
<meta charset="utf-8">
```

这部分内容比较简单，这里不做过多讲解和演示。在后面的内容中会进行具体讲解和演示。

## 10.2.4　验证 HTML5

通过前面 10.2.1 节至 10.2.3 节的讲解，我们可以写出如下文档结构，代码如下所示。

```
<!DOCTYPE html>
<html lang="zh">
   <head>
     <meta charset="UTF-8">
   </head>
   <body>
      <p>
         这是一段文本<br>
         这是一段文本
      </p>
   </body>
</html>
```

这里需要注意的是，在 HTML5 中，单标签可以省略闭合时的“/”。例如，上方代码中的<br>标签在 HTML 中需要书写为<br/>，但在这里，其中的反斜线可以省略，书写为<br>。

在我们写完 html5 标准的文档后，可以通过 W3C 验证器进行验证，具体步骤如下。

（1）在浏览器中打开“W3C 验证器”，界面如图 10-2 所示。

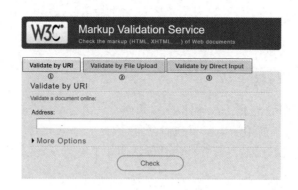

图 10-2　W3C 验证器界面

图 10-2 中的 3 处标记分别代表了验证器的 3 个选项，具体说明如下。

① Validate by URI：用来验证一个已经存在的网页，需要在输入框中输入想要验证的 URL 地址。

② Validate by File Upload：将本地的 HTML 文档上传到验证服务器上进行验证。

③ Validate by Direct Input：复制 HTML5 代码，然后将其粘贴到验证器的文本框中。

（2）这里选择以第 1 步中的第 3 个选项为例来验证 HTML5 代码，将 HTML5 代码粘贴到验证器的文本框中。

（3）根据最终的结果来判断我们写的 HTML5 文档哪里存在问题。

● 如果出现"Document checking completed. No errors or warnings to show."就表示验证后文档没有问题，界面如图 10-3 所示。

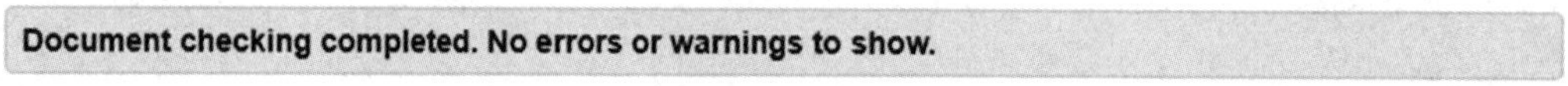

**Document checking completed. No errors or warnings to show.**

图 10-3　验证后文档没有问题的界面

● 如果出现"Error"，就表示验证后文档存在问题，如图 10-4 所示，我们可以根据提示进行相应的修改。

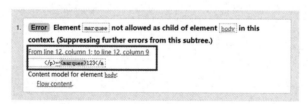

图 10-4　验证后文档存在问题出现"Error"的界面

## 10.3　HTML5 的语法及其标签

在 HTML5 中，语法的修改有 3 种方式，分别为不建议使用的标签、修改的标签，以及新增的标签及属性。本节主要对这 3 种方式进行讲解，在后面的章节中会对新增的标签进行相关讲解。

### 10.3.1　不建议使用的标签

尽管 HTML5 标准剔除了少量标签，但是这些标签依然可以在浏览器中得到支持，只不过遵循 HTML5 标准的验证器会进行错误提示。

剔除的标签都是一些仅为网页添加样式的标签，例如，<font>字体标签、<center>水平居中标签。我们只需要记住与样式有关的标签都使用 CSS 进行设置即可。

HTML5 提倡把画面展示性功能放在 CSS 样式表中统一编辑，因此将这些带有样式效果的标签废除，改为使用编辑 CSS 样式表的方式进行替代。

## 10.3.2　修改的标签

HTML5 对部分标签的语义进行了修改，下面将修改的标签使用表格进行罗列，然后对每个标签的使用方式进行演示，如表 10-1 所示。

表 10-1　修改的标签

| 标签 | 原语义 | 新语义 |
|---|---|---|
| <hr> | 用于在两个区域间画一条线 | 画一条线，并表示主题的转换 |
| <small> | 只具有显示效果，字号缩小 | 字号缩小，用来表示一些细则 |
| <address> | 提供 HTML 文档作者的联系信息 | 提供 HTML 文档作者或文章作者的联系信息 |
| <b> | 只具有显示效果，显示为粗体 | 被包裹的文本粗体显示没有被额外强调或不具有重要性，如关键字、产品名等 |
| <i> | 只具有显示效果，显示为斜体 | 被包裹的文本斜体显示没有额外强调或不具有重要性，如外文词语、科技术语等 |

下面对表 10-1 中一些标签的使用方式进行案例演示，具体说明如下。

（1）<hr>标签的案例代码展示如下所示。

```
<h1>这是第一章</h1>
<p>这是第一章的内容</p>
<!--第一章到第二章进行主题转换-->
<hr>
<h1>这是第二章</h1>
<p>这是第二章的内容</p>
```

（2）<small>标签的案例代码展示如下所示。

```
<p>
  本店新增套餐：<br>
  9.9元套餐<small>（含 3 个酱肉包子，一杯豆浆）</small>,19.9元套餐<small>（含 2 个肉烧饼，小米粥任意吃）</small>
</p>
```

运行代码后，页面效果如图 10-5 所示。

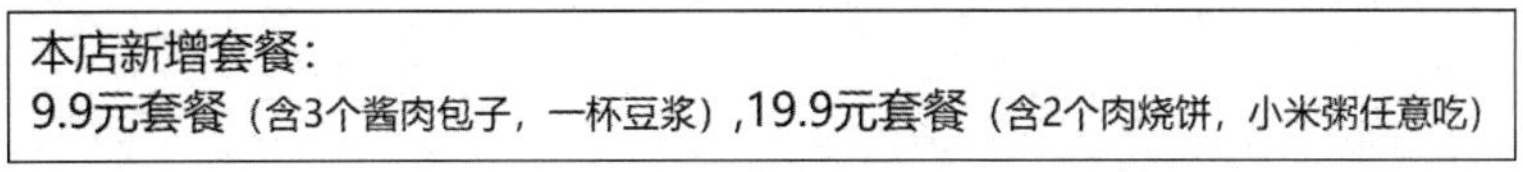

本店新增套餐：
**9.9元套餐** (含3个酱肉包子，一杯豆浆) ,**19.9元套餐** (含2个肉烧饼，小米粥任意吃)

图 10-5　页面效果

从运行效果中可以明显地看出，使用<small>标签包裹的文字明显比正文的字号小，这就是<small>标签产生的效果。

## 10.3.3　新增的标签及属性

HTML5 除了对部分标签的语义进行了修改，还新增了一些标签，用来提升开发效率。本节主要介绍 6 个标签，其他标签会在介绍对应功能时进行讲解。

### 1. <time>标签

在网页中经常会出现日期和时间。为了方便地在网页中显示日期和时间，使搜索引擎更容易提取这些信息，HTML5 提供了<time>标签，用来标注日期、时间。下面将分 3 种情况进行举例说明。

（1）标注日期。

如果想要标注日期，那么日期格式为 YYYY-MM-DD，代码如下所示。

```
您的会员即将到期，截止日期: <time>2021-12-01</time>
```

如果不希望在<time>标签中标记日期格式，但又希望搜索引擎能够较为容易地提取这些信息，就可以使用<time>标签的 datetime 属性，代码如下所示。

```
我的生日是: <time datetime="1998-01-01">1998 年 1 月 1 日</time>
```

当运行这行代码时，搜索引擎可以比较容易地提取到"1998-01-01"这一信息。

（2）标注时间。

如果想要标注时间，那么时间格式为 HH:MM+00:00。其格式为 24 小时制，先是两位数的小时，然后依次是两位数的分钟和时区。例如，中国的时区为 UTC+08:00。下面对这种方式做代码演示，具体如下所示。

```
会议开始时间为<time datetime="12:00+08:00">12:00</time>
```

当运行这行代码时，搜索引擎可以比较容易地提取到"12:00+08:00"这一信息。

（3）同时标注日期与时间。

如果想要同时标注日期与时间，那么需要让日期在前，中间书写一个大写字母 T，时间在后，代码如下所示。

```
年会将于<time datetime="2021-01-01T12:00+08:00">1 月 1 日 12 时</time>准时开始。
```

当运行这行代码时，搜索引擎可以比较容易地提取到"2021-01-01T12:00+08:00"这一信息。

### 2. <mark>标签

<mark>标签用于标注一段文本，这段文本会突出显示。当某些内容需要引起别人注意时，就可以使用<mark>标签，代码如下所示。

```
小尚是个<mark>小帅哥</mark>
```

在默认情况下，被标注的文本会带有浅黄色的背景颜色，不过可以使用 CSS 进行修改。运行代码后，页面效果如图 10-6 所示。

小尚是个 小帅哥

图 10-6　页面效果（1）

### 3. <progress>标签

<progress>标签用来表示一个正在进行的任务的进度。该标签可以书写 2 个属性，分别是 value 属性和 max 属性，下面进行介绍。

● value 属性：表示完成了多少工作量。其属性值必须大于 0，同时小于或等于 max 属性的属性值。

● max 属性：表示总共有多少工作量。

代码如下所示。

```
<!-- 总共 100%的下载量，当前已经完成 10%的下载量 -->
当前已经下载: <progress value="10" max="100"></progress>
```

上面的代码将 value 属性的属性值设置为 10，将 max 属性的属性值设置为 100，即当前已完成 10%的下载量，此时在页面上会对应加载 10%，页面效果如图 10-7 所示。

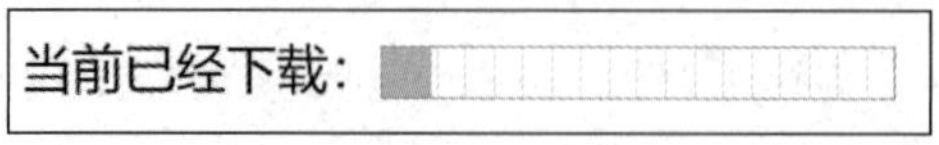

当前已经下载:

图 10-7　页面效果（2）

### 4. <meter>标签

<meter>标签主要用于规定已知范围内的数量值，如磁盘使用量就是<meter>标签的常用场景。该标签可以书写 5 个属性，我们将这 5 个属性分为 2 组进行讲解，首先介绍 value 属性、min 属性和 max 属性，

具体说明如下。

- value 属性：用来定义当前的数值。
- min 属性：用来定义在已知范围内的最小值。
- max 属性：用来定义在已知范围内的最大值。

我们假设当前磁盘容量总共为 500GB，现已使用 300GB，此时可以使用<meter>标签书写出如下所示的代码。

```
<meter value="300" min="0"  max="500"></meter>
```

此时，页面效果如图 10-8 所示。

此外，在<meter>标签上还可以书写 low 属性和 high 属性，下面分别进行介绍。

- low 属性：用来定义在指定范围内较低值的上限。
- high 属性：用来定义在指定范围内较高值的下限。

对于这 2 个属性，我们还是通过案例来讲解。假设当前磁盘内存总共为 500GB，现已使用 300GB。当磁盘的空余容量在 0~100GB 时，磁盘应该就不够用了；而当磁盘的空余容量在 400~500GB 时，磁盘应该具有较大空间。此时我们可以分为 3 种情况进行演示，具体如下。

（1）情况 1。

当已使用容量相较于磁盘总容量处于低值范围内时，代码如下所示。

```
<meter value="50" min="0" max="500" low="100" high="400"></meter>
```

上面的代码代表磁盘容量的区间是 0~500，当前的值是 50，低值的区间是 0~100（min="0"和 low="100"），高值的区间是 400~500（max="500"和 high="400"）。因为当前的值是 50，处于低值区间，所以浏览器会给出不一样的显示效果，即占用容量显示为黄色。此时，页面效果如图 10-9 所示。

图 10-8　页面效果（3）

图 10-9　页面效果（4）

（2）情况 2。

当已使用容量相较于磁盘总容量既不在低值范围内，也不在高值范围内时，代码如下所示。

```
<meter value="200" min="0" max="500" low="100" high="400"></meter>
```

上面的代码和情况 1 中的代码基本相同，只不过当前的值是 200（value="200"），但因为其既不在低值区间，也不在高值区间，所以占用容量正常显示为绿色，页面效果如图 10-10 所示。

（3）情况 3。

当已使用容量相较于磁盘总容量处于高值范围内时，代码如下所示。

```
<meter value="450" min="0" max="500" low="100" high="400"></meter>
```

上面的代码和情况 1 中的代码基本相同，只不过当前的值是 450（value="450"）。因为其处于高值区间（max="500"和 hight="400"），所以浏览器也会给出不一样的显示效果，即占用容量显示为黄色。此时，页面效果如图 10-11 所示。

图 10-10　页面效果（5）

图 10-11　页面效果（6）

5. <a>标签

HTML5 为超链接<a>标签新增了 download 属性，主要用于实现在添加该属性后，当用户点击超链接时，将会直接下载超链接所指向的资源文件这一效果。这里需要注意的是"会直接下载"，而不是在浏览器中打开。值得一提的是，download 属性是布尔属性，其与 disabled 属性、checked 属性相似，代码如下所示。

```
<a href="./images/logo.jpg" download>下载</a>
```

此时点击"下载"，表示下载的文件名为"logo.png"。

#### 6. <ol>标签

HTML5 为<ol>标签新增了 start 属性和 reversed 属性。

（1）start 属性。

start 属性主要用来定义有序列表开始的编号，代码如下所示。

```
<ol start="3">
    <li>内容 1</li>
    <li>内容 2</li>
    <li>内容 3</li>
    <li>内容 4</li>
    <li>内容 5</li>
</ol>
```

这段代码在<ol>标签上添加了 start 属性，并且将其属性值设置为 3，此时有序列表的起始编号就是 3。运行代码后，页面效果如图 10-12 所示。

（2）reversed 属性。

reversed 属性主要用于对列表进行反向编号，代码如下所示。

```
<ol reversed>
    <li>内容 1</li>
    <li>内容 2</li>
    <li>内容 3</li>
    <li>内容 4</li>
    <li>内容 5</li>
</ol>
```

这段代码因为在<ol>标签上添加了 reversed 属性，所以编号不是从 1 至 5 进行的，而是从 5 至 1 进行的。运行代码后，页面效果如图 10-13 所示。

| 3. 内容1 |
| 4. 内容2 |
| 5. 内容3 |
| 6. 内容4 |
| 7. 内容5 |

图 10-12　页面效果（7）

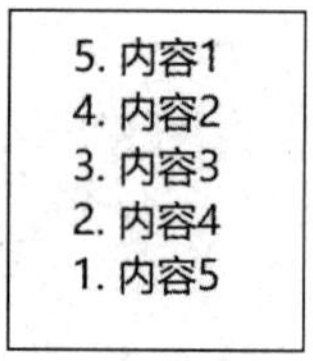

| 5. 内容1 |
| 4. 内容2 |
| 3. 内容3 |
| 2. 内容4 |
| 1. 内容5 |

图 10-13　页面效果（8）

## 10.4　使用 HTML5 重构网页页面

一提到网页布局，很多程序员就想到了<div>标签这个没有任何语义的块状元素标签。可以先使用<div>标签将整个 HTML 划分为多个部分，如页面、侧边栏、导航条等，然后使用 CSS 对它们进行排列。

使用 DIV+CSS 进行布局的技术既简单又强大，而且比较灵活，但是对于搜索引擎的收录及查看网页源代码的人来说，阅读起来就很费力。HTML5 为了解决这些问题，引入了一组构造页面的新元素，让搜索引擎在收录及查看网页源代码时更加明了。新加入的这些 HTML5 元素与普通<div>标签的区别在于，新加入的元素可以为这些区别赋予额外的含义，而<div>标签只是普通的块状元素标签。

### 10.4.1　结构的划分

在正式使用 HTML5 对页面进行重构之前，我们先对 HTML5 新增的结构划分的语法进行讲解。

HTML5 新增了 9 个标签，用于进行结构划分。下面将对这 9 个标签分别进行介绍，具体如下。

（1）<hgroup>标签：用来解决子标题的问题，可以将几个标题作为一个整体进行处理。

（2）<nav>标签：表示文档中的一个区域，它包含跳转到其他页面或在同一页面中其他部分的链接。在标签中放置的应该是文档的主要导航。

（3）<header>标签：此标签如果作为<body>标签的子元素使用，就将会被视为整个文档的首部。<header>标签也可以表示一节的首部，其中可以包含任何适合出现在首部的内容。<header>标签通常包含一个标题或一个<hgroup>标签，还可以包含该节的导航标签。

（4）<footer>标签：此标签如果作为<body>标签的子标签使用，就将会被视为整个文档的脚部。<footer>标签是<header>标签的配套标签。其也可以表示一节的脚部，<footer>标签通常包含该节的总结信息，还可以包含作者介绍、版权信息、跳转到相关内容的链接、免责声明等。

（5）<article>标签：此标签表示一个完整的、自成一体的内容块，其中应包含区块的标题、署名、正文，如一篇文章、一篇新闻。<article>标签可以用于发布独立于页面的其余内容，其强调的是独立性。

（6）<aside>标签：此标签用来表示与周边内容稍微沾边的内容。其内容与页面其他内容、<article>标签、<section>标签存在关联，但并非主体内容的一部分，可以是一些背景信息、相关文章的链接。

（7）<section>标签：在使用标题标签的时候实际上也隐藏地生成了一节节内容，使用<scction>标签可以明确地生成节，并且将其与标题分开。<section>标签通常包含一个或多个段落，以及一个标颢，不过标题不是必须的。

（8）<figure>标签：在很多页面中都包含一些插图，插图可以想象成一本书中的附图。一般来说，插图应该放在相关文本旁边。一般在插图下都会有图题，图题可以使用<figcaption>标签来包裹。

（9）<figcaption>标签：用来表示插图的图题。其属于<figure>标签，必须写在<figure>标签内。

在阅读过 HTML5 用于结构划分的 9 个标签后，我们将正式使用 HTML 的标签和 HTML5 的标签分别构建一个网页。

## 10.4.2　传统的 HTML 页面构建

下面我们以一个传统的 DIV+CSS 进行布局的页面为例，演示前面所讲解的关于结构划分的标签的使用方式。由于前面的章节已经对 CSS 相关技术进行了讲解，这里为了更好地区分结构，在案例中加入了 CSS 进行装饰。

先来看我们想要实现的案例效果，如图 10-14 所示。

为了便于读者后续理解，我们只对这个案例进行结构划分，至于前面所提到的 CSS 装饰，此处不做过多讲解，只在最后展示整体代码时进行添加。

此处将这个案例划分为 5 个部分，如图 10-15 所示。5 个部分已经划分得非常清晰，①为页面头部，②为面包屑导航，③为网页主体内容部分，④为网页侧边栏，⑤为页面脚部。

下面将根据划分结果依次讲解每一部分，具体内容如下。

（1）页面头部。

这部分内容包含网站名称和网站导航，下面对这部分进行结构划分，如图 10-16 所示。

从图 10-16 中可以看出，这部分可再划分为 4 个部分，其中①为包裹盒子，这部分内容的宽度范围是从屏幕的最左边到最右边；②为版心盒子，其中包含网站的主标题、副标题，以及网站导航；③为网站标题部分，其中包含主标题和副标题；④为网站菜单导航，因为需要使每个菜单都可以点击，所以可以使用超链接<a>标签来实现。

图 10-14　案例效果

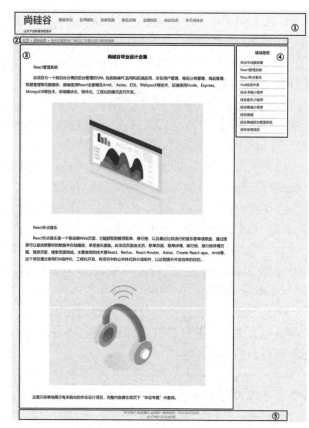

图 10-15　结构划分

图 10-16　页面头部结构划分

这部分的 HTML 标签代码如下所示。

```html
<!--页面头部包裹盒子，通栏盒子-->
<div id="header">
    <!--页面头部，版心部分-->
    <div>
        <!--页面头部，网站标题部分（包含主标题和副标题）-->
        <div id="header-title">
            <h1>尚硅谷</h1>
            <h2>让天下没有难学的技术</h2>
        </div>
        <!--页面头部，网站菜单导航-->
        <div id="header-menu">
            <a href="#">课程培训</a>
            <a href="#">名师团队</a>
            <a href="#">免费资源</a>
            <a href="#">报名流程</a>
            <a href="#">全国校区</a>
            <a href="#">硅谷动态</a>
            <a href="#">关于尚硅谷</a>
        </div>
    </div>
</div>
```

（2）面包屑导航。

这部分主要用来展示当前网页的位置，结构比较简单。这里对结构不做划分，直接来看这部分的页面效果，如图 10-17 所示。

主页 > 硅谷动态 > 尚硅谷毕业设计合集

图 10-17　面包屑导航的页面效果

在面包屑导航中，每个选项卡都可以点击，这一效果可以使用超链接<a>标签实现。这部分结构比较简单，我们直接展示 HTML 标签代码，如下所示。

```html
<!--面包屑导航-->
<div id="bav">
    <a href="#">主页</a>
    >
    <a href="#">硅谷动态</a>
    >
    <a href="#" class="active">尚硅谷毕业设计合集</a>
</div>
```

（3）网页主体部分。

网页主体部分主要包含主体内容、插图等主要内容，如图 10-18 所示。

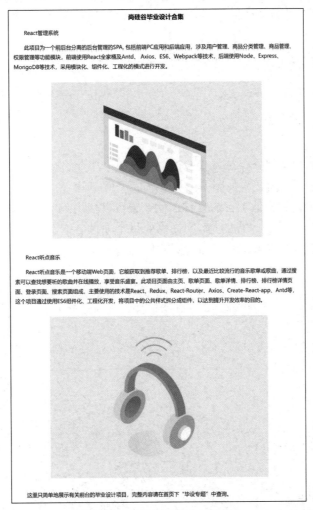

图 10-18　网页主体部分结构划分

这部分的主要内容由一段段文字和图片组成，这里使用<p>标签来包裹一段段文本，同时使用<img>标签来包裹插图。

虽然这部分内容看起来比较复杂，但结构十分清晰。我们可以写出如下 HTML 标签代码。

```html
<!--网页主体内容部分-->
```

```
<div id="content">
  <!-- 文章主要内容-->
  <div id="content-left">
    <h3>尚硅谷毕业设计合集</h3>
    <p>React 管理系统</p>
    <p>
      此项目为一个前后台分离的后台管理的 SPA,
      包括前端 PC 应用和后端应用,涉及用户管理、商品分类管理、商品管理、权限管理等功能模块,前端使用 React
全家桶及 Antd、
      Axios、ES6、Webpack 等技术,后端使用 Node、Express、MongoDB 等技术,采用模块化、组件化、工程化
的模式进行开发。
    </p>
    <img src="./images/01.jpg" alt="">
    <p>React 听点音乐</p>
    <p>
      React 听点音乐是一个移动端 Web 页面,它能获取到推荐歌单、排行榜,以及最近比较流行的音乐歌单或歌曲,
通过搜索可以查找想要听的歌曲并在线播放,享受音乐盛宴。此项目页面由主页、歌单页面、歌单详情、排行榜、排行榜
详情页面、登录页面、搜索页面组成,主要使用的技术是 React、Redux、React-Router、Axios、Create-React-
app、Antd 等,这个项目通过使用 ES6 组件化、工程化开发,将项目中的公共样式拆分成组件,以达到提升开发效率的
目的。
    </p>
    <img src="./images/02.jpg" alt="">
    <p>
      这里只简单地展示有关前台的毕业设计项目,完整内容请在首页下"毕设专题"中查询。
    </p>
</div>
```

（4）网页侧边栏。

这部分主要展示与网页主体部分存在关联的部分,是关于毕业设计
其他项目的推荐,网页侧边栏页面效果如图 10-19 所示。

图 10-19 中展示了前端其他毕业项目的名称,此效果可以使用<ul>
标签与<li>标签的组合来实现。值得一提的是,因为需要每个项目名称都
可以点击,所以项目名称还需要使用超链接<a>标签进行嵌套。

此时我们可以写出如下 HTML 标签代码。

图 10-19　网页侧边栏页面效果

```
<!--网页侧边栏-->
<div id="content-right">
  <!--侧边栏标题-->
  <h3>硅谷动态</h3>
  <!--侧边栏推荐内容-->
  <ul>
    <li>
      <a href="#">硅谷毕设提前看</a>
    </li>
    <li>
      <a href="#">React 管理系统</a>
    </li>
    <li>
      <a href="#">React 听点音乐</a>
    </li>
    <li>
      <a href="#">Vue 硅谷外卖</a>
    </li>
    <li>
      <a href="#">硅谷书城小程序</a>
    </li>
```

```
    <li>
      <a href="#">硅谷音乐小程序</a>
    </li>
    <li>
      <a href="#">硅谷商城小程序</a>
    </li>
    <li>
      <a href="#">硅谷商城</a>
    </li>
    <li>
      <a href="#">硅谷商城后台管理系统</a>
    </li>
    <li>
      <a href="#">谷粒学苑项目</a>
    </li>
  </ul>
</div>
```

（5）页面脚部。

这部分主要包含联系我们、关于我们，以及备案号信息。这部分结构比较简单，此处不再进行划分，直接来看页面脚部效果，如图 10-20 所示。

关于我们 联系我们 全国统一咨询电话：010-56253825
京ICP备13018369号

图 10-20　页面脚部效果

HTML 标签代码如下所示。

```
<!--页面脚部-->
<div id="footer">
  <p>
    <a href="#">关于我们</a>
    <a href="#">联系我们</a>
    <span>全国统一咨询电话：010-56253825</span>
  </p>
  <a href="#">京 ICP 备 13018369 号</a>
</div>
```

至此，我们已经使用传统方式实现了案例的结构书写，由于本节主要侧重于 HTML 的构建，所以对 CSS 部分不做讲解，完整代码详见本书配套代码。

## 10.4.3　使用 HTML5 构建页面

在 10.4.2 节中，我们使用原始的<div>标签对整个 HTML 进行了标记，并且添加了 CSS 样式进行装饰、布局。本节我们将在不更改 CSS 的基础上，根据对应内容的类型将原标签替换为 HTML5 语义标签。下面依旧根据图 10-15 中对页面进行的结构划分，对 5 个部分依次进行改造。

（1）页面头部改造。

这部分的页面效果见图 10-16，具体分析如下。

①是页面头部通栏盒子，因为属于页面中的头部，所以可以将前面代码中的<div>标签（id 为 header）替换为<header>标签。

②为版心盒子，页面版心部分依然使用<div>标签进行包裹，虽然 HTML5 引入了划分区块的标签，但是<div>标签作为容器依然存在，只不过不带有特殊的语义。

③为网站标题部分，这部分因为具有主标题和副标题，所以<div>标签（id 为 header-title）可以被

255

<hgroup>标签替换。

④为网站菜单部分，因为这部分是主导航，所以可以将<div>标签（id 为 header-menu）修改为<nav>标签。

改造后的 HTML 代码如下所示。

```html
<!--页面头部通栏盒子-->
<header id="header">
 <!--页面头部，版心盒子-->
 <div>
    <!--页面头部，网站标题部分（包含主标题和副标题）-->
    <hgroup id="header-title">
      <h1>尚硅谷</h1>
      <h2>让天下没有难学的技术</h2>
    </hgroup>
    <!--页面头部，网站菜单导航-->
    <nav id="header-menu">
      <a href="#">课程培训</a>
      <a href="#">名师团队</a>
      <a href="#">免费资源</a>
      <a href="#">报名流程</a>
      <a href="#">全国校区</a>
      <a href="#">硅谷动态</a>
      <a href="#">关于尚硅谷</a>
    </nav>
 </div>
</header>
```

（2）面包屑导航改造。

这部分的页面效果见图 10-17。面包屑导航也可以使用<nav>标签进行包裹。这部分内容比较简单，这里不多做讲解。

改造后的 HTML 代码如下所示。

```html
<!--面包屑导航-->
<nav id="bav">
 <a href="#">主页</a>
 >
 <a href="#">硅谷动态</a>
 >
 <a href="#" class="active">尚硅谷毕业设计合集</a>
</nav>
```

（3）网页主体部分改造。

这部分的页面效果见图 10-18。因为整个网页主体部分可以单独引用，所以对于这部分来说，这是一个完整的、自成一体的内容块，使用 HTML5 的<article>标签进行包裹较为合适。至于里面的内容，都是段落和插图，不需要做其他修改。

改造后的 HTML 代码如下所示。

```html
<!-- 文章主要内容-->
<article id="content-left">
 <h3>尚硅谷毕业设计合集</h3>
 <p>React 管理系统</p>
 <p>
    此项目为一个前后台分离的后台管理的 SPA,
    包括前端 PC 应用和后端应用，涉及用户管理、商品分类管理、商品管理、权限管理等功能模块，前端使用 React 全家桶及 Antd,
    Axios、ES6、Webpack 等技术，后端使用 Node、Express、MongoDB 等技术，采用模块化、组件化、工程化的模式进行开发。
```

```
</p>
<img src="./images/01.jpg" alt="">
<p>React 听点音乐</p>
<p>
```
　　React 听点音乐是一个移动端 Web 页面，它能获取到推荐歌单、排行榜，以及最近比较流行的音乐歌单或者歌曲，通过搜索可以查找想要听的歌曲并在线播放，享受音乐盛宴。此项目页面由主页、歌单页面、歌单详情、排行榜、排行榜详情页面、登录页面、搜索页面组成，主要使用的技术是 React、Redux、React-Router、Axios、Create-React-app、Antd 等，这个项目通过使用 ES6 组件化、工程化开发，将项目中的公共样式拆分成组件，以达到提升开发效率的目的。
```
</p>
<img src="./images/02.jpg" alt="">
<p>
```
　　这里只简单地展示有关前台的毕业设计项目，完整内容请在首页下"毕设专题"中查询。
```
</p>
</article>
```

　　（4）网页侧边栏改造。

　　这部分的页面效果见图 10-19。因为网页侧边栏的内容与主体内容相关，所以这部分效果使用<aside>标签来实现比较合适，只需将原来的<div>标签（id 为 content-right）替换为<aside>标签即可。

　　改造后的 HTML 代码如下所示。

```
<!--网页侧边栏  -->
<aside id="content-right">
  <!--侧边栏标题-->
  <h3>硅谷毕设提前看</h3>
  <!--侧边栏推荐内容-->
  <ul>
    <li>
      <a href="#">React 管理系统</a>
    </li>
    <li>
      <a href="#">React 听点音乐</a>
    </li>
    <li>
      <a href="#">Vue 硅谷外卖</a>
    </li>
    <li>
      <a href="#">硅谷书城小程序</a>
    </li>
    <li>
      <a href="#">硅谷音乐小程序</a>
    </li>
    <li>
      <a href="#">硅谷商城小程序</a>
    </li>
    <li>
      <a href="#">硅谷商城</a>
    </li>
    <li>
      <a href="#">硅谷商城后台管理系统</a>
    </li>
    <li>
      <a href="#">谷粒学苑项目</a>
    </li>
  </ul>
</aside>
```

（5）页面脚部改造。

这部分的页面效果见图 10-20。原来的<div>标签（id 为 footer）属于整个页面的脚部，因为 HTML5 新增了<footer>标签，可以用来表示页面脚部，所以我们可以使用<footer>标签对其进行替换。

改造后的 HTML 代码如下所示。

```html
<!--页面脚部-->
<footer id="footer">
    <p>
        <a href="#">关于我们</a>
        <a href="#">联系我们</a>
        <span>全国统一咨询电话：010-56253825</span>
    </p>
    <a href="#">京 ICP 备 13018369 号</a>
</footer>
```

由于本节主要侧重于 HTML5 的构建，所以对 CSS 部分不做讲解，完整代码详见本书配套代码。

## 10.5  本章小结

本章带领读者初次体验了 HTML5 的使用方式。在本章开头，首先，对 HTML5 的出现进行了简单介绍，使读者知晓 HTML5 诞生的原因，读者只需了解即可。

其次，开始对 HTML5 进行正式介绍，主要介绍了 HTML5 在文档类型、页面语言、字符编码上的改变，在通常情况下，这部分内容不需要我们手动设置，但是需要我们能够看懂代码，因此读者需要对这部分达到掌握的程度。

再次，对 HTML5 的标签进行了详细介绍，对不建议使用的标签进行讲解，同时将修改的标签对比前面讲解的标签进行了演示，以及对新增的标签也进行了说明。这部分内容相对比较重要，尤其是修改的标签，因为很多标签在页面表现形式上没有发生变化，主要变化都体现在语义上，这也符合 HTML5 想为开发者提供更多便利的主旨，这部分内容建议读者达到熟练掌握的程度。

最后，通过使用传统方式和 HTML5 的方式实现了同一个经典案例，在使用 HTML5 实现整个案例的讲解中，穿插对比了传统方式的实现和修改，让读者可以快速掌握 HTML5 的实现，同时感受到 HTML5 带给开发者的便利之处。这部分内容建议读者多次练习，以便后续学习与实践。

# 第11章

# HTML5 表单及音频、视频

表单是客户端和服务器端传递数据的桥梁，是实现用户与服务器互动的最主要方式。HTML5 在已有传统表单的基础上进行了修订，增加了许多开发者已经在使用的功能，如表单类型、表单元素，以及输入框的必填属性等。在修订后，一切都变得更加容易，开发者不必为了实现相同的功能而书写大量的 JavaScript 代码，或者引用其他插件，只需使用一个标签就够了。

如果想要在 HTML4 或之前的版本中使用音频和视频，那么不引用 flash 插件等其他手段是实现不了的。HTML5 新增了<audio>标签和<video>标签，填补了这个空白，二者分别用来在页面上播放音频和视频文件。虽然这 2 个新增标签播放的文件类型不同，但是它们有很多相似的功能，有时我们也将这 2 个元素统称为"多媒体元素"。

本章将会依次讲解表单、音频和视频的相关知识。

## 11.1 表单

在前面的章节中，我们讲解过 Web 表单的相关知识。实际上，表单由文本框、下拉列表、按钮等一系列小控件组成，这些小控件可以将用户输入的内容提交到服务器端。HTML5 在原来的基础上，新增了一些功能和属性，下面就对这些新增的功能和属性进行讲解。

### 11.1.1 表单的自动完成

现在的浏览器中有一个常见的功能，就是只要曾经在浏览器中输入过表单数据，那么在下次提交类似的表单的时候，就会出现这些数据，自动帮助用户填写。HTML5 的新增属性 autocomplete 实现的就是这个效果。

autocomplete 属性有 2 个属性值，分别是 on 和 off。如果不设置这个属性，就默认应用属性值为 on，表示允许浏览器显示提交记录。当属性值设置为 off 后，会自动禁用浏览器提交记录。

请思考下方代码的运行效果。

```
<form action="#" method="post">
    <input type="text" name="name0">
    <input type="text" name="name1">
    <button type="submit">提交数据</button>
</form>
```

运行代码后，在页面的表单中输入任意字符，输入完成后点击"提交数据"按钮。在数据提交后，再次返回该页面，将光标定位在刚才的输入框上，此时可以发现，光标所在的输入框下方自动生成了一个列表，这个列表会将刚才输入的内容作为备选答案放入其中，如图 11-1 所示。

图 11-1　输出框下方自动生成列表

如果想要修改上面的浏览器的默认行为，那么可以对 autocomplete 属性的属性值进行修改，修改后的代码如下所示。

```
<form action="#" method="post" autocomplete="off">
    <input type="text" name="name0">
    <input type="text" name="name1">
    <button type="submit">提交数据</button>
</form>
```

此时再重复上面的操作，输入框下方就不会再出现列表了，因为 autocomplete 属性的属性值已设置为 off。

## 11.1.2　让表单控件显示在表单外部

在 HTML5 中新增了一种机制，可以将表单的控件放在表单的外部。这种机制使控件的 form 属性值和 <form> 标签的 id 属性值相互对应，使表单知道拥有对应 id 属性值的控件属于该表单，进而在点击提交按钮时提交数据。

请思考下方代码的运行效果。

```
<form action="#" method="get" autocomplete="off">
    <button type="submit">提交数据</button>
</form>
<input type="text" name="name0">
<input type="text" name="name1">
```

通过这段代码可以看出，<input> 标签被放在 <form> 标签之外，此时点击"提交数据"按钮不会提交外面 <input> 标签中的内容，因为在提交数据时，表单根本不知道外部的 2 个 <input> 标签属于这个表单。我们可以通过观察地址栏进行验证，例如，在 2 个输入框中分别输入"尚硅谷"和"www.atguigu.com"，提交后的页面效果如图 11-2 所示。

图 11-2　提交后的页面效果（1）

此时可以为 <form> 标签添加 id 属性，同时为 <form> 标签之外的 <input> 标签添加 form 属性，将表单和 <input> 标签关联起来，修改后的代码如下所示。

```
<form action="#" method="get" autocomplete="off" id="myForm">
    <button type="submit">提交数据</button>
</form>
<input type="text" name="name0" form="myForm">
<input type="text" name="name1" form="myForm">
```

此时再点击"提交数据"按钮，就可以将 <input> 标签中的内容提交给服务器端。再次观察地址栏进行验证，例如，在 2 个输入框中分别输入"尚硅谷"和"www.atguigu.com"，提交后的页面效果如图 11-3 所示。

图 11-3 提交后的页面效果（2）

### 11.1.3 给表单控件添加占位符

通常我们在使用<input>标签和<textarea>标签时，需要给用户一些提示，以便用户知道应该输入什么，我们将这样的提示叫作占位符文本。例如，在图 11-4 中框出来的灰色文字，就是我们在网页上常见的占位符文本。

图 11-4 占位符文本的应用页面

在 IITML5 中，通过在表单元素上设置 placeholder 属性就可以实现占位符文本的效果，该属性的使用较为简单，这里通讨实现图 11-4 中的效果来演示它的使用方式，具休代码如下所示。

```
<form action="#" method="get">
    <label for="email">邮箱</label>
    <input type="text" name="email" placeholder="example@xxx.com">
    <label for="passwd">密码</label>
    <input type="text" name="password">
</form>
```

结合图 11-4 中的效果来看，因为在页面上只有一个占位符文本，所以只需在对应的<input>标签上书写 placeholder 属性，并且将需要体现的文本"example@xxx.com"书写到其属性值上即可。

需要注意的是，占位符可以用来表示值的格式，如电话号码（xxx）xxx-xxxx，也可以用来表示一个示例值，如会员卡号 ATGU0001。但是，需要避免使用占位符代替字段描述或说明。我们只需要记住其应用场景，就可以准确地使用。

### 11.1.4 给表单添加默认焦点

当表单显示在页面上后，用户如果想要操作表单，就需要利用鼠标或按 Tab 键使表单控件获得焦点，以便进行输入。此时我们可以在<input>标签或<textarea>标签上使用 autofocus 属性来确定一个默认的焦点，方便用户进行操作。

请思考下方代码的运行效果。

```
<form action="#" method="get">
    <label for="email">邮箱</label>
    <input type="text" name="email" placeholder="example@xxx.com" autofocus>
    <label for="passwd">密码</label>
    <input type="text" name="password">
</form>
```

这段代码比较简单，这里不做过多讲解。值得一提的是，我们将 autofocus 属性书写在<input>标签上，这代表当运行代码后，页面中的焦点会默认出现在邮箱的输入框中。

但是，应该注意的是，如果在一个页面中有多个<input>标签、<textarea>标签，那么应该先确定让光标定位在哪个元素上，以保证在页面上只有一个元素会应用 autofocus 属性。一般来说，autofocus 属性会添加在一套用户表单流程最开始的控件处。

### 11.1.5　给表单添加验证

现在我们假设有这样一种情况：用户需要进行注册，在注册表单中需要"输入账号""密码""确认密码"，这 3 项都是必填项。想要实现的页面效果如图 11-5 所示。

图 11-5　想要实现的页面效果

在图 11-5 中，之所以让用户必须输入"账号""密码"，是为了以后使用二者进行登录。输入"确认密码"是为了防止用户手误输错密码而进行的再次确认，所以"密码"选项和"确认密码"选项中的值为空。假设现在用户只输入了"账号"和"密码"，但没有输入"确认密码"，我们就应该在浏览器中进行提示。

我们可以自己编写 JavaScript 脚本来实现验证的功能。其实，HTML5 也为开发者设计了一套客户端验证方法，来帮助我们提示用户。这里我们先介绍"防止为空"这种客户端验证方法，其他的验证方法会在后续内容中进行介绍。

HTML5 在表单元素上使用了 required 属性，以此实现"防止为空"的效果，下面对该属性的使用进行演示，代码如下所示。

```
<form action="#" method="get">
    <label for="email">账　　号<span>*</span></label>
    <input type="text" name="email" placeholder="example@xxx.com" autofocus required><br>
    <label for="passwd">密　　码<span>*</span></label>
    <input type="password" name="password" required><br>
    <label for="passwd">确认密码<span>*</span></label>
    <input type="password" name="password" required><br>
    <button type="submit">确认注册</button>
</form>
```

运行上面的代码后，当什么都不填写的时候，直接点击"确认注册"按钮，页面将会进行错误提示。这里需要注意的是，错误提示是由浏览器给出的，各浏览器给出的错误提示样式可能有所不同，错误提示示例如图 11-6 所示。

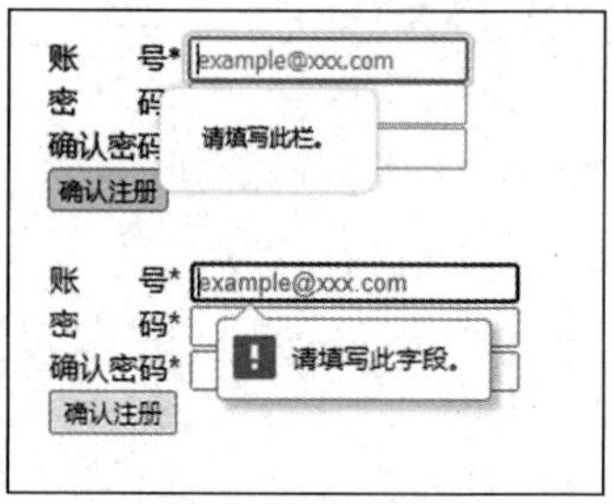

正常来说，对于用户提交的数据，我们要进行两端验证，以此保证数据准确。这里的两端验证指的是客户端验证和服务器端验证，但是两端验证的侧重点不同，具体说明如下。

- 客户端验证。客户端验证就是在浏览器中检查错误，没有错误再进行提交。验证的目的是减少用户在提交表单过程中存在的麻烦，并且在表单提交之前就纠正错误。

图 11-6　错误提示示例

- 服务器端验证。服务器端验证就是在用户将数据提交给服务器之后，由服务器端脚本语言进行验证。此时脚本语言要验证提交过来的数据是否有效，并且确保数据安全。因此，服务器端验证必不可少。

前面举例的验证就属于客户端验证，即用户在提交表单时（点击"确认注册"按钮时），验证方法就生效并开始检查。如果发现不符合规则的地方，就会进行拦截并给出一个提示，同时取消提交操作。如果在表单控件中有多项需要验证，那么会从第一项开始验证，直到发现一个无效的值才停下来，不再继续验证其他字段并取消提交操作。

前面说过，服务器端代码也需要验证提交上来的数据是否符合规范。此时我们需要先暂时关闭客户端验证，禁用整个表单的验证功能。该效果可以使用\<form\>标签的 novalidate 属性或通过为"提交"按钮添加 formnovalidate 属性实现，代码如下所示。

```
<form action="#" method="get" novalidate>
    <label for="email">账　　号<span>*</span></label>
    <input type="text" name="email" placeholder="example@xxx.com" autofocus required><br>
```

```
    <label for="passwd">密    码<span>*</span></label>
    <input type="password" name="password" required><br>
    <label for="passwd">确认密码<span>*</span></label>
    <input type="password" name="password" required><br>
    <button type="submit">确认注册</button>
</form>
```

上方代码将会使整个表单的验证规则被忽略，从而不进行检查。我们也可以再添加一个按钮，并且为其添加 formnovalidate 属性，具体代码如下所示。

```
<form action="#" method="get">
    <label for="email">账    号<span>*</span></label>
    <input type="text" name="email" placeholder="example@xxx.com" autofocus required><br>
    <label for="passwd">密    码<span>*</span></label>
    <input type="password" name="password" required><br>
    <label for="passwd">确认密码<span>*</span></label>
    <input type="password" name="password" required><br>
    <button type="submit">确认注册</button>
    <button type="submit" formnovalidate>确认注册（测试）</button>
</form>
```

因为已在"确认注册（测试）"按钮上添加 formnovalidate 属性，所以我们在点击按钮时就能禁用整个表单的验证功能。

## 11.1.6　显示建议列表

所谓建议列表，指的是在输入的时候给出指定的建议，让用户减少操作，提升操作体验。例如，百度的建议列表如图 11-7 所示。

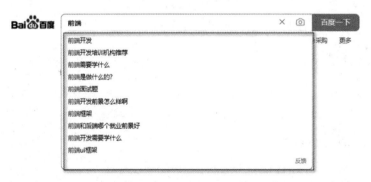

图 11-7　百度的建议列表

我们也可以通过 HTML5 来实现类似的建议列表。从图 11-7 中可以看出，该列表由一个文本框和一个下拉建议列表组成。下面使用 HTML5 来实现这个效果，具体如下所示。

（1）定义一个标准的文本框，为其添加 list 属性并指定属性值，具体如下所示。

```
<label for="cName">汽车品牌: </label><input type="text" id="cName" name="cname" list="cList">
```

（2）使用<datalist>标签定义一个数据列表，并且给定 id 属性值，该属性值要与上面<input>标签的 list 属性值相同。此时，浏览器就知道 name 属性值为 cName 的文本输入框的数据列表，就是 id 属性值为 cList 的数据列表，由此可以写出这样的代码，具体如下所示。

```
<form action="#" method="get">
    <label  for="cName">汽车品牌: </label><input  type="text"  id="cName"  name="cname"
list="cList">
    <datalist id="cList">
    </datalist>
```

```
</form>
```

（3）在数据列表中的一个个建议选项可以使用<option>标签来包裹，<option>标签的 label 属性值表示的是显示在文本框中的内容，value 属性值是选中该选项后最终会发送给服务器的值，实现代码如下所示。

```
<form action="#" method="get">
    <label  for="cName">汽车品牌：</label><input  type="text"  id="cName"  name="cname"
list="cList">
    <datalist id="cList">
        <option value="奥迪" label="Audi">
        <option value="阿斯顿马丁" label="Aston Martin">
        <option value="宝马" label="Bayerische Motoren Werke">
        <option value="别克" label="Buick">
        <option value="长安" label="ChangAN">
    </datalist>
</form>
```

最终，使用 HTML5 实现的建议列表效果如图 11-8 所示。

当在输入框中输入字母 A 时，在 label 属性的属性值中包含 A 的建议选项都会被列举出来，由此实现筛选效果，如图 11-9 所示。

图 11-8　使用 HTML5 实现的建议列表效果

图 11-9　实现筛选效果

## 11.1.7　更加丰富的<input>标签

在前面我们讲解过，<input>标签的 type 属性值有很多种，通过设置属性值可以实现文本框、单选框、复选框等。HTML5 也对 type 属性的属性值进行了增加，主要分为 5 类，即输入数值、输入特定格式文本、搜索框、日期和时间，以及颜色选择。下面分别对其进行介绍。

### 1. 输入数值

新增的用来输入数值的 type 属性值有 2 种，分别是数值和滑动条，下面将进行讲解。

（1）数值。

在之前的 type 属性值中，常规文本的值全都可以被接受。HTML5 为 type 属性新增了属性值 number，使文本框可以自动忽略非数值字符，其语法格式如下所示。

```
<input type="number">
```

下面对其进行使用简单演示，代码如下所示。

```
<form action="#" method="get">
    <input type="number" name="num">
    <input type="submit">
</form>
```

运行代码后，number 类型的输入框和"提交"按钮如图 11-10 所示。

在上面的代码中，如果在生成的数值框中输入非数值字符，输入的内容将会被忽略。点击图 11-10 中的上、下小箭头可以更改数值，默认数值间隔是 1。可以使用 step 属性来确定数值间隔，代码如下所示。

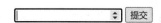

图 11-10　number 类型的输入框和"提交"按钮

```
<form action="#" method="get">
    <input type="number" name="num" step="3">
    <input type="submit">
</form>
```

上面这段代码将 step 属性的属性值改为 3，当点击上、下箭头时，默认改变的数值间隔是 3。

我们还可以通过设置 max 属性和 min 属性来控制数值的最大值和最小值，具体代码如下所示。

```
<form action="#" method="get">
    <input type="number" name="num" step="3"  min="0" max="10">
    <input type="submit">
</form>
```

运行代码后，点击向上的箭头，每次会在当前数值的基础上加 3，因为设置了 max="10"，所以最多加到 9，之后点击就不再有效；点击向下的箭头每次会在当前数值的基础上减 3，因为设置了 min="0"，所以最多减到 0，之后点击就不再有效，如图 11-11 所示。

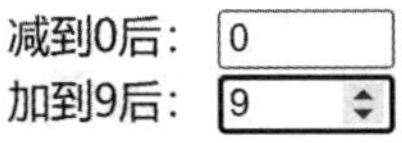

减到0后：　[0]
加到9后：　[9　⬍]

图 11-11　设置了 max 属性和 min 属性的输入框

（2）滑动条。

滑动条也是在网页中用来控制数值的常用手段，HTML5 直接为<input>标签的 type 属性新增了属性值 range，其在网页上表示一个输入数值的控件，其语法格式如下所示。

```
<input type="range">
```

下面对其使用进行简单演示，代码如下所示。

```
<form action="#" method="get">
    <input type="range" name="ran">
    <input type="submit">
</form>
```

运行代码后，页面效果如图 11-12 所示。

图 11-12　页面效果（1）

由图 11-12 可以看出，当属性值为 range 时，需要使用滑动条来输入数值。

range 类型也支持前面我们提过的 number 类型支持的属性，如 min（最小值）属性、max（最大值）属性和 step（间隔值）属性。

值得一提的是，虽然 range 类型可以实现以滑动条的方式来输入数值，但是因为在默认情况下，我们不知道滑到的值是多少，所以为了更好的用户体验，还要配合使用 JavaScript 来显示当前的值。

### 2. 输入特定格式文本

HTML5 新增的通过输入框输入特定格式文本的 type 属性值有 3 种，分别可以实现电子邮件地址输入框、URL 地址输入框和电话号码输入框。下面将分别进行讲解。

（1）电子邮件地址输入框。

HTML5 为<input>标签的 type 属性新增了 email 属性值，用来定义输入框只能输入电子邮件地址，其语法格式如下所示。

```
<input type="email">
```

直接来看实现代码，然后根据实现效果对其进行具体讲解。

```
<form action="#" method="get">
    <input type="email" name="userName">
    <input type="submit">
</form>
```

值得一提的是，有效的电子邮件地址是一个字符串，这个字符串中需要有"@"和".",二者之间需要间隔一个字符。

运行这段代码后，页面上会生成电子邮件输入框，并且可以对输入的内容进行验证。下面我们输入不同的值对其进行验证，如图 11-13 所示。

图 11-13　对电子邮件输入框进行验证

在图 11-13 中，①所对应的输入框出现了提示，这是因为@后面没有字符，所以在提交时会提示存在错误；②所对应的输入框出现提示，这是因为@前面没有内容，所以在提交时会提示存在错误；③所对应的输入框中的格式完全符合电子邮件的格式要求，因此在提交时不会报错。

（2）URL 地址输入框。

如果想要实现输入 URL 地址的输入框，只需将 type 属性值书写为 url 即可，其语法格式如下所示。

```
<input type="url">
```

直接来看实现代码，通过实现效果对其进行具体讲解，代码如下所示。

```
<form action="#" method="get">
    <input type="url" name="urlAdd">
    <input type="submit">
</form>
```

我们知道，一个合法的 URL 地址应该包含协议名。下面我们就在生成的 URL 地址输入框中输入内容并进行验证，如图 11-14 所示。

图 11-14　对 URL 输入框进行验证

在图 11-14 中，①所对应的输入框出现提示，这是因为输入内容没有协议名，所以在提交时报错；②所对应的输入框中输入内容的格式完全符合 URL 地址的格式要求，因此在提交时不会报错。

（3）电话号码输入框。

如果想要实现电话号码输入框，只需将 type 属性值书写为 tel 即可，其语法格式如下所示。

```
<input type="tel">
```

直接来看实现代码，通过实现效果对其进行具体讲解，代码如下所示。

```
<form action="#" method="get">
    <h1>小尚的学习之路</h1>
```

```
  <input type="tel" name="telNo">
  <input type="submit">
</form>
```

电话号码有很多模式，例如，座机号码就涉及加不加区号的问题，还有包不包含空格的问题。HTML5 规范没有要求为 tel 设置验证规则。tel 类型的输入框在 PC 端浏览器上没有什么特别之处，但是在移动端浏览器上能够调出一个虚拟键盘，并且在键盘中只有数字。移动端浏览器页面如图 11-15 所示。

通过上述讲解我们可以发现，HTML5 新增的<input>标签的类型更有利于为编辑提供辅助，如 tel 类型可以自动调出虚拟键盘；有些类型的输入框则会忽略无效的值，如 number 类型可以自动忽略除数字外的字符；有些类型会执行验证，如 url 类型、email 类型可以验证格式。

图 11-15　移动端浏览器页面

### 3. 搜索框

通过将 type 属性值设置为 search，可以实现搜索框。在搜索框中通常要输入关键字，用于执行某种搜索，其语法格式如下所示。

```
<input type="search">
```

直接来看实现代码，通过实现效果对其进行具体讲解，代码如下所示。

```
<form action="#" method="get">
  <input type="search" name="searchName">
  <input type="submit">
</form>
```

在不同的浏览器中，搜索框的表现是不同的，有些浏览器的输入框会在输入关键字后出现一个"×"（图 11-16 中②所对应的输入框），有些则不会出现（图 11-16 中①所对应的输入框）。

图 11-16　搜索框的页面效果

### 4. 日期和时间

HTML5 增加了让用户输入日期、时间，以及日期和时间的方式，它们所对应的属性值如下所示。

（1）date：获取本地日期，语法格式为<input type="date">，输出格式为 2021-12-12。

（2）time：获取时间，语法格式为<input type="time">，输出格式为 12:12:00。

（3）datetime-local：获取本地日期和时间，语法格式为<input type="datetime-local">，输出格式为 2021-12-12T12:12:00。

下面通过代码进行演示，具体如下所示。

```
<form action="#" method="get">
  <input type="date" name="date">
  <input type="time" name="time">
  <input type="datetime-local" name="dt-local">
  <input type="submit">
</form>
```

运行代码后，页面效果如图 11-17 所示。

图 11-17　页面效果（2）

在页面上，点击图 11-17 中的日历小图标或时钟小图标就可以选择日期和时间。但是需要注意的是，这些效果是由浏览器生成的，在不同的浏览器中，生成的效果可能有所不同，如图 11-18 所示。

图 11-18　不同浏览器的生成效果

在图 11-18 中，①所对应的是 Firefox 浏览器的生成效果，②所对应的是 Chrome 浏览器的生成效果。

### 5. 颜色选择

将 type 属性的属性值书写为 color，就可以在页面中实现颜色选择，其语法格式如下所示。

```
<input type="color">
```

运行这行代码后，我们就可以使用 color 类型来选择颜色了。浏览器为 color 类型提供了一个颜色选择器，但是每个浏览器提供的样式有所不同，代码如下所示。

```
<form action="./xxx.php" method="get">
  <input type="color" name="color">
  <input type="submit">
</form>
```

运行代码后，我们对 Firefox 浏览器（图 11-19 中①）和 Chrome 浏览器（图 11-19 中②）的样式进行展示，如图 11-19 所示。

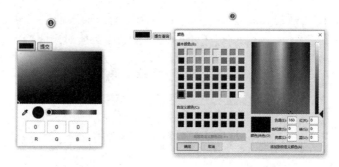

图 11-19　Firefox 浏览器和 Chrome 浏览器中颜色选择的样式

## 11.1.8　案例：表单的改造

下面我们综合本章讲解的 HTML5 表单内容，对使用 XHTML 语法编写的表单进行代码改造。首先，观察使用 XHTML 编写的表单（为了让读者更容易区分，进行了简单的 CSS 修饰，但由于这里的样式不是重点，所以不对其进行讲解），如图 11-20 所示。

图 11-20　XHTML 语法编写的表单

XHTML 标签实现代码如下所示。

```
<!DOCTYPE html>
<html lang="zh">
    <head>
        <meta charset="UTF-8">
        <style>
            #intr {
                width: 500px;
            }
            #intr h1 {
                margin: 0;
                padding: 10px;
                text-align: center;
            }
            #intr > section {
                height: 30px;
            }
            #intr > section > div {
                float: left;
                height: 30px;
                line-height: 30px;
                font-size: 14px;
            }
            #intr .tit {
                width: 20%;
            }
            #intr .con {
                width: 80%;
            }
        </style>
    </head>
    <body>
        <form action="" id="intr">
            <h1>个人简介</h1>
            <section>
                <div class="tit">
                    <label for="name">姓    名: </label>
                </div>
                <div class="con">
                    <input type="text" name="name" id="name">
                </div>
            </section>
            <section>
                <div class="tit">
                    性    别:
                </div>
                <div class="con">
                    <label for="sex0">男</label>
                    <input type="radio" name="sex" value="1" id="sex0">
                      
```

```
            <label for="sex1">女</label>
            <input type="radio" name="sex" value="0" id="sex1">
        </div>
    </section>
    <section>
        <div class="tit">
            <label for="age">年    龄: </label>
        </div>
        <div class="con">
            <input type="text" name="age" id="age">
        </div>
    </section>
    <section>
        <div class="tit">
            <label for="bird">出生年月: </label>
        </div>
        <div class="con">
            <input type="text" name="bir" id="bird">
        </div>
    </section>
    <section>
        <div class="tit">
            <label for="phone">联系电话: </label>
        </div>
        <div class="con">
            <input type="text" name="phone" id="phone">
        </div>
    </section>
    <section>
        <div class="tit">
            <label for="email">邮箱地址: </label>
        </div>
        <div class="con">
            <input type="text" name="email" id="email">
        </div>
    </section>
    <section>
        <div class="tit">
            <label for="blog">个人主页: </label>
        </div>
        <div class="con">
            <input type="text" name="blog" id="blog">
        </div>
    </section>
    <section>
        <div class="tit">
            兴    趣:
        </div>
        <div class="con">
            <label for="ds">登山</label>
```

```
        <input type="checkbox" name="hobby" id="ds" value="1">
          
        <label for="jy">郊游</label>
        <input type="checkbox" name="hobby" id="jy" value="2">
          
        <label for="dy">钓鱼</label>
        <input type="checkbox" name="hobby" id="dy" value="3">
          
        <label for="yy">养鱼</label>
        <input type="checkbox" name="hobby" id="yy" value="4">
          
        <label for="sycw">饲养宠物</label>
        <input type="checkbox" name="hobby" id="sycw" value="5">
    </div>
</section>
<section>
    <div class="tit">
        <label for="country">国    籍: </label>
    </div>
    <div class="con">
        <select name="country" id="country">
            <option value="c">中国</option>
            <option value="j">日本</option>
            <option value="k">韩国</option>
        </select>
    </div>
</section>
<section>
    <input type="submit">
</section>
    </form>
  </body>
</html>
```

　　其次，在开始改造前先进行分析，从图 11-20 和上述代码中可以看出，表单可以划分为 10 个部分，划分后的表单如图 11-21 所示。

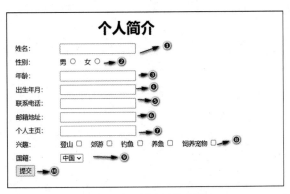

图 11-21　划分后的表单

下面对图 11-21 中的区域依次进行分析和改造。

① 姓名输入框：因为主要用于输入文本，所以使用文本框比较合适。

② 性别单选框：因为每个人只能选择一个性别，所以使用单选框比较合适。

③ 年龄输入框：主要用于输入数值。当前使用的是文本框，但是在 HTML5 新增了一些属性后，明显使用数值更加合适，并且年龄的数值应该控制在 1~100。

④ 出生年月输入框：输入格式为 YYYY-MM-DD。当前使用的文本框，但是在 HTML5 新增了一些属性后，明显使用日期框更加合适。

⑤ 联系电话输入框：输入的是电话号码。当前使用的是文本框，但是在 HTML5 新增了一些属性后，明显使用 tel 类型的输入框更加合适。

⑥ 邮箱地址输入框：输入的是 xxx@xxx.xx 格式。当前使用的是文本框，但是在 HTML5 新增了一些属性后，明显使用 email 类型的输入框更加合适。

⑦ 个人主页输入框：输入的是 url 地址。当前使用的是文本框，但是在 HTML5 新增了一些属性后，明显使用 url 类型的输入框更加合适。

⑧ 兴趣多选框：因为每个人可以选择多种兴趣，所以使用复选框比较合适。

⑨ 选择国籍：因为每个人只能选择一个，所以使用下拉列表比较合适。

⑩ 提交按钮：用于提交表单，应使用 submit 类型的按钮。

此时我们可以使用 HTML5 改写出如下所示的代码。

```html
<!DOCTYPE html>
<html lang="zh">
    <head>
        <meta charset="UTF-8">
        <style>
            #intr {
                width: 500px;
            }
            #intr h1 {
                margin: 0;
                padding: 10px;
                text-align: center;
            }
            #intr > section {
                height: 30px;
            }
            #intr > section > div {
                float: left;
                height: 30px;
                line-height: 30px;
                font-size: 14px;
            }
            #intr .tit {
                width: 20%;
            }
            #intr .con {
                width: 80%;
            }
        </style>
    </head>
    <body>
        <form action="" id="intr">
            <h1>个人简介</h1>
            <section>
                <div class="tit">
                    <label for="name">姓    名：</label>
```

```
            </div>
            <div class="con">
                <input type="text" name="name" id="name">
            </div>
        </section>
        <section>
            <div class="tit">
                性　　别：
            </div>
            <div class="con">
                <label for="sex0">男</label>
                <input type="radio" name="sex" value="1" id="sex0">
                  
                <label for="sex1">女</label>
                <input type="radio" name="sex" value="0" id="sex1">
            </div>
        </section>
        <section>
            <div class="tit">
                <label for="age">年　　龄：</label>
            </div>
            <div class="con">
                <input type="number" name="age" id="age" min="1" max="100">
            </div>
        </section>
        <section>
            <div class="tit">
                <label for="bird">出生年月：</label>
            </div>
            <div class="con">
                <input type="date" name="bir" id="bird">
            </div>
        </section>
        <section>
            <div class="tit">
                <label for="phone">联系电话：</label>
            </div>
            <div class="con">
                <input type="tel" name="phone" id="phone">
            </div>
        </section>
        <section>
            <div class="tit">
                <label for="email">邮箱地址：</label>
            </div>
            <div class="con">
                <input type="email" name="email" id="email">
            </div>
        </section>
        <section>
            <div class="tit">
                <label for="blog">个人主页：</label>
            </div>
            <div class="con">
                <input type="url" name="blog" id="blog">
            </div>
```

273

```
        </section>
        <section>
           <div class="tit">
              兴      趣:
           </div>
           <div class="con">
              <label for="ds">登山</label>
              <input type="checkbox" name="hobby" id="ds" value="1">
                
              <label for="jy">郊游</label>
              <input type="checkbox" name="hobby" id="jy" value="2">
                
              <label for="dy">钓鱼</label>
              <input type="checkbox" name="hobby" id="dy" value="3">
                
              <label for="yy">养鱼</label>
              <input type="checkbox" name="hobby" id="yy" value="4">
                
              <label for="sycw">饲养宠物</label>
              <input type="checkbox" name="hobby" id="sycw" value="5">
           </div>
        </section>
        <section>
           <input type="submit">
        </section>
     </form>
  </body>
</html>
```

阅读前面的内容可以得知，使用新增的 type 属性值会使页面效果有所改变。此时我们运行代码，改写后的表单效果如图 11-22 所示。

图 11-22　改写后的表单效果

## 11.2　音频、视频

HTML5 为了能够更好地支持音频和视频，增加了<audio>标签和<video>标签，就像使用<img>标签可以在网页中添加图片一样。本节将依次讲解这 2 种标签的相关知识。

### 11.2.1　音频

HTML5 新增的<audio>标签是一个双标签，其语法格式为"<audio></audio>"，在标签上可以书写多个属性。下面我们将可以书写的属性和属性值通过表格进行罗列，如表 11-1 所示。

表 11-1　\<audio\>标签的属性和属性值

| 属性 | 属性值 |
| --- | --- |
| src | 想要播放的音频文件的文件名 |
| controls | 告诉浏览器要包含基本的播放控件（否则无法播放） |
| muted | 音频静音 |
| preload | 告诉浏览器如何下载音频。<br>可以书写 3 个属性值：<br>● 　none：表示不进行预加载<br>● 　auto：表示预加载全部音频<br>● 　metadata：表示只预加载媒体的元数据（如媒体的大小、播放列表、持续时间等） |
| loop | 在音频播放到末尾时，从头开始重新播放 |
| autoplay | 自动播放 |

需要注意的是，该音频标签支持的格式有 3 种，分别是 ogg、mp3 和 wav。

这里简单演示\<audio\>标签的使用方式，具体如下所示。

```
<audio src="./audio/audio.ogg" controls muted preload="auto" loop></audio>
```

在这段代码中，我们设置了使用文件名为 audio.ogg 的音频文件，并且调出了浏览器播放控件，默认在播放时处于静音状态，同时预加载全部音频，始终循环播放。

## 11.2.2　视频

HTML5 新增的\<video\>标签是一个双标签，其语法格式为"\<video\>\</video\>"，在标签上可以书写多个属性。下面我们将可以书写的属性和属性值通过表格进行罗列，如表 11-2 所示。

表 11-2　\<video\>标签的属性和属性值

| 属性 | 属性值 |
| --- | --- |
| src | 想要播放的视频文件的文件名 |
| controls | 告诉浏览器要包含基本的播放控件（否则无法播放） |
| muted | 视频静音 |
| preload | 告诉浏览器如何下载视频。<br>可以书写 3 个属性值：<br>● 　none：表示不进行预加载<br>● 　auto：表示预加载全部视频<br>● 　metadata：表示只预加载媒体的元数据（如媒体的大小、播放列表、持续时间等） |
| loop | 在视频播放到末尾时，从头开始重新播放 |
| autoplay | 自动播放 |
| width | 设置视频窗口的宽度（单位为像素，即 px） |
| height | 设置视频窗口的高度（单位为像，即 px） |
| poster | 设置封面图片 |

需要注意的是，该视频标签支持的格式有 3 种，分别是 mp4、ogg、webm。

这里简单演示\<video\>标签的使用方式，具体如下所示。

```
<video src="./video/movie.ogg" controls muted loop preload="auto" poster="./images/
0dd7912397dda144bbba0deeb0b7d0a20cf4863e.jpg"></video>
```

　　在这段代码中，我们设置了使用文件名为 movie.ogg 的视频文件，并且调出了浏览器播放控件，默认在播放时处于静音状态，同时始终循环播放，预先加载全部视频，封面图片为"0dd7912397dda144bbba0deeb0b7d0a20cf4863e.jpg"。

### 11.2.3　使用<source>标签

　　因为各浏览器支持的音频、视频格式有所不同，所以为了能够兼容大部分浏览器，HTML5 新增了<source>标签，可以将各种格式的音频、视频包裹起来。

　　如果想要使用多种格式，就需要先从<audio>标签或<video>标签中删除 src 属性，然后嵌套<source>标签，具体代码如下所示。

```html
<video controls muted loop preload="auto" poster="./resources/01.jpg">
    <source src="./resources/movie.ogg">
    <source src="./resources/movie.webm">
    <source src="./resources/movie.mp4">
</video>
<audio controls muted preload="auto" loop>
    <source src="./resources/audio.ogg">
    <source src="./resources/audio.mp3">
    <source src="./resources/audio.wav">
</audio>
```

　　在这段代码中，在<video>标签和<audio>标签中都嵌套了多个<source>标签，每个<source>标签指向不同的音频、视频文件，浏览器会选择播放第一个它所支持的文件。

　　虽然浏览器可以通过下载部分文件来判断它们是否支持相应的格式，但是最好给每个<source>标签都添加 type 属性并指定每个 source 的类型，这样浏览器只会下载自己认为能够播放的文件，修改后的代码如下所示。

```html
<video controls muted loop preload="auto" poster="./resources/01.jpg ">
    <source src="./resources/movie.ogg" type="video/ogg">
    <source src="./resources/movie.webm" type="video/webm">
    <source src="./resources/movie.mp4" type="video/mp4">
</video>
<audio src="./resources/audio.ogg" controls muted preload="auto" loop>
    <source src="./resources/audio.ogg" type="audio/ogg">
    <source src="./resources/audio.mp3" type="audio/mp3">
    <source src="./resources/audio.wav" type="audio/wav">
</audio>
```

　　上面提到了 source 类型，其实其也叫作 MIME 类型（又称内容类型），主要用来表示某种 Web 资源的内容类型。Web 服务器在把某个资源发送给浏览器时会发送 MIME 类型，浏览器在接收到 MIME 类型后，就知道该如何处理后面的内容，不必再根据文件的后缀名进行判断。

## 11.3　本章小结

　　本章内容分 2 个部分，分别介绍了表单、音频和视频的相关知识。从整体内容来说，HTML5 在表单部分的修订相对较多，表单是客户端和服务器端交互信息的重要且常用手段之一。在 HTML5 修订之前，开发者为美化表单，提高用户体验，会书写大量样式代码来对表单进行修饰。但在 HTML5 对表单进行修订之后，对于开发者来说，这不仅方便了操作，还提升了代码效率，让浏览变得更加"丝滑"。

　　在 11.1 节，我们依次介绍了实现表单的自动完成、给表单添加占位符、给表单添加默认焦点、给表单添加验证等的属性，以及<input>标签新增的 type 属性值等知识点，每部分均配以案例演示，并且将一个使用 HTML 书写的表单使用 HTML5 进行改造，使读者对 HTML5 新属性有更深层次的掌握。

　　11.2 节介绍了音频和视频的相关知识，在 HTML5 修订之前，我们只能通过引用插件等方式来实现在网页中呈现音频和视频，这对于开发者来说十分不方便。在 HTML5 新增了一些标签后，开发者就可以比较方便地在网页中呈现这 2 种类型的内容。但是对于不同的浏览器来说，兼容性还需要我们进行考虑，因此我们又讲解了<source>标签，用来解决兼容性这一让前端开发者头疼的问题。

　　本章内容对于开发者来说十分重要，建议读者对本章中案例涉及的相关知识进行多次练习，以达到熟练掌握的程度。

# CSS3 篇

# 第12章

# CSS3 简介及选择器

本章彩图

前面我们对 CSS2 的相关知识进行了介绍，随着版本的迭代和开发者的需求增加，CSS 已经发展到了 CSS3 这一版本。CSS3 是一个万众期待的版本，它在 CSS2 的基础上新增了大量语法，使 CSS 的功能更为强大。例如，CSS3 在选择器方面就进行了大量增强；再如，CSS3 新增了一些功能性属性和属性值……这些新特性在本书的后续内容中都会有所体现。

在第 5 章中，我们对 CSS2 的选择器进行了介绍并提供了对应的练习案例。但是，如果仅依靠 CSS2 中的选择器来完成页面制作，会比较烦琐。因此 CSS3 就在选择器方面做了大量增强，使开发者在操作时拥有更多的选择。

本节作为 CSS3 篇的第 1 章，除了会对 CSS3 的历史进行介绍，还会对新增选择器进行相关介绍并提供练习案例。

## 12.1　CSS3 简介

1994 年，Web 开始流行，CSS 的第一个提案发布。其目标是简单、具有灵活性，能够为文档编写人员和用户提供样式的功能。

1996 年，CSS1 制定完成。随后 CSS2 开始制定，并于 1998 年制定完成。

在制定完 CSS2 的同时，CSS2.1（该版本是对于 CSS2 的修正，确切地说，在 CSS3 之前的版本应该是 CSS2.1）及 CSS3 开始制定。

CSS3 不像 CSS2、CSS2.1 那样是一个完整的规范，它是由多个独立的模块构成的。其优点是各模块可以独立发布，不用考虑其他模块是否已经发布，这更有利于标准的推行。2012 年年初，有 3 个 CSS3 模块变成推荐状态（已经制定完成并且推荐使用）。

## 12.2　CSS3 选择器

前面我们在讲解 CSS 的时候提到过，CSS 可以分为 2 个部分，即选择器和属性。下面我们来详细讲解 CSS3 中的选择器。CSS3 中的选择器可以大幅提高开发者书写样式表的效率，能够让我们更好地选择元素。

本节将会讲解 CSS2 的部分选择器和 CSS3 的新增选择器。

## 12.2.1　CSS3 中新增的层次选择器

在第 5 章的讲解中，我们介绍了后代选择器、子选择器和相邻兄弟选择器 3 种层次选择器。CSS3 中新增了一种层次选择器，即兄弟选择器，使开发者在选择元素时可以多一种选择方式。下面就对这种选择器进行讲解。

兄弟选择器的语法格式为"E～F"，具体来说，就是选择 E 元素之后的所有同级 F 元素，代码如下所示。

```html
<!DOCTYPE html>
<html lang="zh">
    <head>
        <meta charset="UTF-8">
        <style>
            b ~ a {
                color: red;
            }
        </style>
    </head>
    <body>
        <div>
            <a href="#">链接 1</a>
            <b>b 元素 1</b>
            <span>span 元素 1</span>
            <a href="#">链接 2</a>
            <a href="#">链接 3</a>
            <span>span 元素 2</span>
            <a href="#">链接 4</a>
            <a href="#">链接 5</a>
            <a href="#">链接 6</a>
        </div>
        <a href="#">链接 7</a>
    </body>
</html>
```

这段代码使用了兄弟选择器"b ~ a"对元素进行选择，其含义是选择 b 元素后面的所有同级的超链接 a 元素。对于上面的代码来说，就是选中了文字为"链接 2""链接 3""链接 4""链接 5""链接 6"的元素。文字为"链接 1"的元素没有被选中，这是因为该元素在 b 元素的前面。文字为"链接 7"的元素也没有被选中，这是因为该元素和 b 元素不属于同一个父元素。此时，页面效果如图 12-1 所示。

图 12-1　页面效果

## 12.2.2　属性选择器

在 HTML 中，通过使用各种各样的属性可以控制、修饰 HTML 元素。在第 5 章中我们提到过一些属性选择器，但是由于当时的知识储备有限，没有进行具体讲解。本章将分为 CSS2 中的属性选择器和 CSS3 中的属性选择器 2 个部分，对属性选择器进行深入讲解。

### 1. CSS2 中的属性选择器

CSS2 引入了属性选择器，可以根据 HTML 元素的属性名及属性值来选择元素，共分为 4 种情况。

（1）[attr]，表示带有以 attr 命名的属性的元素将会被选中。我们通过案例进行演示，具体代码如下所示。

```html
<!DOCTYPE html>
<html lang="zh">
    <head>
        <meta charset="UTF-8">
        <style>
            [class]{
                color:green;
            }
        </style>
    </head>
    <body>
        <div class="test">div1</div>
        <b class="test">b1</b>
        <div>div2</div>
        <span class="test">span1</span>
    </body>
</html>
```

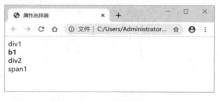

图 12-2　页面效果（1）

上述代码使用属性选择器"[class]"来获取元素，其代表选择带有 class 属性的元素，此时会选中文字为"div1""b1""span1"的元素，由于文字为"div2"的元素不具有 class 属性，所以不会被属性选择器选中。此时，页面效果如图 12-2 所示。

属性选择器可以连续使用，此时表示选中的元素必须同时拥有这些属性，代码如下所示。

```html
<!DOCTYPE html>
<html lang="zh">
    <head>
        <meta charset="UTF-8">
        <style>
            [class][id]{
                color:yellow;
            }
        </style>
    </head>
    <body>
        <div class="test">div1</div>
        <b class="test" id="b1">b1</b>
        <div id="div2">div2</div>
        <span class="test" id="span1">span1</span>
    </body>
</html>
```

在这段代码中，我们使用属性选择器"[class][id]"，选择带有 class 属性并带有 id 属性的元素，此时会选中文字为"b1"和"span1"的元素。由于文字为"div1"的元素不具有 id 属性，文字为"div2"的元素不具有 class 属性，所以不会被选中，在页面上颜色不会变为黄色。此时，页面效果如图 12-3 所示。

在属性选择器前面也可以添加其他选择器，这样可以更加

图 12-3　页面效果（2）

精确地选择元素，代码如下所示。

```html
<!DOCTYPE html>
<html lang="zh">
    <head>
        <meta charset="UTF-8">
        <style>
            div[class]{
                color:red;
            }
        </style>
    </head>
    <body>
        <div class="test">div1</div>
        <b class="test">b1</b>
        <div>div2</div>
        <span class="test">span1</span>
    </body>
</html>
```

这段代码将属性选择器与标签选择器结合使用，通过"div[class]"选择带有 class 属性的 div 元素。由于文字为"div2"的元素不具有 class 属性，所以此时只会选中文字为"div1"的元素，页面效果如图 12-4 所示。

图 12-4　页面效果（3）

（2）[attr="value"]，表示带有以 attr 命名的属性，并且属性值为 value 的元素将会被选中。前面的[attr] 属性选择器只选择了具有 attr 属性的元素，如果想要精确地限定 attr 属性对应的属性值，那么可以使用 [attr="value"]的方式。请观察下面的代码。

```html
<!DOCTYPE html>
<html lang="zh">
    <head>
        <meta charset="UTF-8">
    </head>
    <body>
        <form action="#">
            账　　号：<input type="text" name="userName" ><br>
            密　　码：<input type="password" name="passwd" ><br>
            确认密码：<input type="password" name="repasswd" ><br>
        </form>
    </body>
</html>
```

上面这段代码只定义了 3 个文本框，现在的需求是将文本框的背景颜色变为红色，同时将密码框的背景颜色变为绿色，此时可以书写出如下 CSS 代码。

```html
<style>
    form input[type='text']{
        background-color: red;
    }
```

```
    form input[type='password']{
        background-color:yellow;
    }
</style>
```

上面的代码的含义是选择 form 元素下的 input 元素,其中 input 元素需要具有 type 属性。如果 type 属性的属性值是 text,那么将会应用"background-color:red";如果 type 属性的属性值是 password,那么将会应用"background-color:yellow"。

需要注意的是,这里的 attr 指代 HTML 标签的属性,value 指代 HTML 标签属性的属性值。

(3)[attr~="value"],表示带有 attr 命名的属性的元素,并且该属性的属性值是一个以空格作为分隔的列表,其中至少有 1 个值为 value 的元素将会被选中。

在前面的讲解中我们提到过,元素的 class 属性的属性值可以有多个,多个属性值之间需要使用空格进行分隔。请观察下面的 HTML 代码。

```
<!DOCTYPE html>
<html lang="zh">
    <head>
        <meta charset="UTF-8">
    </head>
    <body>
        <div class="c1 c2">div1</div>
        <div class="c3 c2">div2</div>
        <div class="c1 c3">div3</div>
        <b class="c3">b1</b>
    </body>
</html>
```

上面的代码比较简单,这里不做过多讲解。现在有一个需求,即要求选中带 c3 类名的 div 元素,原本可以使用"div.c3"选择器来选中,现在也可以使用"div[class~='c3']"来选中。实现该需求的完整 CSS 代码如下所示。

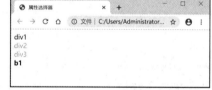

```
div[class~='c3']{
    color:yellow;
}
```

此时,上面的需求已经实现了,页面效果如图 12-5 所示。

图 12-5　页面效果(4)

下面以另一段 HTML 代码结构为例进行讲解,代码如下所示。

```
<abbr title="Hyper Text Transfer Protocol">HTTP 协议</abbr><br>
<abbr title="Hyper Text Transfer Protocol over Secure Socket Layer">HTTPS 协议</abbr><br>
<abbr title="world wide web">WWW</abbr><br>
<abbr title="File Transfer Protocol">FTP 协议</abbr><br>
```

此时,用户的需求是将所有与协议相关的缩写全部标注出来,并且将其颜色改为红色。查看代码后可以发现,因为所有与协议相关的缩写在其对应的全称中都有"Protocol"这个单词,并且全称中的单词都是使用空格进行分隔的,所以适合使用[attr~="value"]选择器,完整代码如下所示。

```
<!DOCTYPE html>
<html lang="zh">
    <head>
        <meta charset="UTF-8">
        <style>
            abbr[title~="Protocol"]{
                color:red;
            }
        </style>
    </head>
    <body>
        <abbr title="Hyper Text Transfer Protocol">HTTP 协议</abbr><br>
```

```
        <abbr title="Hyper Text Transfer Protocol over Secure Socket Layer">HTTPS 协议
</abbr><br/>
        <abbr title="world wide web">WWW</abbr><br>
        <abbr title="File Transfer Protocol">FTP 协议</abbr><br>
    </body>
</html>
```

　　这段代码使用[attr~="value"]选择器选择了所有带有 title 属性，并且属性值中有"Protocol"这一单词的元素，同时将所有标注颜色修改为红色，页面效果如图 12-6 所示。

　　（4）[attr|="value"]，表示带有 attr 命名的属性的元素，并且该属性的属性值为 value，或是以 value-为前缀的元素将会被选中。

图 12-6　页面效果（5）

　　现有 HTML 代码结构如下所示。

```
请选择各国/地区语言文化代码:
<select name="country">
    <option value="zh-cn">（中文）中国</option>
    <option value="zh-hk">（中文）中国香港</option>
    <option value="zh-tw">（中文）中国台湾</option>
    <option value="tr-tr">（法文）法国</option>
    <option value="fr-lu">（法文）卢森堡</option>
</select>
```

　　此时在页面中会出现一个下拉列表，但用户又提出了一个需求，即需要将中文语系选项（value 是 zh-开头的<option>标签）的背景颜色改为"#EF1C26"，字体颜色改为"#FFFF00"。在这种情况下，使用[attr|="value"]进行选择较为合适，完整代码如下所示。

```
<!DOCTYPE html>
<html lang="zh">
    <head>
        <meta charset="UTF-8">
        <style>
            /*设置中文语系的样式*/
            option[value|='zh'] {
                background-color: #EF1C26;
                color: #FFFF00;
            }
            /*设置法文语系的样式*/
            option[value|='fr'] {
                background-color: #002496;
                color: #FFF;
            }
        </style>
    </head>
    <body>
        请选择各国/地区语言文化代码:
        <select name="country">
            <option value="zh-cn">（中文）中国</option>
            <option value="zh-hk">（中文）中国香港</option>
            <option value="zh-tw">（中文）中国台湾</option>
            <option value="fr-fr">（法文）法国</option>
            <option value="fr-lu">（法文）卢森堡</option>
        </select>
    </body>
</html>
```

图 12-7　页面效果（6）

在上述代码中，我们使用代码"option[value|='zh']"为所有中文语系选项的背景颜色和字体颜色进行了设置，使用代码"option[value|='fr']"为所有法文语系选项的背景颜色和字体颜色进行了设置，此时页面中的中文语系选项的背景颜色为红色，字体颜色为黄色，法文语系选项的背景颜色为蓝色，字体颜色为白色，页面效果如图 12-7 所示。

值得一提的是，图 12-7 中第一个选项卡的颜色不是我们设置的颜色，这个效果是默认选中的效果，对于这个列表来说，默认选项就是第一个。当光标移动到别的选项卡上时，对应选项卡也会被默认覆盖。

### 2. CSS3 中的属性选择器

前面我们讲解了 CSS2 中的属性选择器，其实 CSS3 也对属性选择器进行了扩展，一共新增了 3 个属性选择器，下面依次进行讲解。

（1）E[attr^="vaue"]，表示带有 attr 命名的属性，并且属性值以 value 开头的元素将会被选中。

现有 HTML 代码结构如下所示。

```
<a href="http://www.atguigu.com">尚硅谷 1</a>
<a href=" http://www.atguigu.com">尚硅谷 2</a>
<a href="https://www.atguigu.com/logo.png">尚硅谷 3</a>
<a href="www.atguigu.com/logo.png">尚硅谷 4</a>
<a href="http://www.baidu.com">百度 1</a>
```

这段 HTML 代码比较简单，这里不做过多讲解。用户提出的需求是，选中所有超链接 a 元素中 href 属性值以 http://开头的元素。这种需求可以使用属性选择器"a[href^="http://"]"来实现，符合条件的元素有文字为"尚硅谷 1""百度 1"，但由于文字为"尚硅谷 2"的元素的 href 属性值以空格开头、文字为"尚硅谷 3"的元素的 href 属性值以 https://开头、文字为"尚硅谷 4"的元素的 href 属性值是以 www 开头，所以这 3 个元素不会被选中。

实现上述需求的完整代码如下所示。

```
<!DOCTYPE html>
<html lang="zh">
    <head>
        <meta charset="UTF-8">
        <style>
            a[href^="http://"]{
                color:yellow;
            }
        </style>
    </head>
    <body>
        <a href="http://www.atguigu.com">尚硅谷 1</a>
        <a href=" http://www.atguigu.com">尚硅谷 2</a>
        <a href="https://www.atguigu.com/logo.png">尚硅谷 3</a>
        <a href="www.atguigu.com/logo.png">尚硅谷 4</a>
        <a href="http://www.baidu.com">百度 1</a>
    </body>
</html>
```

运行代码后，页面中只有"尚硅谷 1""尚硅谷 2"和"百度 1"的字体颜色变为黄色，如图 12-8 所示。

（2）E[attr$="vaue"]，表示带有 attr 命名的属性，并且属性值以 value 结尾的元素将会被选中。

现有 HTML 代码结构如下所示。

图 12-8　页面效果（7）

```
<a href="www.atguigu.com/index.html">尚硅谷 1</a>
<a href="http://www.baidu.com/think.html">百度 1</a>
<a href="sina.com/logo.png">新浪 1</a>
<a href="https://www.baidu.com/think.html">百度 2</a>
<a href="http://www.atguigu.com/index.html">尚硅谷 2</a>
```

　　这段 HTML 代码比较简单，这里不做过多讲解。用户的需求是将所有超链接 a 元素中 href 属性值以.html 结尾的元素标记出来，并且将对应元素的字体颜色标记为红色。此时可以使用属性选择器"a[href$=".html"]"来实现需求，符合条件的有文字为"尚硅谷 1""百度 1""百度 2""尚硅谷 2"的元素。文字为"新浪 1"所对应的超链接 a 元素，因为其 href 属性的属性值是以.png 结尾的，所以不会被选中。

　　实现需求的完整代码如下所示。

```
<!DOCTYPE html>
<html lang="zh">
    <head>
        <meta charset="UTF-8">
        <style>
            a[href$=".html"] {
                color: yellow;
            }
        </style>
    </head>
    <body>
        <a href="www.atguigu.com/index.html">尚硅谷 1</a>
        <a href="http://www.baidu.com/think.html">百度 1</a>
        <a href="sina.com/logo.png">新浪 1</a>
        <a href="https://www.baidu.com/think.html">百度 2</a>
        <a href="http://www.atguigu.com/index.html">尚硅谷 2</a>
    </body>
</html>
```

　　运行代码后，页面中只有"尚硅谷 1""百度 1""百度 2"和"尚硅谷 2"的字体颜色变为黄色，如图 12-9 所示。

图 12-9　页面效果（8）

　　（3）E[attr*="vaue"]，表示带有以 attr 命名的属性且属性值至少包含 1个 value 值的元素。

　　现有 HTML 代码结构如下所示。

```
<a href="www.atguigu.com/baidu.html">尚硅谷 1</a>
<a href="http://www.baidu.com">百度 1</a>
<a href="baidu.com/logo.png">百度 2</a>
<a href="http://www.baidu.cn/index.html">百度 3</a>
<a href="http://www.atguigu.com/baidu">百度 3</a>
```

　　这段 HTML 代码比较简单，这里不做过多讲解。用户的需求是将所有超链接 a 元素中 href 属性值中包含"baidu"的全部标记出来，同时将字体颜色标记为粉色。此时可以使用属性选择器"a[href*="baidu"]"，它代表不管"baidu"出现在哪个位置，只要其处于超链接 a 元素的 href 属性值中，就会被选中。对于上面的 HTML 代码结构来说，所有超链接 a 元素的 href 属性值都包含"baidu"，因此它们都将被选中。

　　下面展示实现需求的完整代码，具体如下所示。

```
<!DOCTYPE html>
<html lang="zh">
    <head>
        <meta charset="UTF-8">
        <style>
            a[href*="baidu"] {
                color: pink;
```

```
        }
    </style>
</head>
<body>
    <a href="www.atguigu.com/baidu.html">尚硅谷 1</a>
    <a href="http://www.baidu.com">百度 1</a>
    <a href="baidu.com/logo.png">百度 2</a>
    <a href="http://www.baidu.cn/index.html">百度 3</a>
    <a href="http://www.atguigu.com/baidu">百度 3</a>
</body>
</html>
```

运行代码后，从页面效果中可以发现所有文字的字体颜色都变为粉色，如图 12-10 所示。

图 12-10　页面效果（9）

## 12.2.3　结构性伪类选择器

在 5.3.8 节我们介绍了伪类选择器，它是文档中一些不一定真实存在的结构指定样式，或者为某些标签的特定状态赋予不存在的类，我们也称其为幽灵类。而本节要介绍的结构性伪类选择器就是根据不同的 HTML 元素的结构，来添加的不存在的类。值得一提的是，在使用结构性伪类选择器时，要注意 HTML 元素的结构。

CSS3 新增了部分结构性伪类选择器，我们将其分为 3 个部分进行讲解，分别是 x-child 系列选择器、x-of-type 系列选择器和其他结构伪类选择器。在前面的内容中，我们已经对选择器进行了一定讲解，本节我们通过案例来对选择器进行具体说明。下面开始正式进行介绍。

### 1. x-child 系列选择器

x-child 系列选择器的一般格式为 E:x-child，用来选择第 $n$ 个子元素。需要注意的是，这个子元素必须是 E。

（1）"E:first-child" 是 CSS2 中的选择器，用来匹配父元素中的第一个子元素，并且元素为 E。值得一提的是，E 这个元素必须是父元素中的第一个子元素。

请思考下方代码的运行效果。

```
<!DOCTYPE html>
<html lang="zh">
    <head>
        <meta charset="UTF-8">
        <style>
            h1:first-child{
                color:yellow;
            }
        </style>
    </head>
    <body>
        <div class="con">
            <h1>这是 h1 标题</h1>
            <b>这是 b 标签</b>
            <a href="#">这是 a 标签</a>
        </div>
        <div class="con">
            <h1>这是 h1 标题</h1>
            <b>这是 b 标签</b>
            <a href="#">这是 a 标签</a>
```

```
    </div>
    <div class="con">
        <b>这是 b 标签</b>
        <h1>这是 h1 标题</h1>
        <a href="#">这是 a 标签</a>
    </div>
</body>
</html>
```

在上方代码中，有 3 个 class 为 "con" 的 div 元素，其中前两个 div 元素的第一个子元素都为 h1 元素，第三个 div 元素的第一个子元素为 b 元素。在代码中书写的选择器为 "h1:first-child"，其将会选中 h1 元素，因为这个 h1 元素必须是其父元素的第一个子元素，所以第一个 div 元素中的 h1 元素和第二个 div 元素中的 h1 元素的字体颜色将会变成黄色，页面效果如图 12-11 所示。

（2）"E:last-child" 用来匹配父元素中的最后一个子元素，并且元素为 E。有了前面属性的铺垫讲解，相信这个属性对于读者来说不难理解。

请思考下方代码的运行效果。

图 12-11　页面效果（1）

```
<!DOCTYPE html>
<html lang="zh">
    <head>
        <meta charset="UTF-8">
        <style>
            h1:last-child{
                color:green;
            }
        </style>
    </head>
    <body>
        <div class="con">
            <h1>这是 h1 标题</h1>
            <b>这是 b 标签</b>
            <a href="#">这是 a 标签</a>
        </div>
        <div class="con">
            <h1>这是 h1 标题</h1>
            <b>这是 b 标签</b>
            <a href="#">这是 a 标签</a>
        </div>
        <div class="con">
            <b>这是 b 标签</b>
            <a href="#">这是 a 标签</a>
            <h1>这是 h1 标题</h1>
        </div>
    </body>
</html>
```

在上面的结构中，有 3 个 class 为 "con" 的 div 元素，其中第三个 div 元素中的最后一个元素为 h1 元素，符合选择器为 "h1:last-child" 的条件，因此字体颜色将变为绿色。值得一提的是，这个 h1 元素必须是其父元素中的最后一个子元素。运行代码后，页面效果如图 12-12 所示。

（3）"E:nth-child(n)" 用来匹配正向（从前往后数）的第 *n* 个子元素，并且元素为 E。

图 12-12　页面效果（2）

287

请思考下方代码的运行效果。

```html
<!DOCTYPE html>
<html lang="zh">
    <head>
        <meta charset="UTF-8">
        <style>
            b:nth-child(2){
                color:red;
            }
        </style>
    </head>
    <body>
        <div class="con">
            <h1>这是 h1 标题 1</h1>
            <b>这是 b 标签 2</b>
            <a href="#">这是 a 标签 3</a>
            <b>这是 b 标签 4</b>
        </div>
    </body>
</html>
```

在上面的结构中，class 为 "con" 的 div 元素共有 4 个子元素，在这些子元素中，b 元素分别处于第二个和第四个的位置（从正向数）上。在代码中书写的选择器 "b:nth-child(2)" 将会选择 b 元素，而这个 b 元素正好是其父元素中的第二个子元素，此时该元素的字体颜色将变为红色，页面效果如图 12-13 所示。

图 12-13　页面效果（3）

（4）"E:nth-last-child(n)" 用来匹配反向（从后往前数）的第 n 个子元素，并且元素为 E。

请思考下方代码的运行效果。

```html
<!DOCTYPE html>
<html lang="zh">
    <head>
        <meta charset="UTF-8">
        <style>
            b:nth-last-child(3) {
                color: yellow;
            }
        </style>
    </head>
    <body>
        <div class="con">
            <h1>这是 h1 标题 1</h1>
            <b>这是 b 标签 2</b>
            <a href="#">这是 a 标签 3</a>
            <b>这是 b 标签 4</b>
        </div>
    </body>
</html>
```

在上面的结构中，class 为"con"的 div 元素共有 4 个子元素，在这些子元素中，b 元素从反向数分别处于第一个和第三个的位置上。在代码中书写的选择器"b:nth-last-child(3)"将会选择 b 元素，但是这个 b 元素得正好是其父元素的第三个子元素（反向计算），之后这个元素的字体颜色将变为黄色，页面效果如图 12-14 所示。

图 12-14　页面效果（4）

（5）"E:only-child"用来匹配一个元素，这个元素没有同辈元素，换句话说，该元素没有同级元素，只有自己，并且元素为 E。

请思考下方代码的运行效果。

```html
<!DOCTYPE html>
<html lang="zh">
    <head>
        <meta charset="UTF-8">
        <style>
            p:only-child{
                color:red;
            }
        </style>
    </head>
    <body>
        <div>
            <p>这是第一个 p 元素</p>
        </div>
        <div>
            这是一个 div 元素
            <div>
                这是一个 div 元素
                <p>这是第二个 p 元素</p>
            </div>
            <div>
                这是一个 div 元素
                <b>这是第一个 b 元素</b>
            </div>
            <div>
                <a href="#">这是一个 a 元素</a>
                <p>这是第三个 p 元素</p>
            </div>
        </div>
    </body>
</html>
```

在上面的结构中，文字为"这是第一个 p 元素""这是第二个 p 元素"，以及"这是第一个 b 元素"的元素，分别是其父元素的唯一子元素。因为代码中书写的选择器"p:only-child"，代表要选择 p 元素在父元素中是唯一子元素的元素，所以选中的是文字为"这是第一个 p 元素"的元素和文字为"这是第二个 p 元素"的元素，并且将其字体颜色变为红色，页面效果如图 12-15 所示。

图 12-15　页面效果（5）

### 2. x-of-type 系列选择器

x-of-type 系列选择器的一般格式为"E:x-of-type"，通过给 x 赋予不同的值来选择父元素中出现的 E 元素。

（1）"E:first-of-type"用来选择在父元素中第一次出现的 E 元素。

请思考下方代码的运行效果。

```
<!DOCTYPE html>
<html lang="zh">
    <head>
        <meta charset="UTF-8">
        <style>
            p:first-of-type{
                color:red;
            }
        </style>
    </head>
    <body>
        <b>这是第一个 b 元素</b>
        <p>这是第一个 p 元素</p>
        <div>
            <a href="#">这是第一个 a 元素</a>
            <p>这是第二个 p 元素</p>
            <b>这是第二个 b 元素</b>
        </div>
        <p>这是第三个 p 元素</p>
    </body>
</html>
```

图 12-16　页面效果（6）

上面的代码书写了选择器"p:first-of-type"，代表在父元素中第一次出现的 p 元素将被选中。符合条件的有文字为"这是第一个 p 元素"的元素，以及文字为"这是第二个 p 元素"的元素，其字体颜色都将变为红色。因为文字为"这是第三个 p 元素"的元素是在父元素 body 中第二次出现的 p 元素，所以不会被选中，页面效果如图 12-16 所示。

（2）"E:last-of-type"用来选择在父元素中最后一次出现的 E 元素。

请思考下方代码的运行效果。

```
<!DOCTYPE html>
<html lang="zh">
    <head>
        <meta charset="UTF-8">
        <style>
            p:last-of-type{
                color:red;
            }
        </style>
    </head>
    <body>
        <b>这是第一个 b 元素</b>
        <p>这是第一个 p 元素</p>
        <div>
```

```
        <a href="#">这是第一个 a 元素</a>
        <p>这是第二个 p 元素</p>
        <b>这是第二个 b 元素</b>
    </div>
    <p>这是第三个 p 元素</p>
  </body>
</html>
```

上面的代码书写了选择器"p:last-of-type"，代表在父元素中最后出现
的 p 元素将被选中，符合条件的有文字为"第二个 p 元素"的元素，以及
文字为"第三个 p 元素"的元素，其字体颜色将变为红色，页面效果如
图 12-17 所示。

（3）"E:nth-of-type(n)"用来选择在父元素中第 *n* 次（从前往后数）出
现的 E 元素。

请思考下方代码的运行效果。

图 12-17　页面效果（7）

```
<!DOCTYPE html>
<html lang="zh">
  <head>
    <meta charset="UTF 0">
    <style>
      b:nth-of-type(3){
          color:green;
      }
    </style>
  </head>
  <body>
    <div>
        <b>这是第一个 b 元素</b>
        <a href="#">这是第一个 a 元素</a>
        <b>这是第二个 b 元素</b>
        <a href="#">这是第二个 a 元素</a>
        <p>这是第一个 p 元素</p>
        <b>这是第三个 b 元素</b>
    </div>
  </body>
</html>
```

上面的代码书写的选择器是"b:nth-of-type(3)"，代表在父元素中第三次出现的 b 元素将被选中，因此
文字为"这是第三个 b 元素"的元素，其字体颜色将变为绿色，页面效果如图 12-18 所示。

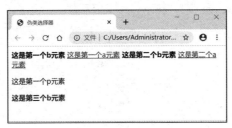

图 12-18　页面效果（8）

（4）"E:nth-last-of-type(n)"用来选择在父元素中第 *n* 次（从后往前数）出现的 E 元素。

请思考下方代码的运行效果。

```
<!DOCTYPE html>
<html lang="zh">
  <head>
```

```
    <meta charset="UTF-8">
    <style>
        b:nth-last-of-type(3){
            color:green;
        }
    </style>
</head>
<body>
    <div>
        <b>这是第一个 b 元素</b>
        <a href="#">这是第一个 a 元素</a>
        <b>这是第二个 b 元素</b>
        <a href="#">这是第二个 a 元素</a>
        <p>这是第一个 p 元素</p>
        <b>这是第三个 b 元素</b>
    </div>
</body>
</html>
```

上面的代码书写的选择器是"b:nth-last-of-type(3)",代表将选择在父元素中第三次(从后往前数)出现的 b 元素,因此将会选中文字为"这是第一个 b 元素"的元素,并且将其字体颜色变为绿色,页面效果如图 12-19 所示。

图 12-19　页面效果(9)

(5)"E:only-of-type"用来匹配一个元素,这个元素在父元素中只出现一次,并且元素为 E。
请思考下方代码的运行效果。

```
<!DOCTYPE html>
<html lang="zh">
    <head>
        <meta charset="UTF-8">
        <style>
            b:only-of-type{
                color:yellowgreen;
            }
        </style>
    </head>
    <body>
        <div>
            <b>第一个出现的 b 标签</b>
            <div>
                <a href="#">第一个出现的 a 标签</a>
                <b>第二个出现的 b 标签</b>
                <b>第三个出现的 b 标签</b>
            </div>
            <p>
                <a href="#">第二个出现的 a 标签</a>
                <b>第四个出现的 b 标签</b>
            </p>
```

```
        </div>
    </body>
</html>
```

上面的代码书写的选择器是 "b:only-of-type"，代表要选择在父元素中只出现了一次的 "b 标签"。符合这个条件的文字为 "第一个出现的 b 标签" 的元素和 "第四个出现的 b 标签" 的元素，其字体颜色将变为黄绿色。因为文字为 "第二个出现的 b 标签" 的元素和 "第三个出现的 b 标签" 的元素属于同一个父元素，相当于在同一个父元素中 "b 标签" 出现了 2 次，所以这 2 个元素不会被选择器 "b:only-of-type" 选中。页面效果如图 12-20 所示。

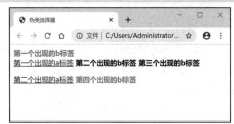

图 12-20　页面效果（10）

鉴于在教学中，部分学员对 x-child、x-of-type 这 2 个系列的选择器经常产生混淆，这里对这 2 个系列的选择器的相同点、不同点和注意事项进行特别说明。

为了便于读者后续理解，我们再次对这 2 个系列的选择器进行强调，选择器 "E:x-child" 用来选择在父元素中第 $n$ 个子元素并且这个子元素必须是 E；而选择器 "E:x-of-type" 用来选择在父元素中第 $n$ 次出现的 E 元素。可以看出，这 2 种选择器都是 "父→子" 的关系，最终都是根据某种规则来选中子元素的。

在某些情况下，上面所讲解的结构性伪类选择器可以相互替换，但前提是要基于结构。下面我们分为 2 种情况分别进行讲解和演示。

（1）情况一。

阅读下方的代码结构可以发现，在 div 元素中有 3 个元素，第一个元素是 a，第二个元素是 p，第三个元素是 b。

```
<div class="test">
    <a href="#">这是第一个 a 元素</a>
    <p>这是第一个 p 元素</p>
    <b>这是第一个 b 元素</b>
</div>
```

现在我们想选择 div 元素中的第一个 a 元素，可以使用 x-of-type 系列选择器书写出如下代码。

```
.test a:first-of-type{
    color:red;
}
```

在代码中出现的选择器 ".test a:first-of-type" 指的是选择 class 为 ".test" 下的超链接 a 元素。需要注意的是，这个选择器的条件是，选择的超链接 a 元素是在父元素中第一次出现的超链接 a 元素，此时选中的元素的字体颜色变为红色，页面效果如图 12-21 所示。

其实我们还可以通过 x-child 系列选择器来实现相同的需求，代码如下所示。

```
.test a:first-child{
    color: #10A370;
}
```

这里为了展示效果，我们将其字体颜色进行了修改。上面书写的选择器是 ".test a:first-child"，指的是选择 class 为 ".test" 下的超链接 a 元素。与前面代码中的选择器相同，该超链接 a 元素需要是在父元素中的第一个子元素，对应的字体颜色变为 "#10A370"，页面效果如图 12-22 所示。

图 12-21　页面效果（11）

图 12-22　页面效果（12）

不管是"a:first-of-type"还是"a:first-child"都会选中第一个 a 元素，这是因为这个 a 元素是 div 元素中第一次出现的 a 元素，也是父元素的第一个子元素并且为 a。此时我们根据 x-of-type 系列选择器和 x-child 系列选择器的定义可以看出，在上面结构中，a 元素同时满足这 2 个条件。

同样地，"E:last-child"与"E:last-of-type"、"E:nth-child(n)"与"E:nth-of-type(n)"、"E:nth-last-child(n)"与"E:nth-last-of-type(n)"也会出现这种情况，但是只要同时满足是第 $n$ 次出现的 E 元素，以及是第 $n$ 个子元素并且是 E，使用":x-of-type"或":x-child"就没有区别。

（2）情况二。

现有如下所示的代码结构，可以发现在 div 元素下面有 3 个元素，第一个元素是 b，第二个元素是 p，第三个元素是 b。

```
<div class="test">
    <b>这是第一个 b 元素</b>
    <p>这是第一个 p 元素</p>
    <b>这是第二个 b 元素</b>
</div>
```

现在的需求是，选中第二个 b 元素，此时我们使用选择器进行选中，共有 6 种方法，下面依次进行讲解。

① 方法一：使用"E:last-of-type"选择元素。

```
.test b:last-of-type{
    color:green;
}
```

观察代码结构可以发现，第二个 b 元素是最后一个出现的 b 元素，这种情况完全符合"E:last-of-type"的选择条件，因此可以使用该选择器对颜色进行样式控制。

② 方法二：使用"E:nth-of-type(n)"选择元素。

```
.test b:nth-of-type(2){
    color:red;
}
```

"E:nth-of-type(n)"可以用来选择父元素中第 $n$ 次（从前往后数）出现的 E 元素。观察代码结构可以发现，第二个 b 元素是第二次出现的 b 元素，符合该选择器的选择条件，因此可以写为"b:nth-of-type(2)"。

③ 方法三：使用"E:nth-last-of-type(n)"选择元素。

```
.test b:nth-last-of-type(1){
    color:yellow;
}
```

该选择器的选择条件与方法二中的选择器相似，只不过元素是从后向前数的，因此可以写为"b:nth-last-of-type(1)"。

④ 方法四：使用"E:last-child"来选择元素。

```
.test b:last-child{
    color:pink;
}
```

通过观察代码结构可以发现，我们想要选择的元素也是 div 元素中的最后一个元素，并且这个元素为 b，因此可以写为"b:last-child"。

⑤ 方法五：使用"E:nth-child(n)"来选择元素。

```
.test b:nth-child(3) {
    color: blue;
}
```

在情况一中我们提到过，只要同时满足第 $n$ 次出现的 E 元素，以及第 $n$ 个子元素并且是 E 这 2 个条件，使用":x-of-type"和":x-child"就没有区别，对这个代码结构来说也同样适用。第二个 b 元素是从前往后数的第三个元素，并且这个元素为 b，因此也可以使用"b:nth-child(3)"实现。

⑥ 方法六：使用 "E:nth-last-child(n)" 来选择元素。

```
.test b:nth-last-child(1){
    color:gray;
}
```

在上方代码中书写的选择器也同样适用于情况一中提到的场景，第二个 b 元素是从后往前数的第一个元素，并且这个元素为 b，因此可以写为 "b:nth-last-child(1)"。

上面讲解的 6 种方法都是根据结构书写出来的，但是我们需要知道，不同的结构所使用的选择器也完全不同，因此我们在使用上面讲解的结构性伪类选择器时，需要对 HTML 结构了如指掌。

值得一提的是，"nth-child""nth-last-child""nth-of-type""nth-last-of-type"中都有一个 *n*，那这个 *n* 代表什么呢？下面就来详细讲解 *n* 的相关知识。

这里的 *n* 可以代表数字、关键字或公式中的任何一个，下面分别举例讲解。

当 *n* 代表数字时，其可以是任何正整数，表示选择第几个进行查看，代码如下所示。

```
<!DOCTYPE html>
<html lang="zh">
    <head>
        <meta charset="UTF-8">
        <style>
            ul li:nth-of-type(3){
                color:yellow;
            }
        </style>
    </head>
    <body>
        <ul>
            <li>这是第 1 个 li</li>
            <li>这是第 2 个 li</li>
            <li>这是第 3 个 li</li>
            <li>这是第 4 个 li</li>
            <li>这是第 5 个 li</li>
        </ul>
    </body>
</html>
```

在这段代码中，*n* 代表的是数字，即在这段代码中选择在 ul 元素中第 3 个出现的 li 元素，并将其字体颜色变为黄色。

当 *n* 代表关键字时，*n* 可以是 odd 奇数或 even 偶数中的任意一种，代码如下所示。

```
<!DOCTYPE html>
<html lang="zh">
    <head>
        <meta charset="UTF-8">
        <style>
            ul li:nth-of-type(odd){
                color:yellow;
            }
            ul li:nth-of-type(even){
                color:red;
            }
        </style>
    </head>
    <body>
        <ul>
            <li>这是第 1 个 li</li>
            <li>这是第 2 个 li</li>
```

```
        <li>这是第 3 个 li</li>
        <li>这是第 4 个 li</li>
        <li>这是第 5 个 li</li>
    </ul>
    </body>
</html>
```

在上面的代码中,我们通过"ul li:nth-of-type(odd)"选择在 ul 元素中的第 1 次、第 3 次、第 5 次(奇数次)出现的 li 元素,并且将其字体颜色设置为黄色。之后选择第 2 次、第 4 次(偶数次)出现的 li 元素,并且将其字体颜色设置为红色。

当 $n$ 代表公式时,可以出现 2 种写法。公式可以写为 $Mn$,其中, $n$ 表示 0、1、2、3、4、5……(只能使用字母 n); $M$ 表示 $n$ 的系数,是一个数值,代码如下所示。

```
<!DOCTYPE html>
<html lang="zh">
    <head>
        <meta charset="UTF-8">
        <style>
            ul li:nth-of-type(3n){
                color:yellow;
            }
        </style>
    </head>
    <body>
        <ul>
            <li>这是第 1 个 li</li>
            <li>这是第 2 个 li</li>
            <li>这是第 3 个 li</li>
            <li>这是第 4 个 li</li>
            <li>这是第 5 个 li</li>
            <li>这是第 6 个 li</li>
            <li>这是第 7 个 li</li>
        </ul>
    </body>
</html>
```

在上面的代码中,在"nth-of-type"中写的是 3n,计算方式就是 0×3、1×3、2×3,计算结果分别为 0、3、6。因为 HTML 元素是从 1 开始算的,所以会选中"这是第 3 个 li""这是第 6 个 li",并且将其字体颜色变为黄色。

公式也可以写为 $An+B$,和上面类似, $n$ 表示 0、1、2、3、4、5……(只能用字母 n); $A$ 表示 $n$ 的系数,是一个数值; $B$ 是一个数字,大多使用一个正整数,代码如下所示。

```
<!DOCTYPE html>
<html lang="zh">
    <head>
        <meta charset="UTF-8">
        <style>
            ul li:nth-of-type(2n + 2){
                color:yellow;
            }
        </style>
    </head>
    <body>
        <ul>
            <li>这是第 1 个 li</li>
            <li>这是第 2 个 li</li>
            <li>这是第 3 个 li</li>
```

```
        <li>这是第 4 个 li</li>
        <li>这是第 5 个 li</li>
        <li>这是第 6 个 li</li>
        <li>这是第 7 个 li</li>
    </ul>
  </body>
</html>
```

在上面的代码中，在"nth-of-type"中写的是 2*n*+2，那么计算方式就是 0×2+2、1×2+2、2×2+2，计算结果分别为 2、4、6。因为 HTML 元素是从 1 开始算的，所以会选中文字为"这是第 2 个 li""这是第 4 个 li""这是第 6 个 li"这 3 个元素。

我们可以利用"n 可以代表数字、关键字或公式中的任何一个"来实现 5.3.10 节中图 5-34 呈现的"表格隔行换色"效果。

在 5.3.10 节中，我们使用类选择器来选中奇数行和偶数行的表格。但是这种方式存在一些弊端，我们将 5.3.10 节中的 HTML 结构代码进行节选，如下所示。

```
<tr class="odd">
    <td> </td>
    <td> </td>
    <td> </td>
    <td> </td>
    <td> </td>
    <td> </td>
    <td> </td>
    <td> </td>
    <td> </td>
    <td> </td>
</tr>
<tr class="even">
    <td> </td>
    <td> </td>
    <td> </td>
    <td> </td>
    <td> </td>
    <td> </td>
    <td> </td>
    <td> </td>
    <td> </td>
</tr>
```

注意观察上述代码中 tr 元素的 class 属性，这里我们人为地区分某一行到底是奇数行还是偶数行，并为其加上不同的 class 属性值（odd 或 even）。因为我们已讲解了"x-child"中的":nth-child(odd/even)"和"x-of-type"中的":nth-of-type(odd/even)"，所以现在可以对上述代码进行改造，从而减少 HTML 和 CSS 的耦合，使 CSS 可以自动帮我们计算是奇数行还是偶数行，实现代码如下所示。

```
<!DOCTYPE html>
<html lang="zh">
    <head>
        <meta charset="UTF-8">
        <style>
            table {
                width: 100%;
                border-collapse: collapse;
            }
```

```
        table, tr, td {
            border: 1px solid #EBEBEB;
        }
        tr:nth-of-type(odd) {
            background-color: #FFF;
        }
        tr:nth-child(even) {
            background-color: #F9F9F9;
        }
        tr:hover {
            background-color: #EDF5FF;
        }
    </style>
</head>
<body>
    <table>
        <tr>
            <td> </td>
            <td> </td>
            <td> </td>
            <td> </td>
            <td> </td>
            <td> </td>
            <td> </td>
            <td> </td>
            <td> </td>
            <td> </td>
        </tr>
        <tr>
            <td> </td>
            ……（这里省略相同的代码，下方代码同理）
            <td> </td>
        </tr>
        <tr>
            <td> </td>
            ……
            <td> </td>
        </tr>
        <tr>
            <td> </td>
            ……
            <td> </td>
        </tr>
        <tr>
            <td> </td>
            ……
            <td> </td>
        </tr>
        <tr>
```

```
            <td> </td>
            ......
            <td> </td>
        </tr>
        <tr>
            <td> </td>
            ......
            <td> </td>
        </tr>
        <tr>
            <td> </td>
            ......
            <td> </td>
        </tr>
        <tr>
            <td> </td>
            ......
            <td> </td>
        </tr>
        <tr>
            <td> </td>
            ......
            <td> </td>
        </tr>
    </table>
</body>
</html>
```

　　上面的代码相较于 5.3.10 节中的代码没有发生较大改变，只不过去掉了 tr 元素中的 class 属性，同时奇数行使用了 "tr:nth-of-type(odd)"，偶数行使用了 "tr:nth-child(even)"。这里的奇数行、偶数行都可以使用 ": nth-of-type" 或 ": nth-child"。因为 table 表格的整体结构为 table→tbody→tr→th/td，tbody 元素的子元素都是 tr，第 n 个出现的 tr 元素即为 tbody 元素的第 n 个子元素。

### 3. 其他结构伪类选择器

　　除了前面讲解的伪类选择器，我们还要为读者介绍根元素选择器和空元素选择器这 2 种伪类选择器。下面将依次展开讲解。

　　（1）根元素选择器。

　　CSS3 提供了根元素选择器 ":root"，用来选择文档的根元素。我们知道在 HTML 中，根元素始终是 HTML 元素。其实这个选择器的真正威力体现在 XML 中，但是 XML 超出了本书的讲解范围，读者可自行参阅相关文档或书籍。

　　请阅读并思考下面的代码。

```
<!DOCTYPE html>
<html lang="zh">
    <head>
        <meta charset="UTF-8">
        <style>
            :root{
                background-color: yellow;
            }
        </style>
```

```
    </head>
    <body>
    </body>
</html>
```

运行代码后可以发现，整个页面的背景颜色变成黄色，我们可以通过 Chrome 调试器进行查看，其界面如图 12-23 所示。

在选中 HTML 元素之后可以看到，根元素选择器"：root"也显示出来，这就说明根元素选择器"：root"已经选中了 HTML 元素。

实际上，我们也可以直接使用标签选择器，具体代码如下所示。

```
html{
    background-color:pink;
}
```

图 12-23　Chrome 调试器界面

这段样式比较简单，与使用根元素选择器"：root"实现的效果相似，唯一的区别就是整个页面的背景颜色从黄色变成了粉色。

（2）空元素选择器。

CSS3 还提供了空元素选择器"：empty"，用来选择没有任何内容的空元素（空元素指的是没有文本也没有空白的元素），这种情况在 CMS（content management system，内容管理系统）编辑器中经常出现。

这里针对空元素再次进行强调，我们所说的元素要为空，这个空是指没有空白、没有内容、没有后代元素。下方代码书写了多个元素，请思考哪个元素是空元素。

```
<b></b>
<b> </b>
<b>


</b>
<b><!-- 这里是注释 --></b>
```

在上面的代码中，第一个 b 元素中没有内容；第二个 b 元素中看起来什么都没有，但是中间有个空（空格），也算作内容；第三个 b 元素中存在多个换行符；第四个 b 元素中书写了注释，但是注释不属于内容。因此，当使用空元素选择器"b:empty"选择元素时，只会选中里面没有内容的第一个 b 元素，以及不属于内容的第四个 b 元素。

## 12.2.4　状态伪类选择器

状态伪类选择器能够被用户的操作改变，例如，用户选择或不选择一个复选框。同时，其还受 DOM 脚本的影响。本节将通过实际案例演示为读者介绍禁用伪类选择器、只读伪类选择器、默认伪类选择器和选中伪类选择器这 4 种伪类选择器。

### 1. 禁用伪类选择器

CSS3 提供了"E:disabled"，可以用来选择元素。该禁用伪类选择器主要针对表单控件使用，表单控件在被禁用时将会被选中。

下面我们通过案例来讲解演示，请思考下方代码运行后的页面效果。

```
<!DOCTYPE html>
<html lang="zh">
    <head>
        <meta charset="UTF-8">
        <style>
            input{
                background-color:green;
```

```
            color:yellow;
        }
        input:disabled{
            background-color:red;
            color:blue;
        }
    </style>
</head>
<body>
    <input type="text" value="第一个 input">
    <input type="text" disabled value="第二个 input">
</body>
</html>
```

在上面代码中，2 个 input 输入框都能够与<input>标签选择器匹配，但是因为在第二个 input 输入框标签上书写的 disabled 被禁用了，所以其也会匹配上禁用伪类选择器"input:disabled"。此时第二个 input 输入框会将之前<input>标签选择器设置的 background-color 属性和 color 属性覆盖，转而应用禁用伪类选择器"input:disabled"设置的属性，页面效果如图 12-24 所示。

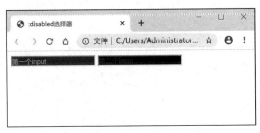

图 12-24　页面效果（1）

### 2. 只读伪类选择器

CSS3 提供了"E:read-only"，可以用来选择元素。在使用后，只读状态的表单控件将会被选中。下面我们通过案例来讲解演示，请思考下方代码运行后的页面效果。

```
<!DOCTYPE html>
<html lang="zh">
    <head>
        <meta charset="UTF-8">
        <style>
            input{
                background-color:green;
                color:yellow;
            }
            input:read-only{
                background-color:red;
                color:blue;
            }
        </style>
    </head>
    <body>
        <input type="text" value="第一个 input">
        <input type="text" readonly value="第二个 input">
    </body>
</html>
```

在上面代码中，2 个 input 输入框都能够与<input>标签选择器匹配，但是因为在第二个 input 输入框标签上书写了 readonly（只读属性），所以其也会匹配上只读伪类选择器 "input:ready-only"。此时第二个 input 框会将之前<input>标签选择器设置的 background-color 属性和 color 属性覆盖，转而应用只读伪类选择器 "input:read-only" 设置的属性，页面效果如图 12-25 所示。

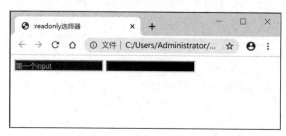

图 12-25　页面效果（2）

### 3. 默认伪类选择器

CSS3 提供了 "E:default"，可以用来选择元素，该默认伪类选择器可以选中默认选中的单选按钮、复选框、下拉列表中的选项。下面我们通过案例来讲解演示，请思考下方代码运行后的页面效果。

```html
<!DOCTYPE html>
<html lang="zh">
    <head>
        <meta charset="UTF-8">
        <style>
            input[type="radio"]:default{
                margin-left:100px;
            }
            option:default{
                background-color: red;
                color:blue;
            }
        </style>
    </head>
    <body>
        <input type="radio" name="g1">
        <input type="radio" name="g1" checked>
        <hr>
        <select name="na">
            <option value="1">选项 1</option>
            <option value="2">选项 2</option>
            <option value="3" selected>选项 3</option>
            <option value="4">选项 4</option>
        </select>
    </body>
</html>
```

在上面代码中，第二个单选框被默认选中，因此可以匹配默认伪类选择器 "input[type="radio"]:default" 并应用对应的样式。由于下拉列表默认选中了文字为 "选项 3" 的元素，所以该元素可以匹配上默认伪类选择器 "option:default" 并应用对应的样式，页面效果如图 12-26 所示。

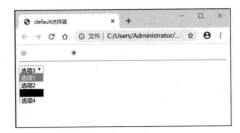

图 12-26　页面效果（3）

#### 4. 选中伪类选择器

CSS3 提供了"E:checked"，可以用来选择元素，该选中伪类选择器可以选中用户或默认值选中的单选按钮或复选框。下面我们通过案例来讲解演示，请思考下方代码运行后的页面效果。

```html
<!DOCTYPE html>
<html lang="zh">
    <head>
        <meta charset="UTF-8">
        <style>
            input:checked{
                margin-left:100px;
            }
        </style>
    </head>
    <body>
        <input type="radio" name="g1" value="g1-1" />
        <input type="radio" name="g1" value="g1-2" checked/>
        <hr>
        <input type="checkbox" name="g2" value="g2-1" id="g2-1"><label for="g2-1">多选-1</label><br>
        <input type="checkbox" name="g2" value="g2-2" id="g2-2" checked ><label for="g2-2">多选-2</label><br>
        <input type="checkbox" name="g2" value="g2-3" id="g2-3"><label for="g2-3">多选-3</label><br>
        <input type="checkbox" name="g2" value="g2-4" id="g2-4" checked ><label for="g2-4">多选-4</label><br>
        <input type="checkbox" name="g2" value="g2-5" id="g2-5"><label for="g2-5">多选-5</label><br>
        <input type="checkbox" name="g2" value="g2-6" id="g2-6"><label for="g2-6">多选-6</label>
    </body>
</html>
```

请注意，在上面的结构中，默认选中的单选框（value="g1-2"的单选框）和默认选中的复选框（value="g2-2"、value="g2-4"的复选框）会被选中伪类选择器"input:checked"先选中。在之后的操作中，不论选择哪个复选框和单选框，其对应元素都将与选中伪类选择器"input:checked"匹配。运行代码后，页面效果如图 12-27 所示。

这里要注意"E:default"和"E:checked"的区别，对于单选框和复选框来说，"E:default"只会选中默认选中的单选框、复选框，而"E:checked"不仅会选中默认选中的单选框、复选框，还会选中用户选中的单选框、复选框。

图 12-27　页面效果（4）

## 12.2.5　其他伪类选择器

除了介绍过的伪类，CSS3 还为开发者提供了其他伪类。本节就为读者介绍伪类选择器 ":target" 和否定伪类选择器这 2 种伪类选择器，下面依次进行讲解。

### 1.伪类选择器 ":target"

前面在讲解 URL 地址时提到过，在 URL 的组成部分中有一个片段标识符，其指向的文档片段在 CSS 中被称为目标。CSS3 提供了伪类选择器 ":target"，可以在 URL 片段标识符指向的目标元素上生效。我们通过下方代码来进行具体讲解。

```
<!DOCTYPE html>
<html lang="zh">
    <head>
        <meta charset="UTF-8">
        <style>
            a:target{
                color:green;
            }
        </style>
    </head>
<body>
    <a href="#c1">第一部分</a> 
    <a href="#c2">第二部分</a> 
    <a href="#c3">第三部分</a> 
    <hr>
    <a id="c1">
        <h2>标题一</h2>
        <p>内容 1</p>
        <p>内容 1</p>
        <p>内容 1</p>
        <p>内容 1</p>
        <p>内容 1</p>
        <p>内容 1</p>
        <p>内容 1</p>
    </a>
    <a id="c2">
        <h2>标题二</h2>
        <p>内容 2</p>
        <p>内容 2</p>
        <p>内容 2</p>
        <p>内容 2</p>
        <p>内容 2</p>
        <p>内容 2</p>
    </a>
```

```
        <a id="c3">
            <h2>标题三</h2>
            <p>内容 3</p>
            <p>内容 3</p>
            <p>内容 3</p>
            <p>内容 3</p>
            <p>内容 3</p>
            <p>内容 3</p>
        </a>
    </body>
</html>
```

运行上面的代码后，初始页面不会产生任何效果，如图 12-28 所示。但是在点击 a 链接后，将会指向 c1、c2、c3 中的某一部分，而指向那部分的伪类选择器"a:target"将会生效，被指向的这一部分的字体颜色将会变为绿色。这里以点击"第二部分"链接为例，点击后会自动跳转至该部分，并且字体颜色变为绿色，点击后的页面效果如图 12-29 所示。

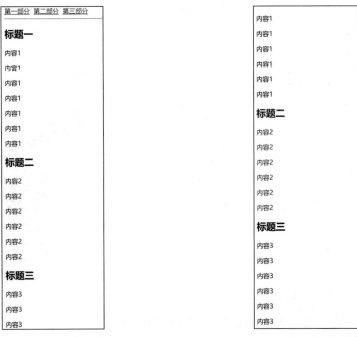

图 12-28　初始页面　　　　　　　　　　图 12-29　点击后的页面效果

这里要注意一点，即使在页面中使用<a>标签进行了分段，但是只要 URL 地址没有指向该分段，伪类选择器"a:target"就不会生效。如果在页面的 URL 中有片段标识符，但在文档中没有与之匹配的元素，那么伪类选择器"a:target"也不会生效。

### 2. 否定伪类选择器

前面所讲的选择器都是在符合某种条件的情况下才会选中元素，我们可以认为其是肯定选择器，即其不会选中不符合条件的元素。如果想反过来选中不符合条件的元素，就可以使用否定伪类选择器":not()"。

我们通过下面的代码进行讲解。

```
<!DOCTYPE html>
<html lang="zh">
    <head>
        <meta charset="UTF-8">
        <style>
            li:not(.other){
                color:red;
```

```
        }
    </style>
</head>
<body>
    <ul>
        <li class="one">列表 1</li>
        <li class="other">列表 2</li>
        <li class="two">列表 3</li>
        <li class="three">列表 4</li>
        <li class="four">列表 5</li>
    </ul>
</body>
</html>
```

在上面的代码中书写的否定伪类选择器"li:not(.other)"，指的是现在要选中 li 元素，具体条件是选中除了类名为".other"的其他 li 元素，即在页面上除了"列表 2"，其余文字的字体颜色都变为红色，页面效果如图 12-30 所示。

在否定伪类选择器":not()"的括号中放置的是想要排除的元素的选择器，其可以是标签选择器、通用选择器、属性选择器、伪类选择器、ID 选择器等。

下面我们利用上面所讲解的知识来实现一个在网站中常见的效果——点击更换图片，如图 12-31 所示，当点击下方缩略图时，缩略图会以大图的形式显示在上方。

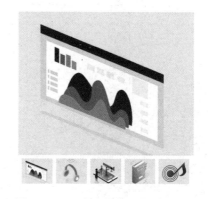

图 12-30　页面效果　　　　　　　　　　图 12-31　"点击更换图片"页面效果

针对这个案例效果，我们通过结构和样式 2 个部分进行分析和实现。从结构上来看，就是一个大容器包裹着想要显示的大图和缩略图。下面我们对其进行具体分析。

（1）书写一个 div 元素并将作为整个效果的大容器，同时将其 id 设置为#ad。

（2）在#ad 中包含两大部分，第一部分是要想显示出来的大图，我们将其 id 设置为#ad-pic，其中包含一个个锚点，在锚点中包含一张张想要显示出来的图片；第二部分是想要显示出来的缩略图，我们使用 ul 元素，其中包含一个个 li 元素，在 li 元素中包含超链接 a 元素，用于在点击时跳转到指定的锚点。

根据上述分析，我们可以书写出如下所示的代码。

```
<div id="ad">
    <div id="ad-pic">
        <a id="kof-1">
            <img src="./images/01.jpg" alt="">
        </a>
        <a id="kof-2">
            <img src="./images/02.jpg" alt="">
        </a>
        <a id="kof-3">
            <img src="./images/03.jpg" alt="">
        </a>
```

```
        <a id="kof-4">
            <img src="./images/04.jpg" alt="">
        </a>
        <a id="kof-5">
            <img src="./images/05.jpg" alt="">
        </a>
    </div>
    <ul>
        <li>
            <a href="#kof-1">
                <img src="./images/01.jpg" alt="">
            </a>
        </li>
        <li>
            <a href="#kof-2">
                <img src="./images/02.jpg" alt="">
            </a>
        </li>
        <li>
            <a href="#kof-3">
                <img src="./images/03.jpg" alt="">
            </a>
        </li>
        <li>
            <a href="#kof-4">
                <img src="./images/04.jpg" alt="">
            </a>
        </li>
        <li>
            <a href="#kof-5">
                <img src="./images/05.jpg" alt="">
            </a>
        </li>
    </ul>
</div>
```

拥有了大体结构后，我们开始对样式进行分析。

从效果图上看，ul 元素的默认样式并没有显示出来，因此先将默认样式进行清除，代码如下所示。

```
ul {
    padding: 0;
    list-style-type: none;
}
```

接下来按照从整体到局部的方式，对大容器的宽度进行设置，代码如下所示。

```
#ad {
    width: 500px;
    /*border: 1px solid green;*/
}
```

此时开始设置 2 个被包含的区域。第一部分用来显示大图的样式。

① 设置大图的高度，代码如下所示。

```
#ad-pic {
    position:relative;
    height: 400px;
    /*border: 1px solid red;*/
}
```

② 将每个包裹大图的锚点进行绝对定位，并且将其位置调整为"top:0""left:0"，代码如下所示。

```
#ad-pic a{
    position:absolute;
    top:0;
    left:0;
}
```

需要注意的是，这里为了使#ad-pic 中的超链接 a 元素的定位基准为根据第一部分容器来进行定位，给#ad-pic 设置了"position:relative"。

③ 将锚点中包裹的图片设置为与父元素宽度相同，代码如下所示。

```
#ad-pic a img{
    width:100%;
}
```

第二部分用来显示缩略图的样式。

① 设置整个缩略图容器的高度，代码如下所示。

```
#ad-pic + ul {
    margin:0;
    margin-top:10px;
    height:70px;
}
```

② 设置每个缩略图容器的宽度和高度，并让其排列在一行，代码如下所示。

```
#ad-pic + ul > li{
    float: left;
    width:87.5px;
    height:100%;
    /*border:1px solid blue;*/
    margin-left: 10px;
}
```

③ 使缩略图中的图片不超出每个缩略图容器，代码如下所示。

```
#ad-pic + ul > li img{
    width:100%;
    height:100%;
}
```

从图 12-31 中可以看出，因为初次显示的图片是第一张效果图，所以要将第一张图片放在最前面，代码如下所示。

```
#ad-pic a:first-child{
    z-index: 1;
}
```

值得一提的是，因为#ad-pic a 设置了绝对定位，所以此时 z-index 属性将会自动生效（属性值为 0），最后一个超链接 a 元素将放在最上面。但是根据样式要求，我们需要将第一张图放在最上面，所以进行了如上设置。

最后，还要实现的就是点击切换图片的效果，这部分使用了上面讲解的伪类选择器":target"。我们可以通过伪类选择器":target"在锚点指向时让对应的超链接 a 元素显示在最上面，代码如下所示。

```
#ad-pic a:target{
    z-index: 2;
}
```

在点击缩略图时会进行锚点指向，并且匹配#ad-pic a:target。值得一提的是，因为#ad-pic a 设置了绝对定位，所以此时锚点超链接 a 元素上面的 z-index 属性值都为 0。而在前面我们将第一个锚点超链接 a 元素的 z-index 属性值设置为 1，因此当锚点指向时，将其 z-index 属性值设置为 2，这样锚点指向的超链接 a 元素就会放在最上面。

至此，我们已经对每个部分需要设置的结构和样式进行了讲解，完整代码详见本书配套代码。

## 12.2.6　伪元素选择器

伪元素选择器为了实现特定的效果，可以在文档中插入虚拟的元素。CSS2 定义了 4 个基本的伪元素选择器，分别用来装饰元素的首字母、装饰元素的首行、在标签的开始标签后和结束标签前插入内容。在 CSS3 中加入了伪元素选择器 "::selection"，可以用来处理在文档中被用户选择的部分。

这里要注意的是，伪类选择器使用 1 个冒号，而伪元素选择器使用 2 个冒号，例如，CSS2 提供的放在开始标签后面的伪元素选择器 "::before"。其实，本质上浏览器也接受 1 个冒号的形式，只不过为了规范，我们还是建议使用 2 个冒号来表示。

值得一提的是，伪元素选择器只能放在选择器的最后，像 "div::before b" 这样的伪元素选择器就是无效的。

在基本理解了伪元素选择器后，下面我们将 CSS2 和 CSS3 的伪元素选择器分 2 个部分进行讲解。

首先介绍的是 CSS2 中的伪元素选择器，在本节的开头提到过共有 4 个。为了便于理解，我们将其分为 3 组进行讲解。

（1）伪元素选择器 "::first-letter"。

伪元素选择器 "::first-letter" 用于装饰块状元素或行内块元素的首字母。

我们通过代码来看具体效果，代码如下所示。

```html
<!DOCTYPE html>
<html lang="zh">
    <head>
        <meta charset="UTF-8">
        <style>
            div {
                text-indent: 2em;
            }
            div::first-letter{
                font-size:2em;
            }
            div:nth-of-type(2){
                display: inline-block;
            }
            div:nth-of-type(3){
                display:inline;
            }
        </style>
    </head>
    <body>
        <div>这是第一个 div 中的文字，这是第一个 div 中的文字，这是第一个 div 中的文字，这是第一个 div 中的文字，这是第一个 div 中的文字，这是第一个 div 中的文字，这是第一个 div 中的文字，这是第一个 div 中的文字，这是第一个 div 中的文字，这是第一个 div 中的文字，这是第一个 div 中的文字，这是第一个 div 中的文字，这是第一个 div 中的文字，这是第一个 div 中的文字，这是第一个 div 中的文字。</div>
        <hr>
        <div>这是第二个 div 中的文字，这是第二个 div 中的文字，这是第二个 div 中的文字，这是第二个 div 中的文字，这是第二个 div 中的文字，这是第二个 div 中的文字，这是第二个 div 中的文字，这是第二个 div 中的文字，这是第二个 div 中的文字，这是第二个 div 中的文字，这是第二个 div 中的文字，这是第二个 div 中的文字，这是第二个 div 中的文字，这是第二个 div 中的文字。</div>
        <hr>
        <div>这是第三个 div 中的文字，这是第三个 div 中的文字，这是第三个 div 中的文字，这是第三个 div 中的文字，这是第三个 div 中的文字，这是第三个 div 中的文字，这是第三个 div 中的文字，这是第三个 div 中的文字，这是第三个 div 中的文字，这是第三个 div 中的文字，这是第三个 div 中的文字，这是第三个 div 中的文字，这是第三个 div 中的文字，这是第三个 div 中的文字。</div>
    </body>
</html>
```

　　上方代码先通过标签选择器将所有div元素中的文本首行都缩进了2em，之后使用伪元素选择器"::first-letter"设置了首字母大小为当前文本的 2 倍。此时第一个 div 元素依然是块状元素（默认是块状元素）；第二个 div 元素通过选择器设置了行内块状元素并生效；第三个 div 元素因为伪元素选择器 "::first-letter" 只对行内块状元素和块状元素生效，所以没有效果。此时，页面效果如图 12-32 所示。

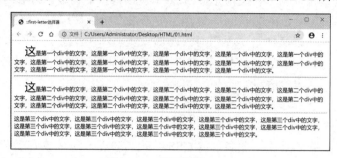

图 12-32　页面效果（1）

　　上面的内容与下方代码的运行效果相等。

```
<div><first-letter 虚拟出来的元素>这</first-letter 虚拟出来的元素>是第一个 div 中的文字，这是第一个
div 中的文字，这是第一个 div 中的文字，这是第一个 div 中的文字，这是第一个 div 中的文字，这是第一个 div 中的
文字，这是第一个 div 中的文字，这是第一个 div 中的文字，这是第一个 div 中的文字，这是第一个 div 中的文字，这
是第一个 div 中的文字，这是第一个 div 中的文字，这是第一个 div 中的文字，这是第一个 div 中的文字。</div>
```

　　伪元素选择器 "::first-letter" 相当于虚拟了一个不存在的元素，并且将第一个文字包裹起来。之后，"::first-letter" 伪元素选择器自动选中了这个虚拟出来的元素，并且对其进行修饰。

　　值得一提的是，我们可以在伪元素选择器 "::first-letter" 中使用字体属性、背景属性、文本装饰属性、边框属性。

　　（2）伪元素选择器 "::first-line"。

　　伪元素选择器 "::first-line" 用于修饰块状元素或行内块元素的首行文本。

　　我们通过代码来看具体效果，代码如下所示。

```
<!DOCTYPE html>
<html lang="zh">
    <head>
        <meta charset="UTF-8">
        <style>
            div {
                text-indent: 2em;
            }
            div::first-line{
                color:red;
            }
            div:nth-of-type(2){
                display: inline-block;
            }
            div:nth-of-type(3){
                display:inline;
            }
        </style>
    </head>
    <body>
        <div>这是第一个 div 中的文字，这是第一个 div 中的文字，这是第一个 div 中的文字，这是第一个 div 中的
文字，这是第一个 div 中的文字，这是第一个 div 中的文字，这是第一个 div 中的文字，这是第一个 div 中的文字，这
是第一个 div 中的文字，这是第一个 div 中的文字，这是第一个 div 中的文字，这是第一个 div 中的文字，这是第一个
div 中的文字，这是第一个 div 中的文字。</div>
        <hr>
        <div>这是第二个 div 中的文字，这是第二个 div 中的文字，这是第二个 div 中的文字，这是第二个 div 中的
```

文字，这是第二个 div 中的文字，这是第二个 div 中的文字，这是第二个 div 中的文字，这是第二个 div 中的文字，这是第二个 div 中的文字，这是第二个 div 中的文字，这是第二个 div 中的文字，这是第二个 div 中的文字，这是第二个 div 中的文字，这是第二个 div 中的文字。</div>
　　　　<hr>
　　　　<div>这是第三个 div 中的文字，这是第三个 div 中的文字，这是第三个 div 中的文字，这是第三个 div 中的文字，这是第三个 div 中的文字，这是第三个 div 中的文字，这是第三个 div 中的文字，这是第三个 div 中的文字，这是第三个 div 中的文字，这是第三个 div 中的文字，这是第三个 div 中的文字，这是第三个 div 中的文字。</div>
　　</body>
</html>

上方代码先通过标签选择器将所有 div 元素中的文本首行都缩进了 2em，之后使用伪元素选择器"::first-line"将首行文本字体颜色变为红色。此时第一个 div 元素是块状元素（默认是块状元素）；第二个 div 元素设置了行内块状元素并生效；第三个 div 元素因为伪元素选择器"::first-line"只对行内块状元素和块状元素生效，所以没有效果。此时，页面效果如图 12-33 所示。

需要注意的是，伪元素选择器"::first-line"设置的是修饰块状元素或行内块元素的首行文本，其样式会随着浏览器窗口大小的变化进行自动调节。

与伪元素选择器"::first-letter"相同，在伪元素选择器"::first-line"中也可以使用字体属性、背景属性、义本装饰属性、边框属性。

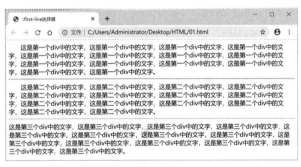

图 12-33　页面效果（2）

（3）伪元素选择器"::before"和伪元素选择器"::after"。

由于伪元素选择器"::before"和伪元素选择器"::after"这 2 个伪元素选择器都可以把 content 属性指定的内容插入指定位置，所以这里将这 2 个伪元素选择器放在一起进行讲解。

伪元素选择器"::before"是在指定元素的开始标记后插入内容，而伪元素选择器"::after"是在指定元素的结束标记前插入内容。对于这 2 个伪元素选择器，我们还是通过案例对其使用进行演示和相关讲解，具体代码如下所示。

```
<!DOCTYPE html>
<html lang="zh">
    <head>
        <meta charset="UTF-8">
        <style>
            div {
                border:1px solid green;
                color:red;
            }
            div::before{
                content:'开始内容|';
            }
            div::after{
                content:'|结束内容';
            }
        </style>
```

```
    </head>
    <body>
        <div>这是测试内容</div>
    </body>
</html>
```

从 HTML 代码中可以看出，我们只在 div 元素上书写了"这是测试内容"。在正常情况下，在页面上只会显示"这是测试内容"的文字，但是在 CSS 部分，我们使用伪元素选择器"::before"和"::after"在"这是测试内容"的前面和后面分别插入了内容，因此在页面上不仅会显示"这是测试内容"的文字，在显示的文字中还会加上伪元素选择器中书写的文字，页面效果如图 12-34 所示。

图 12-34　页面效果（3）

从图 12-34 中可以看出，在伪元素选择器生成的内容与元素的内容之间没有空格。通过这个案例我们也可以发现 2 点，即生成的内容位于元素框的内部，以及生成的内容会从依附的元素上继承属性值，我们可以通过控制台进行验证。

首先是第 1 点，生成的内容位于元素框的内部，我们使用 Chrome 调试器进行查看，调试器页面如图 12-35 所示。

图 12-35　调试器页面（1）

通过控制台可以明显地看出，伪元素选择器"::before"中的 content 属性值和伪元素选择器"::after"中的 content 属性值分别添加在元素框内部的前面和后面，验证了上面的描述。

其次是第 2 点，生成的内容会从依附的元素上继承属性值。我们还需要注意，伪元素选择器"::before"和伪元素选择器"::after"生成的伪元素是行内元素，以上面的案例为例，使用 Chrome 调试器进行查看，调试器页面显示如图 12-36 所示。

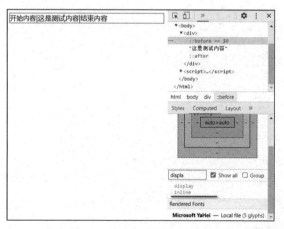

图 12-36　调试器页面（2）

我们可以为伪元素选择器插入的元素设置显示模式，如我们将上面的代码稍作修改，形成如下所示的代码。请思考下面的代码的运行效果。

```html
<!DOCTYPE html>
<html lang="zh">
    <head>
        <meta charset="UTF-8">
        <style>
            div {
                border:1px solid green;
                color:red;
            }
            div::before,div::after{
                display:block;
                width:100px;
                height:100px;
                border:1px solid red;
            }
            div::before{
                content:'开始内容|';
            }
            div::after{
                content:'|结束内容';
            }
        </style>
    </head>
    <body>
        <div>这是测试内容</div>
    </body>
</html>
```

相比修改之前的代码，这里在 CSS 中通过 "display:block" 将伪元素选择器 "div::before" 和伪元素选择器 "div::after" 的显示模式改为块状元素，页面效果如图 12-37 所示。

前面在插入内容的时候使用了 content 属性，同时演示了 content 属性值为字符串的情况。其实，除了可以将其书写为字符串，还可以书写为图片，下面就 content 属性可以书写的形式进行演示和讲解。

（1）字符串。

图 12-37　页面效果（4）

上面我们所进行的案例演示的都是属性值为字符串的情况，这里我们对其再次进行演示，具体代码如下所示。

```html
<!DOCTYPE html>
<html lang="zh">
    <head>
        <meta charset="UTF-8">
        <style>
            div {
                border:1px solid green;
            }
            div::before{
                content:'在div开始标签后面插入内容，';
            }
        </style>
    </head>
    <body>
```

```
        <div>这是测试内容</div>
    </body>
</html>
```

需要注意的是，如果插入的内容是文本，那么我们使用的就是文本的字面量，也就是说，即使插入的是一个 HTML 元素，在页面上也会原样显示出来。我们将上面的代码进行修改，如下所示。

```
<!DOCTYPE html>
<html lang="zh">
    <head>
        <meta charset="UTF-8">
        <style>
            div {
                border:1px solid green;
            }
            div::before{
                content:'<b>在 div 开始标签后面插入内容</b>, ';
            }
        </style>
    </head>
    <body>
        <div>这是测试内容</div>
    </body>
</html>
```

在这段代码中，我们将一段完整的 HTML 标签通过伪元素选择器的方式插在"这是测试内容"的前面，在页面中没有将"在 div 开始标签后面插入内容"的文字加粗，而是直接将标签作为字面量插入前方，页面效果如图 12-38 所示。

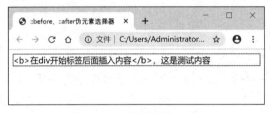

图 12-38　页面效果（5）

（2）图片。

我们还可以使用伪元素选择器在元素中插入图片，即 content 属性的属性值还可以是图片。下面通过代码来演示使用方式并进行相关讲解。

```
<!DOCTYPE html>
<html lang="zh">
    <head>
        <meta charset="UTF-8">
        <style>
            div {
                border:1px solid green;
            }
            div::before{
                content:url("./tb.gif");
                display:inline-block;
                width:100px;
                height:100px;
                border:1px solid red;
            }
        </style>
    </head>
```

```
<body>
    <div>这是测试内容</div>
</body>
</html>
```

通过上面的代码可以发现，虽然我们通过伪元素选择器 "div::before" 在 div 元素中插入了图片，又通过 "display:inline-block;" 设置了显示模式为行内块状元素。随后还为其设置了 width 属性值和 height 属性值，但是这里的 width 属性值和 height 属性值是针对伪元素选择器 "::before" 生成的伪元素而设置的，而不是针对其中的内容（图片）设置的。这一点从页面效果中就可以看出，如图 12-39 所示。

图 12-39　页面效果（6）

（3）HTML 元素的属性值。

HTML 元素的属性值也可以作为 content 属性的属性值使用。现在有这样一个需求：需要将超链接 a 元素中的 href 属性值显示在超链接 a 元素的后面。此时可以使用 "content:attr(href)" 的方式来实现，括号中的 href 指的是超链接 a 元素的属性，代码如下所示。

```
<!DOCTYPE html>
<html lang="zh">
    <head>
        <meta charset="UTF-8">
        <style>
            a{
                text-decoration: none;
            }
            a::after{
                content:attr(href);
            }
        </style>
    </head>
    <body>
        <a href="http://www.baidu.com">百度</a><br/>
        <a href="http://www.google.com">谷歌</a><br/>
        <a href="http://www.atguigu.com">尚硅谷</a>
    </body>
</html>
```

值得一提的是，在这段代码中，content 属性值为 "attr(href)"，其中出现了 attr()，它用来获取所在的元素的某一 HTML 属性值，并且应用于其样式。例如，上方代码就是通过 "content:attr(href)" 在结束标签前插入了对应元素的 href 属性值。此时，页面效果如图 12-40 所示。

如果需要在显示出来的 URL 地址前面和后面插入小括号，那么可以连起来写，将 content 属性值改为 "'(' attr(href) ')'"，表示先插入 "("，再插入 href 属性值，最后插入 ")"，页面效果如图 12-41 所示。

百度http://www.baidu.com
谷歌http://www.google.com
尚硅谷http://www.atguigu.com

图 12-40　页面效果（7）

百度(http://www.baidu.com)
谷歌(http://www.google.com)
尚硅谷(http://www.atguigu.com)

图 12-41　页面效果（8）

（4）计数器。

如果想要插入一个计数器，并且让计数器的内容显示出来，那么可以分为 3 步实现。

① 设置计数器的起点。

我们可以使用 counter-reset 属性来设置计数器的起点，其格式为"counter-reset:标识"。其中，counter-reset 属性所对应的标识是由我们自己指定的，可以叫 a，也可以叫 b。但是我们强烈建议起的名字要做到见名思意，以便开发和维护。在默认情况下，计数器会重置为 0。如果想要重置为其他数，那么可以使用"counter-reset:标识 标识的起始值"的起始值格式进行设置。

② 设置计数器每次增加的值。

我们可以使用 counter-increment 属性来设置计数器每次增加的值，其格式为"counter-increment:标识"。在默认情况下，counter-increment 属性的属性值为 1，我们可以通过"counter-increment:标识 递增/递减的值"的方式来对其进行重新设置。

③ 在 content 属性中使用计数器。

为了真正地让计数器的值显示在元素中，需要使用"content:counter(计数器标识名)"的格式完成设置的最后一步。

下面通过代码来展示通过伪元素选择器插入计数器的使用方式，具体如下所示。

```
<!DOCTYPE html>
<html lang="zh">
    <head>
        <meta charset="UTF-8">
        <style>
            .con-list{
                counter-reset: ollist 2;
            }
            .con-list .con-content::before{
                counter-increment: ollist 2;
                content:counter(ollist) '. ';
            }
        </style>
    </head>
    <body>
        <div class="con-list">
            <div class="con-content">第 1 章</div>
            <div class="con-content">第 2 章</div>
            <div class="con-content">第 3 章</div>
            <div class="con-content">第 4 章</div>
            <div class="con-content">第 5 章</div>
        </div>
    </body>
</html>
```

在上面的代码中，我们模拟了一个有序列表，并设置起点为 2，每次标识递增 2。在类选择器".con-list"中设置"counter-reset:ollist 2"，指的是将 ollist 这个计数器的初始值设置为 2；在伪元素选择器".con-list .con-content::before"中设置"counter-increment:ollist 2"，指的是在".con-list"中的每个伪元素选择器".con-content::before"上都应用 ollist 计数器，并且将每次递增的数值设置为 2。之后，通过设置"content:counter(ollist)'.'"，在每个显示数字的后面都加上"."。

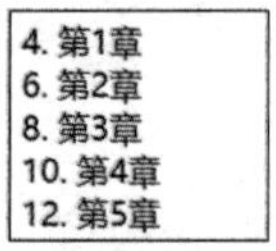

```
4. 第1章
6. 第2章
8. 第3章
10. 第4章
12. 第5章
```

图 12-42　页面效果（9）

最后实现的效果是，从 2 开始，伪元素选择器".con-list .con-content::before"每使用一次 ollist 计数器，数值就递增 2，此时，页面效果如图 12-42 所示。

接下来我们对 CSS3 中的伪元素选择器进行介绍。CSS3 中新增了伪元素选择器"::selection"，该伪元素选择器用于指定元素处于选中状态时的样式，代码如下所示。

```
<!DOCTYPE html>
<html lang="zh">
```

```
    <head>
        <meta charset="UTF-8">
        <style>
            p::selection{
                background-color:gray;
                color:red;
            }
        </style>
    </head>
    <body>
        <p>这是一个p元素，这是一个p元素，这是一个p元素，这是一个p元素，这是一个p元素。</p>
    </body>
</html>
```

上面的代码指定了 p 元素中的内容在被选中时，选中内容的背景颜色变为灰色，字体颜色变为红色。运行代码后，初始页面效果与正常效果无异，如图 12-43 所示。但当选中段落时，背景颜色和字体颜色会发生改变，选中后的页面效果如图 12-44 所示。

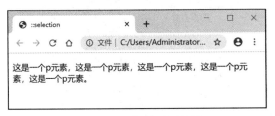

图 12-43　初始页面效果

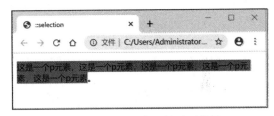

图 12-44　选中后的页面效果

下面综合前所讲解的知识来实现一个自定义复选框。单选框、复选框是 Web 中经常出现的表单元素，由于系统自带的单选框、复选框比较简单，并且在每个浏览器中显示的内容不尽相同，所以我们可以自定义单选框或复选框的样式，以实现设计的需求，同时让其浏览器中显示得一致。

在讲解自定义复选框之前，我们要先知道，对于选中伪类选择器 ":checked" 来说，即使系统自带的复选框被隐藏，其也会生效，代码如下所示。

```
<!DOCTYPE html>
<html lang="zh">
    <head>
        <meta charset="UTF-8">
        <style>
            input[type="checkbox"]{
                display:none;
            }
            input[type="checkbox"]:checked + label{
                color:red;
            }
        </style>
    </head>
    <body>
        <form action="#">
            <h1>兴趣/爱好</h1>
            <input type="checkbox" name="hobby" value="1" id="hobby1"><label for= "hobby1">
打篮球</label>
            <input type="checkbox" name="hobby" value="2" id="hobby2"><label for= "hobby2">
踢足球</label>
            <input type="checkbox" name="hobby" value="3" id="hobby3"><label for= "hobby3">
打乒乓球</label>
            <input type="checkbox" name="hobby" value="4" id="hobby4"><label for= "hobby4">
```

317

```
下象棋</label>
            <input type="checkbox" name="hobby" value="5" id="hobby5"><label for= "hobby5">
弹吉他</label>
            <input type="checkbox" name="hobby" value="6" id="hobby6"><label for= "hobby6">
游泳</label>
        </form>
    </body>
</html>
```

上面这段简单的代码实现了在选中某个复选框后，复选框后面的 label 元素中的字体颜色将变为红色。其中，通过使用"input[type="checkbox"]"将所有复选框都进行了隐藏。"input[type="checkbox"]:checked + label"指的是被选中的复选框后面的 label 元素（这里将被选中的复选框后面的 label 元素中的字体颜色变为红色）。此时，页面效果如图 12-45 所示，当点击任一兴趣时，其文字变为红色。

这样的页面显然不够清晰，图 12-46 中的页面效果相比之下更佳，下面我们就来实现这个效果。

兴趣/爱好

打篮球 踢足球 打乒乓球 下象棋 弹吉他 游泳

图 12-45　页面效果（10）　　　　　　　　　图 12-46　页面效果（11）

我们先将整体实现代码进行展示，读者可以先阅读并进行思考，具体代码如下所示。

```
<!DOCTYPE html>
<html lang="zh">
    <head>
        <meta charset="UTF-8">
        <style>
            input[type="checkbox"] {
                display: none;
            }
            input[type="checkbox"] + label {
                display: block;
                margin-top: 10px;
                margin-left: 10px;
                width: 195px;
                height: 30px;
                line-height: 30px;
                /*border:1px solid green;*/
            }
            input[type="checkbox"] + label::before {
                content: '';
                margin-right: 5px;
                float: left;
                width: 28px;
                height: 28px;
                line-height: 28px;
                border: 1px solid #00965e;
            }
            input[type="checkbox"]:checked + label {
```

```
                color: #00965e;
            }
        input[type="checkbox"]:checked + label::before {
            content: '√';
            text-align: center;
            font-size: 18px;
            font-weight: bold;
            color: #FFF;
            background-color: #00965e;
        }
    </style>
</head>
<body>
    <form action="#">
        <h1>兴趣/爱好</h1>
        <input type="checkbox" name="hobby" value="1" id="hobby1"><label for= "hobby1">
打篮球</label>
        <input type="checkbox" name="hobby" value="2" id="hobby2"><label for= "hobby2">
踢足球</label>
        <input type="checkbox" name="hobby" value="3" id="hobby3"><label for= "hobby3">
打乒乓球</label>
        <input type="checkbox" name="hobby" value="4" id="hobby4"><label for= "hobby4">
下象棋</label>
        <input type="checkbox" name="hobby" value="5" id="hobby5"><label for= "hobby5">
弹吉他</label>
        <input type="checkbox" name="hobby" value="6" id="hobby6"><label for= "hobby6">
游泳</label>
    </form>
</body>
</html>
```

下面我们将上面的案例分为 HTML 结构和 CSS 样式 2 个部分进行讲解。

首先，对 HTML 结构进行分析。以"打篮球"选项为例，在结构中先写的是"<input type="checkbox" name="hobby" value="1" id="hobby1">"，后面跟的是"<label for="hobby1">打篮球</label>"，这是为了实现在"input[type="checkbox"]:checked"时选择后面的 label 元素。

其次，对 CSS 样式进行分析。由于在图 12-46 中存在点击前、点击后的不同样式效果，所以这里将其样式划分为 4 步进行讲解。

（1）在 HTML 结构中，我们设置了 checkbox 复选框，但是在页面中没有显示复选框的样式，因此，我们还需要将系统自带的复选框默认样式隐藏，代码如下所示。

```
input[type="checkbox"]{
    display:none;
}
```

（2）将复选框后面紧跟着的 label 元素都设置为块状元素，并且设置宽度和高度，代码如下所示。

```
input[type="checkbox"] + label {
    display: block;
    margin-top: 10px;
    margin-left: 10px;
    width: 195px;
    height: 30px;
    line-height: 30px;
    /*border:1px solid green;*/
}
```

（3）在 label 元素的开始标签后添加一个小正方形，其宽度和高度都设置为 28px，并且设置边框，代码如下所示。

```css
input[type="checkbox"] + label::before {
    content: '';
    margin-right: 5px;
    float: left;
    width: 28px;
    height: 28px;
    line-height: 28px;
    border: 1px solid #00965e;
}
```

（4）此时页面的初始效果基本已经实现，接下来实现当选中复选框时，页面出现改变，如当点击某个复选框时，复选框中出现"√"，框体及其后面的文字变为绿色。

① 选中后的复选框，其后面的 label 元素的字体颜色为#00965e，代码如下所示。

```css
input[type="checkbox"]:checked + label {
    color: #00965e;
}
```

② 当某个复选框被选中后，其后面的 label 元素的开始标签后的内容变为"√"，字体颜色变为#FFF，背景颜色变为#00965e，样式为加粗、居中，字号为18px，代码如下所示。

```css
input[type="checkbox"]:checked + label::before {
    content: '√';
    text-align: center;
    font-size: 18px;
    font-weight: bold;
    color: #FFF;
    background-color: #00965e;
}
```

至此，我们已经完成对这个案例的分析。为了巩固该知识点，我们再来实现一个案例——带编号的书籍目录。该效果在本书的目录上就可以看到，这里我们想要实现的是网页上的效果。下面我们先展示完整代码，后续再讨论其中出现的一些问题，代码如下所示。

```html
<!DOCTYPE html>
<html lang="zh">
    <head>
        <meta charset="UTF-8">
        <style>
            .cusOL {
                counter-reset: t1;
            }
            .cusOL h1::before {
                counter-increment: t1;
                content: counter(t1) '. ';
            }
            .cusOL h1 {
                counter-reset: t2;
            }
            .cusOL h2::before {
                margin-left: 10px;
                counter-increment: t2;
                content: counter(t1) '.' counter(t2);
            }
        </style>
    </head>
    <body>
        <div class="cusOL">
```

```
                <h1>第一章</h1>
                <h2>第一节</h2>
                <h2>第二节</h2>
                <h2>第三节</h2>
                <h2>第四节</h2>
                <h1>第二章</h1>
                <h2>第一节</h2>
                <h2>第二节</h2>
        </div>
    </body>
</html>
```

运行代码后，页面效果如图 12-47 所示。

上面的代码模拟了一个书籍目录，其中存在一级目录和二级目录 2 种格式，整体 HTML 结构较为清晰，代码如下所示。

```
<div class="cusOL">
    <h1>第一章</h1>
    <h2>第一节</h2>
    <h2>第二节</h2>
    <h2>第三节</h2>
    <h2>第四节</h2>
    <h1>第二章</h1>
    <h2>第一节</h2>
    <h2>第二节</h2>
</div>
```

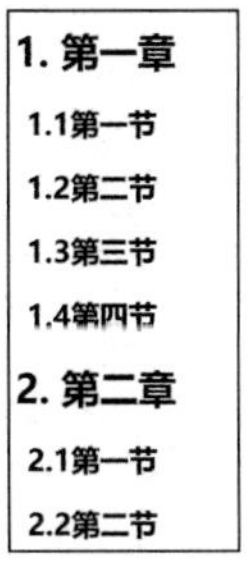

图 12-47　页面效果（12）

这里对上面的结构进行简单讲解，最外层 div 作为书籍目录的整个容器而存在。在整个结构中 h1 是书籍目录的一级目录，h1 下面的 h2 均为本章中的二级标题。

接下来进行 CSS 样式分析，对于这个案例来说，CSS 部分是难点，因为要实现 2 个目录的计数器。

重置书籍一级目录的起始值，创建 t1 这个计数器并将这个计数器的起始值设置为 0，代码如下所示。

```
.cusOL {
    counter-reset: t1;
}
```

将书籍目录容器中的每个一级目录 h1 所要应用的计数器 t1 都依次+1，并将自增后的值通过 "::before" 伪元素选择器插到 h1 前，代码如下所示。

```
.cusOL h1::before {
    counter-increment: t1;
    content: counter(t1) '. ';
}
```

因为每个一级目录下面紧接着就是二级目录，即二级标题，而每个二级标题都要从 1 开始，所以需要在每个一级目录 h1 中初始化二级目录所要使用的计数器 t2，代码如下所示。

```
.cusOL h1 {
    counter-reset: t2;
}
```

这里需要注意的是，在伪元素上重置计数器不会产生效果。

在每个二级目录 h2 前加入二级目录序号（使用计数器 t2）并且拼接成 "一级序号.二级序号" 格式，同时二级标题每次匹配上 h2 都要+1，代码如下所示。

```
.cusOL h2::before {
    margin-left: 10px;
    counter-increment: t2;
    content: counter(t1) '.' counter(t2);
}
```

现在我们已经知道该如何创建一个带序号的列表了。如果想要创建一个嵌套层级较深的列表，那么创建大量的计数器会比较烦琐，还好，CSS3 规范已经设想了这种情况。

在进行多层嵌套之前，我们需要先掌握作用域的相关知识。每一层元素嵌套都为相应的计数器创建了一个新的作用域，这就相当于每一层都创建一个新的计数器，代码如下所示。

```
<!DOCTYPE html>
<html lang="zh">
    <head>
        <meta charset="UTF-8">
        <style>
            ul{
                counter-reset: orders;
            }
            li::before{
                counter-increment: orders;
                display: inline-block;
                content:counter(orders) ': ';
            }
        </style>
    </head>
    <body>
        <ul>
            <li>
                <span>一</span>
                <ul>
                    <li>一-一</li>
                    <li>一-二</li>
                </ul>
            </li>
            <li>二</li>
        </ul>
    </body>
</html>
```

在上面的代码中，ul 元素进行了多层嵌套，因为使用了选择器 ul，并且设定了"counter-reset:orders"，所以此时就为每层嵌套的 ul 元素都设定了自己这一层所属的计数器 orders。之后，ul 元素中的 li 元素就会使用本层所属的计数器 orders。这段代码运行后，页面效果如图 12-48 所示。

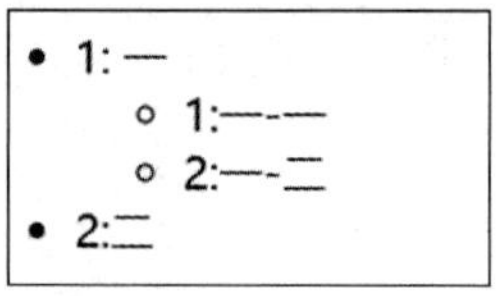

- 1:一
  - 1:一-一
  - 2:一-二
- 2:二

图 12-48　页面效果（13）

在 CSS 篇中我们讲解了选择器，有了选择器就有了相应的权重值。权重值的作用是，同一个元素可能会被 2 个及以上的选择器选择，如果这些选择器存在属性相同的情况，就会对比权重值，以此决定应用哪个选择器中的属性值。讲解到现在，我们知道在 CSS3 中也新增了一些选择器，对应的权重值也增加了。权重值如表 12-1 所示。

表 12-1　权重值

| 选择器 | 属性值 |
| --- | --- |
| ID 选择器 | 0,1,0,0 |
| 类选择器 | 0,0,1,0 |
| 属性选择器 | |
| 伪类选择器 | |
| 标签选择器 | 0,0,0,1 |
| 伪元素选择器 | |
| 通用选择器 | 0,0,0,0 |
| 行内样式 | 1,0,0,0 |
| 层次选择器 | 将各层次的选择器的值相加 |

这里需要注意的是，否定伪类选择器 ":not" 对权重值没有影响，但其内部声明的选择器会影响对应元素的优先级，此时需要计算出 ":not()" 里面的选择器的权重值，代码如下所示。

```
<!DOCTYPE html>
<html lang="zh">
    <head>
        <meta charset="UTF-8">
        <style>
            /*
                在案例中，选择器#f 的权重值是 0,1,0,0 .z 的权重值是 0,0,1,0 加起来就是 0,2,1,1
                因为其比.z1 .z2 .z3 的权重要高，所以其最终应用的颜色是红色
            */
#f div:not(#f > .z){
                color: red;
            }
            .z1 .z2 .z3{
                color: blue;
}
        </style>
    </head>
    <body>
        <div id="f">
            <div class="z">1</div>
            <div class="z">2</div>
            <div class="z">3</div>
            <div class="z">4</div>
            <div class="z1">5</div>
            <div class="z2">6</div>
            <div class="z3">7</div>
        </div>
    </body>
</html>
```

在上面的代码中，#f 的权重值是 0,1,0,0，div 的权重值是 0,0,0,1，.z 的权重值是 0,0,1,0，此时上面.y 所对应的元素的权重值就是这 3 个选择器相加后的结果，即 0,2,1,1。

浏览器应用样式的具体规则还需要考虑继承样、默认样式，它们的具体应用顺序为!important→选择器权重值→浏览器默认样式→继承下来的样式，下面我们分情况进行说明。

（1）情况一：继承下来的样式与浏览器默认样式同时存在。

代码如下所示。

```
<!DOCTYPE html>
<html lang="zh">
    <head>
        <meta charset="UTF-8">
        <style>
            #a1{
                font-weight: normal;
            }
        </style>
    </head>
    <body>
        <div id="a1">
            <b>
                这是一个 b 元素
            </b>
        </div>
```

```
    </body>
</html>
```

在上面的代码中，div 元素（id 为 a1）包裹了 b 元素，b 元素默认具有 "font-weight:bold" 样式。之后，在 div 元素（id 为 a1）上设置 font-weight 属性。font-weight 属性有继承性，但是由于继承下来的样式优先级最低，所以默认样式依然生效。此时，控制台页面如图 12-49 所示。

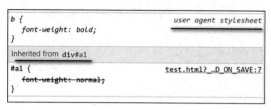

图 12-49　控制台页面（1）

（2）情况二：选择器确定的样式、浏览器默认样式与继承下来的样式同时存在。

代码如下所示。

```
<!DOCTYPE html>
<html lang="zh">
    <head>
        <meta charset="UTF-8">
        <style>
            *{
                font-weight: normal;
            }
            #a1{
                font-weight: normal;
            }
        </style>
    </head>
    <body>
        <div id="a1">
            <b>
                这是一个 b 元素
            </b>
        </div>
    </body>
</html>
```

在上面的代码中，div 元素（id 为 a1）包裹了 b 元素，b 元素默认浏览器具有 "font-weight:bold" 样式。之后在#a1 上设置 font-weight 属性。font-weight 属性有继承性，但是因为继承下来的样式优先级最低，所以浏览器的默认样式会将继承下来的样式覆盖掉。"*"是通配符选择器，其权重值为 0,0,0,0。在选中 b 元素之后，即使权重值为 0,0,0,0，其优先级也高于浏览器自带的样式。此时，控制台页面如图 12-50 所示。

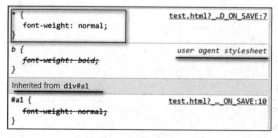

图 12-50　控制台页面（2）

（3）情况三：!important 的威力。

不管使用什么选择器，只要使用了!important，就只会应用!important 的样式，代码如下所示。

```html
<!DOCTYPE html>
<html lang="zh">
    <head>
        <meta charset="UTF-8">
        <style>
            *{
                color:green;
            }
            #a1{
                color:red;
            }
            #a1-1{
                color:blue !important;
            }
        </style>
    </head>
    <body>
        <div id="a1">
            <b id="a1-1" style="color:pink">
                这是一个b元素
            </b>
        </div>
    </body>
</html>
```

在上面的代码中，div 元素（id 为 a1）包裹了 b 元素，b 元素默认浏览器具有 "font-weight:bold" 样式。之后，在 div（id 为 a1）元素上设置 font-weight 属性。font-weight 属性有继承性，但是由于继承下来的样式优先级最低，所以浏览器的默认样式会将继承下来的样式覆盖掉。"*"是通配符选择器，其权重值是 0,0,0,0。在选中 b 元素后，即使权重值为 0，其优先级也高于浏览器自带的样式，因此会将浏览器默认样式覆盖掉。b 元素的行内样式优先级最高，因此它会把"*"的样式覆盖掉。b 元素（id 为 a1-1）本来没有行内样式的权重值高，但是由于在 color 属性上添加了!important，所以最后"color:blue"胜出，页面效果如图 12-51 所示。

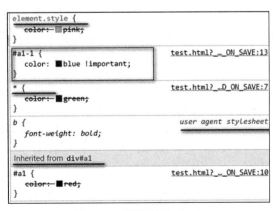

图 12-51　页面效果（14）

## 12.3　本章小结

　　本章是 CSS3 篇的第 1 章，主要对 CSS3 的历史和 CSS3 选择器进行了相关介绍。12.1 节是本章的第一部分，因为在 CSS 篇我们已经对 CSS 进行了一些介绍，对其有了一定了解，所以这里我们只简单地介绍了 CSS3 的历史。

　　12.2 节是本章的第二部分，主要介绍了 CSS3 新增的选择器。在 CSS2 中我们已经对部分选择器进行了讲解，同时也知道了选择器的强大，但是在一些场景下，依靠 CSS2 现有的选择器不能轻松地完成选择，因此 CSS3 新增的选择器就显得尤为重要。在 12.2 节中，我们依次介绍了新增的层次选择器、属性选择器、结构性伪类选择器、状态伪类选择器、其他伪类选择器，以及伪元素选择器……值得一提的是，这里我们讲解的层次选择器是在 CSS2 的基础上进行的新增，从这点也可以看出，CSS3 是在 CSS2 的基础上进行完善的。在本章知识的讲解中，我们为每一个知识点都配以案例进行演示和说明，从而使读者可以快速掌握如何使用这些选择器。

　　本章内容主要分为两部分，如果读者以快速阅读为目的，那么可以忽略 12.1 节，直接阅读 12.2 节的内容。当然，如果时间与精力充沛，还是建议完整阅读。不管采用哪种方式学习本章，都要记得对本章涉及的代码进行练习！

# 第13章

## CSS3 新增属性值和属性

CSS2 中的属性值和属性已经无法满足开发者的需求，一些特殊的、炫酷的效果往往需要使用较为复杂的样式才能实现，于是，众望所归的 CSS3 新增了一些功能性的属性值和属性，以便开发者进行开发。例如，针对颜色的属性值，之前只能通过关键字或 rgb 来设置颜色的值，不能设置透明度，而 CSS3 新增了 rgba 颜色值，在设置颜色的同时，还可以为其设置透明度；再如，针对盒子模型的计算方式，假设需求是对内边距或边框的大小进行改变，但宽度、高度不变，在之前给出的方式中，我们除了根据内边距和边框来计算宽度和高度，其余无计可施，但 CSS3 为盒子模型提供了新的计算方式，为开发者解决了这一痛点。

本章将从属性值、文字与文本、盒子、边框、定位等方面，对 CSS3 新增的属性值和属性进行介绍。

## 13.1 CSS3 中新增的属性值

本节为读者介绍 CSS3 中新增的 3 种属性值，分别是全局属性值 inherit 和 initial、相对单位值 rem，以及新的颜色表示方式 rgba。

### 13.1.1 全局属性值

CSS3 中定义了几个在每个属性中都可以使用的属性值，我们将其称为全局属性值，它们分别是 inherit 和 initial。下面就对这 2 种属性值进行介绍。

首先要介绍的是 inherit，它可以将元素某个属性的属性值设置为与父元素中该属性的属性值保持一致，这样，开发者就不需要顾虑该属性是否可以继承，代码如下所示。

```
<!DOCTYPE html>
<html lang="zh">
    <head>
        <meta charset="UTF-8">
        <style>
            #f{
                width:500px;
                height:500px;
                border:1px solid green;
            }
            #z{
                width:300px;
                height:300px;
                border:inherit;
```

```
    </head>
    <body>
        <div id="f">
            <div id="z">
            </div>
        </div>
    </body>
</html>
```

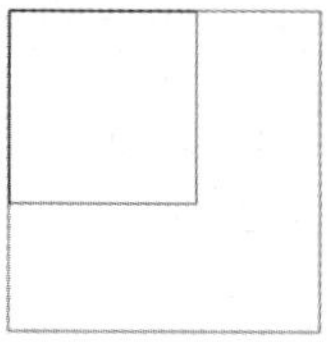

图 13-1　页面效果（1）

上面的代码通过#f 和#z 这 2 个 ID 选择器为 2 个元素分别设置了不同的 width 属性和 height 属性。其中，div 元素（id 为 f）将 border 属性的属性值设置为宽度 1px、实线、绿色，而 div 元素（id 为 z）并没有设置 border 属性，即其中的 border-style 属性值默认是 none，因此在页面上该 div 元素不应显示出边框。但是因为在 div 元素（id 为 z）上设置了"border:inherit"，所以该元素会使用父元素的 border 属性值，div 元素（id 为 z）的边框是宽度 1px、实线、绿色，页面效果如图 13-1 所示。

其次讲解 initial，该属性值可以将元素的某个属性的属性值设置为浏览器预先定义的初始值。乍一看，initial 好像没有太大用处，但是我们要思考一个问题，即有些属性的初始值是要根据浏览器的设置来设置的。在这种情况下，这个属性的初始值就是不定的，因为用户会根据自己的设置进行更改，代码如下所示。

```
<!DOCTYPE html>
<html lang="zh">
    <head>
        <meta charset="UTF-8">
        <style>
            #f{
                font-size:18px;
            }
            #f span{
                font-size:initial;
            }
        </style>
    </head>
    <body>
        <div id="f">
            这是 div 中的内容。
            <span>这是 span 中的内容。</span>
        </div>
    </body>
</html>
```

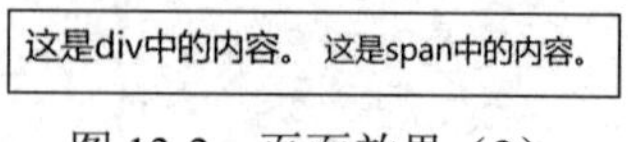

上述代码在 div 元素（id 为 f）所选中的元素中设置了字号为 18px，因为 font-size 属性默认具有继承性，所以 div 元素（id 为 f）中的 span 元素也会将"font-size:18px;"继承下来，但现在的需求是"#f span"所选中的元素的字号应该使用浏览器默认的大小，页面效果如图 13-2 所示。

这是div中的内容。　这是span中的内容。

图 13-2　页面效果（2）

读者可能会想，如果在"#f span"所选中的元素中重新设置"font-size:16px"，是不是就可以实现上述需求了呢？前面讲解过，"font-size:16px"是大多数浏览器的默认值，其他浏览器有可能会将默认字号设置为其他值，并且用户也有可能根据自己的需求对字号的默认大小进行更改，此时将 font-size 属性值设置为 16px 就不再合适。对于这种情况，将属性值设置为 initial 较为合适。

需要注意的是，如果想要修改浏览器的默认字号，那么可以通过 Chrome 浏览器的设置→外观→自定义字体→字号选项进行调整。

## 13.1.2　相对单位值

单位 rem 与单位 em 类似，em 表示的是元素的 font-size 属性值的倍数，如果 font-size 属性值是继承下来的，那么就对继承下来属性值进行计算。rem 则始终相对于根元素（HTML 元素）来计算具体为多少倍。我们来看下面的代码。

```html
<!DOCTYPE html>
<html lang="zh">
    <head>
        <meta charset="UTF-8">
        <style>
            html {
                font-size: 20px;
            }
            body {
                font-size: 25px;
            }
            #f1 {
                font-size: 2rem;
            }
            #f2 {
                font-size: 2em;
            }
        </style>
    </head>
    <body>
        <div id="f1">
            这是div#f1 中的内容。
        </div>
        <div id="f2">
            这是div#f2 中的内容。
        </div>
    </body>
</html>
```

上面的代码分别将 html 元素和 body 元素的字号设置为 20px 和 25px。正常来说，div 元素（id 为 f1）和 div 元素（id 为 f2）中的 font-size 属性值应该继承自 body 元素，而 html 元素中 font-size 属性值被设置为 20px，div 元素（id 为 f1）的 font-size 属性值又是 2rem，此时就需要使用 html 元素的 font-size 属性值进行设置。使用的倍数就是 html 元素的 font-size 属性值的 2 倍，即 40px（20px×2）；div 元素（id 为 f2）的 font-size 属性值是 2em，则使用的就是继承下来的 body 元素的 font-size 属性值，因此 div 元素（id 为 f2）的 font-size 属性值就是 50px（25px×2）。

运行上方代码，页面效果如图 13-3 所示。

这是div#f1中的内容。
这是div#f2中的内容。

图 13-3　页面效果

## 13.1.3　颜色

前面我们讲解过 rgb 颜色值，其中的 rgb 分别表示 red、green、blue。CSS3 新增了 rgba 颜色值，从名字上来看是多了一个 a，这个 a 代表的是 alpha，其中文含义为透明度，即在 CSS3 中，可以通过设置颜色值的方式为颜色添加透明度。

当 rgba 中的 a 的值为 0 时，表示完全透明；若为 1，则表示完全不透明，即 rgba(255,255,255)和 rgba(255,255,255,1)的意思相同。值得一提的是，a 的值可以使用 0～1 中的任何小数，代码如下所示。

```html
<!DOCTYPE html>
```

```html
<html lang="zh">
    <head>
        <meta charset="UTF-8">
        <style>
            body{
                background-color: #fff;
            }
            #f{
                font-size: 50px;
                font-weight: bold;
            }
        </style>
    </head>
    <body>
        <div id="f">
            <span style="color: rgba(0,0,0,0.1)">这是 span 中的内容! </span><br>
            <span style="color: rgba(0,0,0,0.3)">这是 span 中的内容! </span><br>
            <span style="color: rgba(0,0,0,0.5)">这是 span 中的内容! </span><br>
            <span style="color: rgba(0,0,0,0.7)">这是 span 中的内容! </span><br>
            <span style="color: rgba(0,0,0,0.9)">这是 span 中的内容! </span><br>
            <span style="color: rgba(0,0,0,1)">这是 span 中的内容! </span><br>
        </div>
    </body>
</html>
```

在上面的代码中，多个 span 元素使用内联的方式将字体颜色设置为红色，同时也设置了其中的透明度。因为 body 元素设置了背景颜色，所以在代码运行后，我们可以看到透明的效果，页面效果如图 13-4 所示。

值得一提的是，除了前面讲解的单位，CSS3 还新增了其他属性值，如角度的表示、时间的表示等。为了方便读者理解和掌握，我们会在后面涉及这些属性值的时候再对其进行讲解。

图 13-4　页面效果

## 13.2　文字、文本的新增属性

本节主要为读者讲解文字和文本的新增属性。

### 13.2.1　使用服务器端字体

前面讲解的 font-family 属性用来指定想要应用的字体，但其生效有一个前提，就是客户端浏览器已经安装了这种字体。如果没有安装这种字体，就将使用浏览器默认的字体。

本节所要讲解的@font-face 语法可以让浏览器应用服务器端的字体。当使用这个属性时，浏览器将下载这个字体文件，并用它来渲染页面中的文本。

如果想要使用服务器端的字体，那么需要先使用@font-face 语法，在属性中还必须书写 2 个属性，下面将详细介绍。

（1）font-family 属性：如果想从服务器端下载字体，那么需要在@font-face 属性的语法格式中使用 font-family 属性定义这个名字。这里所说的 font-family 属性与前面我们讲解的 font-family 属性不太一样，前面讲解的 font-family 属性用来使用某个字体，而在@font-face 语法中的 font-family 属性用来自定义服务器端下载的字体名。值得一提的是，在@font-face 语法中定义的名字是可以给正常的 font-family 属性使用的。

（2）src 属性：为定义的字体提供一个或多个源，即明确想要下载的字体在哪里，具体指定方式是使用"url(字体地址)"来指定字体源（在 src 属性中）。

由于每种浏览器支持的字体不同，所以我们会在 src 属性中列出多个字体源，多个字体源使用逗号分隔。常用的字体源格式为 EOT（Embedded OpenType）、OTF（Open Type）、SVG（Scalable Vector Graphics）、TTF（TrueType）、WOFF（Web Open Font Format）。

需要特别注意的是，@font-face 语法是惰性加载字型，当仅需要使用指定字型渲染文本时，才会加载，否则不加载。

定义客户端从服务器端下载字体的代码如下所示。

```
@font-face {
  font-family: 'itf';
  src: url('./font/iconfont.eot'),
  url('./font/iconfont.woff'),
  url('./font/iconfont.ttf'),
  url('./font/iconfont.svg');
}
```

下面的代码定义了一个名为 itf 的字体并将其从服务器端下载下来，引入的字体文件分别是 iconfont.eot、iconfont.woff、iconfont.ttf、iconfont.svg。

同时，在下面的代码中，我们引入了字体图标文件，文件中只有一个图标，图标的编码为"&#xe628;"，此时我们可以在代码中直接使用它，整体代码如下所示。

```
<!DOCTYPE html>
<html lang="zh">
  <head>
    <meta charset="UTF-8">
    <style>
      @font-face {
        /*定义从服务器上下载字体，下载的字体的自定义名字为 itf*/
        font-family: 'itf';
        /*设置下载的文件路径为当前目录下的 font 目录下的文件*/
        src: url('./font/iconfont.eot'), url('./font/iconfont.woff'),
          url('./font/iconfont.ttf'), url('./font/iconfont.svg');
      }
      span {
        /*在 span 中使用上面定义的字体 itf*/
        font-family: itf;
      }
    </style>
  </head>
  <body>
    <!-- 注意,在当前图标字体文件中只有一个小图标,即一个放大镜,在字体中已经对其进行编码,编码为&#xe628;-
-->
    <span>&#xe628;</span>
  </body>
</html>
```

## 13.2.2　文字阴影

在 CSS3 中，我们可以给文字设置一个或多个阴影。实现这一效果的属性为 text-shadow 属性，其语法格式如下所示。

```
text-shadow: offset-x offset-y blur color
```

其属性值具有不同的含义，具体说明如下。

● offset-x：用来设置阴影的横向（*x* 轴）偏移，此为必选项。若为正值则向右偏移，若为负值则向左偏移。

● offset-y：用来设置阴影的纵向（*y* 轴）偏移，此为必选项。若为正值则向下偏移，若为负值则向上偏移。

● blur：用来设置阴影的模糊度，此为可选项。默认为 0（不模糊），值越大，阴影越模糊、越淡。

● color：用来设置阴影的颜色，此为可选项。默认是文本颜色。

下面通过案例来演示其使用方式，代码如下所示。

```html
<!DOCTYPE html>
<html lang="zh">
    <head>
        <meta charset="UTF-8">
        <style>
            h1{
                text-align: center;
                text-shadow: -10px 10px;
            }
        </style>
    </head>
    <body>
        <h1>hello world!</h1>
    </body>
</html>
```

上面的代码为 h1 元素设置了文本阴影，其中只设置了阴影的 *x* 轴偏移和 *y* 轴偏移。*x* 轴的偏移是-10px，即向左偏移；*y* 轴的偏移是 10px，即向下偏移。因为这里只设置了偏移，没有设置阴影颜色，所以默认为文本颜色。同时，因为没有设置模糊度，所以没有模糊效果。

下面我们在上方案例代码的基础上对 text-shadow 属性的属性值进行修改，将其改为 "text-shadow: -10px 10px 5px greenyellow;"，即除了阴影向左、向下偏移，我们还为其添加了 5px 的模糊度和绿色的阴影颜色。此时，页面效果如图 13-5 所示。

Chrome 调试器也为我们提供了"所见即所得"的文本阴影调试器，我们可以调出调试器并选中该元素，页面效果如图 13-6 所示，从中可以看到阴影调试器（黑框部分）。

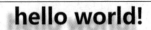

图 13-5　页面效果（1）

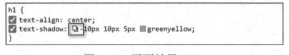

图 13-6　页面效果（2）

我们可以通过拖动其中蓝色的小球，来实时调试阴影横向偏移、纵向偏移以及模糊度的值，页面效果如图 13-7 所示。

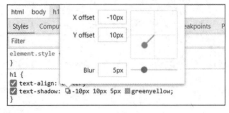

图 13-7　页面效果（3）

另外，阴影也支持设置为多阴影，其语法格式如下所示。

```
text-shadow:offset-x1 offset-y1 blur1 color1,offset-x2 offset-y2 blur2 color2,......
offset-n offset-n blurn colorn
```

多阴影的设置方式与前面相同，这里不对其进行具体讲解，在 13.2.3 节将会通过案例进行演示。

## 13.2.3　案例：特效文字

本节就使用文字多阴影，同时基于一些思路在网页上实现一些炫酷的文字效果。

### 1. 凹进去的文字

先来看我们想要实现的凹进去的文字效果，如图 13-8 所示。

图 13-8　凹进去的文字效果

观察图 13-8 可知，背景颜色及字体颜色相同。由于颜色相同，所以不进行设置就无法看出文字。为了制造凹进去的效果，需要让黑色的阴影处于文字的上方、左方，让白色的阴影处于文字的下方、右方。此时已将效果分析得十分清晰，我们可以直接书写出下面的代码。

```
<!DOCTYPE html>
<html lang="zh">
    <head>
        <meta charset="UTF-8">
        <style>
            h1 {
                text-align: center;
                font-size: 100px;
                background-color: #CCC;
                color: #CCC;
                text-shadow: 1px 1px white, -1px -1px black;
            }
        </style>
    </head>
    <body>
        <h1>hello world!</h1>
    </body>
</html>
```

### 2. 凸出来的文字

凸出来的文字效果和凹进去的文字效果的实现原理基本相同，只不过是将阴影部分颠倒。还是先来看我们想要实现的页面效果，如图 13-9 所示。

图 13-9　凸出来的文字效果

观察图 13-9 可知，该案例的页面效果与"凹进去的文字"相似，背景颜色及字体颜色相同，此时文字是看不见的。为了制造凸出来的文字效果，我们需要让黑色的阴影处于下方、右方，让白色的阴影处于左方、上方。

此时我们可以书写出如下所示的代码。

```
<!DOCTYPE html>
```

```
<html lang="zh">
    <head>
        <meta charset="UTF-8">
        <style>
            h1 {
                text-align: center;
                font-size: 100px;
                background-color: #CCC;
                color: #CCC;
                text-shadow: 1px 1px black, -1px -1px white;
            }
        </style>
    </head>
    <body>
        <h1>hello world!</h1>
    </body>
</html>
```

### 3. 3D 文字

3D 文字在网页中是比较"炫酷"的效果，因为它更具有立体展示性，为读者带来的视觉效果更具有冲击性。下面我们就在网页上实现一个 3D 文字效果，如图 13-10 所示。

hello world!

图 13-10　3D 文字效果

在图 13-10 展示的效果中，背景颜色是#CCC，字体颜色是白色（#FFF）。

制造 3D 效果的诀窍是设置多个阴影，并且多个阴影在横向上不需要偏移，将其设置为 0 即可，纵向偏移都相差 1px。

阴影颜色我们设置为与背景颜色相同（十六进制#CCC 对应的 rgb 颜色值是 rgb(204,204,204)），并且透明度也从不透明逐渐向透明转变。但此时会出现一个问题，即阴影颜色与背景颜色相同，看不出来具体的效果，因此还需要给阴影添加模糊度，让阴影显现得更加明显。

此时我们可以书写出如下所示的代码。

```
<!DOCTYPE html>
<html lang="zh">
    <head>
        <meta charset="UTF-8">
        <style>
            h1 {
                text-align: center;
                font-size: 100px;
                background-color: #CCC;
                color: #FFF;
                text-shadow: 0 1px rgba(204,204,204,.1),
                0 1px rgba(204,204,204,.2),
                0 2px rgba(204,204,204,.3),
                0 3px rgba(204,204,204,.4),
                0 4px rgba(204,204,204,.5),
                0 5px rgba(204,204,204,.6),
                0 6px 10px black;
            }
        </style>
    </head>
    <body>
        <h1>hello world!</h1>
```

```
    </body>
</html>
```

## 13.2.4　最后一行的对齐方式

有时，在网页上我们想让最后一行的对齐方式与其他行不同，代码如下所示。

```
<!DOCTYPE html>
<html lang="zh">
    <head>
        <meta charset="UTF-8">
        <style>
            div{
                padding:5px;
                width:400px;
                border:1px solid gray;
            }
        </style>
    </head>
    <body>
        <div>
            测试文字测试文字测试文字测试文字测试文字测试文字测试文字测试文字测试文字测试文字测试文字测试
文字测试文字测试文字测试文字测试文字测试文字测试文字测试文字测试文字测试文字测试文字测试文字测试文字测试文
字测试文字测试文字测试文字测试文字测试文字测试文字测试文字测试文字测试文字测试文字测试文字测试文字测试文字
测试文字测试文字测试文字测试文字测试文字测试文字测试文字测试文字测试文字
        </div>
    </body>
</html>
```

此时，最后一行向左对齐，并无其他效果，页面效果如图 13-11 所示。

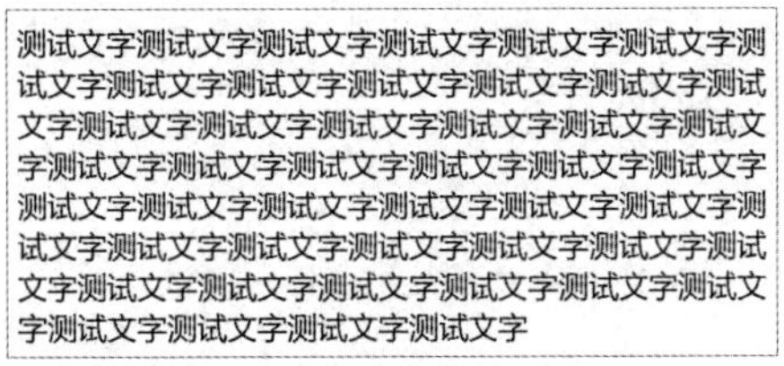

测试文字测试文字测试文字测试文字测试文字测试文字测<br>
试文字测试文字测试文字测试文字测试文字测试文字测试<br>
文字测试文字测试文字测试文字测试文字测试文字测试文<br>
字测试文字测试文字测试文字测试文字测试文字测试文字<br>
测试文字测试文字测试文字测试文字测试文字测试文字<br>
文字测试文字测试文字测试文字测试文字测试文字测试<br>
字测试文字测试文字测试文字测试文字测试文字测试文<br>
字测试文字测试文字测试文字测试文字

图 13-11　页面效果（1）

在上面的代码中，因为 div 元素中的文字内容比较多，所以会产生换行。但是现在的需求是最后一行的两端最好与容器的两端对齐，因此可以使用 text-align-last 属性来控制最后一行的对齐方式。

使用 text-align-last 属性的属性值 justify 就可以实现这个需求。现在我们可以给 CSS 加上"text-align-last:justify;"，代码如下所示。

```
div {
    padding: 5px;
    width: 400px;
    border: 1px solid gray;
    text-align-last: justify;
}
```

此时我们的需求就实现了，页面效果如图 13-12 所示，注意最后一行的效果。

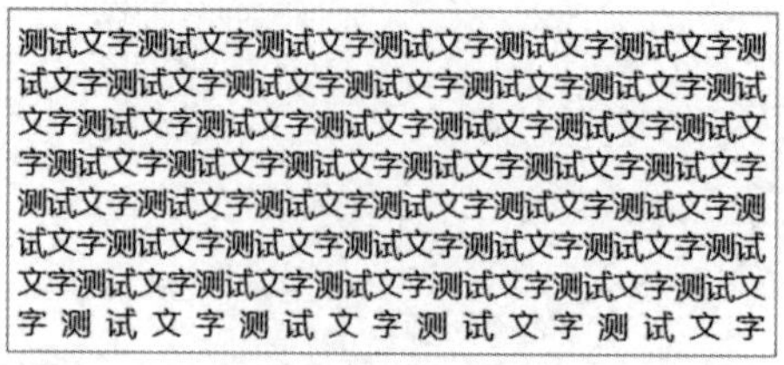

图 13-12　页面效果（2）

前面我们对 text-align-last 属性和其中一个属性值进行了简单讲解，其实 text-align-last 属性的属性值有 4 种，下面我们对其进行讲解。

- left：左侧对齐。
- right：右侧对齐。
- center：行内内容居中对齐。
- justify：最后一行的开头左侧对齐，末尾右侧对齐，单词与文字之间的空白将进行调整，保证最后一行正好占满一行。

在 11.1.8 节我们实现了如图 13-13 所示的"个人简介"页面效果（这里要特别注意黑框标出来的内容），现在先回顾一下 11.1.8 节的实现方式。

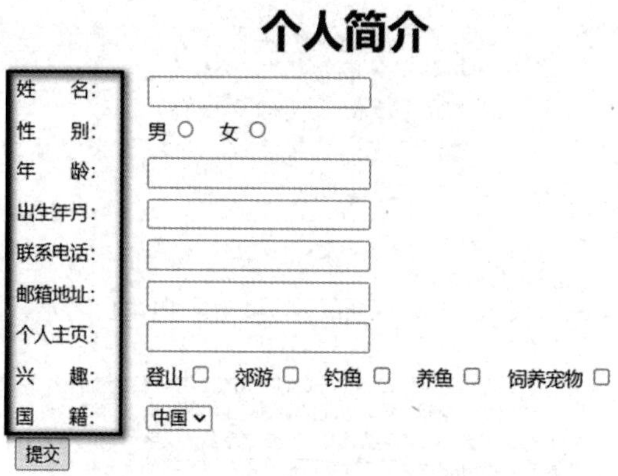

图 13-13　"个人简介"页面效果

接下来我们以 11.1.8 节的 HTML 架构为基础，进行 CSS 实现。在 11.1.8 节我们实现该效果的 HTML 代码如下所示。

```
<!DOCTYPE html>
<html lang="zh">
    <head>
        <meta charset="UTF-8">
    </head>
    <body>
        <form action="" id="intr">
            <h1>个人简介</h1>
            <section>
                <div class="tit">
                    <label for="name">姓    名：</label>
                </div>
                <div class="con">
                    <input type="text" name="name" id="name">
                </div>
            </section>
            <section>
```

```html
        <div class="tit">
            性　　别：
        </div>
        <div class="con">
            <label for="sex0">男</label>
            <input type="radio" name="sex" value="1" id="sex0">
              
            <label for="sex1">女</label>
            <input type="radio" name="sex" value="0" id="sex1">
        </div>
    </section>
    <section>
        <div class="tit">
            <label for="age">年　　龄：</label>
        </div>
        <div class="con">
            <input type="text" name="age" id="age">
        </div>
    </section>
    <section>
        <div class="tit">
            <label for="bird">出生年月：</label>
        </div>
        <div class="con">
            <input type="text" name="bir" id="bird">
        </div>
    </section>
    <section>
        <div class="tit">
            <label for="phone">联系电话：</label>
        </div>
        <div class="con">
            <input type="text" name="phone" id="phone">
        </div>
    </section>
    <section>
        <div class="tit">
            <label for="email">邮箱地址：</label>
        </div>
        <div class="con">
            <input type="text" name="email" id="email">
        </div>
    </section>
    <section>
        <div class="tit">
            <label for="blog">个人主页：</label>
        </div>
        <div class="con">
            <input type="text" name="blog" id="blog">
        </div>
    </section>
    <section>
        <div class="tit">
            兴　　趣：
        </div>
        <div class="con">
```

```
            <label for="ds">登山</label>
            <input type="checkbox" name="hobby" id="ds" value="1">
              
            <label for="jy">郊游</label>
            <input type="checkbox" name="hobby" id="jy" value="2">
              
            <label for="dy">钓鱼</label>
            <input type="checkbox" name="hobby" id="dy" value="3">
              
            <label for="yy">养鱼</label>
            <input type="checkbox" name="hobby" id="yy" value="4">
              
            <label for="sycw">饲养宠物</label>
            <input type="checkbox" name="hobby" id="sycw" value="5">
        </div>
    </section>
    <section>
        <div class="tit">
            <label for="country">国    籍：</label>
        </div>
        <div class="con">
            <select name="country" id="country">
                <option value="c">中国</option>
                <option value="j">日本</option>
                <option value="k">韩国</option>
            </select>
        </div>
    </section>
    <section>
        <input type="submit">
    </section>
    </form>
  </body>
</html>
```

从页面上来看，在 form 表单中，label 元素的文字有的是 2 个字，有的是 4 个字。在前面的案例中，由于还没有讲解到 text-align-last 属性，所以我们通过使用中文输入法中的全角空格进行了处理。

如果在 label 元素中不限字数，那么使用全角空格的方式进行处理不太合适，并且为了保证页面的灵活性，也不应该使用全角空格，此时我们可以使用 "text-align-last:justify" 来处理。下面我们将提示文字剥离出来，利用 text-align-last 属性来进行简单实现，想要实现的提示文字效果如图 13-14 所示。

图 13-14　想要实现的提示文字效果

通过阅读前面的内容，相信读者已经可以轻松实现这个效果。这里我们先对代码实现进行整体展示，然后再对其进行具体讲解。读者可先自行思考下方代码，如果不能理解代码的含义，那么建议仔细阅读后续的讲解。

```
<!DOCTYPE html>
<html lang="zh">
    <head>
        <meta charset="UTF-8">
        <style>
            ul {
                width: 100px;
            }
            ul li {
```

```
                padding: 5px;
                border: 1px solid green;
                text-align-last: justify;
            }
        </style>
    </head>
    <body>
        <ul>
            <li>用户名</li>
            <li>密码</li>
            <li>确认密码</li>
        </ul>
    </body>
</html>
```

这段代码的 HTML 结构比较简单，这里不做讲解。

下面我们来讲解其中的样式代码，总体来说，就是为整个 ul 容器和单个 li 元素进行的样式设置。

首先对整体的 ul 容器进行样式设计讲解。将 ul 容器的宽度设置为 100px，这样 ul 容器里面的 li 元素的宽度就也限定为 100px，代码如下所示。

```
ul {
    width: 100px;
}
```

其次对单个 li 元素进行样式设置。因为 li 元素中文字的个数不同，所以我们要让第一个字处于一行开始的位置，最后一个字处于一行结束的位置。如果有多余的字，就要让其平分剩余的空间。并且为了美观，我们还给 li 元素的上、右、下、左都设置了 5px 的内边距，代码如下所示。

```
ul li {
    padding: 5px;
    border: 1px solid green;
    text-align-last: justify;
}
```

至此，我们已讲解完这个效果，这部分内容比较简单，这里不做过多讲解。

## 13.2.5　内容溢出处理

前面讲解了 overflow 属性，它的作用是处理元素、文本超出容器的情况。其中，"overflow:hidden" 用来将超出的内容简单隐藏起来，但这样做有时用户体验会比较差。

我们继续以 8.2.6 节使用 "overflow:hidden" 实现的 "宠物列表" 为例进行分析，如图 8-28 所示。

此前，我们实现该案例的完整代码如下所示。

```
<!DOCTYPE html>
<html lang="zh">
    <head>
        <meta charset="UTF-8">
        <style>
            ul {
                margin: 0;
                padding: 0;
                list-style-type: none;
            }
            div {
                width: 260px;
                border: 1px solid #96C649;
                background-image: url('./bg.gif');
```

```
            }
        div h3 {
            margin-left: auto;
            margin-right: auto;
            width: 240px;
            border-left: 5px solid #C9E143;
            text-indent: 5px;
            color: #FFFFFF;
            /* border:1px solid blue; */
        }
        div ul {
            margin: 0 auto;
            margin-bottom: 10px;
            width: 240px;
            /* border:1px solid green; */
            background-color: #FFFFFF;
        }
        div li {
            margin: 0 auto;
            width: 220px;
            height: 30px;
            line-height: 30px;
            font-size: 12px;
            border-bottom: 1px dashed #7BA5B6;
            list-style-image: url('./tb.gif');
            list-style-position: inside;
        }
        div li.clear-border {
            border: 0px;
        }
        div li a {
            text-decoration: none;
            color: #0066CC;
        }
    </style>
</head>
<body>
    <div>
        <h3>爱宠知识</h3>
        <ul>
            <li>
                <a href="#">乘飞机可以带宠物吗? </a>
            </li>
            <li>
                <a href="#">如何将宠物快递到外地? </a>
            </li>
            <li>
                <a href="#">宠物托运流程是什么? </a>
            </li>
            <li>
                <a href="#">猫和狗可以一起养吗? </a>
            </li>
            <li class="clear-border">
                <a href="#">适合女生上班族养的狗有哪些? </a>
            </li>
        </ul>
```

```
      </div>
   </body>
</html>
```

其实上面的代码是有弊端的，但我们当时没有考虑到，如果标题文字较多，甚至超出元素的宽度，那么应该如何处理呢？

现在增加最后一个 li 元素中的 a 链接中的文字内容，修改后的代码如下所示。

```
<li class="clear-border">
   <a href="#">适合女生上班族养的狗有哪些？泰迪、金毛、拉布拉多、斗牛犬</a>
</li>
```

再次运行代码后会发现，最后一行的文字超出了它所在的区域，修改后的页面效果如图 13-15 所示。

下面我们来解决这个问题。我们可以使用 text-overflow 属性，该属性用来在内容溢出时给用户发出提示，这个提示可以直接截断文本，也可以将剩余内容显示为一个英文省略号 "..."，其语法格式如下所示。

图 13-15　修改后的页面效果（1）

```
text-overflow:value
```

其中，可以设置的属性值有 2 种，具体说明如下。

● clip：此为默认值，表示在超出区域之后直接截断文本。

● ellipsis：表示使用英文省略号进行提示。

需要注意的是，text-overflow 属性只对块状元素、行内块状元素中的溢出内容有效，并且溢出的方向要与内容的书写方向一致，例如，需要设置强制内容不换行 "white-space:nowrap"，因为在容器下方的溢出是不生效的。同时，因为 text-overflow 属性不会强制触发溢出，所以还需要添加 "overflow:hidden"，将超出的内容隐藏。

此时我们回到最初的问题，即内容过多该如何处理？解决方法比较简单，只需在原来 CSS 代码中找到 div li 选择器，并且在其中加上内容不允许换行 "white-space: nowrap;"，以及超出内容隐藏 "overflow: hidden;"，同时将溢出内容使用英文省略号进行表示 "text-overflow: ellipsis;"。修改后的 div li 选择器代码如下所示。

```
div li {
   margin: 0 auto;
   width: 220px;
   height: 30px;
   line-height: 30px;
   font-size: 12px;
   border-bottom: 1px dashed #7BA5B6;
   list-style-image: url('./tb.gif');
   list-style-position: inside;
   /*新增代码*/
   white-space: nowrap;
   overflow: hidden;
   text-overflow: ellipsis;
}
```

修改后的页面效果如图 13-16 所示。

## 13.2.6　换行处理

前面提到过，如果一段文本过长，在一行中放不下，就会进行软换行。对于中文来说，一个字就是一个字，而对于英文来说，字是由空格决

图 13-16　修改后的页面效果（2）

定的，示例代码如下所示。

```
<!DOCTYPE html>
<html lang="zh">
    <head>
        <meta charset="UTF-8">
        <style>
            div{
                width:300px;
                border:1px solid green;
            }
        </style>
    </head>
    <body>
        <div id="f1">这是内容这是内容这是内容这是内容这是内容这是内容这是内容这是内容这是内容</div>
        <div id="f2">My test.This is test.This is test.This is test.This is test.This is
test.</div>
    </body>
</html>
```

此时，页面效果如图 13-17 所示。

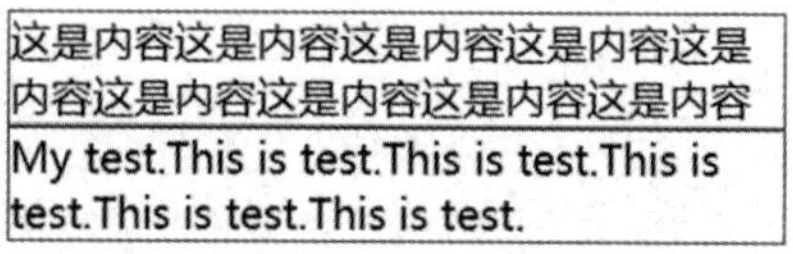

这是内容这是内容这是内容这是内容这是
内容这是内容这是内容这是内容这是内容
My test.This is test.This is test.This is
test.This is test.This is test.

图 13-17　页面效果（1）

对于英文来说，我们需要考虑一种极端情况，如果一个单词在一行中放不下怎么办？下面通过代码来验证，具体如下所示。

```
<!DOCTYPE html>
<html lang="zh">
    <head>
        <meta charset="UTF-8">
        <style>
            div{
                width:300px;
                border:1px solid green;
            }
        </style>
    </head>
    <body>
        <div id="f1">这是内容这是内容这是内容这是内容这是内容这是内容这是内容这是内容这是内容</div>
        <div       id="f2">My       test.This       is       test.This       is       test.This       is
testtesttesttesttesttesttesttesttesttesttest. This is test.This is test.</div>
    </body>
</html>
```

在英文文本中加入多个 test，并且中间没有空格，因此浏览器会将这些 test 当作一个单词进行处理，它只能在遇到空格的时候再进行换行，这就导致了文字溢出，页面效果如图 13-18 所示。

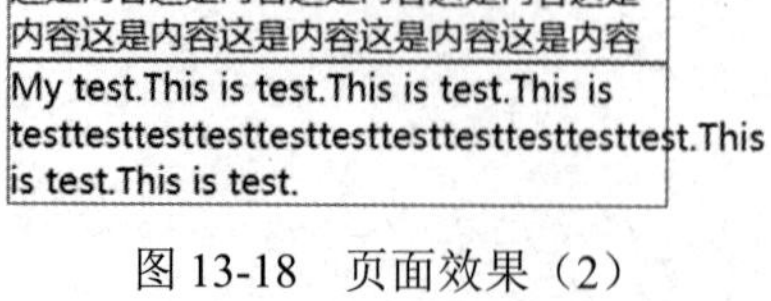

这是内容这是内容这是内容这是内容这是
内容这是内容这是内容这是内容这是内容
My test.This is test.This is test.This is
testtesttesttesttesttesttesttesttesttesttest.This
is test.This is test.

图 13-18　页面效果（2）

针对上述情况，我们可以使用 word-break 属性来决定如何断字，其语法格式如下所示。

```
word-break:value
```

其属性值有 2 个，具体说明如下。

- normal：此为默认值，表示按正常方式进行换行（英文在单词之间换行，中文则在 2 个字符之间换行）。
- break-all：表示让换行出现在任何字符之间，即使是一个完整的单词，也会被断开。

我们使用 word-break 属性来解决上面案例中出现的问题，代码如下所示。

```
<!DOCTYPE html>
<html lang="zh">
    <head>
        <meta charset="UTF-8">
        <style>
            div{
                width:300px;
                border:1px solid green;
                word-break: break-all;
            }
        </style>
    </head>
    <body>
        <div>这是内容这是内容这是内容这是内容这是内容这是内容这是内容这是内容这是内容</div>
        <div>My      test.This      is      test.This      is      test.This      is
testtesttesttesttesttesttesttesttesttesttest. This is test.This is test.</div>
    </body>
</html>
```

先来看运行后的页面效果，如图 13-19 所示。

从图 13-19 中可以看出，虽然将多个连起来的 test 当成了一个单词，但因为使用了"word-break:break-all"，所以单词进行了断字处理。

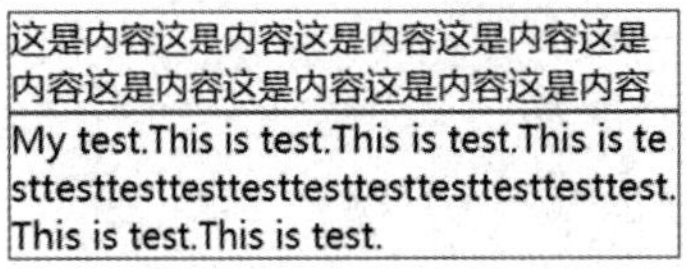

这是内容这是内容这是内容这是内容这是
内容这是内容这是内容这是内容这是内容
My test.This is test.This is test.This is te
sttesttesttesttesttesttesttesttesttest.
This is test.This is test.

图 13-19　页面效果（3）

# 13.3　有关盒子的新增属性

在第 7 章中，我们对盒子模型进行了详细讲解。本节会介绍一些 CSS3 新增的与盒子相关的概念。

## 13.3.1　盒子阴影

前面讲解了文本阴影属性 text-shadow，它的作用是给文本添加阴影。盒子也有一个类似的属性 box-shadow，但不同的是，该属性主要用于为元素所在的框体添加投影，其语法格式如下所示。

```
box-shadow:value
```

box-shadow 属性具有多个属性值，下面就进行具体介绍。

- offset-x：用来设置阴影的 $x$ 轴偏移，此为必选项。若值为正数则向右偏移，若值为负数则向左偏移。
- offset-y：用来设置阴影的 $y$ 轴偏移，此为必选项。若值为正数则向下偏移，若值为负数则向上偏移。
- blur：用来设置阴影的模糊度，此为可选项。默认为 0（即不模糊）。值越大，阴影越模糊、越淡。
- color：用来设置阴影的颜色，此为可选项。默认是文本颜色。
- inset：用来设置阴影位置，此为可选项。当没有设置 inset 关键字时，阴影在边框外；当设置了 inset 关键字时，阴影在盒子内部。

下面我们通过案例来演示 box-shadow 属性的使用方式，代码如下所示。

```
<!DOCTYPE html>
<html lang="zh">
    <head>
```

```
    <meta charset="UTF-8">
    <style>
        div{
            width:300px;
            height:100px;
            border:1px solid green;
            box-shadow: 10px 10px;
            color:red;
        }
    </style>
</head>
<body>
    <div></div>
</body>
</html>
```

上面的代码只设置了 $x$ 轴偏移和 $y$ 轴偏移，因为值都是正数，所以阴影加在了右方、下方。因为没有设置阴影颜色，所以阴影默认使用字体颜色。因为模糊度没有进行设置，所以模糊度是 0，即不模糊。此时，页面效果如图 13-20 所示。

图 13-20　页面效果（1）

下面我们来添加模糊度和阴影颜色，代码如下所示。

```
<!DOCTYPE html>
<html lang="zh">
    <head>
        <meta charset="UTF-8">
        <style>
            div{
                width:300px;
                height:100px;
                border:1px solid green;
                box-shadow: 10px 10px 5px yellow;
                color:red;
            }
        </style>
    </head>
    <body>
        <div></div>
    </body>
</html>
```

因为上面的代码添加了 **5px** 的模糊度，所以可以看到，阴影会产生一些虚化。同时因为指定了阴影颜色，所以不再使用文字本身的颜色。此时，页面效果如图 13-21 所示。

图 13-21　页面效果（2）

至此，我们已经演示了 box-shadow 属性的 4 个属性值的使用方式。此时，还有最后一个设置阴影位置的属性值没有演示，下面直接给出演示代码。

```
<!DOCTYPE html>
<html lang="zh">
    <head>
        <meta charset="UTF-8">
        <style>
            div{
                width:300px;
                height:100px;
                border:1px solid green;
                box-shadow: 10px 10px 5px yellow inset;
                color:red;
            }
        </style>
    </head>
    <body>
        <div></div>
    </body>
</html>
```

对比前面的代码，这段代码在前面代码的基础上新增了 inset 关键字，因此阴影被添加在了盒子内部，页面效果如图 13-22 所示。

图 13-22 页面效果（3）

一个元素可以拥有多个盒子阴影，这在语法上没有任何不同，各阴影之间以逗号进行分隔，代码如下所示。

```
<!DOCTYPE html>
<html lang="zh">
    <head>
        <meta charset="UTF-8">
        <style>
            div {
                width: 300px;
                height: 100px;
                border: 1px solid green;
                box-shadow: -10px -10px 5px yellow inset, -5px -5px 3px red;
                color: red;
            }
        </style>
    </head>
    <body>
        <div></div>
    </body>
</html>
```

上面的代码为 div 元素设置了 2 个阴影。第一个阴影偏移位置的值都设置为负数，颜色设置为黄色，但因为添加了 inset 关键字，所以阴影被添加在元素内边框的右方、下方。第二个阴影被设置在左方、上方，颜色设置为红色，但与第一个阴影不同的是，因为没有添加 inset 关键字，所以其还在原来的位置上。此时，页面效果如图 13-23 所示。

图 13-23　页面效果（4）

## 13.3.2　盒子模型的计算方式

前面的内容对盒子模型进行过详细介绍，当时我们提到，为元素设置的 width 属性值和 height 属性值只会应用于这个元素的内容区域。如果存在内边距、边框，那么在计算 CSS 盒子模型时，内容区域的宽度和高度会相应增加。请读者思考，在下面的代码中，div 元素的宽度和高度应为何值。

```
<!DOCTYPE html>
<html lang="zh">
    <head>
        <meta charset="UTF-8">
        <style>
            div {
                padding: 10px;
                width: 300px;
                height: 300px;
                border: 1px solid green;
            }
        </style>
    </head>
    <body>
        <div></div>
    </body>
</html>
```

图 13-24　元素的宽度和高度

在上面的代码中，宽度和高度都被设置为 300px，之后又将上、右、下、左内边距设置为 10px，以及上、右、下、左边框设置为 1px。此时，整体盒子的宽度就是左边框+左内边距+内容区宽度+右内边距+右边框，即为 322px；高度就是上边框+上内边距+内容区高度+下内边距+下边框，即为 322px。在页面上选择元素进行验证，此时，元素的宽度和高度如图 13-24 所示。

在 CSS3 中加入 box-sizing 属性，就可以改变这种计算方式。box-sizing 属性的语法格式如下所示。

```
box-sizing:value
```

该属性有 2 个属性值，下面进行具体讲解。

- content-box：此为默认值，width 属性和 height 属性设置的是内容区的宽度和高度。我们将这种计算方式称为 W3C 的标准盒子模型。
- border-box：width 属性和 height 属性设置的是整个盒子的宽度和高度。如果设置了边框、内边距，那么会在 width 属性值和 height 属性值上面做减法，相应地，其内容区宽度和高度的数值也会减少。我们将这种计算方式称为 IE 盒子模型或怪异盒子模型。

下面演示 box-sizing 属性的使用方式，代码如下所示。

```
<!DOCTYPE html>
<html lang="zh">
    <head>
        <meta charset="UTF-8">
        <style>
```

```
        div {
            padding: 10px;
            width: 300px;
            height: 300px;
            border: 1px solid green;
            box-sizing: border-box;
        }
    </style>
  </head>
  <body>
    <div></div>
  </body>
</html>
```

上面的代码是在本节开头代码的基础上添加了"box-sizing:border-box"，接下来就要开始做减法了。

盒子整体的宽度、高度为300px，因为上、右、下、左内边距都为10px，以及上、右、下、左边框都为1px，所以内容区宽度的计算方式为300px（整体宽度）－左边框（1px）－左内边距（10px）－右内边距（10px）－右边框（1px），最终得出内容区宽度为278px。

此时我们打开控制台，在页面上选择元素并验证其宽度和高度，如图 13-25 所示。

我们再通过一个生活中的案例来帮助读者理解 content-box 属性值和 border-box 属性值的区别。

图 13-25　验证元素的宽度和高度

假设家里的财政大权都掌控在媳妇手中，我每个月工资都上缴，那么 content-box 属性值就相当于媳妇一个月给我的 3000 元生活费，这些生活费只是用来吃饭的钱。如果想要买衣服、外出与朋友聚餐，那么就需要在现有生活费的基础上再加一些钱。

而 border-box 属性值相当于媳妇一个月给我的 3000 元生活费，此时这个生活费包含吃饭的钱、买衣服的钱、聚餐的钱。如果这个月想要多买几件衣服、多聚餐几次，那么就需要从 3000 元生活费中扣除相应款项，即吃饭的钱变少了。

### 13.3.3　控制元素、调整大小

在 4.2 节讲解过文本域<textarea>，我们会发现当<textarea>形成文本域后，右下角会存在一个小三角，通过拽动这个小三角可以调整文本域的大小，如图 13-26 所示。

CSS3 新增了 resize 属性，用来设置元素的大小是否可以被调整。resize 属性的语法格式如下所示。

图 13-26　文本域

```
resize:value
```

其属性值可以书写为 4 种，具体说明如下。

● none：元素不能被用户缩放。
● both：允许用户在水平方向和垂直方向上调整元素的大小。
● horizontal：允许用户在水平方向上调整元素的大小。
● vertical：允许用户在垂直方向上调整元素的大小。

下面通过案例来演示 resize 属性的使用方式，代码如下所示。

```
<!DOCTYPE html>
<html lang="zh">
  <head>
    <meta charset="UTF-8">
```

```
        <style>
            textarea{
                resize: none;
            }
        </style>
    </head>
    <body>
        <textarea></textarea>
    </body>
</html>
```

上方代码为文本域<textarea>设置了"resize: none;"，当 resize 属性值被设置为 none 之后，文本域右下角的小三角就没有了，相应地，文本域的大小也就无法再调整了，如图 13-27 所示。

图 13-27　文本域右下角没有小三角

其实除了文本域<textarea>，resize 属性还可以设置其他元素可否调整大小，只不过在设置其他元素时，还需要配合使用 overflow 属性才能实现这一效果。下面以 div 元素为例来演示 resize 属性的使用方式。

```
<!DOCTYPE html>
<html lang="zh">
    <head>
        <meta charset="UTF-8">
        <style>
            div{
                width: 100px;
                height: 100px;
                border: 1px solid #f00;
                resize: both;
                overflow: hidden;
            }
        </style>
    </head>
    <body>
        <div></div>
    </body>
</html>
```

运行代码后可以发现，在页面上，div 元素右下角出现了一个类似文本域右下角的标识。我们也可以通过拖拽右下角来改变 div 元素的大小，页面效果如图 13-28 所示。

图 13-28　页面效果

## 13.3.4　设置元素透明度

opacity 属性可以用来指定一个元素的透明度，它会将这个元素当作一个整体来看待，其中包括内容、背景、边框等。

opacity 属性的取值是 0～1 之间的数字，这个数字也可以是小数，其中，0 表示完全透明，1 表示完全不透明。

下面通过代码来演示该属性的使用方式，代码如下所示。

```
<!DOCTYPE html>
<html lang="zh">
    <head>
```

```
        <meta charset="UTF-8">
        <style>
            div{
                margin-top:10px;
                width:300px;
                height:100px;
                border:10px dotted green;
                background-color: yellow;
            }
            #div1{
                opacity: 0;
            }
            #div2{
                opacity: 0.5;
            }
            #div3{
                opacity: 1;
            }
        </style>
    </head>
    <body>
        <div id="div1">第一个 div 的内容</div>
        <div id="div2">第二个 div 的内容</div>
        <div id="div3">第三个 div 的内容</div>
    </body>
</html>
```

在上方代码中，div 元素（id 为 div1）因为 opacity 属性值设置为 0，所以整个元素都看不到了；div 元素（id 为 div2）因为 opacity 属性值被设置为 0.5，所以元素整体呈现为透明的状态；而 div 元素（id 为 div3）的 opacity 属性值被设置为 1，元素没有产生任何变化，页面效果如图 13-29 所示。

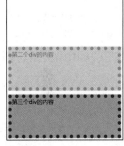

图 13-29　页面效果（1）

这里需要注意的是，opacity 属性是将元素当作一个整体来处理的，里面的内容也可能包括其他子元素。当为父元素设置 opacity 属性时，其子元素也会被添加透明度，代码如下所示。

```
<!DOCTYPE html>
<html lang="zh">
    <head>
        <meta charset="UTF-8">
        <style>
            #f{
                width:300px;
                height:100px;
                border:10px dotted green;
                background-color: yellow;
                opacity: 0.5;
            }
            #z{
                margin:0 auto;
                width:100px;
                height:100px;
                border:10px dotted pink;
                background-color: red;
                box-sizing: border-box;
            }
```

```
        </style>
    </head>
    <body>
        <div id="f">
            <div id="z">内容</div>
        </div>
    </body>
</html>
```

图 13-30　页面效果（2）

上方代码在 div 元素（id 为 f）上设置了 opacity 属性，此时其中的 div 子元素（id 为 z）也具有了透明效果。如果我们只想让父元素拥有透明度，而子元素没有变化，那么还是使用 rgba 进行设置比较好。二者的区别在于，rgba 作为颜色值的表示方式，可以用于设置字体颜色、背景颜色等，而 opacity 属性作用于整个元素。此时，页面效果如图 13-30 所示。

# 13.4　边框

CSS3 新增了圆角边框的概念，本节将对其进行讲解，并且配以案例进行演示。

## 13.4.1　圆角边框

前面我们讲解的元素边框都是直角的，CSS3 新增了 border-radius 属性，可以将元素边框的角变为圆角。

border-radius 属性的属性值定义了元素边框的圆角半径。假设现在书写了"border-radius:10px"，实际上是定义了 4 个半径为 10px 的圆，并将其分别放在元素边框的四角上，然后将直角多出来的部分去掉，其图解如图 13-31、图 13-32 所示。

图 13-31　"border-radius:10px"图解（1）

图 13-32　"border-radius:10px"图解（2）

根据图 13-31 与图 13-32 可以得出，如果操作的元素是一个正方形，那么当将半径设置为正方形的一半时，在页面上我们将会得到一个圆形的元素，代码如下所示。

```
<!DOCTYPE html>
<html lang="zh">
    <head>
        <meta charset="UTF-8">
        <style>
            #f{
                width:100px;
                height:100px;
                border:1px solid black;
                border-radius: 50px;
            }
        </style>
    </head>
```

```
<body>
    <div id="f">
    </div>
</body>
</html>
```

对于上面这段代码来说，div 元素是 100px×100px 的正方形。我们将其 border-radius 属性值设置为 50px，即其宽度的一半，此时将生成 4 个半径为 50px 的圆。实际上，半径是 50px，直径就是 100px，这将导致 4 个角形成的圆重叠在一起，如图 13-33 所示。

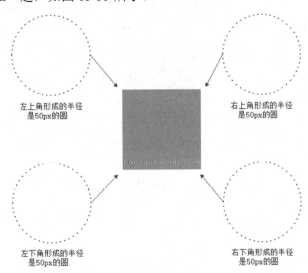

图 13-33　案例图解

border-radius 属性值也可以设置为百分比。例如，将上面案例中形成的圆直接书写为"border-radius:50%"会更好，此时会将元素总宽度（左边框+左内边距+内容区宽度+右内边距+右边框）或元素总高度（上边框+上内边距+内容区高度+下内边距+下边框）的 50%作为所要形成的圆形的半径。

border-radius 属性与 margin 属性等类似，其属性值可以设置 1~4 个，下面对不同的情况进行罗列。

● 1 个值：同时设置左上/右上/右下/左下的圆角。

● 2 个值：分别设置左上/右下、右上/左下的圆角。

● 3 个值：分别设置左上、右上/左下、右下的圆角。

● 4 个值：分别设置左上、右上、右下、左下的圆角。

下面通过案例对不同的情况进行演示，代码如下所示。

```
<!DOCTYPE html>
<html lang="zh">
    <head>
        <meta charset="UTF-8">
        <style>
            div{
                margin-left: 30px;
                float:left;
                width:100px;
                height:100px;
                border:1px solid green;
            }
            #f1{
                /*同时将四角形成的圆的半径都设置为10px*/
                border-radius: 10px;
            }
```

```
        #f2{
            /*设置左上角、右下角形成的圆的半径为10px，右上角、左下角形成的圆的半径为20px*/
            border-radius: 10px 20px;
        }
        #f3{
            /*设置左上角形成的圆的半径为10px，右上角、左下角形成的圆的半
径为20px，右下角形成的圆的半
径为30px*/
            border-radius: 10px 20px 30px;
        }
        #f4{
            /*设置左上角形成的圆的半径为10px,右上角形成的圆的半径为20px,右下角形成的圆的半径为30px,
左下角形成的圆的半径为40px*/
            border-radius: 10px 20px 30px 40px;
        }
    </style>
</head>
<body>
    <div id="f1"></div>
    <div id="f2"></div>
    <div id="f3"></div>
    <div id="f4"></div>
</body>
</html>
```

运行代码后，页面效果如图 13-34 所示。

图 13-34　页面效果（1）

这里需要注意的是，border-radius 属性会改变元素的边框和背景的绘制方式，但是不会改变元素的边框形状，即依旧是矩形，代码如下所示。

```
<!DOCTYPE html>
<html lang="zh">
    <head>
        <meta charset="UTF-8">
        <style>
            div{
                float:left;
                width:100px;
                height:100px;
                border:1px solid black;
                background-color: #00965e;
            }
            #f1{
                border-radius: 50px;
            }
            #f2{
                padding:20px;
                border-radius: 70px;
            }
        </style>
    </head>
    <body>
        <div id="f1">
            123456
        </div>
```

```
        <div id="f2">
            123456
        </div>
    </body>
</html>
```

在上面的代码中，第 1 个 div 元素（id 为 f1）的宽度为 100px、高度为 100px、内边距为 0、圆角半径为 50px，所形成的圆角正好包裹住了元素内容区，但由于元素内容区依然解析为矩形，所以文字超出了元素内容区的范围。而第 2 个 div 元素（id 为 f2）的宽度为 100px、高度为 100px、内边距为 20px、圆角半径为 70px，其包裹了整个元素内容区，因此文字不会超出元素内容区的范围。此时，页面效果如图 13-35 所示。

图 13-35　页面效果（2）

与 margin 属性相同，我们也可以只将一个角指定为圆角，其属性如下所示。

- border-top-left-radius 属性：设置左上角为圆角。
- border-top-right-radius 属性：设置右上角为圆角。
- border-bottom-right-radius 属性：设置右下角为圆角。
- border-bottom-left-radius 属性：设置左下角为圆角。

下面我们利用上述属性来实现一个简单的扇形，代码如下所示。

```
<!DOCTYPE html>
<html lang="zh">
    <head>
        <meta charset="UTF-8">
        <style>
            div{
                width:100px;
                height:100px;
                border:1px solid black;
                border-top-left-radius: 100px;
                background-color: #00965e;
            }
        </style>
    </head>
    <body>
        <div>
        </div>
    </body>
</html>
```

上面代码为元素的左上角设置了圆角，半径为 100px，所形成的扇形正好是正圆形的 1/4，即直径为 200px 的圆形的 1/4，页面效果如图 13-36 所示。

## 13.4.2　案例：游戏图标

图 13-36　页面效果（3）

本节利用前面所讲解的知识在网页中实现一个游戏图标。先来看想要实现的效果，如图 13-37 所示。

针对这个案例，我们分结构和样式 2 个部分进行分析，具体内容如下。

### 1. 结构分析

图 13-37　游戏图标

该图标的 HTML 结构很简单，只需要设置一个 div 元素即可，HTML 结构如下所示。

```
<!DOCTYPE html>
<html lang="zh">
    <head>
```

```
        <meta charset="UTF-8">
    </head>
    <body>
        <div id="f">
        </div>
    </body>
</html>
```

值得一提的是，div 元素（id 为 f）设置的是图 13-37 中整个游戏图标的大圆，这个大圆中的小圆（图标的小眼睛）是由伪元素选择器生成的。

**2. 样式分析**

下面我们对 CSS 样式进行分析。

（1）将整个大圆的宽度和高度设置为 0，边框设置为 30px，这样就形成了一个 60px×60px 的正方形。将其圆角设置为 50%，就形成了一个圆。由于右边框所在的位置是游戏图标的大嘴，所以使用 border-right-color 属性将其颜色设置为透明，这样就制造出了大嘴的效果。此时，整体效果已经实现了，这里将 div 元素（id 为 f）设置为相对定位，是为了让所形成的小眼睛根据这个大圆进行定位。此时，我们可以书写出如下所示的代码。

```
#f{
    position: relative;
    width:0px;
    height:0px;
    border:30px solid #00965e;
    border-right-color:transparent;
    border-radius: 50%;
}
```

（2）在图 13-37 的游戏图标中，小眼睛是使用伪元素选择器生成的，它是绝对定位，是按照大圆的位置来进行定位的。因为图 13-37 中实现的效果是白色的小圆，所以还要对伪元素的颜色进行设置。此时，代码如下所示。

```
#f::after{
    content:'';
    position:absolute;
    top:10px;
    left:10px;
    width:10px;
    height:10px;
    border-radius: 5px;
    background-color: #FFF;
}
```

完整代码详见本书配套代码。

## 13.4.3 案例：太极图

本节依旧利用前面所讲解的知识在网页中实现一个太极图。先来看想要实现的效果，如图 13-38 所示。

对于这个案例，依旧采用结构与样式分离的方式进行讲解。

**1. 结构分析**

首先进行结构分析。该案例的结构可以分 3 个部分进行分析。

图 13-38　太极图

（1）最外层的大圆要通过 1 个 div 元素来实现，我们将其 id 设置为 f。

（2）图 13-38 中的两极是 2 个 div 元素，我们分别将其 class 设置为 z1 和 z2。

（3）其他的内容，如两极中的 2 个小圆，我们不为其设置元素，均使用伪元素选择器来实现。

此时，我们可以书写出如下所示的 HTML 代码结构。

```html
<!DOCTYPE html>
<html lang="zh">
    <head>
        <meta charset="UTF-8">
        <style>
        </style>
    </head>
    <body>
        <div id="f">
            <div class="z1"></div>
            <div class="z2"></div>
        </div>
    </body>
</html>
```

### 2. 样式分析

整体框架已搭建好，我们可以对其进行样式设计。现在进行 CSS 样式分析，具体内容如下。

（1）完成外部 div 元素（id 为 f）的样式设计，将 div 元素（id 为 f）分为两半，使用伪元素选择器 "::before" "::after" 实现，一半背景颜色为黑色，一半背景颜色为白色，代码如下所示。

```css
#f{
    width:500px;
    height:500px;
    border:1px solid black;
}
#f::before,#f::after{
    content:'';
    float:left;
    width:250px;
    height:500px;
}
#f::before{
    background-color: #000;
}
#f::after{
    background-color: #fff;
}
```

此时，页面效果如图 13-39 所示。

（2）设置 2 个颜色的圆弧。前面我们分析过，这 2 个圆弧是通过 2 个小圆实现的，div 元素（id 为 f）中的小圆，水平居中于 div 元素（id 为 f），并且第 1 个小圆位于 div 元素（id 为 f）的顶部，第 2 个小圆位于 div 元素（id 为 f）的底部，背景颜色分别为黑色和白色。

由于 2 个小圆需要使用绝对定位来确认位置，所以还需要为外部 div 元素添加相对定位 "position:relative"，代码如下所示。

图 13-39　页面效果（1）

```css
#f{
    /*小圆的定位基准*/
    position:relative;
    width:500px;
```

```
    height:500px;
    border:1px solid black;
}
```

随后对 2 个小圆进行样式书写和定位，代码如下所示。

```
#f div{
    position:absolute;
    left:125px;
    width:250px;
    height:250px;
}
#f div.z1{
    top:0;
    background-color: #000;
}
#f div.z2{
    bottom:0;
    background-color: #FFF;
}
```

此时，页面效果如图 13-40 所示。

图 13-40　页面效果（2）

（3）大体结构已经实现，接下来初步实现两极中的 2 个小圆点。小圆点是相对于小圆进行定位的，根据页面效果可以看出，其不管是在横向上还是在纵向上都是居中的，背景颜色可分别设置为白色和黑色，代码如下所示。

```
#f div::before{
    content:'';
    position:absolute;
    left:100px;
    top:100px;
    width:50px;
    height:50px;
    border-radius: 50%;
}
#f div.z1::before{
    background-color:#fff;
}
#f div.z2::before{
    background-color:#000;
}
```

此时，页面效果如图 13-41 所示。

图 13-41　页面效果（3）

（4）使大圆 div 元素（id 为 f）及里面的小圆都变成圆形，从而实现太极图外部的效果和内部的圆弧，代码如下所示。

```
#f{
    position:relative;
    width:500px;
    height:500px;
border:1px solid black;
border-radius:50%;
}
#f div{
    position:absolute;
    left:125px;
    width:250px;
height:250px;
border-radius:50%;
}
```

此时，页面效果如图 13-42 所示。

图 13-42　页面效果（4）

（5）在 div 元素（id 为 f）变成圆形后，其中的两半"#f::before"和"#f::after"会超出 div 元素（id 为 f）设定的范围，因此要为 div 元素（id 为 f）添加"overflow:hidden"，代码如下所示。

```
#f{
    position:relative;
    width:500px;
    height:500px;
    border:1px solid black;
    border-radius:50%;
    overflow:hidden;
}
```

完整代码详见本书配套代码。

## 13.5　粘滞定位

我们之前讲解过静态定位、固定定位、相对定位和绝对定位 4 种定位方式，CSS3 新增了一种定位——粘滞定位，下面就对其进行具体讲解和演示。

### 13.5.1　粘滞定位的使用

如果想要声明粘滞定位，只需将 position 属性的属性值设置为 sticky 即可。

所谓粘滞定位，可以认为是相对定位和固定定位的混合体。元素在某个值之前是相对定位，之后就是固定定位。这样的说明比较晦涩，读者不必着急，可以先阅读以下内容，在学习完本节后再回来理解这段文字。

粘滞形成的条件可以归纳为以下 3 个。

（1）确定粘滞定位元素的容纳块。声明为粘滞定位的元素会固定在一个离它最近的、拥有滚动机制的祖先元素旁，这个带有滚动机制的祖先元素就是粘滞定位元素的容纳块。

（2）确定粘滞定位的定位矩形。偏移属性 top、right、bottom、left 可用于定义相对于容纳块的粘滞定位的定位矩形。

下面通过案例来演示粘滞定位的使用方式，请读者阅读并思考下方代码。

```
<!DOCTYPE html>
<html lang="zh">
    <head>
        <meta charset="UTF-8">
        <style>
            #f{
                width:300px;
                height:400px;
                text-align:center;
                overflow-y: scroll;
                border:1px solid black;
            }
            #f h3{
                position: sticky;
                top:50px;
                bottom:50px;
                margin:0;
                padding:10px;
                background-color: #00965e;
            }
        </style>
    </head>
    <body>
        <div id="f">
            <h3>这里是标题 1</h3>
            <p>标题 1 所属内容 1</p>
            <p>标题 1 所属内容 2</p>
            <p>标题 1 所属内容 3</p>
            <p>标题 1 所属内容 4</p>
            <p>标题 1 所属内容 5</p>
            <p>标题 1 所属内容 6</p>
            <p>标题 1 所属内容 7</p>
            <h3>这里是标题 2</h3>
            <p>标题 2 所属内容 1</p>
            <p>标题 2 所属内容 2</p>
            <p>标题 2 所属内容 3</p>
            <p>标题 2 所属内容 4</p>
            <p>标题 2 所属内容 5</p>
            <p>标题 2 所属内容 6</p>
            <p>标题 2 所属内容 7</p>
            <h3>这里是标题 3</h3>
            <p>标题 3 所属内容 1</p>
            <p>标题 3 所属内容 2</p>
            <p>标题 3 所属内容 3</p>
            <p>标题 3 所属内容 4</p>
            <p>标题 3 所属内容 5</p>
            <p>标题 3 所属内容 6</p>
            <p>标题 3 所属内容 7</p>
            <h3>这里是标题 4</h3>
            <p>标题 4 所属内容 1</p>
            <p>标题 4 所属内容 2</p>
```

```
                <p>标题 4 所属内容 3</p>
                <p>标题 4 所属内容 4</p>
                <p>标题 4 所属内容 5</p>
                <p>标题 4 所属内容 6</p>
                <p>标题 4 所属内容 7</p>
        </div>
    </body>
</html>
```

上面的代码将外部容器#f 的宽度定义为 300px、高度定义为 400px，使其成为一个长方形。由于里面的文字较多，文字会从底部溢出，所以我们为其添加了"overflow-y:scroll"，使纵向溢出的内容以滚动的方式进行显示。此时这个带滚动条的 div 元素就是要设置"position:sticky"的容纳块。

随后我们给 h3 元素设置"position:sticky"，并且将 top 属性值设置为 50px，将 bottom 属性值设置为 50px，实际上是设置了相对于容纳块的粘滞定位的矩形，图 13-43 中的虚线表示的就是粘滞定位所形成的定位矩形。

（3）粘滞定位的元素不能超出粘滞定位所形成的定位矩形。当拉动滚动条，并且粘滞定位元素的顶边与定位矩形的顶边接触，或粘滞定位元素的底边与定位矩形的底边接触时，粘滞定位元素就会粘滞在那里，就像设定了固定定位一样。

这里有 3 点需要注意。

① 虽然设置了粘滞定位的元素虽然被粘滞定位的定位矩形控制，但是其在文档流中占据的空间会被保留下来。

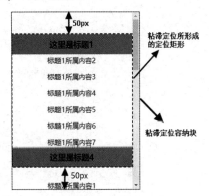

图 13-43　案例图解

② 如果定义了多个偏移属性 top、right、bottom、left，这些偏移属性的属性值不是 auto，那么这些边都将会成为粘滞定位矩形的边界。

③ 如果滚动到某一位置后触发了多个粘滞定位的元素，那么多个粘滞定位元素就将堆叠在一起，默认后面的会盖住前面的。

## 13.5.2　案例：评论列表

评论列表在很多场景中都会出现，下面我们就来实现一个评论列表。先来看想要实现的最终效果，如图 13-44 所示。

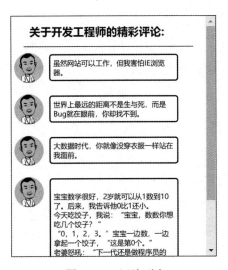

图 13-44　评论列表

针对这个案例，还是采用结构与样式分离的方式进行讲解。

### 1. 结构分析

这个 HTML 结构很简单，读者可先自行思考，然后对照下面代码确定实现思路。如果对 HTML 结构毫无头绪，可先阅读代码后面的讲解，再回过头来思考这段代码，代码如下所示。

```html
<!DOCTYPE html>
<html lang="zh">
    <head>
        <meta charset="UTF-8">
        <style>
        </style>
    </head>
    <body>
        <div id="f">
            <h3>关于开发工程师的精彩评论:</h3>
            <div class="comm">
                <img src="./images/01.jpg" alt="">
                <p>虽然网站可以工作，但我害怕 IE 浏览器。
                </p>
            </div>
            <div class="comm">
                <img src="./images/01.jpg" alt="">
                <p>世界上最远的距离不是生与死，而是 Bug 就在眼前，你却找不到。
                </p>
            </div>
            <div class="comm">
                <img src="./images/01.jpg" alt="">
                <p>大数据时代，你就像没穿衣服一样站在我面前。
                </p>
            </div>
            <div class="comm">
                <img src="./images/01.jpg" alt="">
                <p>宝宝数学很好，2 岁就可以从 1 数到 10 了。后来，我告诉他 0 比 1 还小。
今天吃饺子，我说："宝宝，数数你想吃几个饺子？"
"0，1，2，3。"宝宝一边数，一边拿起一个饺子，"这是第 0 个。"
老婆怒吼："下一代还是做程序员的命!"
                </p>
            </div>
            <div class="comm">
                <img src="./images/01.jpg" alt="">
                <p>在编程时要保持这种心态：就好像将来要维护这些代码的人是一位精神病患者，而且他知道你住在
哪里。
                </p>
            </div>
        </div>
    </body>
</html>
```

在上面的代码中，div 元素（id 为 f）是整个评论的大容器，其中的 h3 是整个评论的大标题。在 div 元素（id 为 f）中的 div 元素（class 为 comm）是一条条评论，在 div 元素（class 为 comm）评论中的 img 元素是评论人的头像，在 div 元素（class 为 comm）中的 p 元素是一条条评论。

### 2. 样式分析

下面我们使用 CSS 样式对上述代码结构进行装饰。

（1）修饰整个容器 div 元素（id 为 f）的宽度和高度。

因为评论很有可能会超出大容器，所以在代码中添加了"overflow-y: scroll;"实现了滚动效果，代码如下所示。

```
#f{
    width:350px;
    height:400px;
    overflow-y: scroll;
    border:1px solid black;
}
```

（2）修饰评论的大标题。

设置大标题的宽度、高度，并且进行粘滞定位，使大标题不会移动到容器之外。这里不仅要为大标题设置粘滞定位，还要为其设置偏移属性，在图 13-44 中，效果呈现在顶部，因此要使用 top 属性来实现，代码如下所示。

```
#f h3{
    position:sticky;
    top:0;
    margin:0 auto;
    padding-left:10px;
    width:280px;
    height:50px;
    line-height: 50px;
    border-bottom:1px solid black;
}
```

（3）设置每条评论的容器 div 元素（class 为 comm）的样式。

从图 13-43 中可以看出，每条评论的背景颜色都是白色，并且宽度与容器相同，因此可以书写出如下所示的代码。

```
.comm{
    width:100%;
    background-color: white;
}
```

（4）设置评论容器中的头像和评论框的样式。

从图 13-44 中可以看出，在评论中，头像的宽度、高度都是 50px，并且显示为圆形，因此添加圆角设置，形成圆角头像，代码如下所示。

```
.comm img{
    float:left;
    margin-top:10px;
    margin-left:5px;
    width:50px;
    height:50px;
    border-radius: 50%;
}
```

同时，设置评论框的样式。从图 13-44 中可知，因为评论框的位置在头像的后面，并且二者之间保持了一段距离，所以可以使用"float:left"使其排列在一行上。在设置了宽度之后，为了美观，又添加了 2px 的边框，并且设置了字号。而且为了保留用户输入的换行效果，还使用"white-space:pre-line"在折叠了空格的同时保留了换行，代码如下所示。

```
.comm p{
    float:left;
    margin-left:10px;
    padding:5px;
    width:220px;
    box-sizing: border-box;
    border-radius: 5px;
    border:2px solid black;
    font-size:12px;
    white-space: pre-line;
}
```

（5）撑开 div 元素（class 为 comm）的高度。

此时会出现一个问题，由于子元素浮动，父元素出现了高度塌陷。这个问题我们在前面讲解过，此处不再赘述。我们可以使用伪元素选择器在 div 元素（class 为 comm）的结束标签前增加一个空的块状元素，然后使用"clear:both"的方式将 div 元素（class 为 comm）撑开。

值得一提的是，我们这里使用的解决父元素高度塌陷的方式与在 9.1.3 节中解决父元素高度塌陷的方式相似，唯一的不同点是，这里我们使用".comm::after"在结束标签前添加了一个空的块状元素，而在 9.1.3 节，我们是在结束标签前直接书写了一个空元素。

此时可以书写出如下所示的代码。

```
.comm::after{
    content:'';
    display:block;
    clear:both;
}
```

（6）为 div 元素（class 为 comm）添加粘滞效果。

新添加的粘滞定位使元素的上边框始终距离其容器 div（id 为 f）的上边框 51px，代码如下所示。

```
.comm{
    /*新添加的粘滞定位*/
    position:sticky;
    top:51px;
    bottom:auto;
    width:100%;
    background-color: white;
}
```

完整代码详见本书配套代码。

## 13.6  本章小结

本章主要介绍了 CSS3 新增的属性值和属性，这里将其划分为 5 个部分进行讲解。第 1 部分依次介绍了 CSS3 中新增的全局属性值、相对单位值和颜色的相关知识，前面我们讲解过相对单位值 em，但是它只能对父元素的字号进行计算，CSS3 为我们提供了一个新的相对单位值 rem，该值是针对根元素进行设置的。此前我们也学习过多种颜色值的表示方式，但是如果我们想要为其设置透明度，那么只能另行设置，而 CSS3 提供的新的颜色属性就可以解决这一痛点。

第 2 部分依次介绍了文字、文本的新增属性，即文字阴影、最后一行的对齐方式、内容溢出处理和换行处理的相关知识点，这部分内容比较简单，但是我们还是配以实际案例进行演示，使读者能够清楚其在实际开发中的使用场景。

　　第 3 部分是盒子相关的新增属性，主要介绍了盒子阴影、盒子模型的计算方式、控制元素并调整大小的属性、设置元素透明度……此前盒子模型的计算方式只有 1 种，若要为其设置外边距，则需要重新计算，CSS3 提供的新的计算方法使我们不用再重新计算。此外，针对文本框大小的调节，我们对其控制属性进行了讲解。

　　第 4 部分是边框的新增属性 border-radius 属性，虽然这部分我们只介绍了 1 个新属性，但是我们依旧将其作为一类进行讲解，因为这个属性在实际开发中的使用频率较高。同时，因为大部分样式的设置都会对其有所应用，所以我们使用 2 个案例帮助读者进行了巩固。

　　第 5 部分是粘滞定位的相关知识讲解，之前我们介绍的 4 种定位属性其实可以实现大部分定位效果，但是 CSS3 将其变得更为强大，新增了 position 属性的属性值 sticky（粘滞定位），该属性值是相对定位和绝对定位的混合体，为开发者开发提供了便利。在实际开发中，因为其使用频率较高，所以我们除了在知识点讲解中提供了案例，还单独利用该属性值实现了一个案例。

　　本章内容较杂，涉及了 5 个方面的属性，建议读者对涉及的代码进行多次练习，尤其是单独列为一节的案例，要对相关代码达到理解并掌握的程度。

# 第14章

## 背景及渐变

本章彩图

打开任何一个网页，首先映入眼帘的就是它的背景颜色和基调。不同风格的网站会有不同的背景颜色和基调，也会为用户展现不同的效果。前面我们讲解过背景的属性族，如设置背景颜色的 background-color 属性、设置背景图片的 background-image 属性、设置背景位置的 background-position 属性、设置背景尺寸的 background-size 属性、设置背景平铺的 background-repeat 属性等。由于 CSS2 提供的背景属性过于单调，限制了设计师的发挥，所以 CSS3 在原有背景属性族的基础上新增了一些功能属性。例如，新增了可以在同一个对象内叠加多个背景图片的属性，可以改变背景图片的尺寸的属性，以及可以指定背景图片的显示范围和绘制起点的属性等。

除了为背景的属性族新增了功能性属性，CSS3 还可以在网页中实现渐变效果。渐变效果有 2 种，分别是线性渐变和径向渐变，二者都可以通过对应的函数来绘制。这极大地降低了网页的设计难度，使设计师可以迸发出更多的创作灵感。

本章主要分为背景和渐变两部分，在每部分的讲解中都会配以案例，帮助读者理解相关知识。

## 14.1　背景

在第 8 章我们讲解了背景颜色和背景图片，下面就对 CSS3 在背景方面新增的属性进行具体介绍。

### 14.1.1　背景延伸

前面我们提到过，背景会填满整个元素的背景区域（内容区、内边距、边框），下面我们通过代码进行验证，具体如下所示。

```
<!DOCTYPE html>
<html lang="zh">
    <head>
        <meta charset="UTF-8">
        <style>
            div{
                padding:10px;
                width:300px;
                height:300px;
                border:10px dotted green;
                background-color:pink;
            }
        </style>
    </head>
    <body>
```

```
    <div></div>
  </body>
</html>
```

在上述代码中，我们将 div 元素的背景颜色设置为粉色，同时将其边框设置为点状、绿色，运行代码后，页面效果如图 14-1 所示。

上面所讲解的是一种默认行为，CSS3 提供了 background-clip 属性，可以用来控制背景绘制到哪个区域。下面我们就对 background-clip 属性的属性值进行介绍，具体说明如下。

- border-box：此为默认值，即背景延伸到边框外边界。
- padding-box：背景延伸到内边距的外边界。
- content-box：将背景限制在元素的内容区内。
- text：将背景限制在文字区域内。

图 14-1　页面效果（1）

下面通过一个案例来演示 4 种属性值的使用方式，具体代码如下所示。

```
<!DOCTYPE html>
<html lang="zh">
    <head>
        <meta charset="UTF-8">
        <style>
            div{
                float:left;
                margin-left:20px;
                padding:10px;
                font-size:50px;
                font-weight: bold;
                text-align:center;
                border:10px dotted red;
                background-color: #10A370;
            }
            div:first-of-type{
                background-clip: border-box;
            }
            div:nth-of-type(2){
                background-clip: padding-box;
            }
            div:nth-of-type(3){
                background-clip: content-box;
            }
            div:last-of-type{
                -webkit-background-clip: text;
                color:transparent;
            }
        </style>
    </head>
    <body>
        <div>border-box</div>
        <div>padding-box</div>
        <div>content-box</div>
        <div>text</div>
    </body>
</html>
```

上述代码定义了个 4 个 div 元素，这 4 个 div 元素都有相对应的文字，而后设置了 padding 属性和 border

属性。

（1）第 1 个 div 元素采用了默认的背景延伸区域，背景延伸到了边框上。

（2）第 2 个 div 元素采用了 padding-box，背景延伸到了内边距上。

（3）第 3 个 div 元素采用了 content-box，背景被限制在了内容区域内。

（4）第 4 个 div 元素采用了 text，这里要注意，当使用 text 时，需要给 background-clip 属性添加供应商前缀-webkit-。在第 4 个 div 元素的背景延伸区域设置为 text 后（背景颜色设置为绿色），被裁剪的背景始终被压在文字下面，因此将文字的颜色设置为透明，此时被裁剪的背景就显示出来，页面效果如图 14-2 所示。

图 14-2　页面效果（2）

乍一看，我们会认为属性值 text 没有什么意义，但是应用在背景图片上将会带来一些特殊的效果。

## 14.1.2　案例：图片文字

本节就利用前面所讲解的知识来实现一个漂亮的网页效果。先来看想要实现的"图片文字"效果，如图 14-3 所示。

图 14-3　"图片文字"效果

针对这个案例，采用结构与样式分离的形式进行讲解，具体内容如下。

### 1. 结构分析

观察图 14-3 可知，存在一张图片和一行文字，因此我们可以定义一个 div 作为大容器，并且在大容器中放置一个子元素 h1，即最终要显示出来的标题。下面我们来书写上面案例的 HTML 结构，具体如下所示。

```html
<!DOCTYPE html>
<html lang="zh">
    <head>
        <meta charset="UTF-8">
    </head>
    <body>
        <div>
            <h1>Read All About It</h1>
        </div>
    </body>
</html>
```

### 2. 样式分析

我们通过 CSS 样式对其进行页面设计。

（1）初始化默认样式，将 body 元素的外边距取消，代码如下所示。

```css
body{
    margin:0;
}
```

（2）设置大容器 div 的背景图，大容器 div 的高度将由子元素 h1 撑开，代码如下所示。

```
div {
    background-image: url(./images/01.jpg);
}
```

（3）设置其中的标题样式。

此时外部效果已经设置完成，我们开始对内部文字进行设置。首先，将标题的默认外边距取消，然后为其设置高度和行高，使文字垂直居中。为了放大效果，我们通过设置字号将文字放大，并且将文字设置为水平居中。其次，为其设置背景图片，并且将背景图片裁剪到只剩文字区域。最后，将文字颜色设置为透明。

此时我们可以书写出如下所示的代码。

```
h1 {
    margin: 0;
    height: 500px;
    line-height: 500px;
    text-align: center;
    font-size: 100px;
    -webkit-background-clip: text;
    background-image: url(./images/02.jpg);
    color: transparent;
}
```

若此时单独对标题文字进行设置，则"标题文字"效果如图 14-4 所示。

Read All About I+

图 14-4 "标题文字"效果

完整代码详见本书配套代码。

## 14.1.3 背景定位基准

如果想要调整背景图片在元素上的位置，那么可以使用 background-position 属性来进行定位，其定位的基准是元素内边距的外边界。CSS3 提供了 background-origin 属性来进行更改，其语法格式如下所示。

```
background-origin:value
```

其具有 3 种属性值，具体说明如下。

- padding-box：默认值，将背景图片的左上角放在内边距的范围内。
- border-box：将背景图片的左上角放在边框上。
- content-box：将背景图片的左上角放在内容区的左上角。

下面通过案例来展示这 3 种属性值的使用方式，具体如下所示。

```
<!DOCTYPE html>
<html lang="zh">
    <head>
        <meta charset="UTF-8">
        <style>
            div {
                float: left;
                margin-left: 10px;
                padding: 10px;
                width: 300px;
                height: 300px;
                border: 10px dotted green;
                background-image: url('./images/dog.jpg');
```

```
        background-repeat: no-repeat;
        background-position: bottom right;
    }
    div:first-of-type{
        background-origin: padding-box;
    }
    div:nth-of-type(2){
        background-origin: border-box;
    }
    div:last-of-type{
        background-origin: content-box;
    }
    </style>
</head>
<body>
    <div></div>
    <div></div>
    <div></div>
</body>
</html>
```

在上面的代码中，一共有 3 个 div 元素。在 CSS 中，我们为 3 个 div 元素都设置了固定的宽度、高度、内边距和边框。为了能够更加清晰地看到 background-origin 属性产生的作用，我们还为其设置了背景图片，并且不允许重复，同时将背景图片定位到右下角。下面我们对这 3 个 div 元素的情况进行分析。

● 第 1 个 div 元素设置了 padding-box，使 background-position 属性的定位基准为元素的内边距的外边界。

● 第 2 个 div 元素设置了 border-box，使 background-position 属性的定位基准为元素的边框的外边界。

● 第 3 个 div 元素设置了 content-box，使 background-position 属性的定位基准为元素的内容区的外边界。

此时，页面效果如图 14-5 所示。

图 14-5　页面效果

### 14.1.4　背景尺寸

在不同的网站上，背景图片的尺寸也不一样。CSS3 提供了 background-size 属性，可以用来设置背景图片的大小，其语法格式如下所示。

```
background-size:value
```

其属性值有 3 种取值，分别是像素（px）、百分比和关键字。下面我们分别对其进行讲解和案例演示。

（1）px：使用固定的值来指定背景图片的大小。

如果有 2 个值，那么第 1 个将会被当作宽度值，第 2 个将会被当作高度值；如果只有 1 个值，那么这个数值被当作宽度，高度值则被设置为 auto，代表自动调整高度。如果只想设置高度，使宽度进行自动设置，那么可以将宽度值设置为 auto。

下面我们进行代码演示。

```
<!DOCTYPE html>
<html lang="zh">
    <head>
```

```
        <meta charset="UTF-8">
        <style>
            div {
                float: left;
                margin-left: 10px;
                padding: 10px;
                width: 300px;
                height: 300px;
                border: 10px dotted green;
                background-image: url('./images/dog.jpg');
                background-repeat: no-repeat;
            }
            div:first-of-type {
                background-size: 100px 100px;
            }
            div:nth-of-type(2) {
                background-size: auto 150px;
            }
            div:last-of-type {
                background-size: 150px auto;
            }
        </style>
    </head>
    <body>
        <div></div>
        <div></div>
        <div></div>
    </body>
</html>
```

上面的代码为 3 个 div 元素设置了相同的背景图片，并且都不允许重复，随后又对每个 div 元素进行了不同的设置。下面依次对其进行讲解。

● 第 1 个 div 元素强行将背景图片的尺寸设置为横向 100px、纵向 100x。由于已经破坏了原有背景图片的宽高比，所以背景图片会失真。

● 第 2 个 div 元素只将高度设置为 150px，此时背景图片的宽度将根据自身的宽高比进行等比缩放。

● 第 3 个 div 元素只将宽度设置为 150px，此时背景图片的高度将根据自身的宽高比进行等比缩放。

此时，页面效果如图 14-6 所示。

图 14-6 页面效果（1）

（2）百分比：相对于使用 background-origin 属性定义的区域进行设置。

使用百分比的情况比较容易理解，这里不做过多讲解，直接给出示例代码。读者可基于下方代码进行思考。

```
<!DOCTYPE html>
<html lang="zh">
    <head>
        <meta charset="UTF-8">
        <style>
            div {
```

```
            float: left;
            margin-left: 10px;
            padding: 10px;
            width: 300px;
            height: 300px;
            border: 10px dotted green;
            background-image: url('./images/dog.jpg');
            background-repeat: no-repeat;
            background-size: 100% 100%;
        }
        div:first-of-type {
            background-origin: padding-box;
        }
        div:nth-of-type(2) {
            background-origin: border-box;
        }
        div:last-of-type {
            background-origin: content-box;
        }
    </style>
</head>
<body>
    <div></div>
    <div></div>
    <div></div>
</body>
</html>
```

上面的代码为 3 个 div 元素设置了相同的背景图片，并且都不允许重复。然后使用百分比对每个 div 元素都进行了不同的设置，下面直接展示页面效果，如图 14-7 所示。

图 14-7　页面效果（2）

（3）关键字：cover 和 contain。

下面分别对这 2 个关键字进行介绍，然后对其进行案例讲解。

● cover：即等比缩放图片，使其覆盖整个 background-origin 区域，背景图片有可能会超出容器的范围。我们也可以将 cover 理解为"塞满"，在"塞满"的情况下有可能发生溢出。

● contain：即等比缩放图片，使其不覆盖整个 background-origin 区域，背景图片不会超出容器的范围。我们可以将 contain 理解为"包含"，既然是"包含"，就不允许出现溢出。

下面我们对其进行代码演示。

```
<!DOCTYPE html>
<html lang="zh">
    <head>
        <meta charset="UTF-8">
        <style>
            div {
                float: left;
                margin-left: 10px;
```

```
            padding: 10px;
            width: 300px;
            height: 300px;
            border: 10px dotted green;
            background-image: url('./images/scenery.jpg');
            background-repeat: no-repeat;
        }
        div:first-of-type {
            background-size: cover;
        }
        div:nth-of-type(2) {
            background-size: contain;
        }
    </style>
</head>
<body>
    <div></div>
    <div></div>
</body>
</html>
```

　　上述代码比较容易理解，这里不做过多讲解。运行代码后，页面效果如图 14-8 所示，由于图片会等比缩放，所以有些失真。

## 14.1.5　简写属性

图 14-8　页面效果（3）

　　在 CSS2 中，我们可以将 background 相关属性进行简写。当然，尽管 CSS3 针对这一部分新增了一些属性，但我们依旧可以将 background 相关属性进行简写，只是在方式上会进行些许改变，其语法格式如下。

```
background:image position/size repeat attachment origin clip color
```

　　值得一提的是，我们可以将简写格式的属性顺序进行改变，但是要注意以下 2 点。

　　（1）position 属性值和 size 属性值都可以使用相同的格式，但是 position 属性值与 size 属性值之间需要使用正斜线进行分隔，而且 size 属性值只能紧跟着 position 属性值出现。

　　（2）origin 属性值和 clip 属性值基本相同，浏览器默认将给定的第 1 个值给到 origin 属性，第 2 个值给到 clip 属性。如果只给定 1 个值，那么将同时给到 origin 属性和 clip 属性。

　　下面我们对其进行案例演示，读者可自行思考下方代码的输出结果。

```
<!DOCTYPE html>
<html lang="zh">
    <head>
        <meta charset="UTF-8">
        <style>
            div {
                float: left;
                margin-left: 10px;
                padding: 10px;
                width: 300px;
                height: 300px;
                border: 10px dotted green;
            }
            div:first-of-type {
                background-image: url('./images/dog.jpg');
                background-repeat: no-repeat;
```

```
            background-color:green;
            background-position: right bottom;
            background-size:100% 100%;
            background-origin: content-box;
            background-clip: border-box;
        }
        div:nth-of-type(2) {
            background:  url('./images/dog.jpg')  no-repeat  right  bottom/100%  100%
content-box border-box green;
        }
    </style>
  </head>
  <body>
    <div></div>
    <div></div>
  </body>
</html>
```

我们通过上述代码演示了 background 属性族的普通写法和简写写法，尽管二者在代码量上看起来有些不同，但是实现的却是一样的效果，页面效果如图 14-9 所示。

图 14-9　页面效果

## 14.1.6　多背景

CSS3 允许我们为元素设置多张背景图片，每一组 background 相关属性之间都使用逗号进行分隔。这种方式使用起来比较简单，接下来我们就利用多张背景图片直接来实现一个水中有多条小鱼的效果，如图 14-10 所示。

图 14-10　"水中有多条小鱼"效果

我们先来看具体的代码，如下所示。

```
<!DOCTYPE html>
<html lang="zh">
  <head>
    <meta charset="UTF-8">
    <style>
      html {
        width: 100%;
        height: 100%;
      }
      body {
        margin: 0;
        background: url(./images/fish.png) no-repeat 10% 40%/50px,
          url(./images/fish.png) no-repeat 12% 79%/150px,
          url(./images/fish.png) no-repeat 47% 75%/100px,
```

```
        url(./images/lakewater.jpg) top left/cover;
    }
  </style>
 </head>
 <body></body>
</html>
```

下面我们对上面的 CSS 代码进行样式分析。根据上面的代码可以看出，我们只对 html 元素和 body 元素进行了样式设置。对 html 元素进行的设置比较简单，只是将 html 元素撑开，这部分代码如下所示。

```
html{
    width:100%;
    height:100%;
}
```

现在开始对 body 元素的背景进行设置。这部分对 4 张图片进行了不同的定位，值得一提的是，其中前 3 张图片是同一张，只不过对其比例和定位进行了不同的设置。下面对使用的具体语法参数进行讲解，读者可以将其与下方代码进行对应。

- "url(./images/fish.png) no-repeat 10% 40%/50px"，即第 1 条小鱼的图片，使用 fish.png 并设置不允许重复，图片的横向 10%、纵向 40% 与 body 元素的横向 10%、纵向 40% 对齐，同时设置背景图片横向拉伸至 50px，纵向自动缩放。
- "url(./images/fish.png) no-repeat 12% 79%/150px"，即第 2 条小鱼的图片，使用 fish.png 并设置不允许重复，图片的横向 12%、纵向 79% 与 body 元素的横向 12%、纵向 79% 对齐，同时设置背景图片横向拉伸至 150px，纵向自动缩放。
- "url(./images/fish.png) no-repeat 47% 75%/100px"，即第 3 条小鱼的图片，使用 fish.png 并设置不允许重复，图片的横向 47%、纵向 75% 与 body 元素的横向 47%、纵向 75% 对齐，同时设置背景图片横向拉伸至 100px，纵向自动缩放。
- "url(./images/lakewater.jpg) top left/cover pink"，即湖水的图片，使用 lakewater.jpg，放在 body 元素的内边距的左方、上方，背景图片放大，占满整个 body 元素（有可能会有超出）。

具体代码如下所示。

```
body {
  margin: 0;
  background: url(./images/fish.png) no-repeat 10% 40%/50px,
    url(./images/fish.png) no-repeat 12% 79%/150px,
    url(./images/fish.png) no-repeat 47% 75%/100px,
    url(./images/lakewater.jpg) top left/cover;
}
```

使用多张背景图片时需要注意 2 点。第 1 点是在使用多张背景图片时，背景图片会产生重叠，先列出来的背景图片会被放在上面。第 2 点是当使用多张背景图片时，只有最后一张背景图片可以使用背景色，若其余背景图片使用背景颜色，则会导致整条语句无效。

## 14.2　渐变

渐变是一种图像，常用在背景中。该图像是由 CSS 实现的，是指从一个颜色过渡到另外一个颜色。"渐变" 效果如图 14-11 所示。

图 14-11　"渐变" 效果

其实，渐变分为线性渐变和径向渐变 2 种，而线性渐变和径向渐变又可分别划分为循环渐变和不循环渐变。下面我们将对渐变的相关知识进行讲解。

## 14.2.1　线性渐变

所谓线性渐变，就是指沿着一条线进行而填充得到的渐变。值得一提的是，这里提到的"线"，我们将其称为梯度线，在后续内容中会着重讲解。线性渐变的语法格式如下。

```
linear-gradient([角度/方向],渐变颜色1,渐变颜色2...渐变颜色n)
```

下面我们从最简单的内容开始，一步步对线性渐变进行讲解。

在语法中，如渐变颜色 1、渐变颜色 2 等的值可以是最简单的颜色值，代码如下所示。

```
<!DOCTYPE html>
<html lang="zh">
    <head>
        <meta charset="UTF-8">
        <style>
            div{
                width:500px;
                height:50px;
                background-image:linear-gradient(rgb(167,167,162),rgb(0,0,0));
            }
        </style>
    </head>
    <body>
        <div></div>
    </body>
</html>
```

上面的代码使用了 background-image 属性，其属性值是一个线性渐变。需要注意的是，由于渐变是图像，所以这里使用了 background-image 属性，其属性值 "linear-gradient(rgb(167,167,162),rgb(0,0,0))" 指的是由元素背景顶部的 rgb(167,167,162)，过渡到元素背景底部的 rgb(0,0,0)。现在，渐变是从上到下的，这也是使用其默认值产生的页面效果，如图 14-12 所示。

这里还要注意一点，在 linear-gradient 中使用的颜色可以是任何类型的颜色值，包括前面提到的 rgba 和 transparent，颜色可以有 2 个及以上。

图 14-12　页面效果（1）

前面提到过，线性渐变的格式为 "linear-gradient([角度/方向],渐变颜色 1,渐变颜色 2...渐变颜色 n)"，其中，"[方向/角度]" 是可选项，那么，应如何设置呢？

角度的单位是 deg，一个完整的圆的角度是 360deg，顺时针角度为正值，逆时针角度为负值。

下面我们通过代码来演示其使用方式，具体如下所示。

```
<!DOCTYPE html>
<html lang="zh">
    <head>
        <meta charset="UTF-8">
        <style>
            div{
                width:500px;
                height:300px;
                border:1px solid green;
```

```
            background-image:linear-gradient(45deg,white,blue);
        }
    </style>
</head>
<body>
    <div>
    </div>
</body>
</html>
```

我们先来观察代码运行后的页面效果，如图 14-13 所示。

下面我们将其实现过程分 3 步进行具体分析。

（1）根据指定的角度放置梯度线（这里将梯度线看成一条普通的线），此时设置的角度决定了梯度线的方向，如图 14-14 所示。

图 14-13 页面效果（2）

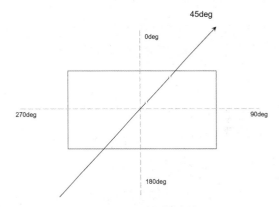

图 14-14 放置梯度线

这里需要特别注意一点，梯度线始终经过生成的图像的中心点。

（2）根据梯度线确定第一个颜色的位置，同时确定最后一个颜色的位置。

● 确定第一个颜色的位置（梯度线起点）：找出在图像中距离梯度线方向最远的那个角，然后过那个角做梯度线的垂线，与梯度线相交的点就是起点。

● 确定最后一个颜色的位置（梯度线终点）：为了确定梯度线终点的位置，需要先找出在图像中距离梯度线方向最近的那个角，然后过那个角做梯度线的垂线，与梯度线相交的点就是终点。

此时，第一个颜色和最后一个颜色的位置如图 14-15 所示。

在确定了第一个颜色的位置和最后一个颜色的位置后，颜色沿梯度线开始平滑过渡。在本案例中，梯度线起始点是白色，梯度线终点是蓝色，中间采用平滑过渡的方式从纯白色过渡到纯蓝色。

值得一提的是，不管渐变是什么形状的，梯度线起点和梯度线终点的颜色始终出现在对角处。

（3）颜色根据梯度线进行分配。

在确定了梯度线的颜色后，梯度线上各点的颜色会沿着与梯度线垂直 90deg 的方向向外延伸，向外延伸的线的颜色就是与梯度线相交的点所在的颜色。如图 14-16 所示，其模拟的就是梯度线 90deg 延伸出来的线，具体见图中黄色部分。

除了为梯度线设置固定的角度，我们还可以使用关键字来对其进行设置。下面就对关键字进行具体讲解。

● to bottom（角度为 180deg）：此为默认值，梯度线方向向下。

● to top（角度为 0deg）：梯度线方向向上。

● to left（角度为 270deg）：梯度线方向向左。

● to right（角度为 90deg）：梯度线方向向右。

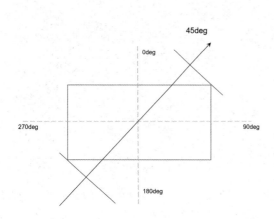

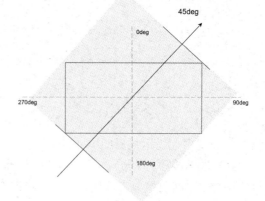

图 14-15　第一个颜色和最后一个颜色的位置　　　　图 14-16　梯度线 90deg 延伸出来的线

下面我们通过一段代码来演示这 4 种关键字的使用方式，具体如下所示。

```html
<!DOCTYPE html>
<html lang="zh">
    <head>
        <meta charset="UTF-8">
        <style>
            div {
                margin-top: 30px;
                width: 300px;
                height: 100px;
                border: 1px solid black;
            }
            div:first-of-type {
                background-image: linear-gradient(to bottom, black, white);
                /*background-image: linear-gradient(180deg, black, white);*/
            }
            div:nth-of-type(2) {
                background-image: linear-gradient(to top, black, white);
                /*background-image: linear-gradient(0deg, black, white);*/
            }
            div:nth-of-type(3) {
                background-image: linear-gradient(to left, black, white);
                /*background-image: linear-gradient(270deg, black, white);*/
            }
            div:nth-of-type(4) {
                background-image: linear-gradient(to right, black, white);
                /*background-image:linear-gradient(90deg,black, white);*/
            }
        </style>
    </head>
    <body>
        <div></div>
        <div></div>
        <div></div>
        <div></div>
    </body>
</html>
```

上面的代码对 4 种关键字的使用方式进行了具体演示,这里不做过多讲解。我们直接来看代码运行后的页面效果,如图 14-17 所示。

在确定了第一个颜色的位置和最后一个颜色的位置后,我们可以知道,在默认情况下,颜色会平均分布在梯度线上,颜色与颜色之间会进行平滑过渡,代码如下所示。

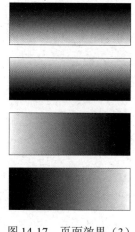

图 14-17 页面效果(3)

```html
<!DOCTYPE html>
<html lang="zh">
    <head>
        <meta charset="UTF-8">
        <style>
            div {
                width: 400px;
                height: 100px;
                background-image: linear-gradient(to right, yellow,
red, green);
            }
        </style>
    </head>
    <body>
        <div></div>
    </body>
</html>
```

这段代码比较好理解,其通过"linear-gradient(to right, yellow, red, green)"实现在梯度线 0%的位置插入黄色(yellow),在 50%的位置插入红色(red),在 100%的位置插入绿色(green)。之后由黄色逐步过渡到红色,再由红色逐步过渡到绿色,页面效果如图 14-18 所示。

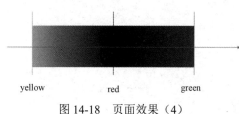

图 14-18 页面效果(4)

从图 14-18 中我们可以看出,在默认情况下,第一个颜色是没有长度值的,即第一个颜色在梯度线 0%的位置上,如果最后一个颜色没有长度值,就表明最后一个颜色在梯度线 100%的位置上。

在线性渐变的语法格式中,在每个颜色值后还可以添加一个可选的位置值,这个位置值可以是像素(px),也可以是百分比(%)。2 种形式的值我们在后面都会进行案例演示,这里先从 px 开始,代码如下所示。

```html
<!DOCTYPE html>
<html lang="zh">
    <head>
        <meta charset="UTF-8">
        <style>
            div {
                width: 400px;
                height: 100px;
                background-image: linear-gradient(90deg, yellow, blue 100px, red 300px);
            }
        </style>
    </head>
    <body>
        <div></div>
    </body>
</html>
```

在上面的代码中,设置渐变颜色的代码为"background-image: linear-gradient(90deg, yellow, blue 100px, red 300px);",即第一个颜色是黄色,因为没有指定颜色,所以计算出来的第一个颜色的位置就是梯度线 0%,随后在距离第一个颜色 100px 的地方插入了蓝色,又在距离第一个颜色 300px 的地方插入了红色。此时,黄色和蓝色之间进行了平滑过渡,蓝色和红色之间进行了平滑过渡,页面效果如图 14-19 所示。

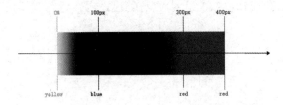

图 14-19　页面效果(5)

这里要注意的是,我们将最后一个颜色的位置设置在 300px 处,但是梯度线结束的位置应该是 400px 处,即此时还差 100px,因此最后一个颜色(300px 处的红色)会一直向后延伸。

如果指定颜色的位置超过了计算出来的梯度线终点的位置,那么渐变将在梯度线终点的位置结束。本着颜色的渐变能显示多少就显示多少的原则,多出来的颜色渐变将会被裁剪,代码如下所示。

```
<!DOCTYPE html>
<html lang="zh">
    <head>
        <meta charset="UTF-8">
        <style>
            div {
                width: 400px;
                height: 100px;
                background-image: linear-gradient(90deg, yellow, blue 100px, red 300px,
black 500px);
            }
        </style>
    </head>
    <body>
        <div></div>
    </body>
</html>
```

对于上面的代码来说,梯度线终点的位置计算出来应该是 400px 处,但是设定的最后一个颜色的位置是 500px 处,此时从 300px 到 500px 会继续从红色平滑地过渡到黑色。但是渐变将在 400px 处结束,多出来的颜色渐变将会被裁剪。此时,页面效果如图 14-20 所示。

如果只为一部分颜色设置位置,但没有为另一部分颜色设置位置,那么没有设置位置的颜色将均匀地分布在有位置的颜色之间,代码如下所示。

```
<!DOCTYPE html>
<html lang="zh">
    <head>
        <meta charset="UTF-8">
        <style>
            div {
                width: 400px;
                height: 100px;
                background-image: linear-gradient(90deg, yellow 0px, red, green, blue 210px);
            }
        </style>
    </head>
    <body>
```

```
        <div></div>
    </body>
</html>
```

上面的代码在计算出来的梯度线起点插入了黄色，之后插入了红色，但没有为其指定位置，同时插入了绿色，也没有为其指定位置，并且在 210px 处插入了蓝色。因为红色、绿色没有被指定位置，所以将会进行平均分布，红色将会被插在 70px 的位置上，绿色将会被插在 140px 的位置上。之后开始由黄色到红色平滑过渡，再由红色到绿色平滑过渡，然后再由绿色到蓝色平滑过渡。蓝色的位置在 210px 处，其并不是计算出来的梯度线终点，故从 210px 处开始，蓝色会一直延伸，页面效果如图 14-21 所示。

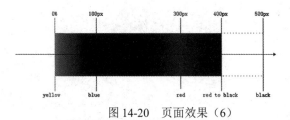

图 14-20　页面效果（6）

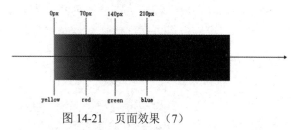

图 14-21　页面效果（7）

如果在设置的时候，我们没有为梯度线起点设置颜色，而是直接设置某个位置的颜色，那么梯度线起点会默认使用我们设置的第一个颜色（不管位置在哪里）。请读者观察并思考下方代码的运行效果。

```
<!DOCTYPE html>
<html lang="zh">
    <head>
        <meta charset="UTF-8">
        <style>
            div {
                width: 400px;
                height: 100px;
                background-image: linear-gradient(90deg, yellow 100px, blue 200px);
            }
        </style>
    </head>
    <body>
        <div></div>
    </body>
</html>
```

上面的代码设置的第一个颜色是黄色，并且位置为 100px，此时会在计算出来的梯度线起点（0px 处）也插入黄色。此时 0px 和 100px 之间没有过渡，颜色都为黄色。之后，从 100px 处的黄色过渡到 200px 处的蓝色。因为 200px 处的蓝色已经是设置的最后一个颜色，并且没有达到梯度线终点的位置，所以蓝色会一直延伸到最后，页面效果如图 14-22 所示。

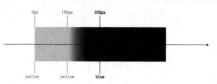

图 14-22　页面效果（8）

我们也可以使用百分比的方式来表示颜色的位置，具体计算基于梯度线起点与梯度线终点的距离进行，其特点与 px 的特点相同，代码如下所示。

```
<!DOCTYPE html>
<html lang="zh">
    <head>
        <meta charset="UTF-8">
        <style>
            div {
                width: 400px;
                height: 100px;
                background-image:linear-gradient(90deg,yellow 0%,blue 50%,red 70%);
            }
```

```
        </style>
    </head>
    <body>
        <div></div>
    </body>
</html>
```

在上面的代码中，梯度线起点与终点的距离是 400px，在梯度线 0%（0px 处）的位置插入黄色，在 400px 的 50%（200px 处）的位置插入蓝色，在 400px 的 70%（280px 处）的位置插入红色。之后，从黄色到蓝色，以及从蓝色到红色开始平滑过渡。因为没有达到梯度线终点（100%处），所以在达到梯度线 70% 的位置时，红色会继续向后延伸，页面效果如图 14-23 所示。

当然，我们也可以通过定义颜色的位置制作出急停效果，即由一个颜色马上转换为另外一个颜色，中间没有过渡，页面效果如图 14-24 所示。

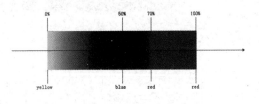

图 14-23　页面效果（9）

图 14-24　页面效果（10）

设置的代码如下所示。

```
<!DOCTYPE html>
<html lang="zh">
    <head>
        <meta charset="UTF-8">
        <style>
            div {
                width: 400px;
                height: 100px;
                background-image: linear-gradient(90deg, yellow 50%, red 50%);
            }
        </style>
    </head>
    <body>
        <div></div>
    </body>
</html>
```

上面的代码在梯度线 50%的位置插入了黄色，根据前面所讲解的知识，此时会自动在梯度线 0%的位置也插入黄色，即从梯度线 0%的黄色到梯度线 50%的黄色，中间没有过渡，而是纯色。之后在梯度线 50%的位置又插入了红色，此时将会立即由梯度线 50%的黄色转变为梯度线 50%的红色。由于设置的最后一个颜色的位置不是计算出来的梯度线终点，所以红色将会从梯度线 50%的位置一直向后延伸，最终实现急停效果。

此时我们可以应用前面的知识来实现一个有趣的"警戒线"效果。警戒线在生活中的应用十分广泛，它可以用来界定和划分危险区域，向人们传递某种注意或警告信息。下面来看我们在网页上实现的"警戒线"效果，如图 14-25 所示。

可以看到，该效果由多个相同的黑黄相间的斜线组成，我们将其拆分为多个单位，每个单位只保留一个黑色斜线，拆分后的小单位如图 14-26 所示。

图 14-25　"警戒线"效果

图 14-26　拆分后的小单位

此时的效果对我们来说实现起来较为简单，代码如下所示。

```
<!DOCTYPE html>
<html lang="zh">
    <head>
        <meta charset="UTF-8">
        <style>
            div {
                width: 400px;
                height: 40px;
                background-size: 40px 40px;
                background-image: linear-gradient(67deg, #E4C400 30%, #000 30%, #000
70%,#E4C400 70%);
            }
        </style>
    </head>
    <body>
        <div></div>
    </body>
</html>
```

在上面的代码中，我们将背景图片的尺寸设置为 40px×40px，之后利用急停效果，从梯度线 0%到梯度线 30%的位置使用#E4C400 进行纯色过渡，从梯度线 30%到梯度线 70%的位置使用#000 进行纯色过渡，并且与前面的#E4C400 不进行过渡、不出现急停。最后从梯度线 70%到梯度线 100%的位置使用#E4C400 进行纯色过渡，并且与前面的#000 不进行过渡、不出现急停。

至此，我们已经实现了一个小单位的"警戒线"效果。由于一张背景图片的尺寸是 40px×40px，而整个 div 元素的背景大小为 400px×40px，所以正好可以放置 10 张背景图片。我们可以利用 background-repeat 这一控制背景图片是否重复的属性来实现整体效果，该属性的默认值是 repeat，即在横向重复之后，再纵向重复，就可以实现我们想要的效果。

## 14.2.2　重复性线性渐变

重复性线性渐变使用 repeating-linear-gradient 属性，实现了在梯度线上不断循环渐变颜色。但需要注意的是，在使用时要给最后一个颜色值设置位置值，在超过这个长度之后，线性渐变就开始循环，代码如下所示。

```
<!DOCTYPE html>
<html lang="zh">
    <head>
        <meta charset="UTF-8">
        <style>
            div {
                width: 400px;
                height: 40px;
                background-image: repeating-linear-gradient(90deg,red 0px,blue 100px);
            }
        </style>
    </head>
    <body>
        <div></div>
    </body>
</html>
```

上面的代码将整个背景区域的宽度和高度分别设置为 400px 和 40px，并且设置了重复性线性渐变。从

0px 处开始（颜色为红色）进行渐变，重复性线性渐变的总长度为 100px，颜色为蓝色，在超出 100px 后将会继续从红色（0px 处）开始重复渐变，直到到达 200px 处。后面的颜色也是一直这样进行重复，即 repeating-linear-gradient 中的最后一个颜色的位置值就是每一次重复的渐变图像的长度，页面效果如图 14-27 所示。

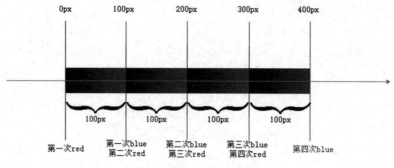

图 14-27　页面效果（1）

在图 14-27 呈现的页面效果中，每次重复性线性渐变都会与下次重复性线性渐变存在明显的界限。如果我们想要让每次重复性线性渐变和下一个渐变之间也进行平滑过渡，就需要在设置 repeating-linear-gradient 时让第一个颜色和最后一个颜色的值相同。下面我们在上面案例代码的基础上做一些改动，实现 2 个渐变的平滑过渡，读者可阅读下面的代码并进行思考。

```html
<!DOCTYPE html>
<html lang="zh">
    <head>
        <meta charset="UTF-8">
        <style>
            div {
                width: 400px;
                height: 40px;
                background-image: repeating-linear-gradient(90deg,gray,blue 50px ,gray 100px);
            }
        </style>
    </head>
    <body>
        <div></div>
    </body>
</html>
```

需要注意的是，在重复性线性渐变中使用百分比时，各颜色的位置就像普通的线性渐变一样，没有重复。修改后，页面效果如图 14-28 所示。

图 14-28　页面效果（2）

## 14.2.3　径向渐变

所谓径向渐变，就是颜色沿着一个点向四周扩展，平滑过渡而形成的渐变，其语法格式如下所示。

```
radial-gradient:([大小] [at 中心点],颜色1,颜色2,...,颜色 n)
```

其中，[大小]、[at 中心点]是可选项，我们暂且不管，还是从最简单的内容一步步开始讲解。

与线性渐变相同，在上述语法中，颜色 1、颜色 2 等的值也可以是最简单的颜色值，代码如下所示。

```
<!DOCTYPE html>
```

```
<html lang="zh">
    <head>
        <meta charset="UTF-8">
        <style>
            div{
                float:left;
                margin:20px;
            }
            #f1{
                width:300px;
                height:300px;
                border:1px solid green;
                background-image:radial-gradient(red,yellow);
            }
            #f2{
                width:300px;
                height:200px;
                border:1px solid blue;
                background-image:radial-gradient(red,yellow);
            }
        </style>
    </head>
    <body>
        <div id="f1"></div>
        <div id="f2"></div>
    </body>
</html>
```

先来看代码运行效果，再对其进行分析，页面效果如图 14-29 所示。

在上面的代码中，div 元素（id 为 f1）是一个正方形元素，div 元素（id 为 f2）是一个长方形元素。我们可以看到，在默认情况下，div 元素（id 为 f1）形成的径向渐变形状是圆形，而 div 元素（id 为 f2）形成的径向渐变形状是椭圆形，我们可以对其进行更改，代码如下所示。

图 14-29  页面效果（1）

```
<!DOCTYPE html>
<html lang="zh">
    <head>
        <meta charset="UTF-8">
        <style>
            div {
                float: left;
                margin: 20px;
            }
            #f1 {
                width: 300px;
                height: 300px;
                border: 1px solid green;
                background-image: radial-gradient(50px 30px, red, yellow);
            }
            #f2 {
                width: 300px;
                height: 200px;
```

```
            border: 1px solid blue;
            background-image: radial-gradient(50px, red, yellow);
        }
    </style>
</head>
<body>
    <div id="f1"></div>
    <div id="f2"></div>
</body>
</html>
```

图 14-30　页面效果（2）

此时，页面效果如图 14-30 所示。

可以发现，上面的代码在 radial-gradient 设置的颜色值前添加了一些值，这些值分别代表渐变大小和中心点，我们在后面将对这 2 个值进行具体讲解。

对上面案例进行分析，当加入了 2 个值后，我们得到的是一个椭圆形渐变。案例代码中的"radial-gradient(50px 30px, red, yellow)"指的是将形成一个横向半径是 50px、纵向半径是 30px 的椭圆形渐变。

当加入了 1 个值后，得到的是圆形渐变。代码中的"radial-gradient(50px, red, yellow)"指的是将形成一个半径是 50px 的圆形渐变。

在 14.2.1 节我们说过，线性渐变就是沿着一条线进行填充而得到的渐变。在径向渐变中也存在类似的概念，我们将其称为梯度射线，它是从渐变中心向外延伸的。

请读者思考下方代码的运行效果。

```
<!DOCTYPE html>
<html lang="zh">
    <head>
        <meta charset="UTF-8">
        <style>
            #f2 {
                width: 300px;
                height: 200px;
                border: 1px solid blue;
                background-image: radial-gradient(50px, white, blue);
            }
        </style>
    </head>
    <body>
        <div id="f2"></div>
    </body>
</html>
```

运行这段代码后，页面效果如图 14-31 所示。

下面对其实现过程分为 3 步进行分析。

（1）确定径向渐变的大小。

在上面的代码中，径向渐变代码为"radial-gradient(50px, white, blue)"，实际上设置了一个半径为 50px 的圆，如图 14-32 所示。

（2）确定梯度射线的颜色。

梯度射线是从渐变的中心向外延伸出来的一条线。在这条线上有定义的要进行渐变的颜色，渐变的中心点位置就是填写的第一个颜色"white"的位置，半径的终点位置就是最后一个颜色"blue"的位置。颜色在梯度射线上的"white"与"blue"之间进行平滑过渡，如图 14-33 所示。

图 14-31　页面效果（3）

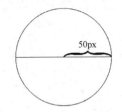

图 14-32 半径为 50px 的圆

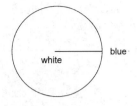

图 14-33 颜色在梯度射线上平滑过渡

需要特别注意的是，椭圆形渐变的方式由椭圆的横向距离决定。

（3）分配颜色。

以渐变中心点为圆心，形成一个个不同大小的同心圆，同心圆和梯度射线相交的位置的颜色，就是这个同心圆应该拥有的颜色，如图 14-34 所示。

在使用径向渐变时需要注意，径向渐变的尺寸可以比想要实现的渐变图像小，如果设置的尺寸大于半径的尺寸，那么最后一个颜色就会一直延伸，上述案例就是很好的证明，如图 14-35 所示。

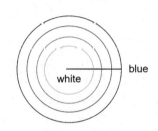

图 14-34 形成多个同心圆

图 14-35 超过半径尺寸将会延伸

与线性渐变类似，径向渐变的颜色位置也可以像线性渐变一样，使用数值和百分比在梯度射线上进行分配。下面我们分 2 种情况进行讲解。

（1）当第一个颜色和最后一个颜色没有指定位置时，第一个颜色默认在梯度射线起点，最后一个颜色默认在梯度射线终点。若其他颜色没有指定位置，则平均分配在梯度射线上。

请思考下方代码的运行效果。

```
<!DOCTYPE html>
<html lang="zh">
    <head>
        <meta charset="UTF-8">
        <style>
            div {
                width:500px;
                height:500px;
                background-image:radial-gradient(100px,white,gray,black);
            }
        </style>
    </head>
    <body>
        <div></div>
    </body>
</html>
```

上面的代码将径向渐变半径设定为 100px，并且分配了 3 个颜色，即"white""gray""black"，3 个颜色均未指定位置。此时，"white"被分配在梯度射线 0%（0px 处）的位置，"gray"被分配在梯度射线 50%的位置，"black"被分配在梯度射线 100%的位置（100px 处），页面效果如图 14-36 所示。

图 14-36 页面效果（4）

（2）如果定义的颜色的位置超过了梯度射线终点（半径尺寸），那么在这个颜色之后还会看到对应的颜色。
请思考下方代码的运行效果。

```
<!DOCTYPE html>
<html lang="zh">
    <head>
        <meta charset="UTF-8">
        <style>
            div {
                margin:20px;
                float:left;
                width:500px;
                height:500px;
            }
        </style>
    </head>
    <body>
        <div style="background-image:radial-gradient(50px,white,gray,black 200px);"></div>
        <div style="background-image:radial-gradient(200px, white,gray,black);"></div>
    </body>
</html>
```

在上面的代码中，第 1 个 div 元素被设置了 "radial-gradient(50px, white,gray,black 200px);"，即径向渐变半径被指定为 50px。第一个颜色 "white" 没有指定长度，则直接从 0px 开始算；最后一个颜色 "gray" 指定了长度为 200px，则径向渐变半径就是 200px（100%）；"black" 也没有指定长度，此时颜色默认平均分配，"gray" 的位置就是 100px 处（50%）。

第 2 个 div 元素被设置了 "radial-gradient(200px, white,gray,black);"，即径向渐变半径被指定为 200px，虽然没有指定颜色位置，但是 "white" 位于梯度射线起点（0%），"gray" 位于梯度射线 50%，"black" 则位于梯度射线终点，即 200px 处（100%）。此时，页面效果如图 14-37 所示。

图 14-37　页面效果（5）

图 14-37 呈现的径向渐变默认是一个圆，它的中心就是一个圆的圆心。此时问题出现了，径向渐变的中心位置能否改变呢？

在默认情况下，径向渐变的中心会放在元素的中心位置，即横向中心与纵向中心相交的点就是圆心。我们可以修改其位置，与背景定位的值类似，径向渐变中心的值可以使用关键字及具体值进行设置，在定位径向渐变的中心点时需要使用 "at 位置格式"，我们通过具体案例来演示，如下所示。

```
<!DOCTYPE html>
<html lang="zh">
    <head>
        <meta charset="UTF-8">
        <style>
            div {
                margin: 20px;
                float: left;
                width: 300px;
```

```
                height: 300px;
                line-height: 300px;
                text-align: center;
                font-weight: bold;
                font-size: 100px;
                color: #fff;
            }
        </style>
    </head>
    <body>
        <div style="background-image:radial-gradient(200px at top left,white,blue)">1</div>
        <div style="background-image:radial-gradient(200px at top right,white,blue)">2</div>
        <div style="background-image:radial-gradient(200px at left bottom,white,blue)">3</div>
        <div style="background-image:radial-gradient(200px at  right bottom,white,blue)">4</div>
        <div style="background-image:radial-gradient(200px at center center,white,blue)">5</div>
    </body>
</html>
```

上面的代码为 5 个 div 元素设定了 5 种径向渐变，依次将径向渐变的中心定位在左上角、右上角、左下角、右下角及中心（默认）。这段代码比较简单，我们不做过多讲解，直接来看页面效果，如图 14-38 所示。

图 14-38　页面效果（6）

定位径向渐变的中心点和背景图片定位的基准相同，这里通过代码进行验证，如下所示。

```
<!DOCTYPE html>
<html lang="zh">
    <head>
        <meta charset="UTF-8">
        <style>
            div {
                padding:100px;
                width: 300px;
                height: 300px;
                border:10px dotted yellow;
            }
        </style>
    </head>
    <body>
        <div style="background-image:radial-gradient(200px at 300px 300px,white,blue)"></div>
    </body>
</html>
```

上面代码在将 div 元素的宽度、高度设置为 300px 后，又为四边添加了 100px 的内边距和 10px 的边框，之后将径向渐变的中心点设置为（300px, 300px）。我们可以发现，与背景图片定位的基准相同，径向渐变的中心点也是按照内边距的外边界来进行定位的，页面效果如图 14-39 所示。

## 14.2.4　重复性径向渐变

与线性渐变相同，在径向渐变中也有重复性径向渐变属性 repeating-radial-gradient。在使用重复性径向渐变时，需要给其定义一个尺寸。

我们通过案例来进行演示，代码如下所示。

图 14-39　页面效果（7）

```
<!DOCTYPE html>
<html lang="zh">
    <head>
        <meta charset="UTF-8">
        <style>
            div {
                padding:100px;
                width: 300px;
                height: 300px;
                line-height: 300px;
                text-align: center;
                font-weight: bold;
                font-size: 100px;
                color: #fff;
            }
        </style>
    </head>
    <body>
        <div style="background-image:repeating-radial-gradient(100px,white,blue)"></div>
    </body>
</html>
```

上面的代码设定了径向渐变的半径。当渐变颜色超过其设定的半径（100px）时，颜色就会开始循环，页面效果如图 14-40 所示。

值得一提的是，如果在使用 repeating-radial-gradient 属性时不设置径向渐变的半径，那么效果就会和普通径向渐变一样。

## 14.2.5 案例：优惠券

图 14-40　页面效果

各大购物网站都会在不同时段为用户发放不同额度的优惠券。优惠券的类型可谓多种多样，如商品立减券、全店满减券、店铺收藏券……其中，全店满减券是全店通用的优惠券，消费者在购买商品达到一定金额后，就可以使用，其更适合购买多件商品或大件大宗商品时使用。本节就利用前面所讲解的知识来实现一个全店满减优惠券的网页效果。

先来看要实现的效果，如图 14-41 所示。

下面我们将图 14-41 的效果分为结构和样式 2 个部分进行开发和讲解。只有有了整体框架，才能对其进行"装饰"，因此我们先进行结构分析。

### 1. 结构分析

这里将图 14-41 的样式从结构上拆分为 3 个部分，如图 14-42 所示。

图 14-41　"优惠券"效果

图 14-42　拆分后的"优惠券"结构

如图 14-42 所示，整个优惠券被分为 3 个部分，其中，①为优惠券整体，可以使用 div 元素来实现，这里我们将其 id 属性值定义为"coupon"；②指的是优惠券左侧部分的"立即领取"，这部分我们使用伪元素选择器"::before"来制作；③指的是整个优惠券的右侧部分，我们可以使用一个子元素 div 将其包裹起来。此时我们可以粗略地写出整体结构，代码如下所示。

```
<div id="coupon">
    <div>
```

```
    </div>
</div>
```

从图 14-42 中可以看出,整个优惠券的右边部分有一些结构我们还没有实现,下面就对其进行搭建。右侧的 div 元素可以划分为 4 个部分,分别是"¥"的符号、优惠金额(对于该案例来说,优惠金额为 20 元)、"优惠券"字样,以及下方"满 199 元使用"字样。此时,我们可对上方代码进行扩充,扩充后的代码如下所示。

```
<!-- 优惠券的整体 -->
<div id="coupon">
    <!-- 优惠券右侧部分-->
    <div>
        <!-- ¥符号 -->
        <span>¥</span>
        <!-- 优惠金额-->
        <strong>20</strong>
        <!-- 优惠券三个字 -->
        <span>优惠券</span>
        <!-- 满199元使用 -->
        <span>满199元使用</span>
    </div>
</div>
```

### 2. 样式分析

此时我们已经将整个案例的结构梳理完毕,共分为 3 个部分。下面我们针对各部分结构进行 CSS 样式装饰。

(1)优惠券整体的样式装饰。

① 对于整体来说,我们首先要确定优惠券的宽度、高度,以及边框为圆角。简单地说,就是我们需要将"大块"确认下来。优惠券的宽度、高度,以及边框圆角部分的代码如下所示。

```
#coupon {
    width: 225px;
    height: 115px;
    border: 1px solid green;
    border-radius: 30px;
}
```

② 根据图 14-42,整个优惠券的颜色是红色偏黑色,这个效果是通过渐变实现的,因此我们需要在背景图片上添加线性渐变,具体代码如下所示。

```
background-image: linear-gradient(146deg, rgba(98, 96, 96) 20%,red 500px);
```

页面效果如图 14-43 所示。

对比图 14-43 和图 14-41 的效果可以看出,在整个优惠券的前方还有 2 个凹槽尚未实现,此时可以设置径向渐变。

需要注意的是,虽然前面已经使用了线性渐变,但是这里可以再次使用,即在背景图片上可以添加多个渐变,多个渐变之间使用逗号进行分隔。并且,先编写的渐变会显示在上面,后编写的渐变会被压在下面。因此,代码中的 background-image 属性可以进行修改,如下所示。

```
background-image: radial-gradient(at 45px 0px, #fff 10px, transparent 10px), radial-gradient(at 45px 115px, #fff 10px, transparent 10px), linear-gradient(146deg, rgba(98, 96, 96) 20%,red 500px);
```

在这段代码中,"radial-gradient(at 45px 0px, #fff 10px, transparent 10px)"使径向渐变的圆心处于横向 45px、纵向 0px 的位置(整个优惠券的上方)。同时,利用径向渐变的急停效果制作了一个半径为 10px 的圆,作为白色的点。

"radial-gradient(at 45px 115px, #fff 10px, transparent 10px)"使径向渐变的圆心处于横向 45px、纵向 115px

的位置（整个优惠券的下方）。同时，利用径向渐变的急停效果制作了一个半径 10px 的圆，作为另一个白色的点。

此时，页面效果如图 14-44 所示。

图 14-43　页面效果（1）

图 14-44　页面效果（2）

下面将第 1 部分的整体样式代码进行展示，如下所示。

```
#coupon {
    width: 225px;
    height: 115px;
    border: 1px solid green;
    border-radius: 30px;
    background-image: radial-gradient(at 45px 0px, #fff 10px, transparent 10px), radial-
gradient(at 45px 115px, #fff 10px, transparent 10px),linear-gradient(146deg, #F92E2A 20%,
rgba(0, 0, 0) 500px);
}
```

（2）设置优惠券左侧部分的"立即领取"。

① 观察图 14-41 可知，"立即领取"字样的大块样式垂直居中地显示在左侧部分。我们可以初步写出如下代码。

```
#coupon::before {
    content: '立即领取';
    position: absolute;
    width: 22px;
    height: 64px;
    padding-top: 8px;
    padding-bottom: 8px;
    top: 50%;
    margin-top: -40px;
    left: 10px;
}
```

在上方代码中，我们利用伪元素选择器"::before"来设置左侧部分，将其宽度、高度分别设置为 22px 和 64px。为了美观还将上、下内边距（padding）设置为 8px，并且对其进行定位。我们知道伪元素选择器"::before"插入的内容为行内元素，但是在编写"position:absolute"之后，伪元素选择器"::before"插入的内容变为块状元素，因此这里使用垂直定位的方法将其进行垂直居中。

因为该伪元素的定位是"position:absolute"，即相对于容纳块进行定位，所以我们需要将父元素（用来放置整个优惠券的 div 元素）设置为"position:relative"，使伪元素根据父元素进行定位。

修改后的父元素的代码如下所示。

```
#coupon {
    position: relative;
    width: 225px;
    height: 115px;
    /*border: 1px solid green;*/
    border-radius: 30px;
    background-image: radial-gradient(at 45px 0px, #fff 10px, transparent 10px), radial-
gradient(at 45px 115px, #fff 10px, transparent 10px), linear-gradient(146deg, #F92E2A 20%,
rgba(0, 0, 0) 500px);
}
```

② 设置其他修饰效果。

此时我们实现的"立即领取"效果与图 14-41 相比还存在一些差距，如背景颜色、圆角效果、字号、字体居中……接下来我们将一一实现。

```
#coupon::before {
    content: '立即领取';
    position: absolute;
    width: 22px;
    height: 64px;
    padding-top: 8px;
    padding-bottom: 8px;
    top: 50%;
    margin-top: -40px;
    left: 10px;
    background-color: #FFF;
    border-radius: 10px;
    font-size: 12px;
    text-align: center;
}
```

我们在上面样式的基础上，添加了背景颜色"background-color: #FFF;"、圆角"border-radius: 10px;"、字号"font-size: 12px;"和文字位置"text-align: center;"。此时，左侧"立即领取"字样的页面效果已经基本实现，如图 14-45 所示。

（3）设置整个优惠券的右边部分。

我们还是采用从整体到局部的方式对其进行设计。

① 设置优惠券右侧部分的整体效果。

将右侧 div 元素整体的宽度和高度设置为 170px、90px，使其垂直居中于整个优惠券，代码如下所示。

```
#coupon > div {
    position: absolute;
    width: 170px;
    height: 90px;
    top: 50%;
    margin-top: -45px;
    left: 44px;
    color: #fff;
    font-size: 18px;
    text-align: center;
    border-left: 1px dashed #fff;
}
```

需要注意的是，此时用来放置整个的优惠券 div 元素（id 为 coupon）已设置相对定位，因此这里设置的绝对定位是依靠 div 元素（id 为 coupon）来进行定位的。随后设置字体颜色为"#fff"、字号"18px"，以及对齐方式为水平居中，同时使用"#coupon>div"为边框设置左侧的分隔线，页面效果如图 14-46 所示，我们所设置的部分就是绿色框所表示的部分。

图 14-45　页面效果（3）

图 14-46　页面效果（4）

② 设置"¥"的符号、优惠金额（在本案例中，优惠金额为 20 元）、"优惠券"字样，以及下方"满 199 元使用"字样的样式。

观察图 14-41 可以发现，优惠金额相较于其他文字，在字体颜色、字号和字体粗细上都有所不同，因此我们需要对其进行单独设置，代码如下所示。

```
#coupon > div strong {
    font-size: 40px;
    font-weight: bold;
    color: #FAE3B1;
}
```

此时，页面效果如图 14-47 所示。

图 14-47　页面效果（5）

除了优惠金额的样式，"满 199 元使用"字样的样式也与其他文字有所不同。将图 14-41 与图 14-47 进行对比，可以发现这段文字单独成行，并且中间有一条线进行分隔，因此我们还需要对其进行单独设置，代码如下所示。

```
#coupon > div > span:last-of-type {
    display: inline-block;
    width: 90%;
    height: 35px;
    line-height: 35px;
    border-top: 1px solid #FAE3B1;
}
```

这里我们使用选择器 ":last-of-type" 匹配到最后一个元素，将其设置为行内块状元素，并且使其垂直居中，同时通过为其上边框设置颜色，实现"一条线分隔"的样式。

至此，整个案例已经分析完毕，完整代码详见本书配套代码。

## 14.3　本章小结

本章主要分 2 个部分对 CSS3 中背景及渐变的相关属性进行了介绍。14.1 节主要介绍了背景方面的新增属性。虽然在前面我们讲解了一些背景的相关属性，但是通过实际开发发现，这些属性不能很好地帮助我们实现某些需求，限制了设计师的发挥，同时也影响了用户的体验。因此在这一节，我们依次对背景延伸、背景定位基准、背景尺寸、多背景等新增属性进行了相关讲解与代码演示。值得一提的是，因为背景延伸和多背景的使用效果比较复杂，所以我们专门为其进行了案例演示，便于读者理解。

14.2 节讲解了渐变的相关属性，在现在的网站中，渐变效果随处可见，因此掌握渐变的使用方法十分必要。在这一节我们依次介绍了线性渐变、重复性线性渐变、径向渐变，以及重复性径向渐变的相关知识，同时配以案例演示，方便读者真正地理解和掌握其使用方式。为了巩固之前所讲解的知识，我们还实现了一个真实案例，以此帮助读者将渐变的相关知识与之前所学进行融合。

本章内容虽然比较简单，但是十分重要。建议读者对本章涉及的代码进行多次练习，以达到掌握的效果。

# 第15章

## 滤镜、裁剪、过渡

本章彩图

对于前端工程师来说，需求经常会发生变化，有时需要将 UI 提供的图片使用 CSS 的方式进行裁剪、增加滤镜，或者实现一些效果的过渡，这在此前这对前端工程师来说是无法完成的。

CSS3 较好地满足了开发需求，提供了滤镜、裁剪和过渡的相关属性。其实这几个在生活中都有对照物，例如，滤镜就像我们使用相机拍照时，可以通过滤镜使照片呈现得更加生动；裁剪就像做衣服裁剪布料，需要多大尺寸就裁剪多大尺寸；过渡就像花朵的生长过程，从含苞待放的花苞，到盛开为一朵鲜艳的花，再到凋落，从一个阶段到另一个阶段，这个过程就是过渡。

本节采用知识与案例结合的方式进行讲解，除了随着知识点提供对应的案例，最后还利用前面所讲解的知识实现了在多个实际工作中常见的案例，来帮助读者进行巩固。

## 15.1 滤镜

CSS 定义了一些内置的视觉效果，我们称其为滤镜，这些滤镜不仅可以用在图片上，也可以用在其他 HTML 元素上。下面结合案例来介绍滤镜的相关知识。

CSS3 提供了滤镜属性 filter，其可以用来设置一个或多个滤镜方法。下面我们将滤镜的相关方法通过表格进行展示，如表 15-1 所示。

表 15-1　滤镜的相关方法

| 方法 | 含义 |
| --- | --- |
| blur() | 对元素的内容进行模糊处理，当值为 0（默认值）时不做处理，值越大，产生的模糊越大，其单位使用 px |
| opacity() | 将透明度应用到元素上，0 表示完全透明，1 表示不对元素做任何改动，可以使用小数 |
| grayscale() | 对元素使用对应的灰度，当值为 0 时没有任何变化，当值为 1 时完全变更为灰色，可以使用小数 |
| sepia() | 对元素使用指定的红褐色，当值为 0 时没有任何变化，当值为 1 时元素完全变成红褐色 |
| invert() | 将元素的所有颜色做反相处理（所谓反向，就是使用 255 减去当前的 rgb 值），当值为 0 时元素没有任何变化，当值为 1 时显示为完全相反 |
| brightness() | 调整元素上颜色的亮度。当值为 0 时，元素为纯黑色；当值为 1 或 100%时，元素没有变化；当值大于 1 时，得到的颜色会比元素原有的颜色更亮 |
| contrast() | 调整元素上颜色的对比度（对比度越高，颜色越容易区分；对比度越低，颜色越相近）。当值为 0 时，元素变成灰色；当值为 1 时，元素没有变化；当值大于 1 时，得到的颜色对比度会比原有的对比度高 |
| saturate() | 调整元素上颜色的饱和度，饱和度越高，颜色越鲜艳；饱和度越低，颜色越暗淡。当值为 0 时，元素没有饱和度，会得到灰色效果；当值为 1 时，元素没有变化；当值大于 1 时，得到的饱和度会比以前高 |

下面我们直接在案例中应用这些方法，读者可以结合表 15-1 来推测在页面中图片会对应呈现出什么效果，代码如下所示。

```html
<!DOCTYPE html>
<html lang="zh">
    <head>
        <meta charset="UTF-8">
        <style>
            #f {
                margin: 0 auto;
                width: 1230px;
                /*border: 1px solid green;*/
            }
            #f::after{
                content:'';
                display:block;
                clear:both;
            }
            img {
                float: left;
                margin-top:10px;
                width: 300px;
            }
            img:nth-of-type(2n+2),img:nth-of-type(4n+3) {
                margin-left:10px;
            }
            /*第 1 个元素进行模糊处理*/
            #f img:nth-of-type(1){
                filter:blur(10px);
            }
            /*第 2 个元素设置透明度为.5*/
            #f img:nth-of-type(2){
                filter:opacity(.5);
            }
            /*第 3 个元素进行纯灰度处理*/
            #f img:nth-of-type(3){
                filter:grayscale(1);
            }
            /*第 4 个元素设置添加.5 的红褐色*/
            #f img:nth-of-type(4){
                filter:sepia(.5);
            }
            /*第 5 个元素设置完全颜色反转*/
            #f img:nth-of-type(5){
                filter:invert(1);
            }
            /*第 6 个元素设置 10 倍的亮度*/
            #f img:nth-of-type(6){
                filter:brightness(10);
            }
            /*第 7 个元素设置 3 倍的对比度*/
            #f img:nth-of-type(7){
                filter:contrast(3);
            }
            /*第 8 个元素设置 10 倍的饱和度*/
            #f img:nth-of-type(8){
                filter:saturate(10);
            }
        </style>
    </head>
    <body>
        <div id="f">
            <img src="./images/01.jpg" alt="">
```

```
            <img src="./images/01.jpg" alt="">
            <img src="./images/01.jpg" alt="">
            <img src="./images/01.jpg" alt="">
            <img src="./images/01.jpg" alt="">
            <img src="./images/01.jpg" alt="">
            <img src="./images/01.jpg" alt="">
            <img src="./images/01.jpg" alt="">
        </div>
    </body>
</html>
```

在代码中，我们已经通过注释的形式将对应图片的效果进行了标注，这里我们不再重复说明，读者可以通过下方标号对照查看处理后的图片效果，如图 15-1 所示。

① 模糊处理。

② 透明度处理。

③ 灰度处理。

④ 红褐色处理。

⑤ 颜色翻转。

⑥ 增加亮度。

⑦ 增加对比度。

⑧ 增加饱和度。

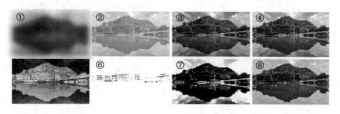

图 15-1　处理后的图片效果

## 15.2　裁剪

裁剪可以让元素显示在指定形状的区域内，在布局时起到点缀的作用，使页面呈现得更加丰富。需要注意的是，裁剪在本质上只会让元素的部分区域变得透明。由此可知，在裁剪后，元素所占的空间仍旧会保留，不会消失。

裁剪最早在 CSS2 时代由 clip 属性引入，但该属性只能应用于带有绝对定位的元素，并且只能将其裁剪成矩形，因此在 CSS2 中是一个"小透明"，很少被使用。CSS3 对此进行了升级，提供了强大的 clip-path 属性，突破了 clip 属性的众多限制。下面我们将围绕 clip-path 属性展开讲解。

clip-path 属性有多个属性值，下面根据属性值的不同情况进行分类讲解。

（1）none：此为默认值，代表不进行裁剪。这部分内容比较简单，我们不做演示。

（2）inset()：将图形裁剪为矩形，裁剪基准为边框的外边界，其值可以为 1～4 个，具体如下。

● 当 inset() 的值为 1 个时，四边使用相同的裁剪值。

● 当 inset() 的值为 2 个时，第 1 个值表示上、下裁剪值，第 2 个值表示左、右裁剪值。

● 当 inset() 的值为 3 个时，第 1 个值表示上裁剪值，第 2 个值表示左、右裁剪值，第 3 个值表示下裁剪值。

● 当 inset() 的值为 4 个时，第 1 个值表示上裁剪值，第 2 个值表示右裁剪值，第 3 个值表示下裁剪值，第 4 个值表示左裁剪值。

下面我们通过代码来演示 inset() 的 4 种使用情况，代码如下所示。

```html
<!DOCTYPE html>
<html lang="zh">
    <head>
        <meta charset="UTF-8">
        <style>
            div{
                float:left;
                margin:20px;
                padding:10px;
                width:100px;
                height:100px;
                border:10px dotted green;
                background-color: #F606E3;
            }
            div:nth-of-type(1){
                clip-path: inset(10px);
            }
            div:nth-of-type(2){
                clip-path: inset(10px 20px);
            }
            div:nth-of-type(3){
                clip-path:inset(10px 20px 30px);
            }
            div:nth-of-type(4){
                clip-path:inset(10px 20px 30px 40px);
            }
        </style>
    </head>
    <body>
        <div></div>
        <div></div>
        <div></div>
        <div></div>
    </body>
</html>
```

先来看运行后的页面效果，再依次对代码中的 4 种情况进行分析，如图 15-2 所示。

图 15-2　页面效果（1）

在一开始，我们利用属性选择器为所有 div 元素进行了统一设置，代码如下所示。

```css
div{
    float:left;
    margin:20px;
    padding:10px;
    width:100px;
    height:100px;
    border:10px dotted green;
    background-color: #F606E3;
}
```

此时所有 div 元素的外边距都为 20px，内边距都为 10px，边框的宽度都为 10px 且为绿色，样式为点状线，所有 div 元素的宽度、高度都为 100px。

随后我们对 4 个 div 元素分别进行设置。

第 1 个 div 元素的裁剪值为"clip-path: inset(10px);"，那么 10px 的裁剪值将会同时应用于四边，相当于把边框裁剪了。

第 2 个 div 元素的裁剪值为"clip-path: inset(10px 20px);"，那么 10px 的裁剪值会应用于上边和下边，也就是上、下边框被裁剪了。20px 的裁剪值会应用于左边和右边，即左、右边框及左、右内边距被裁剪了。

第 3 个 div 元素的裁剪值为"clip-path:inset(10px 20px 30px);"，那么 10px 的裁剪值会应用于上边，即上边框被裁剪了。20px 的裁剪值会应用于左边和右边，也就是左、右边框及左、右内边距被裁剪了。30px 的裁剪值会应用于下边，即下边框及内边距被裁剪了，并且内容区也从下方被裁剪了 10px。

第 4 个 div 元素的裁剪值为"clip-path:inset(10px 20px 30px 40px);"，那么 10px 的裁剪值会应用于上边，即上边框被裁剪了。20px 的裁剪值会应用于右边，即右边框及内边距被裁剪了。30px 的裁剪值会应用于下边，即下边的边框、内边距被裁剪了，同时内容区也被从下方裁剪了 10px。40px 的裁剪值会应用于左边，即左边框、内边距被裁剪了，同时内容区也被从下方裁剪了 20px。

其实，除了可以设置裁剪矩形的范围，inset() 还支持参数可选，以此给裁剪的矩形设置圆角。我们通过代码进行演示，具体如下所示。

```html
<!DOCTYPE html>
<html lang="zh">
    <head>
        <meta charset="UTF-8">
        <style>
            div{
                float:left;
                margin:20px;
                padding:10px;
                width:100px;
                height:100px;
                border:10px dotted green;
                margin:20px;
                background-color: #F606E3;
            }
            div:nth-of-type(1){
                clip-path: inset(10px round 5px);
            }
            div:nth-of-type(2){
                clip-path: inset(10px round 5px 10px);
            }
            div:nth-of-type(3){
                clip-path: inset(10px round 5px 10px 20px);
            }
            div:nth-of-type(4){
                clip-path: inset(10px round 5px 10px 20px 30px);
            }
            div:nth-of-type(5){
                clip-path: inset(0px round 50%);
            }
        </style>
    </head>
    <body>
        <div></div>
        <div></div>
        <div></div>
        <div></div>
        <div></div>
    </body>
</html>
```

还是先来看运行后的页面效果，再对其进行分析，如图 15-3 所示。

图 15-3　页面效果（2）

现在，所有 div 元素的基本条件都是相同的，外边距都为 20px，内边距都为 10px，边框的宽度都为 10px 且为绿色，样式为点状线，所有 div 元素的宽度、高度都为 100px。接下来，我们分析后续对各 div 元素进行的操作。

第 1 个 div 元素设置了 "clip-path: inset(10px round 5px);"，表示将边框裁剪掉，以及 4 个角都是 5px 的圆角。

第 2 个 div 元素设置了 "clip-path: inset(10px round 5px 10px);"，表示将边框裁剪掉，以及左上角、右下角都是 5px 的圆角，右上角、左下角都是 10px 的圆角。

第 3 个 div 元素设置了 "clip-path: inset(10px round 5px 10px 20px);"，表示将边框裁剪掉，以及左上角为 5px 的圆角，右上角、左下角为 10px 的圆角，右下角为 20px 的圆角。

第 4 个 div 元素设置了 "clip-path: inset(10px round 5px 10px 20px 30px);"，表示将边框裁剪掉，以及左上角为 5px 的圆角，右上角为 10px 的圆角，右下角为 20px 的圆角，左下角为 30px 的圆角。

第 5 个 div 元素设置了 "clip-path: inset(0px round 50%);"，其中没有设置裁剪，只是设置了 50%的圆角（元素左/右边框+元素左/右内边距+内容区宽度和元素上/下边框+元素上/下内边距+内容区高度的 50%），因此将 div 元素裁剪成了一个圆。

（3）circle()，将图形裁剪为一个圆，裁剪基准为边框的外边界，其中第 1 个参数定义了圆的半径。

请观察下面这段代码。

```html
<!DOCTYPE html>
<html lang="zh">
    <head>
        <meta charset="UTF-8">
        <style>
            img {
                clip-path: circle(100px);
            }
        </style>
    </head>
    <body>
        <img src="./images/01.jpg" alt="">
    </body>
</html>
```

在 CSS 部分，我们只为 img 元素设置了 "clip-path: circle(100px);"，代表要裁剪的圆的半径是 100px。裁剪后，页面效果如图 15-4 所示。

上面的代码定义了裁剪的图形为一个半径为 100px 的圆，并且需要注意这个圆的中心点默认在元素的中心位置，我们可以在 circle 后面的括号中指定圆心的位置。还是通过代码进行讲解，具体如下所示。

```html
<!DOCTYPE html>
<html lang="zh">
    <head>
        <meta charset="UTF-8">
        <style>
            img:first-of-type {
                clip-path: circle(100px at 0 0);
            }
```

图 15-4　页面效果（3）

```
        img:nth-of-type(2) {
            clip-path: circle(100px at 0 100px);
        }
        img:nth-of-type(3) {
            clip-path: circle(100px at 300px 100px);
        }
    </style>
</head>
<body>
    <img src="./images/01.jpg" alt="">
    <img src="./images/01.jpg" alt="">
    <img src="./images/01.jpg" alt="">
</body>
</html>
```

上面这段代码给出了圆心所在的 3 个位置，分别是（0,0）、（0,100）、（300,100），下面进行具体分析。

第 1 张图片"clip-path: circle(100px at 0 0);"定义了要裁剪一个半径为 100px 的圆，其圆心设定在图片的 0（横向 0），0（纵向 0）位置，因此裁剪成了一个扇形。

第 2 张图片"clip-path: circle(100px at 0 100px);"定义了要裁剪一个半径为 100px 的圆，其圆心设定在图片的 0（横向 0），100px（纵向 100px）位置，因此裁剪成了一个半圆。

第 3 张图片"clip-path: circle(100px at 300px 100px);"定义了要裁剪一个半径为 100px 的圆，其圆心设定在图片的 300px（横向 300px），100px（纵向 100px）位置。

此时，页面效果如图 15-5 所示。

图 15-5　页面效果（4）

（4）ellipse()，将图形裁剪为一个椭圆，裁剪基准为边框的外边界，其中第 1 个参数定义了要裁剪的椭圆形的横轴半径，第 2 个参数定义了要裁剪的椭圆形的纵轴半径。该属性值应用得较少，这里不多做讲解。

（5）polygon()，将图形裁剪为一个多边形，此多边形由一系列使用逗号分隔的 x-y 坐标定义，其格式为 polygon(x1 坐标 y1 坐标,x2 坐标 y2 坐标,x3 坐标 y3 坐标...)，裁剪基准为边框的外边界。

值得一提的是，polygon()的值可以为数值或百分比。在使用百分比时，是基于整个盒子模型的百分比来进行计算的。

下面通过案例来对如何裁剪多边形进行讲解，读者可以在阅读下方代码时思考对应的页面效果，具体代码如下所示。

```
<!DOCTYPE html>
<html lang="zh">
    <head>
        <meta charset="UTF-8">
        <style>
            #f {
                margin: 0 auto;
                width: 1230px;
                /*border: 1px solid green;*/
            }
            #f::after {
                content: '';
                display: block;
                clear: both;
            }
```

```
        img {
            float: left;
            margin-top: 10px;
            width: 300px;
        }
        img:nth-of-type(2n+2), img:nth-of-type(4n+3) {
            margin-left: 10px;
        }
        /*第 1 个元素剪裁为三角形*/
        #f img:nth-of-type(1) {
            clip-path: polygon(50% 0%, 100% 100%, 0% 100%);
        }
        /*第 2 个元素剪裁为梯形*/
        #f img:nth-of-type(2) {
            clip-path: polygon(20% 0%, 80% 0%, 100% 100%, 0% 100%);
        }
        /*第 3 个元素剪裁为平行四边形*/
        #f img:nth-of-type(3) {
            clip-path: polygon(25% 0%, 100% 0%, 75% 100%, 0% 100%);
        }
        /*第 4 个元素剪裁为菱形*/
        #f img:nth-of-type(4) {
            clip-path: polygon(50% 0%, 100% 50%, 50% 100%, 0% 50%);
        }
        /*第 5 个元素剪裁为向左的箭头*/
        #f img:nth-of-type(5) {
          clip-path: polygon(40% 0%, 40% 20%, 100% 20%, 100% 80%, 40% 80%, 40% 100%, 0% 50%);
        }
        /*第 6 个元素剪裁为向右的箭头*/
        #f img:nth-of-type(6) {
            clip-path: polygon(0% 20%, 60% 20%, 60% 0%, 100% 50%, 60% 100%, 60% 80%, 0% 80%);
        }
        /*第 7 个元素剪裁为向左的标识*/
        #f img:nth-of-type(7) {
            clip-path: polygon(100% 0%, 75% 50%, 100% 100%, 25% 100%, 0% 50%, 25% 0%);
        }
        /*第 8 个元素剪裁为向右的标识*/
        #f img:nth-of-type(8) {
            clip-path: polygon(75% 0%, 100% 50%, 75% 100%, 0% 100%, 25% 50%, 0% 0%);
        }
    </style>
</head>
<body>
    <div id="f">
        <img src="./images/01.jpg" alt="">
        <img src="./images/01.jpg" alt="">
        <img src="./images/01.jpg" alt="">
        <img src="./images/01.jpg" alt="">
        <img src="./images/01.jpg" alt="">
        <img src="./images/01.jpg" alt="">
        <img src="./images/01.jpg" alt="">
        <img src="./images/01.jpg" alt="">
    </div>
</body>
</html>
```

上方代码裁剪出了多个多边形图片，我们将每个图形的裁剪顺序通过序号标注在图片中，如图 15-6 所示。

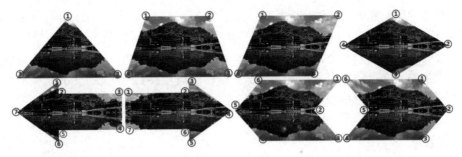

图 15-6　页面效果（5）

这里要特别注意的是，如果第一个定位和最后一个定位的坐标不同，那么浏览器会把这两点连接起来，从而将这个多边形封闭起来。并且，我们在确定点的时候，一般都采取顺时针策略。

网络上有很多能够使用 clip-path 属性进行裁剪的工具，大家可以自行搜索 clip-path 工具来"玩"一下。

关于裁剪，这里再次强调一点，在裁剪后，元素所占的空间不会改变，以前占据的是多少，在裁剪后还是占据多少，裁剪不会导致元素的尺寸变小。

## 15.3　过渡

在正式讲解过渡之前，我们先来思考下方案例代码的运行效果。

```html
<!DOCTYPE html>
<html lang="zh">
    <head>
        <meta charset="UTF-8">
        <style>
            #f {
                width:300px;
                height:300px;
                line-height: 300px;
                background-color:green;
                text-align: center;
                font-size:16px;
            }
            #f:hover{
                background-color:red;
                font-size:100px;
            }
        </style>
    </head>
    <body>
        <div id="f">
            hello
        </div>
    </body>
</html>
```

上面的代码定义了一个 div 元素（id 为 f），这个 div 元素的默认宽度和高度是 300px，背景颜色默认是绿色（green），同时为了美观，还设置了单行垂直居中"line-height:300px"、水平居中"text-align:center"，以及字号为 16px。当光标移动到 div 元素上时，可以通过伪类选择器将其背景颜色变为红色，字号变为 100px。

但需要注意的是，当光标移动到 div 元素上时，其背景颜色和字号的改变是在一瞬间发生的。这个转换会让人感觉比较"生硬"，此时可以使用过渡来将这个转换变得"柔和"。

CSS 中的过渡能让初始状态的属性值在一段时间内变为最终状态的属性值，这里的初始状态的属性值是指页面在加载时所应用的属性值。对于上面这个案例来说，在 f 这个 ID 选择器中设置的属性值就是初始状态的属性值，而在"#f:hover"中设置的属性值就是最终状态的属性值。

我们在使用过渡时，可以为一个元素在不同状态之间添加过渡效果，如从初始状态至最终状态，或者从最终状态至初始状态。这里的最终状态可以是在光标移动到元素上的状态":hover"、点击元素的一刹那的状态":active"、选中元素之后的状态":checked"等。

## 15.3.1 过渡时间

我们在使用过渡的时候，有一个必要的执行步骤，即设置过渡持续时间。过渡持续时间指的是在一个状态中属性的属性值改变为另一个属性值需要经历的时间。该效果属性为 transition-duration，过渡时间默认为 0s，我们在为其设置属性值时，可以使用秒（s）或毫秒（ms）作为单位。

现在我们为前面的案例添加过渡效果，只需将 div 元素（id 为 f）被 hover 时添加 transition-duration 属性即可，具体如下所示。

```html
<!DOCTYPE html>
<html lang="zh">
    <head>
        <meta charset="UTF-8">
        <style>
            #f {
                width:300px;
                height:300px;
                line-height: 300px;
                background-color:green;
                text-align: center;
                font-size:16px;
            }
            #f:hover{
                transition-duration: 1s;
                background-color:red;
                font-size:100px;
            }
        </style>
    </head>
    <body>
        <div id="f">
            hello
        </div>
    </body>
</html>
```

此时运行代码，观察页面效果可以发现，不同效果之间的转换明显不再那么突兀，有了 1s 的过渡，转换变得更加"柔和"。

## 15.3.2 受过渡影响的属性

在前面的案例中，所有的属性（如 background-color 属性、font-size 属性）都具有过渡效果，并且它们持续时间都是 1s。如果我们想单独为某个属性设置过渡，应怎样实现呢？本节就来讲解控制过渡的相关属性。

transition-property 属性用来设置哪些属性需要进行过渡，即只有在这个属性中定义的值才能进行过渡。前面的案例虽然没有设置这个属性，但是 background-color 属性和 font-size 属性也同时具有过渡效果，这是因为 transition-property 属性的默认值为 all，即过渡会体现在所有支持动画的属性上。

至于所有支持动画的属性，这里我们没有为读者进行罗列，具体列表还需参见 MDN（Mozilla 基金会的开发者网络平台，其提供了大量关于各种 HTML、CSS 和 JavaScript 功能的开放、详细的文档，以及广泛的 Web API 参考资料）。但是为了便于记忆，我们可以先简单地认为值是数值，或者转换数值的属性都可以用来进行过渡。

一起来看下面的案例代码，读者可以思考代码的运行效果，具体代码如下所示。

```
<!DOCTYPE html>
<html lang="zh">
    <head>
        <meta charset="UTF-8">
        <style>
            #f {
                width:300px;
                height:300px;
                line-height: 300px;
                background-color:green;
                text-align: center;
                font-size:16px;
                color:pink;
            }
            #f:hover{
                transition-duration: 1s;
                background-color:red;
                font-size:100px;
                color:purple;
            }
        </style>
    </head>
    <body>
        <div id="f">
            hello
        </div>
    </body>
</html>
```

相较于前面的案例代码，上面的案例代码只增加了初始状态的颜色及光标移入后的颜色。

现在需求是，在触发 hover 的时候让 font-size 属性和 color 属性具有过渡效果。根据之前所学，此时可以书写出"transition-property:font-size,color"，即如果不需要所有支持动画的属性都进行过渡，那么可以通过使用"transition-property:property1,property2,property3..."这种格式来指明需要实现过渡的属性。

在完善需求后，实现代码如下所示。

```
<!DOCTYPE html>
<html lang="zh">
    <head>
        <meta charset="UTF-8">
        <style>
            #f {
                width:300px;
                height:300px;
                line-height: 300px;
                background-color:green;
                text-align: center;
                font-size:16px;
                color:pink;
```

```
        }
        #f:hover{
            transition-property: color,font-size;
            transition-duration: 1s;
            background-color:red;
            font-size:100px;
            color:purple;
        }
    </style>
</head>
<body>
    <div id="f">
        hello
    </div>
</body>
</html>
```

上面的代码在#f:hover 中指定了 2 个需要过渡的属性，但是只设置了 1 个过渡时间。此时 2 个属性的过渡时间都是 1s，相当于 "transition-duration:1s,1s"。如果想为这 2 个属性分别设置过渡时间，那么可以使用 "transition-duration:1s,2s" 的方式，这样 color 属性的过渡时间就是 1s，font-size 属性的过渡时间就是 2s，即书写为 "transition-duration:过渡时间 1,过渡时间 2,过渡时间 3..." 这种列表格式。

### 15.3.3 设置过渡的快慢

通过前面的讲解，我们已经可以让属性在改变的过程中产生过渡效果。但是，前面我们所进行演示的案例对于过渡的速度没有进行具体说明。本节主要介绍设置过渡快慢的相关知识。

请读者思考下方代码并预想代码的运行效果，具体代码如下所示。

```
<!DOCTYPE html>
<html lang="zh">
    <head>
        <meta charset="UTF-8">
        <style>
            div{
                width:300px;
                height:100px;
                background-color:green;
            }
            div:hover {
                width:1000px;
                transition-property: width;
                transition-duration: 3s;
            }
        </style>
    </head>
    <body>
        <div>
        </div>
    </body>
</html>
```

上面的代码在初始状态上没有设置过多的样式，只是 "单纯" 地将宽度设置为 300px、将高度设置为 100px，并且将背景颜色设置为绿色。在伪类上，即在最终状态上将宽度设置为 1000px，之后通过 transition-property 属性选择只过渡 width 属性，过渡时间为 3s。在整个效果中，我们需要加强留意宽度过渡变化的快慢。在页面上，宽度的改变是先慢速，再加速，最后再慢速这样一个过程。

我们在过渡中可以控制这种变化的快慢，这也被称为过渡时序。在 CSS 中，可以使用 transition-timing-function 属性来控制过渡的快慢。

transition-timing-function 属性的默认值是 ease，代表开始先慢速，再加速，最后再慢下来的效果。此外，属性值还可以书写为其他值，具体如表 15-2 所示。

表 15-2　transition-timing-function 属性值

| 属性值 | 含义 |
| --- | --- |
| ease | 此为默认值，先慢速，再加速，最后再慢下来 |
| linear | 匀速 |
| ease-in | 慢速开始，然后加速 |
| ease-out | 快速开始，然后减速 |
| ease-in-out | 中间较快，两端较慢。其与 ease 的效果类似，但是在速度上有差别 |

此时，请读者思考下方代码的运行效果，具体如下所示。

```html
<!DOCTYPE html>
<html lang="zh">
    <head>
        <meta charset="UTF-8">
        <style>
            div{
                width:300px;
                height:100px;
                background-color:green;
            }
            div:hover {
                width:1000px;
                transition-property: width;
                transition-duration: 3s;
                transition-timing-function: linear;
            }
        </style>
    </head>
    <body>
        <div>
        </div>
    </body>
</html>
```

上方代码在此前代码的基础上新增了 "transition-timing-function"，并且将属性值设置为表示匀速的 linear，用以代替原本的默认值 ease。再次运行代码可以发现，当光标移入 div 元素时，宽度的改变是匀速进行的。

其实，上面的属性变化的快慢都是由三次方贝塞尔曲线决定的。表 15-2 中的 5 个属性值只不过是预设的值，如果想要自己定义变化的快慢，那么可以借助 cubic-bezier()进行设置，其中的值就是三次方贝塞尔曲线的值。当然，网上也有很多工具可以让我们进行可视化调整，如 Cubic Curve（读者可以自行搜索）。下面就对这个工具进行介绍。

Cubic Curve 的页面如图 15-7 所示。

在图 15-7 中有 7 个数字标识，在后续的讲解中，我们将通过序号标识来明确进行调整的点位，读者可以阅读下面文字说明并与图 15-7 对应，从而进行理解和操作。

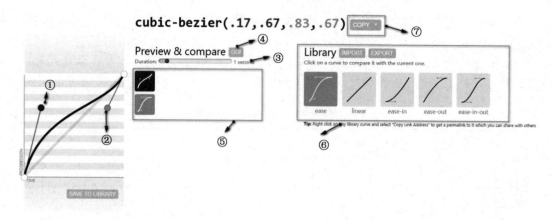

图 15-7　Cubic Curve 的页面

在操作时，可以先调整①处和②处的 2 个点，之后在③处设置过渡时间，接着点击④处的"GO！"按钮，最后在⑤处查看效果。在⑤处所示的区域中，红色部分是调整后的效果，青色部分是预设值的效果，可以查看我们设置的值与预设值的效果对比。同时，我们也可以在⑥处所示的区域中，查看设置的值与其他预设值的效果对比。在调整完成之后，点击⑦处的"COPY"就可以直接复制值。

除了预设的这些快慢值，CSS 还给我们提供了 steps()方法，该方法用来定义从初始状态的值到最终状态的值，这一变化过程需要分为多少个步骤，其语法格式为"steps(步数,start|end)"，步数之后的第 2 个参数可以指定为 start 或 end，用来表示是在每一步的开始时改变值，还是在结束时改变值，代码如下所示。

```
<!DOCTYPE html>
<html lang="zh">
    <head>
        <meta charset="UTF-8">
        <style>
            div{
                width:300px;
                height:100px;
                background-color:green;
            }
            div:hover {
                width:1000px;
                transition-property: width;
                transition-duration: 7s;
                /*transition-timing-function: steps(7,start);*/
                transition-timing-function: steps(7,end);
            }
        </style>
    </head>
    <body>
        <div></div>
    </body>
</html>
```

上面的代码对 div 元素进行了设置，宽度在初始状态时是 300px，在最终状态时是 1000px。设置过渡时间的代码是"transition-duration:7s;"，表示在 7s 内宽度将从 300px 过渡到 1000px。但是，由于过渡时序代码是"transition-timing-function: steps(7,end)"，所以不是平滑过渡的，而是根据步数值依次递增。简单来说，就是在 7s 内分 7 步，从 300px 过渡到 1000px，每经过 1s，宽度就比之前增加 100px。

至于 start 和 end，二者在改变时的区别如图 15-8 所示。

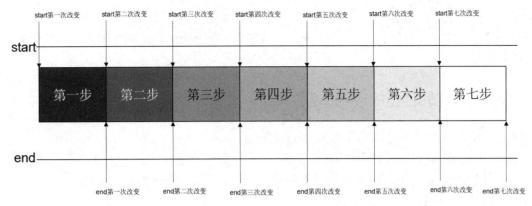

图 15-8　start 和 end 在改变时的区别

## 15.3.4　设置过渡的延迟

transition-delay 属性用来设置在状态发生变化后，多长时间开始进行过渡。其默认值为 0s，即在状态发生变化时立即开始过渡。transition-dclay 属性的属性值与 transition-duration 属性的属性值相同，可以使用 s（秒）或 ms（毫秒）作为单位。

请思考下方代码的运行效果。

```html
<!DOCTYPE html>
<html lang="zh">
    <head>
        <meta charset="UTF-8">
        <style>
            div {
                width: 500px;
                height: 500px;
                line-height: 500px;
                border: 1px solid green;
                background-color: green;
                font-size: 16px;
                text-align: center;
            }
            div:hover {
                transition-property: background-color, font-size;
                transition-duration: 1s;
                transition-delay: 0s, 1s;
                background-color: pink;
                font-size: 100px;
                text-align: center;
            }
        </style>
    </head>
    <body>
        <div>
            Hello
        </div>
    </body>
</html>
```

上面的代码为 div 元素设置了在默认状态下的宽度、高度均为 500px，边框为 1px 且为实线、绿色，字号为 16px 且文字居中显示，背景颜色为绿色。在光标移动到这个 div 元素上的时候，background-color

属性和 font-size 属性会出现过渡，这 2 个属性的过渡时间都是 1s。但是二者的延迟过渡时间不同，对于 background-color 属性来说，过渡会马上开始并在 1s 内完成；对于 font-size 属性来说，过渡会先等待 1s 后再开始，并且在 1s 内完成。

### 15.3.5 不同数量的属性值的使用问题

我们在使用过渡的相关属性时，不管是 transition-duration 属性，或是 transition-delay 属性，或是 transition-timing-function 属性，都是为在 transition-property 属性中定义的属性值服务的。此时它们设置的属性值的数量会比 transition-property 属性设置的数量多，也有可能比 transition-property 属性设置得少。下面就针对不同情况进行说明。

（1）若 transition-duration 属性、transition-delay 属性、transition-timing-function 属性只有 1 个属性值，则在 transition-property 属性中定义的属性都使用 1 个属性值。

请读者思考下面代码的运行效果。

```html
<!DOCTYPE html>
<html lang="zh">
    <head>
        <meta charset="UTF-8">
        <style>
            div{
                width:300px;
                height:100px;
                background-color:green;
            }
            div:hover {
                width:1000px;
                background-color:red;
                transition-property: width,background-color;
                transition-duration: 1s;
                transition-timing-function: linear;
                transition-delay: 1s;
            }
        </style>
    </head>
    <body>
        <div>
        </div>
    </body>
</html>
```

在上面的代码中，width 属性和 background-color 属性是要进行过渡的属性，但是 transition-duration 属性、transition-delay 属性、transition-timing-function 属性都只设置了 1 个属性值，因此这个属性值会同时应用于这 2 个属性。

（2）若 transition-duration 属性、transition-delay 属性、transition-timing-function 属性设置的属性值，比在 transition-property 属性中定义的属性值多，则在进行一一对应后，多出来的属性值将会被忽略。

请读者思考下方代码的运行效果。

```html
<!DOCTYPE html>
<html lang="zh">
    <head>
        <meta charset="UTF-8">
        <style>
            div {
```

```
                width: 300px;
                height: 100px;
                background-color: green;
            }
            div:hover {
                width: 1000px;
                height: 500px;
                transition-property: width, height;
                transition-duration: 1s;
                transition-timing-function: ease-in, ease-out, linear;
            }
        </style>
    </head>
    <body>
        <div>
        </div>
    </body>
</html>
```

在上面的代码中，需要过渡的属性只有 width 属性和 height 属性，但是因为在 transition-timing function 属性中有 3 个属性值，所以一一对应后，linear 这个属性值将会被忽略。

（3）若 transition-duration 属性、transition-delay 属性、transition-timing-function 属性设置的属性值比在 transition-property 属性中定义的属性值少，则前者的属性值将会重复使用。

请读者思考下方代码的运行效果。

```
<!DOCTYPE html>
<html lang="zh">
    <head>
        <meta charset="UTF-8">
        <style>
            div {
                width: 300px;
                height: 100px;
                background-color: green;
            }
            div:hover {
                width: 1000px;
                height: 500px;
                background-color: red;
                transition-property: width, height,background-color;
                transition-duration: 1s,5s;
                transition-delay: 2s,10s;
            }
        </style>
    </head>
    <body>
        <div>
        </div>
    </body>
</html>
```

在上面的代码中，width 属性、background-color 属性在过渡时将会持续 1s、延迟 2s；height 属性在过渡时将会持续 5s、延迟 10s。

再来思考下方代码的运行效果。

```
<!DOCTYPE html>
<html lang="zh">
```

```
    <head>
        <meta charset="UTF-8">
        <style>
            div {
                width: 300px;
                height: 100px;
                background-color: green;
                font-size:16px;
            }
            div:hover {
                width: 1000px;
                height: 500px;
                font-size: 100px;
                transition-property:  height,font-size,width;
                transition-duration: 5s;
                transition-timing-function: cubic-bezier(0,1.46,1,-0.43),linear;
            }
        </style>
    </head>
    <body>
        <div>
            hello
        </div>
    </body>
</html>
```

上面的代码过渡的是 height 属性、font-size 属性，以及 width 属性，过渡时间为 5s。但是 transition-timing-function 属性只设置了 2 个属性值，此时 height 属性和 width 属性将会使用 "cubic-bezier(0,1.46,1,-0.43)"，font-size 属性将会使用 linear 这个属性值。

## 15.3.6　反向过渡

前面我们在编写代码时，一直将过渡（transition）的相关属性写在最终状态中，这样做的结果就是当触发最终状态时，才会出现过渡效果。如果想从最终状态恢复到初始状态，并且中间还有过渡效果，就需要将过渡的相关属性添加在初始状态上，代码如下所示。

```
<!DOCTYPE html>
<html lang="zh">
    <head>
        <meta charset="UTF-8">
        <style>
            div {
                width: 300px;
                height: 100px;
                background-color: green;
                font-size:16px;
                transition-property:  width,height;
                transition-duration: 5s;
                transition-timing-function: linear;
            }
            div:hover {
                width: 1000px;
                height: 500px;
            }
        </style>
```

```
    </head>
    <body>
        <div>
            hello
        </div>
    </body>
</html>
```

在上面这段代码中，我们将过渡的相关属性添加在初始状态上，此时不管是正向过渡还是反向过渡，都表示实现了过渡效果。

当将过渡属性应用到初始状态上时，不但初始状态和最终状态都能够使用这一属性，而且 transition-property 属性中定义的各属性值将会通过相同的过渡回到默认状态，并且具有相同的延迟。但是，需要注意的是，虽然状态和延迟是相同的，但是时序是完全相反的。

讲解到这里，就需要提及 transition-property 属性的一个属性值，即 none。none 代表的含义是不过渡。如果只想某个属性从最终状态到初始状态时使用，而从初始状态到最终状态时不使用，就可以在最终状态中定义 "transition-property:none"，代码如下所示。

```
<!DOCTYPE html>
<html lang="zh">
    <head>
        <meta charset="UTF-8">
        <style>
            div {
                width: 300px;
                height: 100px;
                background-color: green;
                font-size:16px;
                transition-property:  width,height;
                transition-duration: 5s;
                transition-timing-function: linear;
            }
            div:hover {
                width: 1000px;
                height: 500px;
                transition-property: none;
            }
        </style>
    </head>
    <body>
        <div>
            hello
        </div>
    </body>
</html>
```

上面的代码为初始状态设置了 transition-property、transition-duration 和 transition-timing-function 三个属性，但是为最终状态设置了"transition-property:none"。当触发 hover 的时候，在初始状态中定义的 transition-property 属性值就被覆盖了。一隅三反，其他属性值同样也可以在最终状态进行覆盖。

## 15.3.7　过渡的简写属性

前面我们讲了 4 个过渡的相关属性，分别是 transition-property 属性、transition-duration 属性、transition-timing-function 属性、transition-delay 属性。与大部分属性相同，我们可以将这 4 个属性合并成一个 transition 属性并实现，其语法格式如下所示。

```
transition:property duration timing-function delay
```

在上面的 4 个属性中，只有过渡时间是必选项。如果没有编写"property"，就默认其属性值为 all；如果没有编写"duration"，就默认其属性值为 0s。在这一部分我们要明确，如果没有过渡时间，就代表没有过渡效果；如果没有写"timing-function"，就默认其属性值是 ease；如果没有写"delay"，就默认其属性值是 0s。

请读者思考下方代码的运行效果。

```html
<!DOCTYPE html>
<html lang="zh">
    <head>
        <meta charset="UTF-8">
        <style>
            div{
                width:300px;
                height:100px;
                background-color:green;
            }
            div:hover {
                width:1000px;
                transition:1s;
            }
        </style>
    </head>
    <body>
        <div>
        </div>
    </body>
</html>
```

上面的代码可以生效。虽然只为 transition 属性设置了 1 个属性值，但是此时其指的就是所有可过渡属性都要过渡，过渡时序为 ease，延迟为 0s，过渡时间为 1s。

再来思考下方代码的运行效果。

```html
<!DOCTYPE html>
<html lang="zh">
    <head>
        <meta charset="UTF-8">
        <style>
            div{
                width:300px;
                height:100px;
                background-color:green;
            }
            div:hover {
                width:1000px;
                background-color:red;
                transition:width 1s,background-color 1s 2s;
            }
        </style>
    </head>
    <body>
        <div>
        </div>
    </body>
</html>
```

在上面的代码中，我们设置了多个属性过渡。其中宽度（width 属性）的过渡时间为 1s，延迟为 0s，过渡时序为 ease；背景颜色（background-color 属性）的过渡时间为 1s，延迟为 2s，同时因为没有为其指明过渡时序，所以依旧使用 ease。

## 15.4　案例

本节将综合本章所讲解的知识来实现 4 个在开发中常见的案例。

### 15.4.1　案例：卡片悬停效果

本节来实现一个"炫酷"的效果，即卡片悬停效果，这个效果也是在各大网站中常见的效果。读者可能对这个名词还不太清楚，那就先来看实现的效果。光标移入前的默认效果，以及光标移入第 1 张图片、第 2 张图片、第 3 张图片的效果分别如图 15-9～图 15-12 所示。

图 15-9　光标移入前的默认效果

图 15-10　光标移入第 1 张图片的效果

图 15-11　光标移入第 2 张图片的效果

图 15-12　光标移入第 3 张图片的效果

可以看出，3 张图片的内容显示效果是不同的。第 1 张图片的效果是，在移入光标之后，内容将会从上至下出现；第 2 张图片的效果是，在移入光标之后，内容将会从下至上出现；第 3 张图片的效果是，在移入光标之后，内容将会从中间缓缓出现。需要注意的是，不管效果是哪种形式的，最终页面效果都是相同的，如图 15-13 所示。

图 15-13　光标移入后的最终页面效果

针对这个案例，我们采用结构与样式分离的方式进行讲解和分析。

### 1. 结构分析

（1）我们要先搭起整个"框架"，以便进行后面的样式开发。观察页面可以发现，其中有 3 个相同的结构，因此需要使用一个大容器将这 3 个结构进行包裹。我们可以书写一个名为#f 的 div 并将其作为大容器，其中包含 3 个子容器 div（class 为 z）。

（2）每一个子容器 div（class 为 z）可以分为两大部分，分别是图片标签和光标移入时显示的内容，下面分别进行分析。

① 图片标签，即在默认情况下显示的图片，如图 15-14 所示。一般使用 img 元素。

② 光标移入时显示的内容，一般使用 div 元素。观察光标移入后显示的最终样式可以发现，其由标题和内容组成，如图 15-15 所示。因此，在 div 中需要书写一个 h3 标题元素并在其中放入内容标题；以及再书写一个 div 元素，用来包含内容。

图 15-14　在默认情况下显示的图片

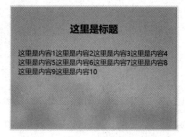

图 15-15　光标移入时显示的内容

div 元素（class 为 z）的实现代码如下所示。

```
<div class="z">
    <img src="./images/01.jpg" alt="">
    <div>
        <h3>这里是标题</h3>
        <div>这里是内容 1 这里是内容 2 这里是内容 3 这里是内容 4 这里是内容 5 这里是内容 6 这里是内容 7 这里是内容 8 这里是内容 9 这里是内容 10 这里是内容 11</div>
    </div>
</div>
```

此时，结构分析已经完毕，结合前面所有分析，我们已经可以书写出完整的 HTML 结构代码，具体如下所示。

```
<div id="f">
    <div class="z">
        <img src="./images/01.jpg" alt="">
        <div>
            <h3>这里是标题</h3>
            <div>这里是内容 1 这里是内容 2 这里是内容 3 这里是内容 4 这里是内容 5 这里是内容 6 这里是内容 7 这里是内容 8 这里是内容 9 这里是内容 10</div>
        </div>
    </div>
    <div class="z">
```

```
    <img src="./images/01.jpg" alt="">
    <div>
        <h3>这里是标题</h3>
        <div>这里是内容 1 这里是内容 2 这里是内容 3 这里是内容 4 这里是内容 5 这里是内容 6 这里是内容 7 这
里是内容 8 这里是内容 9 这里是内容 10 这里是内容 11</div>
    </div>
  </div>
  <div class="z">
    <img src="./images/01.jpg" alt="">
    <div>
        <h3>这里是标题</h3>
        <div>这里是内容 1 这里是内容 2 这里是内容 3 这里是内容 4 这里是内容 5 这里是内容 6 这里是内容 7 这
里是内容 8 这里是内容 9 这里是内容 10 这里是内容 11 这里是内容 12</div>
    </div>
  </div>
</div>
```

### 2. 样式分析

在结构搭建完毕后，我们可以通过以下步骤对样式进行填充。

（1）从整体到局部进行样式填充分析。

我们先将默认样式取消，并将整个页面的背景颜色设置为#2D2D2D，具体代码如下所示。

```
/*设置 body 元素的默认样式*/
body {
    margin: 0;
    background-color: #2D2D2D;
}
```

（2）开始正式布局。

根据前面的结构分析，我们知道整个"框架"由 1 个大容器 div（id 为#f）和 3 个子容器 div（class 为 z）组成。

① 先对大容器 div（id 为#f）进行设置。其样式相对比较简单，只需要设置一个固定的宽度并使其居中即可，样式代码如下所示。

```
#f {
    margin: 300px auto;
    width: 1082px;
}
```

② 为内部子容器 div（class 为 z）设置宽度、高度及边框，并且使其开始浮动。同时需要注意，超出子容器 div（class 为 z）的宽度和高度的内容要被隐藏，代码如下所示。

```
.z {
    float: left;
    position: relative;
    width: 346px;
    height: 250px;
    border: 4px solid rgba(255, 255, 255, 0.9);
    overflow: hidden;
}
```

这里要注意的是，在上面的代码中，"position:relative"是为了给后面的 class 为 z 中的子容器 div 作为容纳块而进行设置的。还要说明的是，代码中"overflow:hidden"也是为了保证 class 为 z 中的子容器 div（光标移入时显示的内容）在默认状态下不会显示。

③ 因为在第②步我们为子容器 div（class 为 z）设置了浮动，同时没有为大容器 div（id 为#f）设置高度，所以会出现高度塌陷的现象。这里我们需要使用伪元素选择器"::after"将高度撑开，具体如下所示。

```
#f::after {
```

```
    content: '';
    display: block;
    clear: both;
}
```

④ 此时这 3 个子容器 div 是贴在一起的，为了美观，为第 2 个子容器 div（class 为 z）设置左、右外边距，让 3 个子容器 div 之间保持一些距离，代码如下所示。

```
.z:nth-child(2) {
    margin-left: 10px;
    margin-right: 10px;
}
```

（3）设置 3 个子容器 div 的默认状态。

① 我们先设置子容器 div 中的图片的默认状态，以便实现后续的过渡。此时的状态为图片完全填充父容器 div（id 为#f），并且无高斯模糊，实现代码如下所示。

```
.z > img {
    width: 100%;
    height: 100%;
    filter: blur(0px);
}
```

② 前面我们已经提到过，3 个子容器 div 在光标移入后的显示效果是不同的。其中，前 2 种情况相似，除了移动方向不同，其余基本相同，因此在没有设置移动方向的情况下，可以对这 2 个子容器 div 的样式先进行统一设置，然后再对这 2 个子容器 div 的位置进行分别设置，代码如下所示。

```
.z:first-of-type > div, .z:nth-of-type(2) > div {
    position: absolute;
    width: 100%;
    height: 100%;
    background-color: rgba(255, 255, 255, 0.6);
}
.z:first-of-type > div {
    top: -100%;
}
.z:nth-of-type(2) > div {
    bottom: -100%;
}
```

在上面的代码中，第 1 个子容器和第 2 个子容器中的 div 的样式宽度和高度，都是其大容器的内容区宽度和高度的 100%，背景颜色都是带 0.6 透明度的白色。

根据效果来看，第 1 个 class 为 z 的 div 元素中的 div 元素从上至下移动，因此为其设置绝对定位，并且 top 的位置是其容纳块 div（class 为 z）高度的-100%（负数表示往上移动，容纳块的高度是 250px）。

第 2 个 class 为 z 的 div 元素中的 div 元素从下至上移动，因此为其设置绝对定位，并且 bottom 的位置是其容纳块 div（class 为 z）高度的 100%（正数表示往下移动，容纳块的高度是 250px）。

③ 细化设置第 1 个和第 2 个子容器 div（class 为 z）中 h3 元素和 div 元素的样式。这两部分样式比较简单，h3 元素除了设置字号与字体颜色，还需设置在整个页面上的位置，以及行高和文字水平居中，代码如下所示。

```
.z:first-of-type > div > h3, .z:nth-of-type(2) > div > h3 {
    margin-top: 30px;
    margin-bottom: 10px;
    height: 30px;
    line-height: 30px;
    text-align: center;
    font-size: 20px;
    color: #000;
}
```

```
.z:first-of-type > div > div,.z:nth-of-type(2) > div > div {
    padding: 15px;
    height: 180px;
    border: 1px solid green;
    font-size: 14px;
    color: #000;
    box-sizing: border-box;
}
```

④ 为第 3 个 class 为 z 的 div 元素中的 div 元素的内部进行样式设置。主要是将其宽度、高度设置为 0，并且移动到其父元素横向居中和纵向居中的位置。因为没有设置内容区的宽度和高度，内容会超出内容区，所以要将超出的内容隐藏，这部分实现代码如下所示。

```
.z:nth-child(3) > div {
    position: absolute;
    width: 0;
    height: 0;
    top: 50%;
    left: 50%;
    overflow: hidden;
    background-color: rgba(255, 255, 255, 0.6);
}
```

（4）设置光标移入之后的效果。

3 个 class 为 z 的 div 元素具有共同的页面样式，同时也具有不同的页面样式。这里我们先对共同的页面样式进行讲解，再分别讲解不同的页面样式。

① 通过图 15-15 可以得知，当光标移入子容器时，图片会变为模糊。

这里设置为当光标移入子容器时，子容器中的所有图片都带有模糊效果，并且进行过渡，实现代码如下所示。

```
.z:hover > img {
    transition-property: filter;
    transition-duration: 500ms;
    filter: blur(10px);
}
```

② 对 3 个不同的页面效果进行设置。

首先设置光标移入第 1 个 class 为 z 的 div 元素时的效果。根据前面的描述，效果为从上往下进行展示。由于前面我们已经将第 1 个 class 为 z 的 div 元素中的 div 元素的位置设置为“top: -100%;”，所以这里只需要将其位置改为“top: 0;”，再加上过渡即可。此时，实现代码如下所示。

```
.z:nth-child(1):hover > div {
    transition-property: top;
    transition-duration: 500ms;
    transition-timing-function: linear;
    top: 0;
}
```

从上往下只需改变 top 属性的属性值。在 500ms 内 top 属性的属性值由-100%变为 0，其过渡方式为线性过渡。

其次设置光标移入第 2 个 class 为 z 的 div 元素时的效果。根据前面的描述，效果为从下往上展示。这个实现与第 1 个 class 为 z 的 div 元素类似，这里不多做讲解，代码实现如下所示。

```
.z:nth-child(2):hover > div {
    transition-property: bottom;
    transition-duration: 500ms;
    transition-timing-function: linear;
    bottom: 0;
}
```

从下往上只需改变 bottom 属性的属性值。bottom 属性的属性值由-100%变为 0，在之后的 500ms 内，bottom 属性通过线性的方式进行了过渡。

最后设置光标移入第 3 个 class 为 z 的 div 元素时的效果。根据前面的描述，效果为从中间开始展示并逐渐扩大。对于这 2 个效果，我们分容器和内容两部分进行设置。

● 设置光标移入时的位置、宽度、高度的变化，并且对其进行线性过渡，这部分代码实现如下所示。

```css
.z:nth-child(3):hover > div {
    transition-property: top, left, width, height;
    transition-duration: 500ms;
    transition-timing-function: linear;
    top: 0;
    left: 0;
    width: 100%;
    height: 100%;
}
```

● 设置当光标移入第 3 个 class 为 z 的 div 元素时，该元素（第 3 个 class 为 z 的 div 元素）中的 div 元素的 h3 元素和 div 元素的样式代码实现如下所示。

```css
.z:nth-of-type(3):hover > div > h3 {
    margin-top: 30px;
    margin-bottom: 10px;
    height: 30px;
    line-height: 30px;
    text-align: center;
    font-size: 20px;
    color: #000;
}
.z:nth-of-type(3):hover > div > div {
    padding: 15px;
    height: 180px;
    font-size: 14px;
    color: #000;
    box-sizing: border-box;
}
```

至此，我们已经分析完整个案例的样式效果，完整代码详见本书配套代码。

## 15.4.2 案例：裁剪按钮

本节来实现裁剪按钮这一效果。先来看按钮默认样式及光标移入按钮时的样式，如图 15-16 与图 15-17 所示。

图 15-16　按钮默认样式

图 15-17　光标移入按钮时的样式

对于这个案例，这里采用结构与样式分离的方式对其进行讲解和分析。

### 1. 结构分析

该案例的 HTML 代码较为简单，就是实现一个简单的"Button"按钮，其他的效果都是通过伪元素选择器"::after"添加上去的。结构代码如下所示。

```html
<button type="button">Button</button>
```

### 2. 样式分析

虽然本案例的结构较为简单，但是前面我们也简单提到过，大部分效果都是由伪元素选择器"::after"

实现的。针对样式实现，这里分 3 步进行分析。

（1）设置按钮默认的样式。

根据图 15-16 可知，默认样式也需要对按钮的宽度和高度进行设置，并且去掉其轮廓，同时要将其背景颜色设置为 rgba(84,54,155,1)，字体颜色设置为白色，外加 5px 的圆角及边框。为了方便后续控制伪元素选择器 "::after" 的位置及宽度和高度，还需要在这里设置 "position:relative"。

实现代码如下所示。

```
button{
    position:relative;
    width:180px;
    height:30px;
    outline:none;
    background-color:rgba(84,54,155,1);
    color:#FFF;
    border:1px solid #CCC;
    border-radius: 5px;
}
```

（2）在 "button" 上添加覆盖伪元素选择器 "::after" 的默认样式。

这部分有以下 4 个样式需要实现。

① 将 "button" 的伪元素选择器 "::after" 中的内容设置为 "Button"，并且将伪元素选择器 "::after" 设置为绝对定位，利用 top、left、right、bottom 属性将其宽度和高度拉开。

② 设置伪元素选择器 "::after" 的行高为 30px，让其文字垂直居中对齐，字体颜色等于 "button" 的背景颜色，背景颜色等于 "button" 的文字颜色（方便稍后进行裁剪）。

③ 设置裁剪，默认裁剪区域为一个矩形，占据整个按钮。

④ 在 500ms 内过渡 clip-path 属性。

实现代码具体如下所示。

```
button::after {
    position: absolute;
    content: 'Button';
    top: 0;
    left: 0;
    right: 0;
    bottom: 0;
    line-height: 30px;
    background-color: #FFF;
    color: rgba(84, 54, 155, 1);
    border-radius: 5px;
    clip-path: polygon(0 0, 100% 0%, 100% 100%, 0% 100%);
    transition-property: clip-path;
    transition-duration: 500ms;
}
```

（3）设置当光标移动到 "button" 上时的裁剪效果。

使用 clip-path 属性对区域进行裁剪，让裁剪区域之外的内容变为透明效果，因为 "button" 正好被压在伪元素选择器 "::after" 下，所以当使用 clip-path 属性进行裁剪之后，正好可以看到在 "button" 上设置的样式。再来观察裁剪后的效果，如图 15-18 所示。

在图 15-18 中，绿色为裁剪出来的区域；红色为裁剪后，裁剪区域之外的透明区域。

图 15-18　裁剪后的效果

此时可以写出如下所示的代码。

```
button:hover::after {
    clip-path: polygon(0 0, 7% 0, 7% 100%, 0 100%);
}
```

至此，结构和样式已经分析完毕，相信读者可以自己实现这个效果。完整代码详见本书配套代码。

## 15.4.3  案例：手风琴效果

我们在浏览网页时或翻转页面时，经常会看到很多精美的效果。其中，手风琴效果在页面中比较常见，其通过移动光标来实现页面的切换。它非常实用，而且实现起来较为简单。本节就利用之前所讲解的知识来实现一个手风琴效果，如图 15-19 所示。当光标移动到标题 "04" 上时，菜单缓缓打开，其中的图片缓缓显示出来。

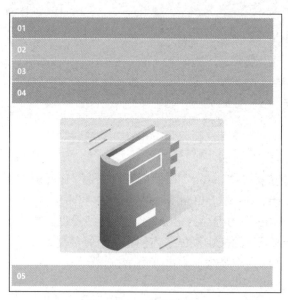

图 15-19  手风琴效果

与其他案例相同，这个案例采用结构与样式分离的方式进行讲解与分析。

### 1. 结构分析

图 15-19 展示的页面效果明显可以使用 ul 元素和 li 元素实现。整个 ul 作为一个大容器存在，其中包含一个个 li 元素，每个 li 元素中都包含本区域的显示标题和光标指向后缓缓显示出来的 img 元素。值得一提的是，图片需要使用 div 元素作为容器进行包裹。

该案例结构比较简单，这里不多做讲解，具体代码如下所示。

```html
<ul>
    <li>
        <h2>
            01
        </h2>
        <div>
            <img src="./images/01.jpg">
        </div>
    </li>
    <li>
        <h2>
            02
        </h2>
        <div>
            <img src="./images/02.jpg">
        </div>
    </li>
```

```
<li>
    <h2>
        03
    </h2>
    <div>
        <img src="./images/03.jpg">
    </div>
</li>
<li>
    <h2>
        04
    </h2>
    <div>
        <img src="./images/04.jpg">
    </div>
</li>
<li>
    <h2>
        05
    </h2>
    <div>
        <img src="./images/05.jpg">
    </div>
</li>
</ul>
```

## 2. 样式分析

此时结构已经搭建完毕，接下来我们可以分为几步对样式进行填充。

（1）设置整个大容器 ul 的默认样式，如设置默认的外边距、内边距、样式标记，以及设置宽度为 500px，代码如下所示。

```
ul {
    margin: 0;
    padding: 0;
    list-style-type: none;
    width: 500px;
}
```

（2）设置每个 li 元素的高度为 40px，超出这个高度的内容将会隐藏起来，代码如下所示。

```
ul li {
    height: 40px;
    overflow: hidden;
}
```

（3）设置标题。为了美观，为每个 li 元素中的 h2 元素设置左内边距（padding-left），让其距离左边的边界一段距离；设置高度为 40px，同时保证其垂直居中；设置字号和颜色，代码如下所示。

```
ul li h2 {
    padding: 0 0 0 10px;
    margin: 1px 0 0 0;
    height: 40px;
    line-height: 40px;
    box-sizing: border-box;
    font-size: 14px;
    color: #FFF;
}
```

（4）单独设置每个 li 元素中的 h2 元素的背景颜色。这部分比较简单，这里不多做讲解，代码如下所示。

```
ul li:first-of-type h2 {
    background-color: #91C5D1;
}
ul li:nth-of-type(2) h2 {
    background-color: #B3F7C4;
}
ul li:nth-of-type(3) h2 {
    background-color: #F9DEB1;
}
ul li:nth-of-type(4) h2 {
    background-color: #ABAFFA;
}
ul li:nth-of-type(5) h2 {
    background-color: #D3F6A9;
}
```

（5）设置所有 li 元素中的 div 元素（显示图片的容器）的高度为 300px，并且设置容器中的图片水平居中。这是因为为整个 li 元素设置的高度是 40px，并且图片超出之后将会隐藏，所以在默认状态下，图片及包裹图片的容器就不会显示，后续只需更改 li 元素的高度，让其显示出来即可，代码如下所示。

```
ul li div {
    height: 300px;
    text-align: center;
}
```

（6）设置图片高度为 250px，使其自动缩放；在 ul 元素中的 li 元素中的 div 元素上设置行高为 300px；在 img 元素上设置"vertical-align:middle"，使图片在缩放后垂直居中于容器；设置"opacity: 0;"，使图片完全透明（只有在光标移入后才会完全显示出来），同时将边框设置为 5px。对上方 ul 元素、li 元素和 div 元素进行修改，代码如下所示。

```
ul li div {
    height: 300px;
    text-align: center;
    line-height: 300px;
}
ul li div img {
    height: 250px;
    vertical-align: middle;
    opacity: 0;
    border-radius: 5px;
}
```

（7）增加光标移入时的样式。

① 由于 h2 元素的高度是 40px，放置图片的 div 元素高度是 300px，所以当光标移入某个 li 元素时，这个 li 元素的高度会更改为 340px。此时整个 li 元素正好可以完全显示出来，代码如下所示。

```
ul li:hover {
    height: 340px;
}
```

② 当光标移入某个 li 元素时，让其下面的 div 元素中的 img 元素的透明度变为 1，即完全不透明，代码如下所示。

```
ul li:hover div img {
    opacity: 1;
}
```

（8）加入过渡效果。

① 当光标移入某个 li 元素时，通过加入过渡效果来改变高度，进行过渡的属性是 height 属性，过渡

时间为 1s，代码如下所示。

```
ul li {
    height: 40px;
    overflow: hidden;
    transition-property: height;
    transition-duration: 1s;
}
```

②　当光标移入某个 li 元素时，其下面的 div 元素中的 img 元素的透明度也在改变，这也需要加入过渡效果。进行过渡的属性为 opacity 属性，过渡时间为 1s。这里加入过渡时间是因为需要等 li 元素的高度被完全展开，图片才会显示出来，所以还需要将过渡的延迟时间设置为 1s，代码如下所示。

```
ul li div img {
    height: 250px;
    vertical-align: middle;
    opacity: 0;
    border-radius: 5px;
    transition-property: opacity;
    transition-duration: 1s;
    transition-delay: 1s;
}
```

至此，我们已经完整分析了将手风琴效果。完整代码详见本书配套代码。

### 15.4.4　案例：滑动菜单

滑动菜单是网站中非常常见的页面效果。所谓滑动菜单，就是将一些菜单选项隐藏起来，而不是放置在主屏幕上，可以通过滑动的方式将菜单显示出来。这种方式既节省了屏幕空间，又实现了非常好的动画效果，因此广受程序员的喜爱。本节就利用之前所讲解的知识来实现一个滑动菜单。

先来看我们想要实现的滑动菜单效果，如图 15-20 所示。

图 15-20　滑动菜单效果

当光标移入主菜单时，主菜单的会显示二级菜单出来，同时二级菜单将会根据奇数和偶数分别从左边和右边缓缓划入。

与其他案例相同，这个案例依旧采用结构与样式分离的方式进行讲解与分析。

#### 1. 结构分析

整个 ul 元素（id 为 menu）作为一个大容器存在。其中，每个 li 元素包含要显示出来的一级菜单（超链接 a 元素）和二级菜单 ul 元素。二级菜单的 ul 元素又包含多个 li 元素，代表的是二级菜单的各项内容。此时，我们已经可以写出 HTML 结构代码，如下所示。

```
<ul id="menu">
    <li>
        <a href="#">主菜单 1</a>
        <ul>
            <li>
                <a href="#">子菜单 1-1</a>
            </li>
```

```
            <li>
                <a href="#">子菜单 1-2</a>
            </li>
            <li>
                <a href="#">子菜单 1-3</a>
            </li>
        </ul>
    </li>
    <li>
        <a href="#">主菜单 2</a>
        <ul>
            <li>
                <a href="#">子菜单 2-1</a>
            </li>
            <li>
                <a href="#">子菜单 2-2</a>
            </li>
        </ul>
    </li>
    <li>
        <a href="#">主菜单 3</a>
        <ul>
            <li>
                <a href="#">子菜单 3-1</a>
            </li>
            <li>
                <a href="#">子菜单 3-2</a>
            </li>
            <li>
                <a href="#">子菜单 3-3</a>
            </li>
            <li>
                <a href="#">子菜单 3-4</a>
            </li>
        </ul>
    </li>
</ul>
```

### 2. 样式分析

下面对样式进行分析，共分为 9 个部分。

（1）初始化默认样式。对于这个案例来说，要把默认的 margin、padding 和 list-style-type 属性值都去掉，实现代码如下所示。

```
body {
    margin: 0;
    padding: 0;
}

ul{
    margin:0;
    padding:0;
    list-style-type: none;
}
```

（2）观察图 15-20 后发现，整个菜单的背景颜色为黑色，设置代码如下所示。

```
#menu{
    background-color:#000;
}
```

（3）为大容器 ul（id 为 menu）下的每个 li 元素都设置浮动，并且让每个 li 元素的左边和右边产生一些距离，代码如下所示。

```
#menu > li{
    float:left;
    position:relative;
    margin-left:15px;
    margin-right:15px;
}
```

需要注意，上面的代码设置了"position:relative"，这是为后续移动二级菜单的 ul 元素做准备，让其成为绝对定位的 ul 元素的容纳块。

（4）因为父元素没有设置高度，所以在 ul 元素（id 为 menu）的子元素 li 元素浮动之后，其将出现塌陷。这里可以使用伪元素选择器"::after"将高度撑开，代码如下所示。

```
#menu::after{
    content:'';
    display:block;
    clear:both;
}
```

（5）根据结构可知，这里使用了 ul 元素下的 li 元素中的超链接 a 元素作为一级菜单的显示内容，可以书写为"#menu>li>a"，下面对其进行设置。为了美观设置左、右内边距为 15px，并且设置高度为 40px，行高为 40px，使文字垂直且水平居中、字号为 18px、去掉下画线。此时，可以书写出如下代码。

```
#menu > li > a {
    display:block;
    padding-left:15px;
    padding-right:15px;
    height:40px;
    line-height: 40px;
    font-size:18px;
    text-align: center;
    color:#FFF;
    text-decoration: none;
}
```

（6）设置二级菜单的 ul 元素为绝对定位（此时整体脱离了文档流），使其与一级菜单的顶部距离为 40px（一级菜单的<a>标签的高度为 40px），并且使用"left:0px""right:0px"使二级菜单的 ul 元素进行自动计算，这部分实现代码如下所示。

```
#menu > li > ul{
    position:absolute;
    top:40px;
    left:0;
    right:0;
}
```

此时，二级菜单的位置如图 15-21 所示。

（7）设置每个 li 元素的高度和样式。

这里分 2 步进行设置。

① 设置每个 li 元素的高度为 30px，行高为 30px，使其中的内容垂直居中，同时设置内容水平居中，背景颜色为黑色，带.9 的透明度，并且将整体的透明度设置为 0，为稍后想要实现的效果做准备，这部分代码如下所示。

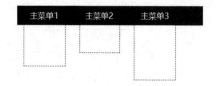

图 15-21　二级菜单位置

```
#menu > li > ul > li{
    position:relative;
    height:30px;
    line-height: 30px;
    background-color: rgba(0,0,0,.9);
    text-align: center;
    opacity: 0;
}
```

② 因为在前面已经给"#menu>li>ul>li"设置了"position:relative"，使其根据 li 元素本来应该在的位置来移动，所以这里可以根据二级菜单中 ul 元素的子元素 li 元素是奇数还是偶数来设置二级菜单的位置，奇数的 li 元素往左移动 100%，偶数的 li 元素往右移动 100%，这部分实现代码如下所示。

```
#menu > li > ul > li:nth-of-type(odd){
    left:-100%;
}
#menu > li > ul > li:nth-of-type(even){
    left:100%;
}
```

（8）设置每个二级菜单中的超链接 a 元素的样式。对照实现效果发现需要去掉下画线，并且将字体颜色设置为白色，字号设置为 14px，这部分实现代码如下所示。

```
#menu > li > ul > li a{
    font-size:14px;
    color:#fff;
    text-decoration: none;
}
```

（9）设置动态样式。

整体动态样式这里分 5 步进行介绍。

① 当光标没有移入一级菜单时，对应的二级菜单的高度变为 0，并且超出部分隐藏。更改后的代码如下所示。

```
#menu > li > ul{
    position:absolute;
    top:40px;
    left:0;
    right:0;

    height:0;
    overflow: hidden;
}
```

② 当光标移入一级菜单时，其二级菜单的高度变为 auto，这样就能将对应的所有内容显示出来。这部分实现代码如下所示。

```
#menu > li:hover > ul{
    height:auto;
}
```

③ 设置当光标移入一级菜单时，一级菜单显示超链接 a 元素的样式。这部分实现代码如下所示。

```
#menu > li:hover > a{
    color:#05AF45;
}
```

④ 设置当光标移入一级菜单时的效果。

当光标移入一级菜单时，将其下面 ul 元素的子元素 li 元素中的 left 属性值设置为 0。在样式分析的第 7 部分的第②步中，我们已经通过":nth-of-type(odd)"和":nth-of-type(even)"设置了二级菜单的位置为 -100% 和 100%，这里就是设置在光标移入后，都回归自己原本的位置。此外，二级菜单的透明度由 0 变为 1，并且加入了过渡效果。这部分实现代码如下所示。

```
#menu > li:hover> ul > li{
    left:0;
    opacity: 1;
    transition-property: left,opacity;
    transition-duration: 500ms;
    transition-timing-function: linear;
}
```

⑤ 设置当光标移入二级菜单 li 元素时，下面的超链接 a 元素显示的样式。这部分实现代码如下所示。

```
#menu > li > ul > li:hover a{
    color:#05AF45;
    text-decoration: underline;
}
```

至此，我们已经完成了样式分析，完整代码详见本书配套代码。

## 15.5　本章小结

本章主要分 4 节进行了讲解。其中，前三节讲解的是滤镜、裁剪、过渡 3 个知识点，最后一节讲解了 4 个综合案例。

15.1 节先对滤镜的相关方法进行了介绍，然后通过一个综合案例对所有方法进行了演示。15.2 节也是先将裁剪属性的所有属性值进行了介绍，然后根据属性值的不同情况进行分类讲解并配以案例演示。

15.3 节内容较多，因此分七节进行了介绍。首先通过思考一段代码让我们知道之前所讲解的效果转换比较生硬，从而引出了可以改变这一效果的属性——过渡。其次从过渡时间、受过渡影响的属性、过渡快慢、延迟过渡、不同数量的属性值的使用等多个方面展开讲解，让读者从简单使用变为可以实现"炫酷"效果。最后讲解了过渡的简写属性，让开发者可以通过简单的代码实现丰富的效果。

由于本章涉及的知识点较多，为了巩固知识，我们在 15.4 节演示了多个开发案例。建议读者对案例进行多次练习，从而达到熟练掌握知识点的效果。

# 第16章

## 动画、变形

CSS3 新增了一些提升视觉效果的功能——动画和变形，利用与其相关的属性可以实现以前需要使用 JavaScript 或 Flash 才能实现的效果。例如，实现一个立体的正方体；再如，对元素进行旋转、倾斜、缩放等，并且将这些效果组成不同的动画进行展示。

CSS3 动画包括过渡动画和关键帧动画，它们主要通过改变 CSS 属性值来实现。在第 15 章我们讲解了过渡动画的相关属性，从而知道动画的实现都是基于样式的，我们只需控制好想要实现的造型变化和旋转节奏，就可以创造出一个充满故事的动画，同时让用户对产品更加了解和喜爱。本章会对关键帧动画的各属性进行详细介绍和案例演示。

CSS3 变形包括 2D 变形和 3D 变形，它们主要是通过 x 轴、y 轴和 z 轴来实现空间效果。在实际开发中，3D 变形一般需要配合一些库来实现，故本章不对其进行讲解。

## 16.1　动画

在第 15 章中我们介绍了过渡，过渡是指在状态发生改变时，在一定时间内，把属性的属性值从一个变为另一个。

动画与过渡类似，但与之不同的是，动画的功能更强大，控制权更大。例如，可以设定动画中属性变化的时间点、动画重复的次数、如何重复动画等。

动画的使用步骤也比较简单，主要分 3 步，即"动画三部曲"。

（1）定义关键帧。

（2）在元素上使用动画。

（3）指定动画的持续时间。

下面就具体讲解动画的相关知识。

### 16.1.1　简单使用

先来讲解"动画三部曲"的简单使用。本节先对"动画三部曲"进行简单介绍，然后通过案例来演示如何使用。

（1）定义关键帧。

如果想要为某个元素定义动画效果，就需要有一个关键帧规则。声明关键帧规则需要使用@keyframes，并且这个规则需要有一个名字，即规则名。值得一提的是，这个规则名就是我们所说的动画名，其语法格式如下。

```
@keyframes 规则名{
}
```

在@keyframes 中定义规则时，需要定义动画效果的关键时间点，以及在关键时间点要改变的属性值，代码如下所示。

```
@keyframes test{
    0%{
        color:black;
    }
    100%{
        color:red;
    }
}
```

假设上面案例的动画持续时间为 1s，那么在 1s 开始执行时将应用 test 动画 0%的规则，将元素的字体颜色变为 black；在 1s 的动画执行完时将应用 test 动画 100%的规则，将元素的字体颜色变为 red。

其实对于 0%和 100%的时间点声明，我们也可以使用 from 和 to 关键字来实现。from 和 0%相同，to 和 100%相同。

除了可以用来表示 0%和 100%，from 和 to 也可以用来表示时间点，我们还可以通过百分比来设置其他动画时间点，如 33%就是当动画持续时间为 33%时要做的事。

（2）在元素上使用动画。

此时规则已经准备完毕，按照"动画三部曲"的顺序，现在应该在元素上使用动画。

当动画定义好后，我们需要将动画应用到元素或伪元素上。此时可以使用 animation-name 属性来指定使用的动画。

animation-name 属性的默认值为 none，代表没有动画效果。

（3）指定动画的持续时间。

"动画三部曲"的最后一步就是指定动画的持续时间。前两步只是将动画应用到元素上，还不能执行动画，此时还需要定义动画的持续时间。

定义动画的持续时间可以使用 animation-duration 属性，其单位为 s 或 ms。在默认情况下，animation-duration 属性的属性值为 0s。

在对"动画三部曲"有了简单的了解后，下面开始进行案例演示。读者可以先思考代码的运行效果，然后再对照后面的讲解进行梳理，如下所示。

```
<!DOCTYPE html>
<html lang="zh">
    <head>
        <meta charset="UTF-8">
        <style>
            @keyframes myTest {
                0% {
                    font-size: 16px;
                    background-color: white;
                }
                50% {
                    font-size: 33px;
                    background-color: gray;
                }
                100% {
                    font-size: 50px;
                    background-color: black;
                    color: white;
                }
            }
            div {
                width: 300px;
```

```
            height: 300px;
            line-height: 300px;
            border: 1px solid green;
            text-align: center;
            animation-name: myTest;
            animation-duration: 1s;
        }
    </style>
</head>
<body>
    <div>hello world!</div>
</body>
</html>
```

在上面的代码中，第 1 步是定义 myTest 动画，在动画执行时间为 0%的时候，将字号设置为 16px，背景颜色设置为 white，如图 16-1 所示；在动画执行时间为 50%的时候，将字号设置为 33px，背景颜色设置为 gray，如图 16-2 所示；在动画执行时间为 100%的时候，将字号设置为 50px，背景颜色设置为 black，如图 16-3 所示。随后定义了一个普通的 div 元素，其宽度和高度都是 300px。将其行高设置为 300px，让其中的文字垂直居中，水平居中。第 2 步是应用 myTest 动画，第 3 步是将动画的执行时间设置为 1s。

图 16-1　动画执行时间为 0%　　　　图 16-2　动画执行时间为 50%　　　　图 16-3　动画执行时间为 100%
　　　　　时的效果　　　　　　　　　　　　　时的效果　　　　　　　　　　　　　时的效果

## 16.1.2　再提动画使用

16.1.1 节简单地使用动画展示了一个小效果，本节来讲解在动画使用时需要注意的 5 点。

（1）在使用@keyframes 时，如果多个时间点的属性相同，那么可以使用逗号列表的方式进行展示，并且不用考虑时间点的先后顺序。但是，为了便于编写，这里还是建议按照升序来编程。

请思考下方代码的运行效果。

```
<!DOCTYPE html>
<html lang="zh">
    <head>
        <meta charset="UTF-8">
        <style>
            @keyframes myTest {
                0%, 66.6% {
                    font-size: 16px;
                    background-color: white;
                }
                33.3%, 100% {
                    font-size: 50px;
                    background-color: gray;
                }
            }
```

```
            div {
                width: 300px;
                height: 300px;
                line-height: 300px;
                border: 1px solid green;
                text-align: center;
                animation-name: myTest;
                animation-duration: 10s;
            }
        </style>
    </head>
    <body>
        <div>hello world!</div>
    </body>
</html>
```

上面的代码定义了 0%、33.3%、66.6%、100%四个时间点，在 0%和 66.6%时间点时让 div 元素的字号为 16px，背景颜色为 white，如图 16-4 所示；在 33.3%和 100%时间点时让 div 元素的字号为 50px，背景颜色为 gray，如图 16-5 所示

图 16-4　在 0%和 66.6%时间点时的页面效果　　　　图 16-5　在 33.3%和 100%时间点时的页面效果

上面的@keyframes 代码运行后，页面效果与下面代码实现的页面效果相同。

```
@keyframes myTest {
    0% {
        font-size: 16px;
        background-color: white;
    }
    33.3% {
        font-size: 50px;
        background-color: gray;
    }
    66.6% {
        font-size: 16px;
        background-color: white;
    }
    100% {
        font-size: 50px;
        background-color: gray;
    }
}
```

（2）如果没有指定 0%时间点或 100%时间点，那么浏览器将会应用动画效果属性的原始值自动构建 0%时间点和 100%时间点。

先来思考下方代码的运行效果。

```
<!DOCTYPE html>
<html lang="zh">
```

431

```
<head>
    <meta charset="UTF-8">
    <style>
        @keyframes myTest {
            50% {
                font-size: 50px;
                background-color: gray;
            }
        }
        div {
            width: 300px;
            height: 300px;
            line-height: 300px;
            border: 1px solid green;
            text-align: center;
            font-size:16px;
            background-color:pink;
            animation-name: myTest;
            animation-duration: 10s;
        }
    </style>
</head>
<body>
    <div>hello world!</div>
</body>
</html>
```

在上面的代码中，myTest 动画并没有指定 0%时间点和 100%时间点，只指定了 50%
时间点。在 50%
时间点中使用了 font-size 属性和 background-color 属性，因为没有设置 0%和 100%这 2 个时间点，所以此
时会从标签选择器 div 中选择 "font-size:16px;" 和 "background-color:pink;" 来自动构建 0%时间点和 100%
时间点，即此时 myTest 动画中的内容就相当于下面的代码。

```
@keyframes myTest {
    0% {
        font-size: 16px;
        background-color: pink;
    }
    50% {
        font-size: 50px;
        background-color: gray;
    }
    100% {
        font-size: 16px;
        background-color: pink;
    }
}
```

运行代码后，在 0%时间点和 100%时间点上，文字的字号为 16px、背景颜色为粉色，如图 16-6 所示；
在 50%时间点上，文字的字号为 50px、背景颜色为灰色，如图 16-7 所示。

图 16-6　0%时间点和 100%时间点的页面效果　　　　图 16-7　50%时间点的页面效果

（3）支持动画的属性。

支持动画的属性与支持过渡的属性相同，都可以在 MDN 上进行查询，这里不多做讲解。

（4）animation-name 属性支持多动画，即可以同时进行多个动画。

animation-name 属性支持在同一元素上使用多个动画。在使用时，多个动画名之间使用逗号分隔，代码如下所示。

```html
<!DOCTYPE html>
<html lang="zh">
    <head>
        <meta charset="UTF-8">
        <style>
            @keyframes myTest1 {
                50% {
                    background-color: blue;
                }
            }
            @keyframes myTest2 {
                50%{
                    font-size:50px;
                }
            }
            div {
                width: 300px;
                height: 300px;
                line-height: 300px;
                border: 1px solid green;
                text-align: center;
                font-size: 16px;
                background-color: pink;
                animation-name: myTest1,myTest2;
                animation-duration: 10s;
            }
        </style>
    </head>
    <body>
        <div>hello world!</div>
    </body>
</html>
```

上面的代码定义了 myTest1 动画和 myTest2 动画。其中，在 myTest1 动画中只定义了 50%时间点，其会自动从 div 元素中构建 0%时间点和 100%时间点，代码如下所示。

```css
@keyframes myTest1 {
    0%{
        background-color: pink;
    }
    50% {
        background-color: blue;
    }
    100%{
        background-color: pink;
    }
}
```

myTest2 动画也只定义了 50%时间点，其会自动从 div 元素中构建 0%时间点和 100%时间点，代码如下所示。

```
@keyframes myTest2 {
    0% {
        font-size: 16px;
    }
    50% {
        font-size: 50px;
    }
    100% {
        font-size: 16px;
    }
}
```

随后在元素中使用"animation-name: myTest1,myTest2;"，同时应用 myTest1 和 myTest2 两个动画。从运行效果上我们也可以看出，字号和背景颜色的改变是同时进行的。因为 animation-duration 属性只有一个属性值 10s，所以 myTest1 和 myTest2 这 2 个动画的持续时间都是 10s。

（5）使用 animation-name 属性设置多动画，使用 animation-duration 属性会根据参数个数的不同而产生不同的效果。

当使用 animation-name 属性设置多个动画时，animation-duration 属性值可以有 1 个，也可以有多个，下面具体情况具体分析。

① 当 animation-duration 属性值只有 1 个时，所有的动画都将使用同一个持续时间。由于前面的案例使用的就是这种方式，所以这里我们不再进行举例。

② 当 animation-duration 属性值有多个，并且 animation-duration 属性值比 animation-name 属性值的个数多时，多余的属性值将会被忽略掉。代码如下所示。

```
<!DOCTYPE html>
<html lang="zh">
    <head>
        <meta charset="UTF-8">
        <style>
            @keyframes myTest1 {
                0% {
                    background-color: pink;
                }
                50% {
                    background-color: blue;
                }
                100% {
                    background-color: pink;
                }
            }
            @keyframes myTest2 {
                0% {
                    font-size: 16px;
                }
                50% {
                    font-size: 50px;
                }
                100% {
                    font-size: 16px;
                }
            }
            div {
                width: 300px;
                height: 300px;
```

```
                line-height: 300px;
                border: 1px solid green;
                text-align: center;
                font-size: 16px;
                background-color: pink;
                animation-name: myTest1, myTest2;
                animation-duration: 1s,2s,50s;
            }
        </style>
    </head>
    <body>
        <div>hello world!</div>
    </body>
</html>
```

在上面的示例代码中，animation-name 属性使用了 2 个属性值，animation-duration 属性使用了 3 个属性值，此时最后一个时间 50s 将会被忽略。即 myTest1 动画的持续时间是 1s，myTest2 动画的持续时间是 2s。

③ 当属性值有多个，并且 animation-duration 属性值比 animation-name 属性值的个数少时，将会重复使用 animation-duration 属性值，代码如下所示。

```
<!DOCTYPE html>
<html lang="zh">
    <head>
        <meta charset="UTF-8">
        <style>
            @keyframes myTest1 {
                0% {
                    background-color: pink;
                }
                50% {
                    background-color: blue;
                }
                100% {
                    background-color: pink;
                }
            }
            @keyframes myTest2 {
                0% {
                    font-size: 16px;
                }
                50% {
                    font-size: 50px;
                }
                100% {
                    font-size: 16px;
                }
            }
            @keyframes myTest3 {
                0% {
                    color:red;
                }
```

435

```
            50% {
                color:black;
            }
            100% {
                color:red;
            }
        }
        div {
            width: 300px;
            height: 300px;
            line-height: 300px;
            border: 1px solid green;
            text-align: center;
            font-weight: bold;
            color:black;
            font-size: 16px;
            background-color: pink;
            animation-name: myTest1, myTest2, myTest3;
            animation-duration: 1s,2s;
        }
    </style>
</head>
<body>
    <div>hello</div>
</body>
</html>
```

在上述代码中定义了 3 个动画，即 myTest1、myTest2、myTest3，它们将在 div 元素上同时生效。但是动画的持续时间只有 2 个，此时动画的持续时间将是 1s、2s、1s，即重复使用第 1 个值。如果有 4 个动画，但依然写的是"animation-duration:1s,2s"，那么将会解释成"animation-duration:1s,2s,1s,2s"，即重复使用这 2 个持续时间。

## 16.1.3　动画的执行次数

在默认情况下，动画只执行 1 次，但我们可以使用 animation-iteration-count 属性来指定动画的执行次数，其属性值可以是其他大于 0 的数字，也可以是关键字 infinite（无穷大）。

请读者思考下方代码的运行效果。

```
<!DOCTYPE html>
<html lang="zh">
    <head>
        <meta charset="UTF-8">
        <style>
            #f{
                width:300px;
                height:100px;
                border:1px solid green;
            }
            #z{
                width:0;
                height:100%;
                background-color:green;
```

```
        animation-name: movediv;
        animation-duration: 2s;
        animation-iteration-count: infinite;
    }
    @keyframes movediv {
        0%{
            width:0;
        }
        100%{
            width:100%;
        }
    }
    </style>
  </head>
  <body>
    <div id="f">
        <div id="z"></div>
    </div>
  </body>
</html>
```

上面的代码将 div 元素（id 为 z）的宽度默认设置为 0，并将其高度设置为 div 元素（id 为 f）内容区的 100%，背景颜色为 green。同时为其设置了 movediv 动画，在动画开始的时候（0%）让 div 元素（id 为 z）的宽度为 0，在动画执行完成的时候让 div 元素（id 为 z）的宽度为 div 元素（id 为 f）内容区的 100%。在默认情况下，动画只执行 1 次，但是因为设置了 "animation-iteration-count:infinite"，所以动画会一直执行。

值得一提的是，animation-iteration-count 属性值也可以为 1 个或多个。与 animation-duration 属性值的处理方式相同，如果 animation- iteration-count 属性值比 animation-name 属性值多，就会忽略多余的属性值；如果 animation-iteration-count 属性值比 animation-name 属性值少，就会重复使用属性值。

## 16.1.4　设置动画的播放方向

默认动画都是从 0%时间点向 100%时间点播放的。其实，我们可以使用 animation-direction 属性来控制动画的播放方向，其语法格式如下。

```
animation-direction:value
```

其属性值可以书写为以下 4 种。

- normal：动画每次迭代都从 0%时间点向 100%时间点播放。
- reverse：动画每次迭代从 100%时间点向 0%时间点播放。
- alternate：奇数次的动画从 0%时间点向 100%时间点播放，偶数次的动画从 100%时间点向 0%时间点播放。
- alternate-reverse：奇数次的动画从 100%时间点向 0%时间点播放，偶数次的动画从 0%时间点向 100%时间点播放。

下面对 animation-direction 属性的使用方式进行演示，读者可以先针对下方代码的运行效果进行思考。

```
<!DOCTYPE html>
<html lang="zh">
  <head>
    <meta charset="UTF-8">
    <style>
      #f {
          position: relative;
          width: 300px;
          height: 300px;
```

```
          border: 1px solid pink;
      }
      #f::before {
          content: '0%';
          position: absolute;
          width: 100%;
          height: 100%;
          line-height: 300px;
          text-align: center;
          border: 1px solid green;
          animation-name: beforeContent;
          animation-duration: 5s;
          animation-iteration-count: infinite;
          animation-direction: reverse;
      }
      @keyframes beforeContent {
          0% {
              content: '0%';
          }
          20% {
              content: '20%';
          }
          40% {
              content:'40%';
          }
          60%{
              content:'60%';
          }
          80%{
              content:'80%';
          }
          100%{
              content:'100%';
          }
      }
  </style>
</head>
<body>
  <div id="f">
  </div>
</body>
</html>
```

上面的代码通过伪类选择器为元素添加了显示百分比的具体数字，并且添加了动画效果，如在 0%时间点上显示文字"0%"，在 20%时间点上显示文字"20%"，在 40%时间点上显示文字"40%"，在 60%时间点上显示文字"60%"，在 80%时间点上显示文字"80%"，在 100%时间点上显示文字"100%"。但是，由于设置了"animation-direction: reverse；"，所以迭代将倒序进行，即从 100%时间点至 0%时间点播放动画。

## 16.1.5　延迟播放动画

在默认情况下，动画在添加到元素上后会立即开始执行，没有延迟。我们可以使用 animation-delay 属性来设置动画附加到元素上之后，等待播放动画的时间，其属性单位是秒（s）或毫秒（ms）。

请思考下面代码的运行效果。

```
<!DOCTYPE html>
```

```
<html lang="zh">
    <head>
        <meta charset="UTF-8">
        <style>
            #f {
                position: relative;;
                width: 300px;
                height: 300px;
                line-height: 300px;
                border: 1px solid pink;
                animation-name: myTest;
                animation-duration: 1s;
                animation-delay: 1s;
            }
            @keyframes myTest {
                0% {
                    background-color: red;
                }
                100% {
                    background-color: green;
                }
            }
        </style>
    </head>
    <body>
        <div id="f">
        </div>
    </body>
</html>
```

上面的代码定义了 myTest 动画，其效果是在动画开始时背景颜色为 red，在动画结束时背景颜色为 green，整个动画的持续时间为 1s。但是，因为定义了"animation-delay:1s"，所以当浏览器运行时，动画不会马上开始播放，而是在 1s 后再开始播放。

前面我们说过，animation-name 属性可以支持多个动画，但是动画是同时进行的。我们可以利用 animation-delay 属性使前面的动画执行完以后，再执行后面的动画。

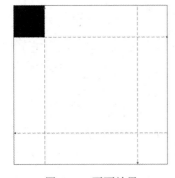

结合如图 16-8 所示的页面效果来看一个需求：想要让红色的元素沿着指定的方向移动，但是需要等前面的步骤完成后，再进行现在的移动。

第 1 步，我们需要让红色的元素往右移动，移动到最右方；第 2 步，让红色的元素往下移动，移动到最下方；第 3 步，让红色的元素往左移动，移动到最左边；第 4 步，让红色的元素往上移动，回到原位。

现在分 4 步来实现上面的需求。

（1）实现初始效果。

图 16-8　页面效果

这部分代码比较简单，不多做讲解，代码如下所示。

```
<!DOCTYPE html>
<html lang="zh">
    <head>
        <meta charset="UTF-8">
        <style>
            #f {
                position: relative;
                width: 500px;
```

```
            height: 500px;
            border: 1px solid green;
        }
        #z {
            position: absolute;
            width: 100px;
            height: 100px;
            background-color: red;
        }
    </style>
</head>
<body>
    <div id="f">
        <div id="z"></div>
    </div>
</body>
</html>
```

在上面的代码中，我们分别为 div 元素（id 为 f）和 div 元素（id 为 z）设置了宽度和高度。之后为 div 元素（id 为 z）设置了绝对定位，为 div 元素（id 为 f）设置了相对定位。此时 div 元素（id 为 z）相对于 div 元素（id 为 f）进行定位。

（2）定义动画规则。

① 让 div 元素（id 为 z）从左往右（toright）移动，规则代码如下所示。

```
@keyframes toright {
    0%{
        right:400px;
    }
    100%{
        right:0;
    }
}
```

上述代码直接使 div 元素（id 为 z）从 400px 的位置往 div 元素（id 为 f）的 0px 处移动。

② 使 div 元素（id 为 z）在从左往右移动的基础上再次向下（tobottom）移动，规则代码如下所示。

```
@keyframes tobottom {
    0%{
        right:0;
        bottom:400px;
    }
    100%{
        right:0;
        bottom:0;
    }
}
```

上述代码在 0%时间点及 100%时间点的位置设置了"right:0"，使 div 元素（id 为 z）始终处于在 div 元素（id 为 f）最右边，之后使 div 元素（id 为 z）在距离 div 元素（id 为 f）底部 400px 的地方，开始向 div 元素（id 为 f）底部 0px 的地方移动。

③ 使 div 元素（id 为 z）在向下移动的基础上再次向左（toleft）移动，规则代码如下所示。

```
@keyframes toleft {
    0%{
        bottom:0;
        left:400px;
    }
    100%{
```

```
        bottom:0;
        left:0;
    }
}
```

上述代码在 0% 和 100% 时间点的位置设置了 "bottom:0"，使 div 元素（id 为 z）始终处于 div 元素（id 为 f）的底部，之后让 div 元素（id 为 z）在距离 div 元素（id 为 f）左边 400px 的地方，开始向 div 元素（id 为 z）左边 0px 的地方移动。

④ 使 div 元素（id 为 z）在向左移动的基础上再次向上（totop）移动，规则代码如下所示。

```
@keyframes totop {
    0%{
        left:0;
        top:400px;
    }
    100%{
        left:0;
        top:0;
    }
}
```

上述代码在 0% 和 100% 时间点的位置设置了 "left:0"，让 div 元素（id 为 z）始终保持在 div 元素（id 为 f）的左边，之后让 div 元素（id 为 z）在距离 div 元素（id 为 f）上方 400px 的地方，开始向 div 元素（id 为 f）上方 0px 的地方移动。

（3）应用在元素上。

代码如下所示。

```
animation-name: toright,tobottom,toleft,totop;
animation-duration:6s ;
animation-delay: 0s,6s,12s,18s;
```

上面的代码使用了 toright、tobottom、toleft、totop 四个动画，它们的执行时间都是 6s。toright 动画没有延迟，直接开始执行；tobottom 动画设置了延迟 6s，即等 toright 动画执行完成后，才开始执行 tobottom 动画，同样执行 6s；toleft 动画设置了延迟 12s，即需要等前面的 toright 动画和 tobottom 动画执行完成后才执行；totop 动画需要等前面 3 个动画都执行完成才执行，即需要等待 18s 才执行。

在使用动画延迟时还有一个问题，就是在多次播放动画时，使用 animation-delay 属性只能设置第 1 次动画延迟等待的时间，后续重复播放动画将不会有动画延迟。解决这个问题的方法是重复使用动画，每次都设定一个延迟时间，代码如下所示。

```
<!DOCTYPE html>
<html lang="zh">
    <head>
        <meta charset="UTF-8">
        <style>
            #f {
                width: 0;
                height: 500px;
                background-color: red;
                animation-name: scalewidth,scalewidth,scalewidth;
                animation-duration: 5s;
                animation-delay: 1s,7s,13s;
            }
            @keyframes scalewidth {
                0%{
                    width:0;
                }
                100%{
```

```
                width:500px;
            }
        }
    </style>
  </head>
  <body>
    <div id="f">
        <div id="z"></div>
    </div>
  </body>
</html>
```

上面的代码定义了 scalewidth 动画，其作用就是让使用元素的宽度从 0px 逐步向 500px 扩展。因为我们需要实现在每次执行 scalewidth 动画时都等待 1s 的效果，所以在 animation-name 属性中多次使用了 scalewidth 动画，每次执行动画都花费 5s。随后设置了 animation-delay 属性，使在第 1 次执行时等待 1s，在第 2 次执行等待 7s（其中前 5s 用来等待第 1 次执行结束，1s 是第 1 次延迟的时间，1s 是第 2 次延迟的时间），第 3 次执行等待 13s（其中前 6s 是第 1 次播放和延迟的时间，后 6s 是第 2 次播放和延迟的时间，剩余的 1s 是第 3 次延迟的时间）。完整代码详见本书配套代码。

使用这种方式尽管可以使每个播放动画都有延迟，但其实有 2 个弊端，具体说明如下。

（1）迭代次数问题。迭代次数是利用重复使用动画名来完成的，要想使用上面这种方式使动画无限循环执行，是不可行的。

（2）播放方向问题。对于播放方向来说，动画都只执行了 1 次，不能实现连贯的效果。当 animation-direction 属性的属性值为 alternate 和 alternate-reverse 中的任意一个时，其不能计数，因而无法实现连贯效果。

因此，要想多次播放动画，还是需要使用 JavaScript 来解决。由于本书不讨论 JavaScript，所以在此不做讲解。

## 16.1.6　改变动画的内部时序

如果想要改变动画的内部执行时序，就可以使用 animation-timing-function 属性。该属性与 transition-timing-function 属性类似，同样支持 ease（慢→快→慢）、linear（匀速）、ease-in（慢→快）、ease-out（快→慢）、ease-in-out（慢→快→慢），同时也支持 cubic-bezier()三次方贝塞尔曲线及 steps()步进。

这里需要说明的是，动画的内部时序针对的是每个动画时间点，代码如下所示。

```
<!DOCTYPE html>
<html lang="zh">
  <head>
    <meta charset="UTF-8">
    <style>
        #z1 {
            position:absolute;
            width: 50px;
            height: 50px;
            background-image:radial-gradient(at 15px 15px,blue,black);
            border-radius: 50%;
            animation-name: movez1;
            animation-duration: 3s;
            animation-timing-function: ease;
            animation-iteration-count: infinite;
        }
        @keyframes movez1 {
            0% {
```

```
                top: 0;
            }
            50% {
                top: 400px;
            }
            100% {
                top: 800px;
            }
        }
    </style>
</head>
<body>
    <div id="z1"></div>
</body>
</html>
```

　　我们使用上面的代码制作了一个蓝色的小球，并且为其添加了 movez1 动画。在 movez1 动画中，在 0%时间点上 top 是 0，在 50%时间点上 top 是 400px，在 100%时间点上 top 是 800px。我们通过设置 animation-timing-function 属性显式地指明了内部时序为 ease（慢→快→慢）。运行代码后，从页面上可以明显看到从 0%时间点到 50%时间点的动画执行时序就是慢→快→慢，从 50%时间点到 100%时间点的变化也是慢→快→慢，即在 0%时间点到 100%时间点的过程中，动画并不是从头到尾直接慢→快→慢的。

　　其实我们可以换一种思路来解决这个问题，代码如下所示。

```
<!DOCTYPE html>
<html lang="zh">
    <head>
        <meta charset="UTF-8">
        <style>
            #z1 {
                position:absolute;
                width: 50px;
                height: 50px;
                background-image:radial-gradient(at 15px 15px,blue,black);
                border-radius: 50%;
                animation-name: movez1;
                animation-duration: 3s;
                animation-timing-function: ease;
                animation-iteration-count: infinite;
            }
            #z2 {
                position:absolute;
                left:100px;
                width: 50px;
                height: 50px;
                background-image:radial-gradient(at 15px 15px,red,black);
                border-radius: 50%;
                animation-name: movez2;
                animation-duration: 3s;
                animation-iteration-count: infinite;
            }
            @keyframes movez1 {
                0% {
```

```
                    top: 0;
                }
                50% {
                    top: 400px;
                }
                100% {
                    top: 800px;
                }
            }
            @keyframes movez2 {
                0% {
                    top: 0;
                    animation-timing-function: ease-in;
                }
                50% {
                    top: 400px;
                    animation-timing-function: ease-out;
                }
                100% {
                    top: 800px;
                }
            }
        </style>
    </head>
    <body>
        <div id="z1"></div>
        <div id="z2"></div>
    </body>
</html>
```

在代码中，div 元素（id 为 z1）使用的还是之前的代码，为了进行对比，我们加入了 div 元素（id 为 z2）。div 元素（id 为 z2）是红色的小球，其使用了 movez2 这个动画，但是我们在使用动画时并没有在 div 元素（id 为 z2）中定义 animation-timing-function 属性，而是分别在 0%时间点和 50%时间点上进行了定义，这样在 0%时间点使用了 ease-in（慢→快），在 50%时间点使用了 ease-out（快→慢），从而拼凑成了慢→快→慢。

其实，将 animation-timing-function 属性应用在每个时间点是有好处的。例如，我们要制作一个小球从上掉下来的弹跳动画，因为小球在掉下来后，还需要有一个弹起的过程，所以可以利用上面的方法来制作。

在实现弹跳动画之前，要先明确小球从上方掉下来的弹跳过程，在由上往下落时会先慢后快，再次弹起时是由下往上、先快后慢，并且伴随每次的弹跳，由下往上的高度会越来越低。

弹跳动画的实现代码如下所示。

```
<!DOCTYPE html>
<html lang="zh">
    <head>
        <meta charset="UTF-8">
        <style>
            #z {
                position:absolute;
                width: 50px;
                height: 50px;
                background-image:radial-gradient(at 15px 15px,blue,black);
```

```
        border-radius: 50%;
        animation-name: movez1;
        animation-duration: 5s;
    }
    @keyframes movez1 {
        0% {
            top: 0;
            animation-timing-function: ease-in;
        }
        15%{
            top:800px;
            animation-timing-function: ease-out;
        }
        30% {
            animation-timing-function: ease-in;
            top: 400px;
        }
        45% {
            animation-timing-function: ease-out;
            top: 800px;
        }
        60%{
            top: 600px;
            animation-timing-function: ease-in;
        }
        70%{
            top:800px;
            animation-timing-function: ease-out;
        }
        80%{
            top:650px;
            animation-timing-function: ease-in;
        }
        90%{
            top:800px;
            animation-timing-function: ease-out;
        }
        95%{
            top:750px;
            animation-timing-function: ease-in;
        }
        100%{
            top:800px;
        }
    }
    </style>
</head>
<body>
    <div id="z"></div>
</body>
</html>
```

　　上面的代码在 movez1 动画中设置了 10 个时间点，其中，15%、45%、70%、90%、100%时间点都是由上掉到最下的时间点，都设置了 "top:800px" 的高度，以及它们的内部时序都设置了 ease-out（先快后慢）。剩余的时间点，如 0%、30%、60%、80%、95%时间点都是每次掉落时的顶点，随着每次弹跳，掉落的顶点与上边的距离越来越远，因此分别设置了 400px、600px、650px、750px，它们的内部时序是 ease-in（先慢后快）。此时，完美实现了小球的弹跳效果。

### 16.1.7　动画播放完成后的填充

在上面的小球弹跳案例中，小球在弹跳之后（时间点来到 100%时），还是会归位（回到"top:0"的位置）。如果想要设定动画播放完成后的状态，那么可以使用 animation-fill-mode 属性进行设置。

animation-fill-mode 属性用来控制在动画播放完成之后，最终状态可以持续，而不是恢复原始效果。其属性值有以下 3 种。

（1）none：此为默认值。在动画没有执行时，动画中的样式不会应用于目标，而是使用该元素本来的 CSS 规则。

（2）backwards：不考虑 animation-delay 属性的延迟时间，在 0%时间点应用到元素上那一刻就生效。

请读者思考下方代码的运行效果。

```html
<!DOCTYPE html>
<html lang="zh">
    <head>
        <meta charset="UTF-8">
        <style>
            #z {
                width: 50px;
                height: 50px;
                background-color: blue;
                border-radius: 50%;
                animation-name: movez1;
                animation-duration: 5s;
                animation-fill-mode: backwards;
                animation-delay: 10s;
            }
            @keyframes movez1 {
                0% {
                    background-color: red;
                }
                100%{
                    background-color: green;
                }
            }
        </style>
    </head>
    <body>
        <div id="z"></div>
    </body>
</html>
```

由于上面的代码设置了"animation-fill-mode: backwards;"，所以不管 animation-delay 属性值为几秒，都会直接应用动画的初始效果。上面的案例是将小球变为红色。延迟 10s 后再开始真正执行动画，动画的执行时间为 5s，其间小球变为绿色。在动画执行完毕后，又应用了 CSS 本身的规则，小球变为蓝色。

（3）forwards：在动画播放结束后，当时的属性值继续应用在元素上。例如，在刚才小球掉落的案例中，如果不使用"animation-fill-mode:forwards"，那么当动画播放完成之后，小球将会回到"top:0"的位置，这样不太自然。我们可以使用 "animation-fill-mode:forwards" 使动画执行完成后，top 的值始终维持在 100% 时间点的位置。

这部分内容较为简单，这里不做演示，读者可自行输入代码进行验证。

## 16.1.8　动画的简写属性

前面介绍了动画的相关属性，与字体等属性相同，我们可以使用动画的简写属性来实现，其语法格式如下所示。

```
animation: name duration timing-function delay iteration-count direction fill-mode
```

animation 属性值是一个列表，以空格分隔，分别对应各单数属性。

在指定动画时，没有指定的位置的属性值将会被设置为默认值，下面对各属性的默认值进行展示。

- animation-name 属性：默认值为 none（无动画）。
- animation-duration 属性：默认值为 0s（无播放时间）。
- animation-timing-function 属性：默认值为 ease（慢→快→慢）。
- animation-delay 属性：默认值为 0s（无延迟）。
- animation-iteration-count 属性：默认值为 1（执行一次）。
- animation-direction 属性：默认值为 normal（从 0%向 100%）。
- animation-fill-mode 属性：默认值为 none（在动画未执行时不执行其中规则，还是使用 CSS 选择器中的规则）。

下面通过代码进行演示。

```
<!DOCTYPE html>
<html lang="zh">
    <head>
        <meta charset="UTF-8">
        <style>
            #z {
                height: 500px;
                line-height: 500px;
                text-align: center;
                animation-name: myTest;
                animation-duration: 5s;
                animation-delay: 1s;
                animation-iteration-count: infinite;
                animation-direction: alternate;
                animation-fill-mode: backwards;
            }
            @keyframes myTest {
                0%{
                    font-size:30px;
                }
                100%{
                    font-size:80px;
                }
            }
        </style>
    </head>
    <body>
        <div id="z">hello world</div>
    </body>
</html>
```

上面的代码使用了 myTest 动画，延迟为 1s，动画播放时间为 5s。动画一直执行，其执行顺序是奇数次从 0%时间点到 100%时间点，偶数次从 100%时间点到 0%时间点。由于设置了 "animation-fill-mode: backwards;"，所以即使有延迟，也会先将 "font-size:30px" 应用到元素上。

其实，上面的动画应用可以简写为 "animation:myTest 5s 1s infinite alternate backwards"，因为在简写中没有指定动画执行的内部时序，所以将会使用默认的属性值 ease。

如果想要使用多个动画，那么可以在列出的各动画之间加上逗号，代码如下所示。

```
<!DOCTYPE html>
<html lang="zh">
    <head>
        <meta charset="UTF-8">
        <style>
            #z {
                height: 500px;
                line-height: 500px;
                text-align: center;
                animation-name: myTest,myTest1;
                animation-duration: 5s;
                animation-delay: 1s,0s;
                animation-direction: alternate,normal;
                animation-fill-mode: backwards,none;
                animation-iteration-count: infinite;
            }
            @keyframes myTest {
                0%{
                    font-size:30px;
                }
                100%{
                    font-size:80px;
                }
            }
            @keyframes myTest1 {
                0%{
                    background-color:red;
                }
                100%{
                    background-color: green;
                }
            }
        </style>
    </head>
    <body>
        <div id="z">hello world</div>
    </body>
</html>
```

上面的代码同时使用了 myTest 动画和 myTest1 动画，动画播放时间都是 5s。其中，只有 myTest 动画有动画延迟，时间为 1s。myTest 动画的 animation-direction 属性应用的属性值是 alternate，代表播放方向在奇数次是从 0%时间点到 100%时间点，在偶数次是从 100%到 0%；myTest1 动画的 animation-direction 属性应用的属性值是 normal，代表播放方向始终是从 0%时间点到 100%时间点。

值得一提的是，由于设置了 "animation-fill-mode: backwards"，所以即使 myTest 动画有延迟，其使用的也是动画中的属性；myTest1 动画的 animation-fill-mode 属性值为 none，即使有延迟，其也使用 CSS 自身的规则。上述代码还为 myTest 动画和 myTest1 动画都设置了 "animation-iteration-count: infinite;"，因此二者都会无限循环执行。

我们可以将上面的动画调用代码简写为 "animation:myTest 5s 1s infinite alternate backwards,myTest1 5s 0s infinite"。

## 16.2　变形

在前面讲解 CSS 盒子模型的时候，我们说过元素会生成一个矩形框，随后讲解了浮动、定位等知识，但其也只能使元素进行横向、纵向移动。

之前所能实现的功能已经远远不能满足我们开发的需求，在实际开发中，可能需要实现更"炫酷"的效果，例如，将元素根据需求进行旋转、呈现一个 3D 效果等。此时就出现了 CSS 变形，用来实现这些特殊的需求。

CSS 变形给我们提供了除了横向、纵向移动的其他功能，包括放大、缩小、旋转等，使我们可以利用变形实现很多特殊的效果。

在 2D 变形中，我们要清楚地知道 2D 坐标轴长什么样，以便实现后续的改变，如图 16-9 所示。

从图 16-9 中可以看出，在 2D 变形中只需要关注 $x$ 轴和 $y$ 轴。在 $x$ 轴上，正值向右，负值向左；在 $y$ 轴上，正值向下，负值向上。

虽然变形只有一个属性，但是这个属性还要配合一些变形方法才能实现想要的效果。这个用于变形的属性就是 transform 属性，其后面可以写一个或多个变形函数。当设置多个变形函数时，中间以空格进行分隔。

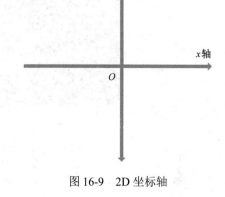

图 16-9　2D 坐标轴

下面开始介绍 2D 变形的相关函数的语法和使用方式。

### 1. 移动

（1）"translateX()："沿着自身的 $x$ 轴移动元素。

```html
<!DOCTYPE html>
<html lang="zh">
    <head>
        <meta charset="UTF-8">
        <style>
            #f{
                width:500px;
                border:1px solid green;
            }
            #z{
                width:300px;
                height:300px;
                background-color: red;
            }
            #f:hover div{
                transform: translateX(100px);
            }
        </style>
    </head>
    <body>
        <div id="f">
            <div id="z"></div>
        </div>
    </body>
</html>
```

上面的代码设置了当光标移到 div 元素（id 为 f）上时，其中的 div 元素（id 为 z）向右移动 100px。移入光标后的效果如图 16-10 所示。

（2）"translateY()："沿着自身的 y 轴移动元素。

还是以上一段代码为例，只不过此时将"transform: translateX(100px);"修改为"transform: translateY(100px);"，页面效果就会发生改变。现在变为当光标移到 div 元素（id 为 f）上时，其中 div 元素（id 为 z）向下移动 100px，移入光标后的效果如图 16-11 所示。

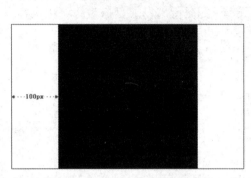

图 16-10　移入光标后的效果（1）　　　　　图 16-11　移入光标后的效果（2）

如果想要同时进行横向移动和纵向移动，那么可以将二者连起来写，代码如下所示。

```
<!DOCTYPE html>
<html lang="zh">
    <head>
        <meta charset="UTF-8">
        <style>
            #f{
                width:500px;
                height:500px;
                border:1px solid green;
            }
            #z{
                width:300px;
                height:300px;
                background-color: red;
            }
            #f:hover div{
                transform: translateX(100px) translateY(100px);
            }
        </style>
    </head>
    <body>
        <div id="f">
            <div id="z"></div>
        </div>
    </body>
</html>
```

此时，上面的代码已经实现了当光标移到 div 元素（id 为 f）上时，其中的 div 元素（id 为 z）向右、向下分别移动 100px，移入光标后的效果如图 16-12 所示。

上面我们所讲解和演示的 translateX()、translateY() 的值都是像素（px），其实还可以将值设置为百分比。如果值是百分比，那么移动距离就相对于元素自身的尺寸来计算。请思考下方代码的运行效果。

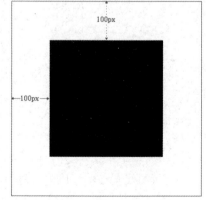

图 16-12　移入光标后的效果（3）

```html
<!DOCTYPE html>
<html lang="zh">
    <head>
        <meta charset="UTF-8">
        <style>
            #f{
                width:500px;
                height:500px;
                border:1px solid green;
            }
            #z{
                margin-top:10px;
                border:10px solid gray;
                padding: 10px;
                width:100px;
                height:100px;
                background-color: red;
            }
            #f:hover div{
                transform: translateY(100%);
            }
        </style>
    </head>
    <body>
        <div id="f">
            <div id="z"></div>
        </div>
    </body>
</html>
```

上面的代码为内部 div 元素（id 为 z）设置了 10px 的边框及 10px 的内边距，其宽度和高度都为 100px，上外边距为 10px。当光标移动到外部 div 元素（id 为 f）上时，让内部 div 元素（id 为 z）向下移动 100%。此时内部 div 元素（id 为 z）就从原有的位置移动了 140px（上、下边框各 20px＋上、下内边距各 20px＋高度 100px），如图 16-13 所示。

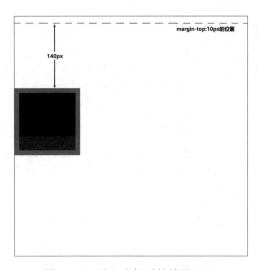

图 16-13　移入光标后的效果（4）

（3）translate(x,y)：该方法可以用来同时设定 x 轴移动的距离和 y 轴移动的距离。

例如，"transform: translateX(100px) translateY(100px)；"相当于"transform:translate(100px,100px)"。此时可以发现，要想同时沿着 x 轴和 y 轴移动，使用"translate()"将会更加方便。在使用时需要注意，如果

只为 translate()设置 1 个值，那么 $y$ 轴移动的距离将假设为 0。

通过上面的案例可以发现，这里所说的相对于自身的 100%，包括自身的宽度、高度、内边距、边框（不包括外边距）。我们可以利用这个特性，同时使用 translateX()或 translateY()，并且配合使用"position: absolute"更好地进行定位。

现在有一个需求：在页面上有一个 div 元素，其需要始终水平、垂直居中于屏幕，屏幕大小不固定，此时可以写出如下所示的代码。

```html
<!DOCTYPE html>
<html lang="zh">
    <head>
        <meta charset="UTF-8">
        <style>
            html,body{
                height:100%;
            }
            body{
                margin:0;
                position:relative;
            }
            #f{
                position:absolute;
                top:50%;
                left:50%;
                transform:translate(-50%,-50%);
                width:300px;
                height:300px;
                border:10px solid green;
            }
        </style>
    </head>
    <body>
        <div id="f"></div>
    </body>
</html>
```

上面的代码为 html 元素和 body 元素设置了"height:100%;"将二者的高度撑开，同时把 body 元素的默认外边距去掉了，并且为之后 div 元素（id 为 f）定位做好了准备，设置了相对定位。

div 元素（id 为 f）的宽度、高度都为 300px，同时设置了绝对定位（此时其相对于 body 元素进行定位）。之后，为 div 元素的位置设置了"top:50%、left:50%"，即向下、向右移动了容纳块（body）的 50%。此时需要向左、向上再移动自身的 50%才可以实现水平、垂直居中，即再向左、向上移动160px（宽度、高度的一半和一边的边框），此时使用"transform:translate(-50%,-50%)"就省掉了烦琐地计算盒子的过程，页面效果如图 16-14 所示。

图 16-14　页面效果（1）

### 2. 缩放

缩放可以把元素放大或缩小。缩放的方法没有单位，值可以为一个正数或一个小数，表示要缩放的倍数。缩放的方法有 3 种，具体说明如下。

- scaleX()：在 $x$ 轴上进行缩放。
- scaleY()：在 $y$ 轴上进行缩放。
- scale(x,y)：在 $x$ 轴和 $y$ 轴上同时进行缩放。

下面通过代码演示缩放的 3 种方法的使用，如下所示。

```html
<!DOCTYPE html>
```

```
<html lang="zh">
    <head>
        <meta charset="UTF-8">
        <style>
            div{
                margin:100px auto;
                width:100px;
                height:100px;
                line-height: 100px;
                text-align: center;
                border:1px solid green;
            }
            div:first-of-type:hover{
                transform:scaleX(1.5);
            }
            div:nth-of-type(2):hover{
                transform:scaleY(1.5);
            }
            div:nth-of-type(3):hover{
                transform:scale(2);
            }
        </style>
    </head>
    <body>
        <div>第一个</div>
        <div>第二个</div>
        <div>第三个</div>
    </body>
</html>
```

　　上面的代码同时设定了 3 个 div 元素的样式，第 1 个 div 元素在光标移动上来时横向放大 1.5 倍、第 2 个 div 元素在光标移动上来时纵向放大 1.5 倍、第 3 个 div 元素在光标移动上来时横向、纵向放大 2 倍。

　　上面的代码确实可以实现放大，但是我们还需要注意的是，元素在放大之后并没有影响到其他元素。这是浏览器在渲染时的特点。要保证变形相关的方法生效后，所占的空间与变形前保持不变。

### 3. 扭曲

　　使用扭曲的相关函数可以沿着 $x$ 轴或 $y$ 轴倾斜元素，其单位是 deg，代表角度。扭曲的相关函数有 2 个，下面分别进行介绍。

　　（1）"skewX()："沿着 $x$ 轴倾斜元素。

　　当值为正数时，元素的左上角、右下角沿着 $x$ 轴拉扯；当值为负数时，元素的右上角、左下角沿着 $x$ 轴拉扯。值得一提的是，虽然拉扯的是 $x$ 轴，但元素自身的 $y$ 轴也会出现倾斜。

　　请思考下方代码的运行效果。

```
<!DOCTYPE html>
<html lang="zh">
    <head>
        <meta charset="UTF-8">
        <style>
            html,body{
                height:100%;
            }
            body{
                margin:0;
                position:relative;
            }
```

```
        #f{
            position:absolute;
            left:50%;
            top:50%;
            transform: translate(-50%,-50%);
            width:300px;
            height:300px;
            border:1px dashed black;
        }
        #z{
            width:100%;
            height:100%;
            background-color: red;
            transform: skewX(35deg);
        }
    </style>
</head>
<body>
    <div id="f">
        <div id="z"></div>
    </div>
</body>
</html>
```

上面的代码设置了"skewX(35deg)"，拉扯了元素的左上角和右下角，即新 $y$ 轴比原 $y$ 轴向左偏移了 35deg。运行代码后，页面效果如图 16-15 所示。

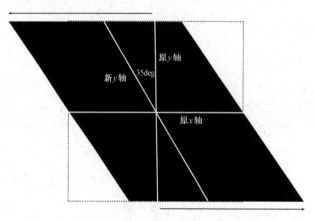

图 16-15　页面效果（2）

（2）"skewY()："沿着 $y$ 轴倾斜元素。

当值为正数时，左上角、右下角沿着 $y$ 轴拉扯；当值为负数时，右上角、左下角沿着 $y$ 轴拉扯。与 skewY()类似，拉扯 $y$ 轴同样会导致元素自身的 $x$ 轴倾斜。

请思考下方代码的运行效果。

```
<!DOCTYPE html>
<html lang="zh">
    <head>
        <meta charset="UTF-8">
        <style>
            html,body{
                height:100%;
            }
            body{
```

```
            margin:0;
            position:relative;
        }
        #f{
            position:absolute;
            left:50%;
            top:50%;
            transform: translate(-50%,-50%);
            width:300px;
            height:300px;
            border:1px dashed black;
        }
        #z{
            position:relative;
            width:100%;
            height:100%;
            background-color: red;
            transform: skewY(-35deg);
        }
    </style>
</head>
<body>
    <div id="f">
        <div id="z"></div>
    </div>
</body>
</html>
```

上面的代码设置了 "skewY(-35deg)"，会拉扯元素的右上角和左下角，新 x 轴比原 x 轴向上偏移了 35deg。运行代码后，页面效果如图 16-16 所示。

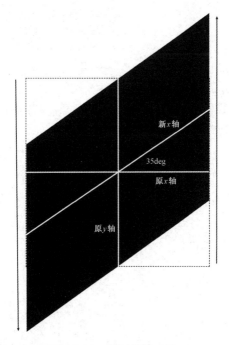

图 16-16　页面效果（3）

### 4. 旋转

在 2D 变形中，旋转需要借助 rotate() 方法才能实现，其接受的值是角度。若正值则进行顺时针旋转，若负值则进行逆时针旋转。

请思考下方代码的运行效果。

```
<!DOCTYPE html>
<html lang="zh">
    <head>
        <meta charset="UTF-8">
        <style>
            html, body {
                height: 100%;
            }
            body {
                margin: 0;
                position: relative;
            }
            #f {
                position: absolute;
                left: 50%;
                top: 50%;
                margin-left: -151px;
                margin-top: -151px;
                width: 300px;
                height: 300px;
                border: 1px dashed black;
            }
            body:hover #f {
                transform: rotate(45deg);
            }
        </style>
    </head>
    <body>
        <div id="f">
            Hello world!
        </div>
    </body>
</html>
```

上面的代码对 div 元素进行了设置，当光标移到 body 元素上时，div 元素（id 为 f）会沿着元素的中心顺时针旋转 45deg。

需要注意的是，如果在使用 rotate()旋转时没有加入过渡，那么将会直接变为最后设定的角度。但是如果加上了过渡，在页面上就会显示出完整的角度变化，代码如下所示。

```
<!DOCTYPE html>
<html lang="zh">
    <head>
        <meta charset="UTF-8">
        <style>
            html, body {
                height: 100%;
            }
            body {
                margin: 0;
                position: relative;
            }
            #f {
                position: absolute;
                left: 50%;
```

```
            top: 50%;
            margin-left: -151px;
            margin-top: -151px;
            width: 300px;
            height: 300px;
            border: 1px dashed black;
        }
        body:hover #f {
            transform: rotate(550deg);
        }
    </style>
</head>
<body>
    <div id="f">
        Hello world!
    </div>
</body>
</html>
```

在上面的代码中，我们对 div 元素进行了设置，当光标移到 body 元素上时，div 元素会旋转 550deg，页面效果如图 16-17 所示。

上面的代码设置了 "rotate(550deg)"，从实际的运行效果来说，其与设置了 "rotate(190deg)" 与 "rotate(-170deg)" 的效果是相同的。但是在加上过渡后，其效果将完全不同，请思考下方代码的运行效果。

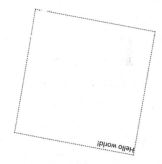

图 16-17　页面效果（4）

```
<!DOCTYPE html>
<html lang="zh">
    <head>
        <meta charset="UTF-8">
        <style>
            html, body {
                height: 100%;
            }
            body {
                margin: 0;
                position: relative;
            }
            #f {
                position: absolute;
                left: 50%;
                top: 50%;
                margin-left: -151px;
                margin-top: -151px;
                width: 300px;
                height: 300px;
                border: 1px dashed black;
                transition: transform;
                transition-duration: 3s;
                transition-timing-function: linear;
            }
            body:hover #f {
                /*逆时针旋转170deg*/
                /*transform: rotate(-170deg);*/
                /*顺时针旋转190deg*/
                /*transform:rotate(190deg);*/
                /*顺时针旋转一周之后再顺时针旋转190deg*/
```

457

```
                    transform:rotate(550deg);
            }
        </style>
    </head>
    <body>
        <div id="f">
            Hello world!
        </div>
    </body>
</html>
```

在上面的代码中，如果书写的是"rotate(-170deg)"，就会逆时针旋转 170deg；如果书写的是"rotate(190deg)"，就会顺时针旋转 190deg；如果书写的是"rotate(550deg)"，就会先旋转一周（360deg），再旋转 190deg（旋转一周的 360deg+后面旋转的 190deg=550deg）。

值得一提的是，如果有多个变形函数，那么要保证每个变形函数都有效。如果其中一个无效，那么整个值都将失效。

### 5. 原点的设置

旋转部分的案例都以元素中心作为旋转的原点，这也是在默认情况下的操作。其实，我们可以使用 transform-origin 属性对旋转原点进行修改。

transform-origin 属性接受设置 2 个属性值：第 1 个属性值针对横向，第 2 个属性值针对纵向。

这里将 transform-origin 属性的属性值分为 2 类，下面将结合案例进行讲解。

（1）关键字：left、center、right、top、bottom。

在默认情况下，transform-origin 属性使用的 2 个属性值是"center center"。如果我们想将旋转的原点改到元素上方的中间位置，就可以设置"transform-origin:top center"，代码如下所示。

```
<!DOCTYPE html>
<html lang="zh">
    <head>
        <meta charset="UTF-8">
        <style>
            html, body {
                height: 100%;
            }
            body {
                margin: 0;
                position: relative;
            }
            #f {
                position: absolute;
                left: 50%;
                top: 50%;
                margin-left: -151px;
                margin-top: -151px;
                width: 300px;
                height: 300px;
                border: 1px dashed black;
                transition: transform;
                transition-duration: 3s;
                transition-timing-function: linear;
                transform-origin: top center;
            }
            body:hover #f {
                transform:rotate(550deg);
```

```
        }
    </style>
</head>
<body>
    <div id="f">
        Hello world!
    </div>
</body>
</html>
```

运行代码后，从页面效果上可以明显地看出 div 元素的旋转原点向上移动了，如图 16-18 所示。

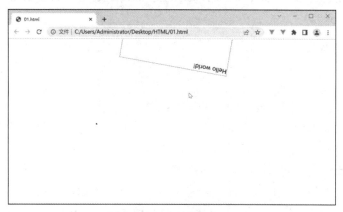

图 16-18　页面效果（5）

（2）长度值和百分比。

transform-origin 属性的属性值可以是长度值和百分比，长度值和百分比都是相对于元素左上角来计算的。请思考下方代码的运行效果。

```
<!DOCTYPE html>
<html lang="zh">
    <head>
        <meta charset="UTF-8">
        <style>
            html, body {
                height: 100%;
            }
            body {
                margin: 0;
                position: relative;
            }
            #f {
                position: absolute;
                left: 50%;
                top: 50%;
                margin-left: -151px;
                margin-top: -151px;
                padding:10px;
                width: 300px;
                height: 300px;
                border: 20px dashed black;
                transform-origin: 50% 360px;
            }
            body:hover #f {
                transform:rotate(45deg);
```

459

```
        }
    </style>
  </head>
  <body>
    <div id="f">
        Hello world!
    </div>
  </body>
</html>
```

上面的代码将原点设置在整个 div 元素的 50%的位置处，即 180px、360px（宽度 300px+左、右边框各 20px+左、右内边距各 10px）。

## 16.3　本章小结

本章分两节进行了讲解，主要涉及动画和变形的相关内容。

16.1 节首先从动画的简单使用入手，使读者对"动画三部曲"有了简单的了解。其次从执行次数、播放方向、延迟播放、改变时序等多个方面对动画的知识点逐一进行讲解和演示应用。最后讲解了动画的简写属性，让开发者可以通过简单的代码实现丰富的效果。

16.2 节同样采用由浅入深的讲解方式，从前置知识即坐标轴入手，让读者在脑海中有初步的想象，随后依次讲解了 2D 动画的移动、缩放、扭曲、旋转等相关属性，并且初步实现一些 2D 动画效果。

单独使用动画或变形的效果有限，并不能实现很"炫酷"的效果。在后续内容中，我们会将动画和变形的相关知识配合其他知识应用到案例中。

# 第17章

## 媒体查询、弹性盒子

本章彩图

早期的网站设计会使用固定宽度，这样可以给所有 PC 端用户带来一致的浏览效果。这种固定宽度的设计会使网页在高分辨率显示器两边显示出更多的空白。

在有了智能手机、平板电脑后，人们开始使用这些设备上网，此时固定宽度的网页设计不能满足需求，例如，一些设备的分辨率通常比 PC 端分辨率低，不足以显示出整个网页。而采用 HTML5 和 CSS3 的响应式设计，可以使网站兼容多种设备和屏幕。响应式设计是针对任意设备对网页内容进行布局的一种机制，具体来说，是根据访问者使用的不同设备的特点给予不同的布局。

如果想要实现响应式网页，那么需要使用媒体查询和弹性布局。本章主要讲解媒体查询和弹性布局，并且综合所讲解的知识给出多个案例。

## 17.1 媒体查询

媒体查询是根据浏览器的特性环境使用特定样式表的一种机制。简单地说，是将样式表应用于特定的媒体和符合条件的媒体。媒体查询是组成响应式网页的一部分。

### 17.1.1 媒体类型及媒体查询的基本使用

前面我们已经对媒体查询有了简单了解，本节将分为媒体查询的类型和使用 2 个部分进行讲解。

#### 1. 媒体类型

媒体类型用来控制指定的 CSS 该应用在哪种媒体上，我们所说的媒体共有 3 种类型，如表 17-1 所示。

在下面的使用过程中，我们会对媒体类型分别进行演示和说明。

表 17-1　媒体类型

| 媒体类型 | 含义 |
| --- | --- |
| all | 适用于所有媒体 |
| print | 适用于打印机或文档的打印预览 |
| screen | 适用于呈现文档的屏幕 |

#### 2. 基本使用

媒体类型的使用有 2 种方法，下面分别进行讲解。

（1）方法一：在 HTML 标签中使用 media 属性进行媒体查询。

我们可以通过在<link>标签或<style>标签上定义 media 属性进行查询，代码如下所示。

```
<!DOCTYPE html>
<html lang="zh">
    <head>
        <meta charset="UTF-8">
        <style media="print">
            body{
```

```
            color:red;
        }
    </style>
    <style media="screen">
        body{
            color:green;
        }
    </style>
</head>
<body>
    <h1>Hello World!</h1>
</body>
</html>
```

上面的代码使用<style>标签中的 media 属性来指定媒体类型。第 1 个<style>标签中的 media 属性使用的是 print，代表该<style>标签中的样式适用于 print 类型，因此当打印该页面或使用打印预览查看时，显示的是红色字体。第 2 个<style>标签中的 media 属性使用的 screen，代表该<style>标签中的样式适用于 screen 类型，因此当使用屏幕设备访问该页面的时候，显示的是绿色字体。

使用<link />标签也可以达到类似的效果，具体代码如下所示。

helloWorld.html 文件代码如下所示。

```
<!DOCTYPE html>
<html lang="zh">
    <head>
        <meta charset="UTF-8">
        <link href="./print.css" rel="stylesheet" media="print">
        <link href="./screen.css" rel="stylesheet" media="screen">
    </head>
    <body>
        <h1>Hello World!</h1>
    </body>
</html>
```

print.css 文件代码如下所示。

```
body{
    color:gold;
}
```

screen.css 文件代码如下所示。

```
body{
    color:red;
}
```

在上面的 HTML 代码中，如果使用屏幕媒体访问，将会链接到 screen.css，此时就会应用 screen.css 中的样式，即将 body 元素的字体颜色设置为红色。如果打印该页面或使用打印预览查看，将会链接到 print.css，此时就会应用 print.css 中的代码，即将 body 元素的字体颜色设置为金色。

（2）方法二：除了方法一，CSS 还定义了@media 块。使用这个语法可以在同一个样式表中为多种媒体定义样式。

请思考下面代码的运行效果。

```
<!DOCTYPE html>
<html lang="zh">
    <head>
        <meta charset="UTF-8">
        <style>
            body{
                color:green;
```

```
        }
        @media screen {
            body{
                font-size:12px;
            }
        }
        @media print{
            body{
                font-size: 150px;
            }
        }
    </style>
</head>
<body>
    <div>Hello World!</div>
</body>
</html>
```

在上面的代码中，@media screen 表示当使用屏幕设备访问时，body 元素的字号为 12px；@media print 表示当打印该页面或使用打印预览查看时，body 元素的字号为 150px；在上面的代码中，还有一个标签选择器 body 没有被@media 包裹，此时所有设备都会匹配上。

## 17.1.2　媒体描述符

17.1.1 节只是对媒体查询进行了简单的应用，演示了在限定访问媒体类型的情况下，会应用哪些样式。这种限定比较宽泛，因此我们需要根据对应媒体的特性进行匹配。

在进行媒体查询时，我们所使用的完整格式为"媒体类型　逻辑关键字（媒体特性）"，我们将这种格式称为媒体描述符。这里面涉及 3 个名词，下面我们分别进行说明。

- 媒体类型：前面已经介绍过，有 print、screen、all，这里不多做讲解。
- 媒体特性：就是匹配的媒体所拥有的一些特性，我们可以根据这些特性来更加精确地匹配设备。需要注意的是，媒体特性要写在小括号中。我们将常用的媒体特性通过表格进行罗列，如表 17-2 所示。
- 逻辑关键字：用来将媒体类型与一个或多个媒体特性连接起来。逻辑关键字有 not 和 and，and 用来连接媒体类型与一个或多个媒体特性，而 not 用来进行取反操作。

表 17-2　常用的媒体特性

| 媒体特性 | 含义 |
| --- | --- |
| width | 显示区域的宽度，与正常的 width 属性类似。这里需要注意，对于我们常用的屏幕设备来说，宽度是指可视区域加滚动条的宽度 |
| min-width | 显示区域的最小宽度，即在大于等于时匹配，与正常的 min-width 属性类似 |
| max-width | 显示区域的最大宽度，即在小于等于时匹配，与正常的 max-width 属性类似 |
| height | 显示区域的高度，与正常的 height 属性类似。这里需要注意，对于我们常用的屏幕设备来说，高度是指可视区域加滚动条的高度 |
| min-height | 显示区域的最小高度，即在大于等于时匹配，与正常的 min-height 属性类似 |
| max-height | 显示区域的最大高度，即在小于等于时匹配，与正常的 max-height 属性类似 |
| orientation | 用来判断设备处于横屏还是竖屏状态，可以通过 width 属性值和 height 属性值来进行判断。如果 height 属性值大于等于 width 属性值，就返回 portrait（竖屏）；如果 width 属性值大于 height 属性值，就返回 landscape（横屏） |

上面的纯文字讲解有些抽象，下面我们通过一些小练习来具体演示媒体查询。

（1）练习 1。

请思考下方代码的运行效果。

```
<!DOCTYPE html>
<html lang="zh">
    <head>
        <meta charset="UTF-8">
        <style>
            body{
                margin:0;
            }
            @media all and (width:768px) {
                body{
                    color:green;
                }
            }
        </style>
    </head>
    <body>
        Hello world!
    </body>
</html>
```

上面的代码首先将所有媒体类型的 body 元素的外边距都去掉，其次将媒体类型设置为 all，并且当宽度为 768px 时，body 元素中的字体颜色为绿色。需要注意的是，代码中的媒体特性"width:768px"被放在小括号中，将媒体类型与媒体特性使用 and 关键字连接起来。

其实，上面的代码可以进行修改，如下所示。

```
<!DOCTYPE html>
<html lang="zh">
    <head>
        <meta charset="UTF-8">
        <style>
            body{
                margin:0;
            }
            @media (width:768px) {
                body{
                    color:green;
                }
            }
        </style>
    </head>
    <body>
        Hello world!
    </body>
</html>
```

在上面的代码中，"@media all and (width:768px)"被修改为"@media (width:768px)"，这 2 种代码的效果是一样的，即在不设置媒体类型时，样式将应用于所有媒体。

（2）练习 2。

请思考下方代码的运行效果。

```
<!DOCTYPE html>
<html lang="zh">
    <head>
        <meta charset="UTF-8">
        <style>
            body{
                margin:0;
```

```
        }
        @media (min-width:768px) and (max-width: 1200px) {
            body{
                color:green;
            }
        }
    </style>
    </head>
    <body>
        Hello world!
    </body>
</html>
```

上面的代码设置了匹配所有媒体类型，并且指定了 2 个媒体特性，其中"min-width:768px"指的是大于等于 768px 的情况；"max-width:1200px"指的是小于等于 1200px 的情况。2 个媒体特性使用 and 关键字进行连接，代表当宽度大于等于 768px 且小于等于 1200px 时将会匹配上。

（3）练习 3。

请思考下方代码的运行效果。

```
<!DOCTYPE html>
<html lang="zh">
    <head>
        <meta charset="UTF-8">
        <style>
            body{
                margin:0;
            }
            @media print,screen and (min-width: 768px) {
                body{
                    color:green;
                }
            }
        </style>
    </head>
    <body>
        Hello world!
    </body>
</html>
```

上面的代码使用了 2 组媒体描述符，第 1 组是 print，第 2 组是 screen and (min-width:768px)，2 组媒体描述符之间使用逗号进行分隔，逗号代表或者。"@media print,screen and (min-width: 768px)"的整体意思是"print 设备或者 screen 并且最小宽度是 768px"时，将 body 元素中的字体颜色设置为绿色。

（4）练习 4。

请思考下方代码的运行效果。

```
<!DOCTYPE html>
<html lang="zh">
    <head>
        <meta charset="UTF-8">
        <style>
            body{
                margin:0;
            }
            @media not screen and (min-width: 768px) {
                body{
                    color:green;
                }
```

```
        }
    </style>
</head>
<body>
    Hello world!
</body>
</html>
```

上面的代码设置了 "@media not screen and (min-width: 768px)"，使用了 not 关键字。not 关键字表示对查询条件进行取反，代表如果都能匹配上，就不使用样式。对于代码来说，其整体意思就是，如果媒体类型为 screen，并且宽度大于等于 768px，就不使用样式。

（5）练习 5。

请思考下方代码的运行效果。

```
<!DOCTYPE html>
<html lang="zh">
    <head>
        <meta charset="UTF-8">
        <style>
            body {
                margin: 0;
            }
            @media (min-width: 768px){
                body{
                    color:red;
                }
            }
            @media (max-width:768px) {
                body{
                    color:green;
                }
            }
        </style>
    </head>
    <body>
        Hello world!
    </body>
</html>
```

上面的代码设置了 2 组@media，第一组指的是当宽度大于等于 768px 时，让 body 元素的字体颜色为红色；第二组指的是当宽度小于等于 768px 时，让 body 元素的字体颜色为绿色。但不管是哪一组，在它们的条件中都包含等于 768px，此时就会产生覆盖，即@media (max-width:768px)覆盖前面的@media (min-width:768px)，因此在宽度等于 768px 的时候，字体颜色是绿色。

（6）练习 6。

请思考下方代码的运行效果。

```
@media (max-width: 768px) {
    /*超小屏幕设备 手机宽度小于 768px 的设备*/
}
@media (min-width: 768px) and (max-width: 992px) {
    /*小屏幕设备 平板宽度大于等于 768px 并且小于 992px 的设备*/
}
@media (min-width: 992px) and (max-width: 1200px) {
    /*中等屏幕设备 桌面宽度大于等于 992px 并且小于 1200px 的设备*/
}
@media (min-width: 1200px) {
```

```
/*大屏幕设备 桌面宽度大于等于1200px 的设备*/
}
```

上面的代码连续书写了多个 min-width 属性、max-width 属性，其属性值分别是 768px、992px、1200px，这些属性值是我们设置的断点。所谓的断点，就是人为地划定出来的一些值，我们可以在断点处改变布局设计。

## 17.1.3　案例：响应式头部

本节就来实现在一个网站中常见的页面效果"响应式头部"。先来看想要实现的页面效果，小屏效果与大屏效果分别如图 17-1 和图 17-2 所示。

图 17-1　小屏效果

图 17-2　大屏效果

对于这个案例，这里采用结构与样式分离的方式进行讲解和分析。

### 1. 结构分析

我们将 HTML 分 4 点进行分析，具体内容如下。

（1）需要定义一个容器 div（id 为 menu），将其作为菜单的大容器。

（2）在容器 div（id 为 menu）中定义了一个 h1 元素，将其作为整个页头的标题。

（3）在容器 div（id 为 menu）中定义了 ul 元素，将其作为整个页头的主菜单。

（4）在容器 div（id 为 menu）中定义了 form 元素，其中放置了搜索框和按钮，将其作为搜索栏。

此时我们可以写出如下所示的 HTML 代码。

```html
<div id="menu">
    <h1>atGuiGu.com</h1>
    <ul>
        <li>
            <a href="#">系列教程</a>
        </li>
        <li>
            <a href="#">案例教程</a>
        </li>
        <li>
            <a href="#">工具推荐</a>
        </li>
    </ul>
    <form action="#" method="POST">
        <input type="text" placeholder="分享技术，成就你我！"/>
        <button class="iconfont">&#xe628;</button>
    </form>
</div>
```

### 2. 样式分析

这部分我们分为准备工作、小屏设计、大屏设计 3 个阶段进行分析。

（1）准备工作阶段。

观察图 17-1 与图 17-2 可以发现，其中应用了一些字体和图标。因此，在准备工作阶段，我们要将所需字体和图标引入，以便后续使用。此外，我们还需对样式进行初始化，这里不多做讲解。

① 引入字体和图标。

这部分代码如下所示。

```
@font-face {
    font-family: 'iconfont';
    src: url('./font/iconfont.eot');
    src: url('./font/iconfont.eot?#iefix') format('embedded-opentype'),
    url('./font/iconfont.woff2') format('woff2'),
    url('./font/iconfont.woff') format('woff'),
    url('./font/iconfont.ttf') format('truetype'),
    url('./font/iconfont.svg#iconfont') format('svg');
}
.iconfont {
    font-family: "iconfont" !important;
    font-size: 16px;
    font-style: normal;
    -webkit-font-smoothing: antialiased;
    -moz-osx-font-smoothing: grayscale;
}
```

② 初始化 CSS 样式。

这部分代码如下所示。

```
body {
    margin: 0;
}
ul {
    list-style-type: none;
    margin: 0;
    padding: 0;
}
h1 {
    margin: 0;
}
```

（2）设置小屏幕。

整个小屏幕设置需要通过 7 步来完成。

① 设置设定小屏幕中的菜单样式。

整体菜单宽度是 100%，菜单最小宽度是 400px，背景颜色是#2d4373，这部分代码如下所示。

```
#menu {
    width: 100%;
    /*设置最小宽度*/
    min-width: 400px;
    background-color: #2d4373;
}
```

② 设置外部大容器 div（id 为 menu）中 h1 元素的样式。

将 h1 元素的高度设置为 80px，字号设置为 32px，让页头标题水平且垂直居中，将背景颜色设置为#3b5998，并将字体颜色设置为#fff，这部分代码如下所示。

```
#menu h1 {
    height: 80px;
    line-height: 80px;
    background-color: #3b5998;
    font-size: 32px;
    text-align: center;
    color: #fff;
}
```

③ 设置主菜单的样式。

将主菜单中的上、左、右外边距设置为 6px（下外边距为 0），将高度设置为 34px，之后通过"line-height:34px"使文字垂直居中。将 li 元素的背景颜色设置为#3b5998，同时其中的文字垂直居中。为了美观，再为其设置 3px 的边框圆角。这部分代码如下所示。

```
#menu ul li {
    margin:6px;
    margin-bottom:0;
    height: 34px;
    line-height: 34px;
    background-color: #3b5998;
    text-align: center;
    border-radius: 3px;
}
```

④ 设置主菜单中超链接 a 元素的样式。

观察图 17-1 可以发现，超链接 a 元素在页面上并没有默认样式，故将其下画线取消。此外，字体颜色和字号均有改变，实现代码如下所示。

```
#menu ul li a {
    color: #fff;
    text-decoration: none;
    font-size: 12px;
}
```

⑤ 设置搜索部分的样式，解决外边距合并问题。

将搜索栏的高度设置为 48px，其上、下、左、右外边距均为 6px，这部分代码如下所示。

```
#menu form {
    height: 48px;
    margin:6px;
}
```

但是，搜索栏的下外边距和容器 div（id 为 menu）的下外边距合并了，页面效果如图 17-3 所示。

图 17-3　2 个外边距合并的页面效果

为了解决这个问题，我们先来使用一个稍后会讲解的知识 BFC（Block Formatting Context，块格式化上下文）。这里直接给容器 div（id 为 menu）设置"overflow:hidden"，修改后的代码如下所示。

```
#menu {
    width: 100%;
    /*设置最小宽度*/
    min-width: 400px;
    background-color: #2d4373;
    overflow: hidden;
}
```

此时，外边距合并问题已经解决，页面效果如图 17-4 所示。

图 17-4　外边距合并问题已解决的页面效果

⑥ 设置搜索栏中输入框的样式。

因为输入框拥有默认的边框和轮廓，所以需要将默认样式取消。设置输入框的高度与父元素的 form 元素高度相同，宽度为 100%。因为输入框拥有默认的上、下、左、右内边距，所以添加"box-sizing:border-box"，使其整体宽度为 form 元素的 100%，同时设置文字水平居中，字号为 14px。并且，为了美观，还为输入框设置了 3px 的圆角。这部分代码如下所示。

```
#menu form input {
    border: 0;
    outline: none;
    width: 100%;
    height: 48px;
    box-sizing: border-box;
    text-align: center;
    font-size: 14px;
    background-color: #cbd9f5;
    border-radius: 3px;
}
```

⑦ 设置搜索栏中的按钮样式。

观察图 17-3 可以发现，按钮拥有默认的轮廓和边框，因此需要先将默认样式去掉。设置宽度为 72px，高度为 48px，字号 20px，字体颜色为#a0b7e3，并且将背景颜色设置为 transparent，这样在稍后的设置中可以看到输入框的背景颜色。这部分代码如下所示。

```
#menu form button {
    outline: none;
    border: 0;
    position: absolute;
    top: 0px;
    right: 0px;
    width: 72px;
    height: 48px;
    font-size: 20px;
    background-color: transparent;
    color: #a0b7e3;
}
```

将按钮定位在右上角。如果想要使用绝对定位，就需要确定一个定位基准，这里我们使用 form 元素进行定位，因此需要给 form 元素设置 "position:relative;"，修改后的代码如下所示。

```
#menu form {
    width: auto;
    height: 48px;
    margin: 6px;
    position:relative;
}
```

（3）设置大屏幕。

为了说明开发方式，在本案例中，我们只设置一个宽度大于等于 768px 时菜单的样式，主要分为 3 步。

① 观察图 17-2 的最终效果可以得知，在宽度大于等于 768px 的情况下，h1 元素和 ul 元素应排在一行。

我们可以设置 h1 元素占据整个容器的 40%，ul 元素占据整个容器的 60%，同时设置二者高度都为 44px，并且设置行高为 44px，使其垂直居中。为了适应布局效果，将 h1 元素的字号改为 20px，并且让 h1 元素和 ul 元素都水平排列。这部分代码实现如下所示。

```
#menu h1 {
    float: left;
    width: 40%;
    height: 44px;
    line-height: 44px;
    font-size: 20px;
}
```

```
#menu ul {
    float: left;
    width: 60%;
    height: 44px;
}
```

② 设置主菜单中每个 li 元素的样式。

在前面对小屏幕进行设置的过程中，我们设置了 margin 和 border-radius 这 2 个属性，在大屏幕上依旧会被匹配上，这里我们使用 "margin:0" 和 "border-radius:0" 对默认样式匹配的外边距和圆角进行恢复。

主菜单总共有 3 个链接，需要让每个 li 元素均匀分布（占据 33.3333%），高度为 44px，并且垂直居中，同时通过 "float:left" 让其横向排列。这部分代码实现如下所示。

```
#menu ul li {
    /*去掉小屏幕上的边距*/
    margin: 0;
    border-radius: 0;
    float: left;
    width: 33.3333%;
    height: 44px;
    line-height: 44px;
}
```

③ 设置 form 元素的样式。

在前面，我们已经为 h1 元素和 ul 元素设置了浮动，这会导致 form 元素位置向上，因此我们为 form 元素设置 "clear:both"，让其始终处于浮动元素的下方。此时可以发现，在页面上 form 元素明显压住了 h1 元素和 ul 元素上方的一部分，这是上、下外边距重叠的缘故。先来看此时的页面效果，如图 17-5 所示。

图 17-5　页面效果

在清楚造成重叠的原因后，再结合图 17-5 就可以看出，form 元素虽然拥有上外边距，但其与 h1 元素和 ul 元素顶部的距离不超过 6px。我们手动计算一下此时的上外边距，由于上面的 ul 元素和 h1 元素的高度是 44px，还要再移动 6px，所以我们可以将上外边距修改为 50px，这样即使有重叠，也会让它向下移动 6px。这部分代码如下所示。

```
#menu form {
    margin-top:50px;
    clear: both;
}
```

此时，整个案例已分析完毕，完整代码详见本书配套代码。

## 17.2　弹性盒子

弹性盒子布局是一种简单而强大的布局方案，也称为 flex 布局、伸缩盒布局。有了它，我们就可以指明空间的分布方式、内容的对齐方式等。

弹性盒子布局可以让其中的内容横向、纵向分布，但是它的实现依赖于父子关系。父子关系即我们前面说的父元素和子元素，只不过在弹性盒子中，我们将父元素称为弹性空间或弹性容器，将子元素称为弹性项或弹性元素。

下面我们就对弹性盒子的各方面依次进行介绍。

## 17.2.1　弹性容器

弹性容器的设置很简单，只需在元素上使用"display:flex"，就可以激活弹性盒子布局，使其元素成为弹性容器。需要注意的是，这个弹性容器会将内部的子元素变为弹性元素。

请思考下方代码的运行效果。

```html
<!DOCTYPE html>
<html lang="zh">
    <head>
        <meta charset="UTF-8">
        <style>
            #f {
                border:1px solid green;
            }
            #f div{
                width:200px;
                height:200px;
                color: white;
            }
            #f div:nth-of-type(1){
                background-color: red;
            }
            #f div:nth-of-type(2){
                background-color: yellow;
            }
            #f div:nth-of-type(3){
                background-color: blue;
            }
            #f div:nth-of-type(4){
                background-color: green;
            }
        </style>
    </head>
    <body>
        <div id="f">
            <div>1</div>
            <div>2</div>
            <div>3</div>
            <div>4</div>
        </div>
    </body>
</html>
```

这段代码比较简单，只声明了一个容器 div（id 为 f），其中包含 4 个子元素，子元素的宽度和高度都是 200px，同时为每个子元素都设置了背景颜色。

下面我们就在上面代码的基础上，为容器 div（id 为 f）设置"display:flex"，此时父元素就变为弹性容器，其中的子元素 div 就变成弹性元素，修改后的代码如下所示。

```html
<!DOCTYPE html>
<html lang="zh">
    <head>
        <meta charset="UTF-8">
        <style>
            #f {
                border:1px solid green;
                display: flex;
            }
            #f div{
                width:200px;
                height:200px;
```

```
        }
        #f div:nth-of-type(1){
            background-color: red;
        }
        #f div:nth-of-type(2){
            background-color: yellow;
        }
        #f div:nth-of-type(3){
            background-color: blue;
        }
        #f div:nth-of-type(4){
            background-color: green;
        }
    </style>
</head>
<body>
    <div id="f">
        <div>1</div>
        <div>2</div>
        <div>3</div>
        <div>4</div>
    </div>
</body>
</html>
```

此时，页面效果如图 17-6 所示。

图 17-6　页面效果

根据代码运行效果可知，在激活弹性盒子布局后，子元素默认为横向排列。这就像是使用了"float:left"，只有弹性元素的直接子元素会应用弹性盒子布局，其他后代元素不受影响。当然，排列方向是可以改变的，在 17.2.2 节我们会具体讲解。

至于为什么会形成这种效果，我们需要掌握一些前置知识才能明白，这里结合图 17-7 来讲解。

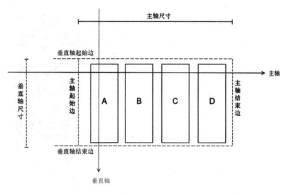

图 17-7　弹性盒子的原理

对于图 17-7，我们只关注主轴和垂直轴。注意，主轴和垂直轴都是有箭头指向的，下面就对二者分别进行讲解。

（1）主轴：指明了弹性元素的流动方向。默认的主轴方向是水平方向，从左边开始，直至右边结束。主轴可以是横向的，也可以是纵向的。

（2）垂直轴：也叫作辅轴。垂直轴指明了弹性元素在换行之后的行方向，默认垂直轴是从上方开始，在下方结束。

## 17.2.2　设置主轴方向

主轴方向是可以改变的，我们可以使用 flex-direction 属性来指定在弹性容器中如何摆放弹性元素。需要注意的是，弹性元素沿着主轴起始边摆放，直至结束边。flex-direction 属性有 4 个属性值，分别为 row、row-reverse、column 和 column-reverse，下面分别进行讲解。

（1）row：该值为默认值。其表示主轴的起始边为弹性容器左边，结束边为弹性容器右边，相当于左浮动，如图 17-8 所示。

（2）row-reverse：表示主轴的起始边为弹性容器右边，结束边为弹性容器左边，相当于右浮动，如图 17-9 所示。

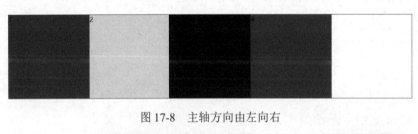

图 17-8　主轴方向由左向右

图 17-9　主轴方向由右向左

（3）column：表示主轴的起始边为弹性容器上边，结束边为弹性容器下边。垂直轴的方向变为横向，由左边开始，在右边结束，如图 17-10 所示。

（4）column-reverse：主轴的起始边为弹性容器下边，结束边为弹性容器上边。垂直轴的方向变为横向，由左边开始，在右边结束，如图 17-11 所示。

图 17-10　主轴方向由上向下　　　　　　　　图 17-11　主轴方向由下向上

设置主轴方向的过程比较简单，这里不给出单独的案例演示。在后续的使用中，会结合弹性盒子的其他相关知识进行案例演示。

## 17.2.3　设置换行

在实际开发中会出现一种情况，即弹性元素过多，导致弹性容器的主轴放不下。但在默认情况下，弹性元素不会换行，此时就会出现所有弹性元素挤在一行的情况，代码如下所示。

```html
<!DOCTYPE html>
<html lang="zh">
    <head>
        <meta charset="UTF-8">
        <style>
            #f {
                border:1px solid green;
                width:400px;
                height:400px;
                display: flex;
            }
            #f div{
                width:200px;
                height:200px;
                color: white;
            }
            #f div:nth-of-type(1){
                background-color: red;
            }
            #f div:nth-of-type(2){
                background-color: yellow;
            }
            #f div:nth-of-type(3){
                background-color: blue;
            }
            #f div:nth-of-type(4){
                background-color: gray;
            }
        </style>
    </head>
    <body>
        <div id="f">
            <div>1</div>
            <div>2</div>
            <div>3</div>
            <div>4</div>
        </div>
    </body>
</html>
```

从代码中可以看出，外部 div 元素的宽度是 400px，而内部包含的 4 个 div 元素的宽度都是 200px，此时明显可以看出弹性元素在一行内是放不下的。但是由于弹性元素不允许换行，所以所有弹性元素都被压缩在了一行。运行代码后，页面效果如图 17-12 所示。

其实，我们可以使用 flex-wrap 属性来设置是否允许弹性元素换行，该属性有 3 个属性值，分别是 nowrap、wrap、wrap-reverse，下面将分别进行讲解。

（1）nowrap：弹性元素沿着主轴在一行上排列，不会换行。该属性值

图 17-12　页面效果（1）

475

为默认值，这里不再单独展示页面效果。

（2）wrap：弹性元素如果超出弹性容器，就会沿着垂直轴的方向进行换行。以上面的案例代码为例，如果将 flex-wrap 属性的属性值设置为 wrap，那么页面效果将如图 17-13 所示。

（3）wrap-reverse：如果弹性元素超出弹性容器，就会沿着垂直轴的反方向进行换行。还是以上面的案例代码为例，如果将 flex-wrap 属性的属性值设置为 wrap-reverse，那么页面效果将如图 17-14 所示。

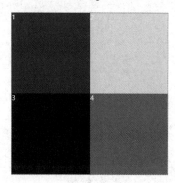

图 17-13　页面效果（2）

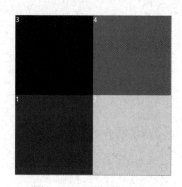

图 17-14　页面效果（3）

这里需要注意，在上面的代码中，外部容器的高度设置的是 400px，正好是 2 个弹性元素的高度和。如果外部容器的高度高于 400px，那么将会出现空白，此时换行效果也略有不同。现在将高度设置为 500px，那么将会有 100px 的空白。因为换为了 2 行，所以每一行的高度为 250px，其中自身元素占据 200px，最终每一行会出现 50px 的空白，具体代码如下所示。

```html
<!DOCTYPE html>
<html lang="zh">
    <head>
        <meta charset="UTF-8">
        <style>
            #f {
                border:1px solid green;
                width:400px;
                height:500px;
                display: flex;
                flex-wrap: wrap;
            }
            #f div{
                width:200px;
                height:200px;
            }
            #f div:nth-of-type(1){
                background-color: red;
            }
            #f div:nth-of-type(2){
                background-color: yellow;
            }
            #f div:nth-of-type(3){
                background-color: blue;
            }
            #f div:nth-of-type(4){
                background-color: gray;
            }
        </style>
    </head>
    <body>
        <div id="f">
```

```
            <div>1</div>
            <div>2</div>
            <div>3</div>
            <div>4</div>
        </div>
    </body>
</html>
```

运行代码后，页面效果如图 17-15 所示。

## 17.2.4　设置弹性元素如何在主轴上分布

在默认情况下，在放置完一行弹性元素后，如果有多余的位置，就会
出现空白。这里需要注意的是，空白会出现在主轴结束边的方向，代码如
下所示。

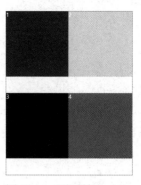

图 17-15　页面效果（4）

```
<!DOCTYPE html>
<html lang="zh">
    <head>
        <meta charset="UTF-8">
        <style>
            #f {
                border:1px solid green;
                width:500px;
                height:500px;
                display: flex;
                flex-wrap: wrap;
            }
            #f div{
                width:200px;
                height:200px;
            }
            #f div:nth-of-type(1){
                background-color: red;
            }
            #f div:nth-of-type(2){
                background-color: yellow;
            }
            #f div:nth-of-type(3){
                background-color: blue;
            }
            #f div:nth-of-type(4){
                background-color: gray;
            }
        </style>
    </head>
    <body>
        <div id="f">
            <div>1</div>
            <div>2</div>
            <div>3</div>
            <div>4</div>
        </div>
    </body>
</html>
```

在上面的代码中，外部容器的宽度为 500px，其内部元素的宽度为 200px，由于一行无法放置 3 个弹

性元素，所以会自动换行，即此时只能放置 2 个弹性元素，剩余 100px 的空白。运行代码后，页面效果如图 17-16 所示。

图 17-16　页面效果（1）

　　CSS 提供了 justify-content 属性，可以用来设置如何分配这些空白。该属性有 6 个属性值，下面将分别进行讲解。

　　（1）flex-start：此为默认值，弹性元素紧靠主轴起始边。

　　（2）flex-end：弹性元素紧靠主轴结束边，该效果与 "text-align:right" 的效果相似。以上面的案例代码为例，如果将 justify-content 属性的属性值设置为 flex-end，那么页面效果将如图 17-17 所示。

　　（3）center：使弹性元素整体居中显示在主轴的中点。以上面的案例代码为例，如果将 justify-content 属性的属性值设置为 center，那么页面效果将如图 17-18 所示。

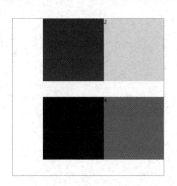

图 17-17　页面效果（2）

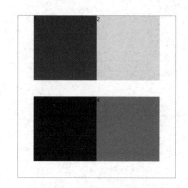

图 17-18　页面效果（3）

　　（4）space-between：将弹性元素均匀地放置在主轴上，首个元素放在起点，最后一个元素放在终点。计算公式为"空白值/(本行弹性元素个数-1)"，使用其可以算出每一份空白量。也就是说，第一个弹性元素放在主轴起始边，最后一个弹性元素放在主轴结束边，每 2 个相邻的弹性元素之间都放置等量的空白。

　　例如，外部容器的宽度为 700px，其内部有 3 个弹性元素，每个弹性元素的宽度为 200px，3 个弹性元素需在外部容器中均匀放置，页面效果如图 17-19 所示。

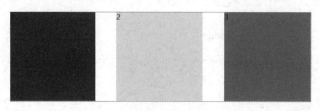

图 17-19　页面效果（4）

　　实现代码如下所示。

```
<!DOCTYPE html>
```

```
<html lang="zh">
    <head>
        <meta charset="UTF-8">
        <style>
            #f {
                border:1px solid green;
                width:700px;
                display: flex;
                justify-content: space-between;
            }
            #f div{
                width:200px;
                height:200px;
            }
            #f div:nth-of-type(1){
                background-color: red;
            }
            #f div:nth-of-type(2){
                background-color: yellow;
            }
            #f div:nth-of-type(3){
                background-color: gray;
            }
        </style>
    </head>
    <body>
        <div id="f">
            <div>1</div>
            <div>2</div>
            <div>3</div>
        </div>
    </body>
</html>
```

在代码中，整个容器的宽度为 700px，每个弹性元素的宽度为 200px，总共能够放下 3 个。除了弹性元素，还余下 100px 的空间。此时，根据公式使用余下的 100px 除以 2（弹性元素的个数-1），则第 1 个弹性元素和第 2 个弹性元素之间放置 50px 的空白，第 2 个弹性元素和第 3 个弹性元素之间放置 50px 的空白。

（5）space-around：均匀分配所有元素，每个元素配以相同的空间。计算公式为"空白值/本行弹性元素个数"，使用其可以算出每一个弹性元素应该分到的空白，然后再除以 2，将空白分别放在元素的左边和右边。

例如，外部容器的宽度为 720px，其内部有 3 个弹性元素，每个弹性元素的宽度为 200px，3 个弹性元素需在外部容器中均匀放置，页面效果如图 17-20 所示。

图 17-20　页面效果（5）

实现代码如下所示。

```
<!DOCTYPE html>
<html lang="zh">
    <head>
```

479

```
    <meta charset="UTF-8">
    <style>
        #f {
            border:1px solid green;
            width:720px;
            display: flex;
            justify-content: space-around;
        }
        #f div{
            width:200px;
            height:200px;
        }
        #f div:nth-of-type(1){
            background-color: red;
        }
        #f div:nth-of-type(2){
            background-color: yellow;
        }
        #f div:nth-of-type(3){
            background-color: gray;
        }
    </style>
</head>
<body>
    <div id="f">
        <div>1</div>
        <div>2</div>
        <div>3</div>
    </div>
</body>
</html>
```

在上面的代码中，外部容器的宽度是 720px，减去内部 3 个元素的宽度 600px，还剩余 120px。根据公式使用 120px 除以 3，则每一个弹性元素分到 40px。然后实现最后一步，40px 再除以 2，所得的结果 20px 就是要放在每个元素的左边和右边的空白。

（6）space-evenly：均匀分配所有元素，每个元素之间的间隔相等。计算公式为"空白值/(弹性元素数+1)"，然后在每个弹性元素前放置一块空白，在最后一个弹性元素后也放置一块空白。

例如，外部容器的宽度为 800px，其内部有 3 个弹性元素，每个弹性元素的宽度为 200px，3 个弹性元素的间离相同，页面效果如图 17-21 所示。

图 17-21　页面效果（6）

实现代码如下所示。

```
<!DOCTYPE html>
<html lang="zh">
    <head>
        <meta charset="UTF-8">
        <style>
            #f {
```

```
            border:1px solid green;
            width:800px;
            display: flex;
            justify-content: space-evenly;
        }
        #f div{
            width:200px;
            height:200px;
        }
        #f div:nth-of-type(1){
            background-color: red;
        }
        #f div:nth-of-type(2){
            background-color: yellow;
        }
        #f div:nth-of-type(3){
            background-color: gray;
        }
    </style>
</head>
<body>
    <div id="f">
        <div>1</div>
        <div>2</div>
        <div>3</div>
    </div>
</body>
</html>
```

外部容器的宽度为 800px，其内部的 3 个弹性元素总共占据 600px 的宽度，那么就还剩 200px 的空白。根据公式可以写出"200px/(3+1)"，得出的结果 50px 就是每一份空白的宽度，即每个弹性元素前都要放置 50px 的空白，最后一个弹性元素后也要放置 50px 的空白。

这里需要注意，不管是 space-evenly、space-around 还是 space-between，它们都要使用对应的公式来计算每一行空白的分配方式。

请思考下方代码的运行效果。

```
<!DOCTYPE html>
<html lang="zh">
    <head>
        <meta charset="UTF-8">
        <style>
            #f {
                border:1px solid green;
                width:700px;
                display: flex;
                flex-wrap: wrap;
                justify-content: space-between;
            }
            #f div{
                width:200px;
                height:200px;
            }
            #f div:nth-of-type(1){
                background-color: red;
            }
            #f div:nth-of-type(2){
```

```
                background-color: yellow;
            }
            #f div:nth-of-type(3){
                background-color: blue;
            }
            #f div:nth-of-type(4){
                background-color: green;
            }
            #f div:nth-of-type(5){
                background-color: pink;
            }
        </style>
    </head>
    <body>
        <div id="f">
            <div>1</div>
            <div>2</div>
            <div>3</div>
            <div>4</div>
            <div>5</div>
        </div>
    </body>
</html>
```

　　上面的代码将弹性容器的宽度设置为 700px，其内部有 5 个弹性元素，但是由于弹性元素的宽度为 200px，所以第一行只能放置 3 个弹性元素，第二行就剩 2 个弹性元素需要放置。space-between 的计算规则是在计算出空白后，将第一个弹性元素放在主轴起始边，最后一个弹性元素放在主轴结束边，然后根据主轴方向，从左至右分配元素。因此，第二行的分配情况是，第 4 个弹性元素在最左边，第 5 个弹性元素在最右边。

## 17.2.5　设置弹性元素如何在当前行上垂直分布

　　17.2.4 节我们讲解了设置弹性元素如何在主轴上分布的 justify-content 属性，本节就来讲解设置弹性元素如何在垂直轴上对齐的 align-items 属性。该属性有 4 个属性值，下面将分别进行演示和讲解。

　　（1）flex-start：将弹性元素与垂直轴的起始边对齐。

　　请思考下方代码的运行效果。

```
<!DOCTYPE html>
<html lang="zh">
    <head>
        <meta charset="UTF-8">
        <style>
            #f {
                border: 1px solid green;
                width: 500px;
                height: 500px;
                display: flex;
                flex-wrap: wrap;
                align-items: flex-start;
            }
            #f div {
                width: 200px;
                height: 200px;
                color: white;
            }
            #f div:nth-of-type(1) {
```

```
            background-color: red;
        }
        #f div:nth-of-type(2) {
            background-color: yellow;
        }
        #f div:nth-of-type(3) {
            background-color: blue;
        }
        #f div:nth-of-type(4) {
            background-color: green;
        }
    </style>
</head>
<body>
    <div id="f">
        <div>1</div>
        <div>2</div>
        <div>3</div>
        <div>4</div>
    </div>
</body>
</html>
```

上面的代码定义了 1 个弹性容器 div（id 为 f）和其内部的 4 个弹性元素，弹性容器设置了允许弹性元素换行，并且允许其与对应的垂直轴的起始边对齐。同时因为弹性容器的宽度为 500px，弹性元素的宽度为 200px，所以每行只能放置 2 个弹性元素。此时垂直轴的方向是从上至下的，弹性元素在每行中的位置是靠左、靠上的，页面效果同图 17-16。

（2）flex-end：将弹性元素与垂直轴结束边对齐。

这里对上面案例的代码做些许修改，将 align-items 属性值改为 flex-end，此时弹性元素只有垂直轴的位置有所改变，即变为与结束边对齐，形成靠左、靠下的页面效果，如图 17-22 所示。

（3）center：弹性元素的中点与所在行的垂直轴中点对齐。

这里对本节的第一段代码做些许修改，将 align-items 属性值改为 center，此时弹性元素只有垂直轴的位置有所改变，即变为弹性元素的中点与所在行的垂直轴中点对齐，形成垂直方向居中的效果，其余都没有改变，如图 17-23 所示。

图 17-22　页面效果（1）

图 17-23　页面效果（2）

（4）stretch：如果未将高度或高度设置为 auto，那么弹性元素将占满整行的高度。

请思考下方代码的运行效果。

```
<!DOCTYPE html>
<html lang="zh">
    <head>
        <meta charset="UTF-8">
        <style>
```

```
        #f {
            border: 1px solid green;
            width: 500px;
            height: 500px;
            display: flex;
            flex-wrap: wrap;
        }
        #f div {
            width: 200px;
            color: white;
        }
        #f div:nth-of-type(1) {
            background-color: red;
        }
        #f div:nth-of-type(2) {
            background-color: yellow;
        }
        #f div:nth-of-type(3) {
            background-color: blue;
        }
        #f div:nth-of-type(4) {
            background-color: gray;
        }
    </style>
</head>
<body>
    <div id="f">
        <div>1</div>
        <div>2</div>
        <div>3</div>
        <div>4</div>
    </div>
</body>
</html>
```

图 17-24　页面效果（3）

读者可能已经注意到，上面的代码没有在弹性容器中书写 align-items 属性，并且对比前面的代码，此处还将弹性元素的高度去掉了。此时就会默认应用 stretch，每个弹性元素的高度将会占据整行，页面效果如图 17-24 所示。

如果想单独修改某个弹性元素的对齐方式，就可以为相应的弹性元素设置 align-self 属性。在默认情况下，align-self 属性值会复制 align-items 属性值。但是我们也可以单独设置 align-self 属性值，其与 align-items 属性值的取值相同。这里将 align-self 属性值通过表格进行罗列，如表 17-3 所示。

表 17-3　align-self 属性值

| 属性值 | 含义 |
| --- | --- |
| auto | 默认值，其对齐方式使用容器的 align-items 属性值 |
| flex-start | 将弹性元素与垂直轴起始边对齐 |
| flex-end | 将弹性元素与垂直轴结束边对齐 |
| center | 弹性元素的中点与所在行的垂直轴中点对齐 |
| stretch | 如果未将高度或高度设置为 auto，那么弹性元素的高度将占满整行 |

## 17.2.6　设置整个弹性元素如何对齐

17.2.5 节我们介绍的 align-items 属性是将每行进行垂直对齐，其实 CSS 也提供了将整个弹性元素看作一个整体，然后进行垂直对齐的 align-content 属性，该属性有 7 个属性值，下面就进行具体介绍。

（1）stretch：如果未将高度或高度设置为 auto，那么整体弹性元素将占满整行的高度。

请思考下方代码的运行效果。

```
<!DOCTYPE html>
<html lang="zh">
    <head>
        <meta charset="UTF-8">
        <style>
            #f {
                border: 1px solid green;
                width: 500px;
                height: 500px;
                display: flex;
                flex-wrap: wrap;
                align-content: stretch;
            }
            #f div {
                width: 200px;
                color: white;
            }
            #f div:nth-of-type(1) {
                background-color: red;
            }
            #f div:nth-of-type(2) {
                background-color: yellow;
            }
            #f div:nth-of-type(3) {
                background-color: blue;
            }
            #f div:nth-of-type(4) {
                background-color: gray;
            }
        </style>
    </head>
    <body>
        <div id="f">
            <div>1</div>
            <div>2</div>
            <div>3</div>
            <div>4</div>
        </div>
    </body>
</html>
```

因为上面的代码没有为弹性元素设置高度，所以整个弹性元素会占满整个弹性容器的高度（500px）。又因为整个弹性容器的宽度是 500px，弹性容器的宽度是 200px，每行只能放置 2 个弹性元素，所以 2 行弹性元素的高度将被平均分配，每行占据的高度为 250px，页面效果同图 17-24。

（2）flex-start：弹性元素紧靠垂直轴起始边。

请思考下方代码的运行效果。

```
<!DOCTYPE html>
<html lang="zh">
    <head>
        <meta charset="UTF-8">
        <style>
```

```css
        #f {
            border: 1px solid green;
            width: 500px;
            height: 500px;
            display: flex;
            flex-wrap: wrap;
            align-content: flex-start;
        }
        #f div {
            width: 200px;
            height: 200px;
            color: white;
        }
        #f div:nth-of-type(1) {
            background-color: red;
        }
        #f div:nth-of-type(2) {
            background-color: yellow;
        }
        #f div:nth-of-type(3) {
            background-color: blue;
        }
        #f div:nth-of-type(4) {
            background-color: gray;
        }
    </style>
</head>
<body>
    <div id="f">
        <div>1</div>
        <div>2</div>
        <div>3</div>
        <div>4</div>
    </div>
</body>
</html>
```

这段代码比较简单，只对弹性容器设置了换行，以及整个弹性元素紧靠垂直轴的起始边，页面效果应当是整体弹性元素分为 2 行，整体位置紧靠左上角。运行代码后，页面效果如图 17-25 所示。

（3）flex-end：弹性元素紧靠垂直轴结束边。

这里对上面案例的代码做些许修改，将 align-content 属性值改为 flex-end。此时整个弹性元素只有垂直轴的位置有所改变，即变为与结束边对齐，也就是靠左、靠下的页面效果，如图 17-26 所示。

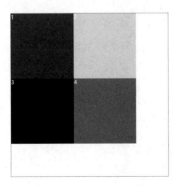

图 17-25　页面效果（1）

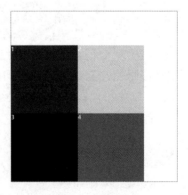

图 17-26　页面效果（2）

（4）center：将弹性元素作为一个整体，居中显示在垂直轴的中点。

还是针对前面的代码做些许修改，将 align-content 属性值变为 center。此时整个弹性元素只有垂直轴的位置有所改变，即变为居中显示在垂直轴的中点，页面效果如图 17-27 所示。

（5）space-between、space-around、space-evenly：当 align-content 属性值为 space-between、space-around、space-evenly 时，效果与 justify-content 属性类似。只不过 justify-content 属性是横向分配空白，而 align-content 属性是纵向分配空白。

这里还是通过修改前面的代码来演示 3 种属性值的页面效果，如图 17-28 所示。

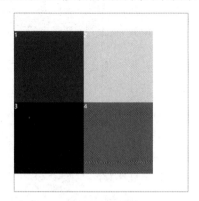

图 17-27　页面效果（3）

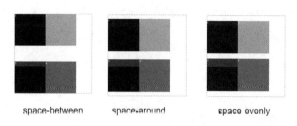

space-between　　space-around　　space evenly

图 17-28　3 种属性值的页面效果

在使用该属性时，有 3 点需要注意。

（1）当 flex-wrap 属性值为 nowrap 时，align-content 属性无效。

（2）当 align-content 属性存在时，align-items 属性不起作用。

（3）align-content 属性和 align-items 属性的区别在于：align-content 属性是将所有元素看成一个整体，然后进行操作；而 align-item 属性是针对每一行的弹性元素进行操作。

## 17.2.7　弹性增长因子

前面我们所讲解的属性（除 align-self 属性外）都是在弹性容器上设置的，这也是最常用的方式。本节要讲解的弹性增长因子，主要用来定义当弹性容器拥有多余的空间时，弹性元素是否放大，以及按照什么比例放大。CSS 提供的对应属性是 flex-grow 属性，该属性的默认值为 0，其属性值可以是任意正整数或小数。值得一提的是，flex-grow 属性是设置在弹性元素上的。

先来思考下方这段代码的运行效果。

```
<!DOCTYPE html>
<html lang="zh">
    <head>
        <meta charset="UTF-8">
        <style>
            #f{
                width:750px;
                height:100px;
                display:flex;
                border:1px solid green;
            }
            #f > div{
                box-sizing:border-box;
                width:100px;
                height:100px;
                border:1px solid green;
```

```
            }
        </style>
    </head>
    <body>
        <div id="f">
            <div>1</div>
            <div>2</div>
            <div>3</div>
        </div>
    </body>
</html>
```

在上面的代码中，弹性容器的宽度为 750px，每个弹性元素的宽度为 100px，由此我们可以得知，当前还剩余 450px。因为没有书写 flex-grow 属性，所以该属性的属性值为 0，即各部分都不允许放大。

下面我们在上面代码的基础上做些许改动，读者请思考下方代码的运行效果。

```
<!DOCTYPE html>
<html lang="zh">
    <head>
        <meta charset="UTF-8">
        <style>
            #f{
                width:750px;
                height:100px;
                display:flex;
                border:1px solid green;
            }
            #f > div{
                box-sizing:border-box;
                width:100px;
                height:100px;
                border:1px solid green;
            }
        </style>
    </head>
    <body>
        <div id="f">
            <div>1</div>
            <div style="flex-grow:1;">2</div>
            <div>3</div>
        </div>
    </body>
</html>
```

对比上一段代码，很明显可以看出这里只是为第 2 个弹性元素加上了"flex-grow:1;"。根据上面代码，我们可以得知，在减去 3 个弹性元素的宽度后还剩余 450px，而因为在第 2 个弹性元素上添加了"flex-grow:1;"，所以 450px 就被分出来 1 份给了第 2 个弹性元素，即 550px（100px+450px）。此时，页面效果如图 17-29 所示。

图 17-29　页面效果（1）

下面我们在前面的基础上对 3 个弹性元素分别进行设置，读者再来思考代码的运行效果。

```
<!DOCTYPE html>
<html lang="zh">
```

```
    <head>
        <meta charset="UTF-8">
        <style>
            #f{
                width:750px;
                height:100px;
                display:flex;
                border:1px solid green;
            }
            #f > div{
                width:100px;
                border:1px solid green;
                box-sizing:border-box;
            }
        </style>
    </head>
    <body>
        <div id="f">
            <div style="flex-grow:0.8;">1</div>
            <div style="flex-grow:1;">2</div>
            <div style="flex-grow:0.7,">3</div>
        </div>
    </body>
</html>
```

此时，剩余部分依旧是 450px，但这里我们为每个弹性元素都设置了放大比例，为第 1 个弹性元素设置了 "flex-grow:0.8"，为第 2 个弹性元素设置了 "flex-grow:1"，为第 3 个弹性元素设置了 "flex-grow:0.7"。即将余下的 450px 分成了 2.5 份，第 1 个弹性元素占据 450px 的 0.32，第 2 个弹性元素占据 450px 的 0.4，第 3 个弹性元素占据 450px 的 0.28，因此第 1 个弹性元素的最终宽度为 100px+144px，第 2 个弹性元素的最终宽度为 100px+180px，第 3 个弹性元素的最终宽度为 100px+126px。最终，页面效果如图 17-30 所示。

图 17-30　页面效果（2）

## 17.2.8　弹性元素的顺序

在默认情况下，弹性元素的显示顺序和排列顺序与在源码中的顺序一致。如果想要修改单个弹性元素的显示顺序（只是修改显示顺序），那么可以使用 order 属性。

如果不对 order 属性进行设置，那么在默认情况下，所有弹性元素的 order 属性值都是 0；如果想要修改视觉顺序，那么可以将弹性元素的 order 属性值设置为一个非零整数（可以是正数或负数）。元素的 order 属性值越大，其在主轴上显示得越靠后。如果数值相同，就按照在源码中出现的顺序排列（先出现的排在前面）。

请思考下方代码的运行效果。

```
<!DOCTYPE html>
<html lang="zh">
    <head>
        <meta charset="UTF-8">
        <style>
            #f {
                border: 1px solid green;
```

489

```
            width: 800px;
            height: 200px;
            display: flex;
            flex-wrap: wrap;
            align-items: flex-start;
        }
        #f div {
            width: 200px;
            height: 200px;
            color: white;
        }
        #f div:nth-of-type(1) {
            background-color: red;
        }
        #f div:nth-of-type(2) {
            background-color: yellow;
        }
        #f div:nth-of-type(3) {
            background-color: blue;
        }
        #f div:nth-of-type(4) {
            background-color: gray;
        }
    </style>
</head>
<body>
    <div id="f">
        <div style="order:1;">1</div>
        <div style="order:2;">2</div>
        <div>3</div>
        <div>4</div>
    </div>
</body>
</html>
```

在上面的 4 个弹性元素中，因为第 1 个弹性元素的 order 属性值为 1，第 2 个弹性元素的 order 属性值为 2，后面 2 个弹性元素没有设置 order 属性值，所以应用默认值 0。此时，排列的顺序为 "div3(order:0) → div4(order:0) → div1->(order:1) → div2(order:2)"，页面效果如图 17-31 所示。

图 17-31　页面效果（3）

## 17.2.9　在弹性元素上使用 float 属性和 position 属性

我们可以在弹性元素上使用 float 属性及 position 属性，具体说明如下。

（1）设置 float 属性后，弹性元素不会浮动，即虽然可以在弹性元素上使用 float 属性，但是 float 属性不会生效，故这里不建议使用 float 属性。

（2）为弹性元素设置 position 属性的情况与前面讲的相同。relative 依然相对于自身的位置移动，absolute 和 fixed 会脱离文档流。但是需要注意的是，当属性值为 absolute 或 fixed 时，元素在脱离文档流后的默认位置是可以使用 flex 相关属性进行控制的，如 align-self、align-item、justify-content 属性等。请思考下方代码的运行效果。

```
<!DOCTYPE html>
<html lang="zh">
    <head>
        <meta charset="UTF-8">
        <style>
            #f {
                margin-left: 200px;
                margin-top: 300px;
                width: 500px;
                height: 500px;
                display: flex;
                justify-content: center;
                align-items: center;
                border: 1px solid green;
            }
            #z, #z1 {
                position: absolute;
                width: 100px;
                height: 100px;
                background-color: red;
            }
        </style>
    </head>
    <body>
        <div id="f">
            <div id="z" style="background-color: red;">1</div>
            <div id="z1" style="background-color: green;align-self: flex-end">2</div>
        </div>
    </body>
</html>
```

在上面的代码中，div（id 为 f）为弹性容器，div（id 为 z）和 div（id 为 z1）为弹性元素。因为弹性元素分别设置了"position:absolute"，都脱离了文档流，所以此时弹性容器上的"justify-content: center;"和"align-items: center;"都将决定对应元素的位置。又因为弹性元素 div（id 为 z）和弹性元素 div（id 为 z1）设置了"align-self:flex-end"，所以该元素处于紧靠底部的位置。

现在我们将弹性元素的 position 属性值设置为 fixed，并且添加"top:0"和"left:0"。此时可以发现，它们两个都脱离了文档流，并且都重叠在了一起，不管怎么滚动浏览器的滚动条，它们都处在浏览器的左上角，具体代码如下所示。

```
<!DOCTYPE html>
<html lang="zh">
    <head>
        <meta charset="UTF-8">
        <style>
            #f {
                margin-left: 200px;
                margin-top: 300px;
                width: 500px;
                height: 500px;
                display: flex;
                justify-content: center;
                align-items: center;
                border: 1px solid green;
```

```
            }
            #z, #z1 {
                position: fixed;
                top:0;
                left:0;
                width: 100px;
                height: 100px;
                background-color: red;
            }
        </style>
    </head>
    <body>
        <div id="f">
            <div id="z" style="background-color: red;">1</div>
            <div id="z1" style="background-color: green;align-self: flex-end">2</div>
        </div>
        1<br/>
        1<br/>
        …（省略部分相同代码）
        1<br/>
    </body>
</html>
```

# 17.3 案例

本节将综合前面所讲解的知识来实现 2 个开发中的常见案例。

## 17.3.1 案例：骰子

骰子（tóu zi）是中国传统民间娱乐用来投掷的博具，其早在战国时期就已经使用，通常作为桌上游戏的小道具出现。最常见的骰子是六面骰，它是一颗正立方体，上面分别有 1~6 个孔（或数字），其相对的两面数字之和必为 7。中国的骰子习惯在一点和四点漆上红色。本节就依次在网页上实现骰子的 6 个面。先来看我们想要实现的效果，如图 17-32 所示。

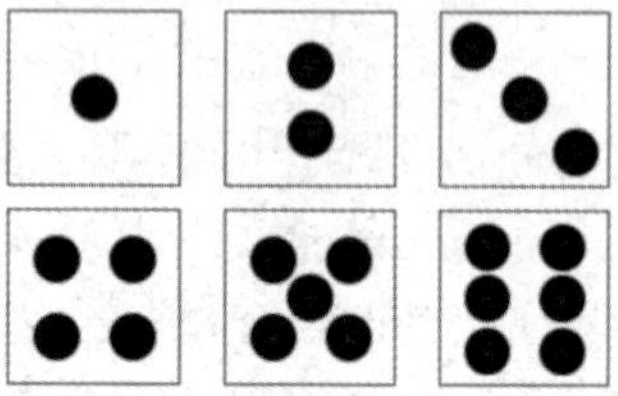

对于这个案例，这里采用结构与样式分离的方式进行讲解与分析。

图 17-32　案例效果

### 1. 结构分析

整个结构我们分为 7 步进行分析。

（1）设置 div（id 为 touzi）为整个容器，其中包含 6 个 div 元素，分别为#s1、#s2、#s3、#s4、#s5、#s6，作为骰子的 6 个面。

（2）第 1 个面：需要放置 1 个 div 元素，形成 1 个点数，并且加上 "class="red""，稍后处理成红色点数。

（3）第 2 个面：需要放置 2 个 div 元素，形成 2 个点数，并且加上 "class="blue""，稍后处理成蓝色点数。

（4）第 3 个面：需要放置 3 个 div 元素，形成 3 个点数，并且加上 "class="blue""，稍后处理成蓝色点数。

（5）第 4 个面：我们将 2 个点数视为一组，故需要放置 2 个 div 元素（class 为 column）。在每个 div 元素中再放置 2 个 div 元素作为点数，并且加上 "class="red""，稍后处理成红色点数。

（6）第 5 个面：需要放置 3 个 div 元素。与第 4 个面相同，2 个用来作为其中点数的容器（class 为 column），1 个用来作为点数，并且加上 "class="blue""，稍后处理成蓝色点数。

（7）第 6 个面：需要放置 2 个 div 元素（class 为 column），在每个 div 元素中再放置 3 个 div 元素作为点数，并且加上"class="red""，稍后处理成红色点数。

此时我们可以写出如下的 HTML 代码。

```
<div id="touzi">
    <div id="s1">
        <div class="red"></div>
    </div>
    <div id="s2">
        <div class="blue"></div>
        <div class="blue"></div>
    </div>
    <div id="s3">
        <div class="blue"></div>
        <div class="blue"></div>
        <div class="blue"></div>
    </div>
    <div id="s4">
        <div class="column">
            <div class="red"></div>
            <div class="red"></div>
        </div>
        <div class="column">
            <div class="red"></div>
            <div class="red"></div>
        </div>
    </div>
    <div id="s5">
        <div class="column">
            <div class="blue"></div>
            <div class="blue"></div>
        </div>
        <div class="blue"></div>
        <div class="column">
            <div class="blue"></div>
            <div class="blue"></div>
        </div>
    </div>
    <div id="s6">
        <div class="column">
            <div class="blue"></div>
            <div class="blue"></div>
            <div class="blue"></div>
        </div>
        <div class="column">
            <div class="blue"></div>
            <div class="blue"></div>
            <div class="blue"></div>
        </div>
    </div>
</div>
```

#### 2. 样式分析

在前面，我们将整体样式和 6 个面分为 7 步进行了结构分析。在样式方面，我们也将依次按照从整体样式到局部样式的顺序分为 7 步进行分析，具体内容如下。

（1）设置整个大容器 div（id 为 touzi）的样式。

将整个大容器的宽度设置为 350px，高度设置为 225px，并将其设置为弹性容器，允许其中的弹性元素换行，让其中弹性元素横向、纵向分配空白的方式都为 space-between，代码如下所示。

```
#touzi {
    width: 350px;
    height: 225px;
    border: 1px solid green;
    display: flex;
    flex-wrap: wrap;
    justify-content: space-between;
    align-content: space-between;
}
```

（2）设置骰子的每个点数的整体样式。

将单个骰子的宽度和高度都设置为 100px，并且将内边距设置为 5px。由于单个骰子与弹性盒子的关系是父与子的关系，所以如果想要控制弹性元素中的内容，就需要给弹性元素也添加"display:flex"，这样弹性元素就可以作为其直接子元素的弹性容器了，代码实现如下所示。

```
#touzi>div {
    /*弹性容器也可以是弹性元素。*/
    display: flex;
    padding:5px;
    width: 100px;
    height: 100px;
    box-sizing: border-box;
    border: 1px solid gray;
}
```

（3）设置每个面的点数，其中颜色分为红色和蓝色 2 种，我们通过类选择器来设置。这里统一设置小球大小与颜色渐变，代码如下所示。

```
/*设置小球大小*/
.red,
.blue {
    width: 25px;
    height: 25px;
    border: 1px solid gray;
    border-radius: 50%;
}
/*设置红色和蓝色小球的颜色渐变*/
.red {
    background-image: radial-gradient(red, black);
}
.blue {
    background-image: radial-gradient(blue, black);
}
```

（4）设置第 1 个面，使点数横向居中、纵向居中，代码如下所示。

```
#s1{
    /*横向居中、纵向居中*/
    justify-content: center;
    align-items: center;
}
```

（5）设置第 2 个面，改变主轴方向为纵向，垂直轴居中，从而实现点数在中间的效果，同时主轴采用 space-evenly 的方式分配空白，代码如下所示。

```
#s2{
    /*改变主轴方向为纵向*/
    flex-direction: column;
    /*垂直轴居中*/
    align-items: center;
```

```
/*主轴居中*/
justify-content: space-evenly;
}
```

（6）设置第 3 个面。第 3 个面的 3 个点数的位置需要分别设置，这里我们再分 4 步进行分析。

① 设置第 3 个面的 3 个点的主轴方向为纵向，并且采用 space-between 方式分配空白，代码如下所示。

```
#s3{
    flex-direction: column;
    justify-content: space-between;
}
```

此时，页面效果如图 17-33 所示。

② 从图 17-33 中可以看出，第 1 个点的位置在左上方，此时不用改变第 1 个点的位置。

③ 从图 17-33 中可以看出，第 3 个面中的第 2 个点需要横向居中。由于现在主轴方向是纵向，所以垂直轴就是横向的，此时只需让第 2 个点在垂直轴上居中即可，代码如下所示。

```
#s3 > div:nth-of-type(2){
    align-self: center;
}
```

此时，页面效果如图 17-34 所示。

图 17-33　页面效果（1） 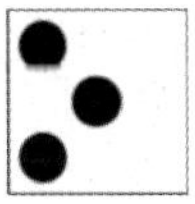　　　　　图 17-34　页面效果（2）

④ 此时第 3 个面只有最后一个点没有设置位置，观察图 17-32 可知，其位置在右下方。前面已经说过，主轴方向是纵向，垂直轴是横向的，现在只需控制垂直轴为 flex-end 即可，代码如下所示。

```
#s3 > div:nth-of-type(3){
    align-self: flex-end;
}
```

此时，第 3 个面已制作完成。

（7）设置第 4 个、第 5 个、第 6 个面。在进行结构分析时我们提到过，这 3 个面都有 div 元素（id 为 column）作为辅助 div 元素（用来实现一组点数），并且每个面都有 2 个辅助 div 元素。现在第 4 个、第 5 个、第 6 个面的页面效果如图 17-35 所示。

图 17-35　页面效果（3）

下面我们再分为 3 步对位置进行分析。

① 为这 3 个面分配空白，使用的方式为 space-around，主要用来控制其中 2 组的整体位置，代码如下所示。

```
#s4,#s5,#s6{
    justify-content: space-around;
}
```

此时，页面效果如图 17-36 所示。

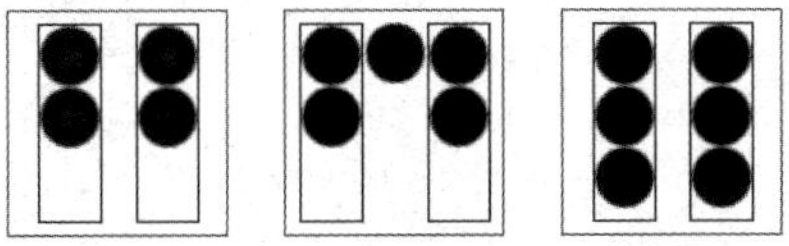

图 17-36　页面效果（4）

② 将控制这 3 个面的组设置为弹性容器，并且将弹性容器的主轴方向设置为纵向，此时就可以轻松地控制内部空白的分配方式了。这里将空白分配方式设置为 space-evenly，代码如下所示。

```
#s4 .column,#s5 .column,#s6 .column{
    border:1px solid red;
    display:flex;
    flex-direction: column;
    justify-content: space-evenly;
}
```

此时，页面效果如图 17-37 所示。

③ 设置第 5 个面中间的点。观察图 17-37 可以看出，因为中间的点与两侧的点存在重合，故需要让中间的点脱离文档流，就不受两侧的挤压，并且需要设置垂直轴居中。这里需要特别注意，第 5 个面的 div 元素（id 为 s5）这一弹性容器的主轴方向并没有进行修改，它是中间点的弹性容器，代码如下所示。

图 17-37　页面效果（5）

```
#s5 > div:nth-of-type(2){
    position:absolute;
    align-self: center;
}
```

此时，整个案例已分析完毕，完整代码详见本书配套代码。

## 17.3.2　案例：尚硅谷网站头部

一些网站会根据屏幕的不同宽度显示不同形式的菜单，从而给用户带来最好的用户体验，这就是我们说的响应式网页。本节就来实现一个经典的响应式网页。

先来看我们想要实现的效果，如图 17-38 与图 17-39 所示。

图 17-38　小屏效果

图 17-39　大屏效果

对于这个案例，这里采用结构与样式分离的方式进行讲解与分析。

### 1. 结构分析

观察图 17-40 与图 17-41 可以发现，整体可以分为 2 步进行分析。

（1）设置一个整体容器。我们可以使用 ul 元素和 li 元素来实现，即将 ul 作为整体容器，这里将 id 设置为 menu。

（2）在 ul 元素下的 li 元素每一个都是单独的部分，如图 17-40 和图 17-41 中的红框所示。

图 17-40　小屏中的 li 元素

图 17-41　大屏中的 li 元素

除了位置，大屏和小屏的不同只有图 17-40 中左边和图 17-41 中间这 2 处，下面我们先来实现小屏的效果。至于二者的不同之处，在结构中差别不大，我们会在后面的内容穿插讲解，下面分 3 步实现。

（1）我们先将小屏效果设计出来，然后再分析大屏效果。当点击左边隐藏菜单时，会出现一些子列表，因此，第一部分应该包含在小屏中折叠起来的菜单，代码如下所示。

```
<li>
    <a href="#" class="iconfont icon-caidan"></a>
    <ul>
        <li>
            <a href="#">HTML5 前端</a>
        </li>
        <li>
            <a href="#">Java</a>
        </li>
        <li>
            <a href="#">大数据</a>
        </li>
        <li>
            <a href="#">UI/UE</a>
        </li>
        <li>
            <a href="#">大厂学院</a>
        </li>
        <li>
            <a hret="#">全国校区</a>
        </li>
    </ul>
</li>
```

ul 元素在小屏时会隐藏，只显示菜单图标；当在大屏时，菜单图标将会隐藏 ul 元素中的菜单。

（2）小屏的第二部分是 atguigu 的链接。atguigu 的链接在小屏时显示在中间，但是在大屏时将会显示在第一个的位置上，代码如下所示。

```
<li>
    <a "http:///www.atguigu.com">atguigu</a>
</li>
```

（3）小屏中的第三部分是在线报名图标，代码如下所示。

```
<li>
    <a href="#" class="iconfont icon-baoming"></a>
</li>
```

此时，我们已经可以写出整个 HTML 结构代码，具体如下所示。

```
<ul id="menu">
    <li>
        <a href="#" class="iconfont icon-caidan"></a>
        <ul>
            <li>
                <a href="#">HTML5 前端</a>
            </li>
            <li>
                <a href="#">Java</a>
            </li>
            <li>
                <a href="#">大数据</a>
            </li>
            <li>
                <a href="#">UI/UE</a>
            </li>
            <li>
                <a href="#">大厂学院</a>
            </li>
```

```
        <li>
            <a href="#">全国校区</a>
        </li>
    </ul>
    </li>
    <li>
        <a href="http:///www.atguigu.com">atguigu</a>
    </li>
    <li>
        <a href="#" class="iconfont icon-baoming "></a>
    </li>
</ul>
```

### 2. 样式分析

整个样式分析分为 6 步，具体内容如下。

（1）初始化 HTML 的样式，将一些默认样式取消，以便后续进行设置，代码如下所示。

```
/*初始化*/
body {
    margin: 0;
}

ul {
    margin: 0;
    padding: 0;
    list-style-type: none;
}
```

（2）从小屏开始分析。先将大屏想要显示的菜单隐藏，代码如下所示。

```
#menu ul {
    display: none;
}
```

（3）设置整体大容器 div（id 为 menu）为弹性容器，并且采用 space-between 的方式分配空白，代码如下所示。

```
#menu {
    display: flex;
    justify-content: space-between;
    background-color: black;
}
```

（4）设置 li 元素的样式，为其设置高度及内容垂直居中，同时将左、右边距设置为 10px，代码如下所示。

```
#menu > li {
    height: 48px;
    line-height: 48px;
    margin-left: 10px;
    margin-right: 10px;
}
```

（5）此时页面中图标的样式较小，并且还有下画线，因此这里要设置弹性元素中的超链接 a 元素的样式，代码如下所示。

```
#menu > li > a {
    font-size: 24px;
    color: #FFF;
    text-decoration: none;
}
```

（6）开始设置想要大屏显示的样式。下面再分 7 步进行讲解。

① 设置媒体查询，当屏幕宽度大于等于 768px 时，对样式进行更改，代码如下所示。

```
@media (min-width:768px){
}
```

② 在设置小屏时，为 li 元素添加 margin-left 属性和 margin-right 属性，使元素距离左、右两边都有 10px 的距离。大屏的这一部分我们则是通过弹性生长因子来实现，要将 li 元素中的 margin 属性去掉，代码如下所示。

```
#menu > li{
    margin:0px;
}
```

**注意**，上面代码中 "border:1px solid blue;" 是为方便调试元素位置而书写的，后续我们会对其进行注释，读者在练习时也可以采用这种方式，以便进行调整。

③ 分别设置 li 元素的整体空白占比，即分配剩余空白。占比分别为，第 1 个 div 元素占比 0.8，第 2 个 div 元素和第 3 个 div 元素各占比 0.1，代码如下所示。

```
#menu > li:nth-of-type(1) {
    flex-grow: .8;
}
#menu > li:nth-of-type(2) {
    flex-grow: .1;
}
#menu > li:nth-of-type(3) {
    flex-grow: .1;
}
```

此时，页面效果如图 17-42 所示。

图 17-42　页面效果（1）

④ 对比图 17-39 和图 17-42 可以发现，页面上多了一个菜单图标，少了菜单内容。下面就将第 1 个 li 元素中的菜单图标隐藏，并且将菜单内容显示出来，代码如下所示。

```
#menu > li:nth-of-type(1) > a {
    display: none;
}
#menu > li:nth-of-type(1) > ul{
    width:100%;
    display: flex;
    justify-content: space-around;
}
#menu > li:nth-of-type(1) > ul a{
    text-decoration: none;
    color:#FFF;
    font-size: 14px;
}
```

此时，页面效果如图 17-43 所示。

<table>
<tr><td>HTML5前端</td><td>Java</td><td>大数据</td><td>UI/UE</td><td>大厂学院</td><td>全国校区</td><td>atguigu</td><td>👥</td></tr>
</table>

图 17-43　页面效果（2）

⑤ 使第 2 个 li 元素、第 3 个 li 元素的图标居中显示，对上面代码进行修改，代码如下所示。

```
#menu > li:nth-of-type(2) {
    flex-grow: .1;
    text-align: center;
}
```

```
#menu > li:nth-of-type(3) {
    flex-grow: .1;
    text-align: center;
}
```

⑥ 将第 2 个 li 元素移动到菜单的最开头位置，修改后的代码如下所示。

```
#menu > li:nth-of-type(2) {
    flex-grow: .1;
    text-align: center;
    order: -1;
}
```

此时，页面效果如图 17-44 所示。

图 17-44　页面效果（3）

⑦ 对"atguigu"文字进行设置，使其字号变小，代码如下所示。

```
#menu > li:nth-of-type(2) a {
    font-size:16px;
}
```

此时，整个案例已分析完毕，完整代码详见本书配套代码。

## 17.4　本章小结

本章主要讲解了实现响应式网页的相关知识，主要是媒体查询和弹性盒子。17.1 节分 3 个部分讲解了媒体查询的相关知识。该节首先讲解了媒体查询的类型，同时通过一小段代码带领读者初次体验了媒体查询的效果。其次将媒体查询中所需要使用的媒体描述符进行了细致讲解，并且配以小练习。最后使用媒体查询实现了一个简单的案例，让读者可以熟练掌握媒体查询的使用方式。

17.2 节分 9 节讲解了弹性盒子的相关知识，首先从弹性容器入手，带领读者体验弹性容器的效果，其次从主轴方向、换行、主轴分布方式、弹性生长因子等 8 个方面入手，依次讲解了设置弹性元素的相关属性，并且通过一个个案例对知识进行巩固。每一个案例都回顾了之前所讲解的相关知识，使读者在阅读中不断学习相关属性，以达到巩固的效果。

17.3 节综合媒体查询和弹性盒子的知识，分别实现了生活中的案例和开发中的场景。骰子是生活中常见的物件，看似简单，但想要在网页上实现却很复杂，就需要根据页面一步步调整效果，因此我们采用了结构与样式分离的方式，带领读者一步步分析。响应式网页是开发中常见的需求，这里同样采用了结构与样式分离的方式一步步分析，让读者在阅读与实践后可以按照自己的意愿开发一个个性化页面。